国家出版基金项目
NATIONAL PUBLICATION FOUNDATION

"十二五"国家重点出版规划项目
雷达与探测前沿技术丛书

U0305180

MIMO 雷达参数估计技术

MIMO Radar Parameter Estimation Technology

王伟　王咸鹏　李欣　黄平　著

国防工業出版社
·北京·

内 容 简 介

MIMO 雷达是在 MIMO 通信技术基础上提出的一种新体制雷达。本书从 MIMO 雷达的基本原理出发，介绍了 MIMO 雷达信号处理基础、均匀线阵 MIMO 雷达目标参数估计、非圆信号 MIMO 雷达目标参数估计、MIMO 雷达目标参数快速估计、MIMO 雷达相干目标参数估计、基于高阶累积量的 MIMO 雷达参数估计、MIMO 雷达分布式目标参数估计、基于张量分解的 MIMO 雷达参数估计、互耦误差条件下的 MIMO 雷达参数估计、L 型阵列结构 MIMO 雷达目标参数估计等，较全面地介绍了有关 MIMO 雷达参数估计的相关技术。

本书既可作为雷达领域相关专业工程技术人员参考用书，也可作为高等院校雷达信号处理、通信与信息系统、信息与信号处理、导航制导与控制、水声通信等专业高年级本科生或研究生参考教学辅导书。

图书在版编目（CIP）数据

MIMO 雷达参数估计技术 / 王伟等著. —北京：国防工业出版社，2017.12
（雷达与探测前沿技术丛书）
ISBN 978-7-118-11378-5

Ⅰ. ①M… Ⅱ. ①王… ②王… ③李… Ⅲ. ①雷达目标识别-参数估计 Ⅳ. ①TN959.1

中国版本图书馆 CIP 数据核字（2017）第 262581 号

※

国防工业出版社 出版发行
（北京市海淀区紫竹院南路 23 号　邮政编码 100048）
天津嘉恒印务有限公司印刷
新华书店经售

*

开本 710×1000　1/16　**印张** 16¼　**字数** 305 千字
2017 年 12 月第 1 版第 1 次印刷　**印数** 1—3000 册　**定价** 98.00 元

国防书店：(010)88540777　发行邮购：(010)88540776
发行传真：(010)88540755　发行业务：(010)88540717

总　序

雷达在第二次世界大战中初露头角。战后,美国麻省理工学院辐射实验室集合各方面的专家,总结战争期间的经验,于1950年前后出版了一套雷达丛书,共28个分册,对雷达技术做了全面总结,几乎成为当时雷达设计者的必备读物。我国的雷达研制也从那时开始,经过几十年的发展,到21世纪初,我国雷达技术在很多方面已进入国际先进行列。为总结这一时期的经验,中国电子科技集团公司曾经组织老一代专家撰著了"雷达技术丛书",全面总结他们的工作经验,给雷达领域的工程技术人员留下了宝贵的知识财富。

电子技术的迅猛发展,促使雷达在内涵、技术和形态上快速更新,应用不断扩展。为了探索雷达领域前沿技术,我们又组织编写了本套"雷达与探测前沿技术丛书"。与以往雷达相关丛书显著不同的是,本套丛书并不完全是作者成熟的经验总结,大部分是专家根据国内外技术发展,对雷达前沿技术的探索性研究。内容主要依托雷达与探测一线专业技术人员的最新研究成果、发明专利、学术论文等,对现代雷达与探测技术的国内外进展、相关理论、工程应用等进行了广泛深入研究和总结,展示近十年来我国在雷达前沿技术方面的研制成果。本套丛书的出版力求能促进从事雷达与探测相关领域研究的科研人员及相关产品的使用人员更好地进行学术探索和创新实践。

本套丛书保持了每一个分册的相对独立性和完整性,重点是对前沿技术的介绍,读者可选择感兴趣的分册阅读。丛书共41个分册,内容包括频率扩展、协同探测、新技术体制、合成孔径雷达、新雷达应用、目标与环境、数字技术、微电子技术八个方面。

(一) 雷达频率迅速扩展是近年来表现出的明显趋势,新频段的开发、带宽的剧增使雷达的应用更加广泛。本套丛书遴选的频率扩展内容的著作共4个分册:

(1)《毫米波辐射无源探测技术》分册中没有讨论传统的毫米波雷达技术,而是着重介绍毫米波热辐射效应的无源成像技术。该书特别采用了平方千米阵的技术概念,这一概念在用干涉式阵列基线的测量结果来获得等效大口径阵列效果的孔径综合技术方面具有重要的意义。

(2)《太赫兹雷达》分册是一本较全面介绍太赫兹雷达的著作,主要包括太赫兹雷达系统的基本组成和技术特点、太赫兹雷达目标检测以及微动目标检测技术,同时也讨论了太赫兹雷达成像处理。

(3)《机载远程红外预警雷达系统》分册考虑到红外成像和告警是红外探测的传统应用,但是能否作为全空域远距离的搜索监视雷达,尚有诸多争议。该书主要讨论用监视雷达的概念如何解决红外极窄波束、全空域、远距离和数据率的矛盾,并介绍组成红外监视雷达的工程问题。

(4)《多脉冲激光雷达》分册从实际工程应用角度出发,较详细地阐述了多脉冲激光测距及单光子测距两种体制下的系统组成、工作原理、测距方程、激光目标信号模型、回波信号处理技术及目标探测算法等关键技术,通过对两种远程激光目标探测体制的探讨,力争让读者对基于脉冲测距的激光雷达探测有直观的认识和理解。

(二)传输带宽的急剧提高,赋予雷达协同探测新的使命。协同探测会导致雷达形态和应用发生巨大的变化,是当前雷达研究的热点。本套丛书遴选出协同探测内容的著作共10个分册:

(1)《雷达组网技术》分册从雷达组网使用的效能出发,重点讨论点迹融合、资源管控、预案设计、闭环控制、参数调整、建模仿真、试验评估等雷达组网新技术的工程化,是把多传感器统一为系统的开始。

(2)《多传感器分布式信号检测理论与方法》分册主要介绍检测级、位置级(点迹和航迹)、属性级、态势评估与威胁估计五个层次中的检测级融合技术,是雷达组网的基础。该书主要给出各类分布式信号检测的最优化理论和算法,介绍考虑到网络和通信质量时的联合分布式信号检测准则和方法,并研究多输入多输出雷达目标检测的若干优化问题。

(3)《分布孔径雷达》分册所描述的雷达实现了多个单元孔径的射频相参合成,获得等效于大孔径天线雷达的探测性能。该书在概述分布孔径雷达基本原理的基础上,分别从系统设计、波形设计与处理、合成参数估计与控制、稀疏孔径布阵与测角、时频相同步等方面做了较为系统和全面的论述。

(4)《MIMO雷达》分册所介绍的雷达相对于相控阵雷达,可以同时获得波形分集和空域分集,有更加灵活的信号形式,单元间距不受$\lambda/2$的限制,间距拉开后,可组成各类分布式雷达。该书比较系统地描述多输入多输出(MIMO)雷达。详细分析了波形设计、积累补偿、目标检测、参数估计等关键技术。

(5)《MIMO 雷达参数估计技术》分册更加侧重讨论各类 MIMO 雷达的算法。从 MIMO 雷达的基本知识出发,介绍均匀线阵,非圆信号,快速估计,相干目标,分布式目标,基于高阶累计量的、基于张量的、基于阵列误差的、特殊阵列结构的 MIMO 雷达目标参数估计的算法。

(6)《机载分布式相参射频探测系统》分册介绍的是 MIMO 技术的一种工程应用。该书针对分布式孔径采用正交信号接收相参的体制,分析和描述系统处理架构及性能、运动目标回波信号建模技术,并更加深入地分析和描述实现分布式相参雷达杂波抑制、能量积累、布阵等关键技术的解决方法。

(7)《机会阵雷达》分册介绍的是分布式雷达体制在移动平台上的典型应用。机会阵雷达强调根据平台的外形,天线单元共形随遇而布。该书详尽地描述系统设计、天线波束形成方法和算法、传输同步与单元定位等关键技术,分析了美国海军提出的用于弹道导弹防御和反隐身的机会阵雷达的工程应用问题。

(8)《无源探测定位技术》分册探讨的技术是基于现代雷达对抗的需求应运而生,并在实战应用需求越来越大的背景下快速拓展。随着知识层面上认知能力的提升以及技术层面上带宽和传输能力的增加,无源侦察已从单一的测向技术逐步转向多维定位。该书通过充分利用时间、空间、频移、相移等多维度信息,寻求无源定位的解,对雷达向无源发展有着重要的参考价值。

(9)《多波束凝视雷达》分册介绍的是通过多波束技术提高雷达发射信号能量利用效率以及在空、时、频域中减小处理损失,提高雷达探测性能;同时,运用相位中心凝视方法改进杂波中目标检测概率。分册还涉及短基线雷达如何利用多阵面提高发射信号能量利用效率的方法;针对长基线,阐述了多站雷达发射信号可形成凝视探测网格,提高雷达发射信号能量的使用效率;而合成孔径雷达(SAR)系统应用多波束凝视可降低发射功率,缓解宽幅成像与高分辨之间的矛盾。

(10)《外辐射源雷达》分册重点讨论以电视和广播信号为辐射源的无源雷达。详细描述调频广播模拟电视和各种数字电视的信号,减弱直达波的对消和滤波的技术;同时介绍了利用 GPS(全球定位系统)卫星信号和 GSM/CDMA(两种手机制式)移动电话作为辐射源的探测方法。各种外辐射源雷达,要得到定位参数和形成所需的空域,必须多站协同。

（三） 以新技术为牵引，产生出新的雷达系统概念，这对雷达的发展具有里程碑的意义。本套丛书遴选了涉及新技术体制雷达内容的6个分册：

（1）《宽带雷达》分册介绍的雷达打破了经典雷达5MHz带宽的极限，同时雷达分辨力的提高带来了高识别率和低杂波的优点。该书详尽地讨论宽带信号的设计、产生和检测方法。特别是对极窄脉冲检测进行有益的探索，为雷达的进一步发展提供了良好的开端。

（2）《数字阵列雷达》分册介绍的雷达是用数字处理的方法来控制空间波束，并能形成同时多波束，比用移相器灵活多变，已得到了广泛应用。该书全面系统地描述数字阵列雷达的系统和各分系统的组成。对总体设计、波束校准和补偿、收/发模块、信号处理等关键技术都进行了详细描述，是一本工程性较强的著作。

（3）《雷达数字波束形成技术》分册更加深入地描述数字阵列雷达中的波束形成技术，给出数字波束形成的理论基础、方法和实现技术。对灵巧干扰抑制、非均匀杂波抑制、波束保形等进行了深入的讨论，是一本理论性较强的专著。

（4）《电磁矢量传感器阵列信号处理》分册讨论在同一空间位置具有三个磁场和三个电场分量的电磁矢量传感器，比传统只用一个分量的标量阵列处理能获得更多的信息，六分量可完备地表征电磁波的极化特性。该书从几何代数、张量等数学基础到阵列分析、综合、参数估计、波束形成、布阵和校正等问题进行详细讨论，为进一步应用奠定了基础。

（5）《认知雷达导论》分册介绍的雷达可根据环境、目标和任务的感知，选择最优化的参数和处理方法。它使得雷达数据处理及反馈从粗犷到精细，彰显了新体制雷达的智能化。

（6）《量子雷达》分册的作者团队搜集了大量的国外资料，经探索和研究，介绍从基本理论到传输、散射、检测、发射、接收的完整内容。量子雷达探测具有极高的灵敏度，更高的信息维度，在反隐身和抗干扰方面优势明显。经典和非经典的量子雷达，很可能走在各种量子技术应用的前列。

（四） 合成孔径雷达(SAR)技术发展较快，已有大量的著作。本套丛书遴选了有一定特点和前景的5个分册：

（1）《数字阵列合成孔径雷达》分册系统阐述数字阵列技术在SAR中的应用，由于数字阵列天线具有灵活性并能在空间产生同时多波束，雷达采集的同一组回波数据，可处理出不同模式的成像结果，比常规SAR具备更多的新能力。该书着重研究基于数字阵列SAR的高分辨力宽测绘带SAR成像、极化层析SAR三维成像和前视SAR成像技术三种新能力。

(2)《双基合成孔径雷达》分册介绍的雷达配置灵活,具有隐蔽性好、抗干扰能力强、能够实现前视成像等优点,是SAR技术的热点之一。该书较为系统地描述了双基SAR理论方法、回波模型、成像算法、运动补偿、同步技术、试验验证等诸多方面,形成了实现技术和试验验证的研究成果。

(3)《三维合成孔径雷达》分册描述曲线合成孔径雷达、层析合成孔径雷达和线阵合成孔径雷达等三维成像技术。重点讨论各种三维成像处理算法,包括距离多普勒、变尺度、后向投影成像、线阵成像、自聚焦成像等算法。最后介绍三维MIMO-SAR系统。

(4)《雷达图像解译技术》分册介绍的技术是指从大量的SAR图像中提取与挖掘有用的目标信息,实现图像的自动解译。该书描述高分辨SAR和极化SAR的成像机理及相应的相干斑抑制、噪声抑制、地物分割与分类等技术,并介绍舰船、飞机等目标的SAR图像检测方法。

(5)《极化合成孔径雷达图像解译技术》分册对极化合成孔径雷达图像统计建模和参数估计方法及其在目标检测中的应用进行了深入研究。该书研究内容为统计建模和参数估计及其国防科技应用三大部分。

(五) 雷达的应用也在扩展和变化,不同的领域对雷达有不同的要求,本套丛书在雷达前沿应用方面遴选了6个分册:

(1)《天基预警雷达》分册介绍的雷达不同于星载SAR,它主要观测陆海空天中的各种运动目标,获取这些目标的位置信息和运动趋势,是难度更大、更为复杂的天基雷达。该书介绍天基预警雷达的星星、星空、MIMO、卫星编队等双/多基地体制。重点描述了轨道覆盖、杂波与目标特性、系统设计、天线设计、接收处理、信号处理技术。

(2)《战略预警雷达信号处理新技术》分册系统地阐述相关信号处理技术的理论和算法,并有仿真和试验数据验证。主要包括反导和飞机目标的分类识别、低截获波形、高速高机动和低速慢机动小目标检测、检测识别一体化、机动目标成像、反投影成像、分布式和多波段雷达的联合检测等新技术。

(3)《空间目标监视和测量雷达技术》分册论述雷达探测空间轨道目标的特色技术。首先涉及空间编目批量目标监视探测技术,包括空间目标监视相控阵雷达技术及空间目标监视伪码连续波雷达信号处理技术。其次涉及空间目标精密测量、增程信号处理和成像技术,包括空间目标雷达精密测量技术、中高轨目标雷达探测技术、空间目标雷达成像技术等。

(4)《平流层预警探测飞艇》分册讲述在海拔约20km的平流层，由于相对风速低、风向稳定，从而适合大型飞艇的长期驻空，定点飞行，并进行空中预警探测，可对半径500km区域内的地面目标进行长时间凝视观察。该书主要介绍预警飞艇的空间环境、总体设计、空气动力、飞行载荷、载荷强度、动力推进、能源与配电以及飞艇雷达等技术，特别介绍了几种飞艇结构载荷一体化的形式。

(5)《现代气象雷达》分册分析了非均匀大气对电磁波的折射、散射、吸收和衰减等气象雷达的基础，重点介绍了常规天气雷达、多普勒天气雷达、双偏振全相参多普勒天气雷达、高空气象探测雷达、风廓线雷达等现代气象雷达，同时还介绍了气象雷达新技术、相控阵天气雷达、双/多基地天气雷达、声波雷达、中频探测雷达、毫米波测云雷达、激光测风雷达。

(6)《空管监视技术》分册阐述了一次雷达、二次雷达、应答机编码分配、S模式、多雷达监视的原理。重点讨论广播式自动相关监视(ADS-B)数据链技术、飞机通信寻址报告系统(ACARS)、多点定位技术(MLAT)、先进场面监视设备(A-SMGCS)、空管多源协同监视技术、低空空域监视技术、空管技术。介绍空管监视技术的发展趋势和民航大国的前瞻性规划。

(六) 目标和环境特性，是雷达设计的基础。该方向的研究对雷达匹配目标和环境的智能设计有重要的参考价值。本套丛书对此专题遴选了4个分册：

(1)《雷达目标散射特性测量与处理新技术》分册全面介绍有关雷达散射截面积(RCS)测量的各个方面，包括RCS的基本概念、测试场地与雷达、低散射目标支架、目标RCS定标、背景提取与抵消、高分辨力RCS诊断成像与图像理解、极化测量与校准、RCS数据的处理等技术，对其他微波测量也具有参考价值。

(2)《雷达地海杂波测量与建模》分册首先介绍国内外地海面环境的分类和特征，给出地海杂波的基本理论，然后介绍测量、定标和建库的方法。该书用较大的篇幅，重点阐述地海杂波特性与建模。杂波是雷达的重要环境，随着地形、地貌、海况、风力等条件而不同。雷达的杂波抑制，正根据实时的变化，从粗犷走向精细的匹配，该书是现代雷达设计师的重要参考文献。

(3)《雷达目标识别理论》分册是一本理论性较强的专著。以特征、规律及知识的识别认知为指引，奠定该书的知识体系。首先介绍雷达目标识别的物理与数学基础，较为详细地阐述雷达目标特征提取与分类识别、知识辅助的雷达目标识别、基于压缩感知的目标识别等技术。

(4)《雷达目标识别原理与实验技术》分册是一本工程性较强的专著。该书主要针对目标特征提取与分类识别的模式，从工程上阐述了目标识别的方法。重点讨论特征提取技术、空中目标识别技术、地面目标识别技术、舰船目标识别及弹道导弹识别技术。

（七） 数字技术的发展，使雷达的设计和评估更加方便，该技术涉及雷达系统设计和使用等。本套丛书遴选了3个分册：

(1)《雷达系统建模与仿真》分册所介绍的是现代雷达设计不可缺少的工具和方法。随着雷达的复杂度增加，用数字仿真的方法来检验设计的效果，可收到事半功倍的效果。该书首先介绍最基本的随机数的产生、统计实验、抽样技术等与雷达仿真有关的基本概念和方法，然后给出雷达目标与杂波模型、雷达系统仿真模型和仿真对系统的性能评价。

(2)《雷达标校技术》分册所介绍的内容是实现雷达精度指标的基础。该书重点介绍常规标校、微光电视角度标校、球载BD/GPS(BD为北斗导航简称)标校、射电星角度标校、基于民航机的雷达精度标校、卫星标校、三角交会标校、雷达自动化标校等技术。

(3)《雷达电子战系统建模与仿真》分册以工程实践为取材背景，介绍雷达电子战系统建模的主要方法、仿真模型设计、仿真系统设计和典型仿真应用实例。该书从雷达电子战系统数学建模和仿真系统设计的实用性出发，着重论述雷达电子战系统基于信号/数据流处理的细粒度建模仿真的核心思想和技术实现途径。

（八） 微电子的发展使得现代雷达的接收、发射和处理都发生了巨大的变化。本套丛书遴选出涉及微电子技术与雷达关联最紧密的3个分册：

(1)《雷达信号处理芯片技术》分册主要讲述一款自主架构的数字信号处理(DSP)器件，详细介绍该款雷达信号处理器的架构、存储器、寄存器、指令系统、I/O资源以及相应的开发工具、硬件设计，给雷达设计师使用该处理器提供有益的参考。

(2)《雷达收发组件芯片技术》分册以雷达收发组件用芯片套片的形式，系统介绍发射芯片、接收芯片、幅相控制芯片、波速控制驱动器芯片、电源管理芯片的设计和测试技术及与之相关的平台技术、实验技术和应用技术。

(3)《宽禁带半导体高频及微波功率器件与电路》分册的背景是，宽禁带材料可使微波毫米波功率器件的功率密度比Si和GaAs等同类产品高10倍，可产生开关频率更高、关断电压更高的新一代电力电子器件，将对雷达产生更新换代的影响。分册首先介绍第三代半导体的应用和基本知识，然后详细介绍两大类各种器件的原理、类别特征、进展和应用：SiC 器件有功率二极管、MOSFET、JFET、BJT、IBJT、GTO 等；GaN 器件有 HEMT、MMIC、E 模 HEMT、N 极化 HEMT、功率开关器件与微功率变换等。最后展望固态太赫兹、金刚石等新兴材料器件。

本套丛书是国内众多相关研究领域的大专院校、科研院所专家集体智慧的结晶。具体参与单位包括中国电子科技集团公司、中国航天科工集团公司、中国电子科学研究院、南京电子技术研究所、华东电子工程研究所、北京无线电测量研究所、电子科技大学、西安电子科技大学、国防科技大学、北京理工大学、北京航空航天大学、哈尔滨工业大学、西北工业大学等近 30 家。在此对参与编写及审校工作的各单位专家和领导的大力支持表示衷心感谢。

2017 年 9 月

前言

MIMO 雷达的概念自 2003 年被提出,便得到了广大学者的关注。MIMO 雷达是在 MIMO 通信技术上发展起来的,MIMO 技术在通信上的诸多优势,尤其是其抗深度衰落的能力,使人们考虑将这一技术用于雷达系统,从而提出 MIMO 雷达的概念。在 MIMO 雷达中,发射端发射相互正交的波形,同时采用不同的发射、接收阵列布置方式,使得 MIMO 雷达可以同时获得波形分集和空域分集,因此 MIMO 雷达具有低截获率、高空域分辨力、多自由度和克服目标闪烁特性等优点。本书重点介绍有关 MIMO 雷达参数估计的相关技术。

全书共 11 章。第 1 章介绍 MIMO 雷达研究现状。第 2 章介绍 MIMO 雷达的基础知识,包括矩阵和张量数学基础、MIMO 雷达信号基本模型、信号统计特性等基础知识。第 3 章介绍均匀线阵 MIMO 雷达目标参数估计,包括经典的二维 Capon 算法、二维 MUSIC 算法、ESPRIT 算法、实数域的参数估计方法等,并给出仿真性能分析。第 4 章介绍非圆信号 MIMO 雷达目标参数估计,包括非圆信号的 MIMO 雷达模型、NC-MUSIC 算法、NC-ESPRIT 算法和实数域的非圆目标参数估计方法。第 5 章介绍 MIMO 雷达目标参数快速估计,主要包括传播算子方法、多级维纳滤波技术、Nystrom 方法,并给出性能对比分析。第 6 章介绍 MIMO 雷达相干目标参数估计,给出相干目标信号模型、二维联合空间平滑解相干算法、协方差矩阵重构解相干算法。第 7 章介绍基于高阶累积量的 MIMO 雷达参数估计,首先分析 MIMO 雷达信号的四阶累积量特性,然后给出基于四阶累积量的 MUSIC 算法、快速参数估计方法和相干信号角度估计算法。第 8 章介绍 MIMO 雷达分布式目标参数估计,建立了分布式目标的信号模型,给出适合于分布式目标的广义二维 MUSIC 算法、Hadamard 旋转不变子空间算法和非圆分布式目标参数估计方法。第 9 章介绍基于张量分解的 MIMO 雷达参数估计,包括基于高阶奇异值分解的参数估计和基于高阶互协方差张量分解的参数估计。第 10 章介绍互耦误差条件下的 MIMO 雷达参数估计方法,包括互耦误差条件下的 MIMO 雷达信号模型、互耦误差条件下的 MIMO 雷达参数估计、互耦误差条件下的基于张量分解的 MIMO 雷达参数估计。第 11 章介绍 L 型阵列结构 MIMO 雷达目标参数估计,包括收发共置和收发分置的 L 型阵列目标参数估计算法。

本书既可作为雷达领域相关专业工程技术人员参考用书,也可作为高等院校雷达信号处理、通信与信息系统、信息与信号处理、导航制导与控制、水声通信等专业高年级本科生或研究生参考教学辅导书。

作 者

2017 年 8 月

目 录

第1章 绪论 …… 001
1.1 引言 …… 001
1.2 MIMO 雷达研究现状 …… 002
1.2.1 MIMO 雷达起源和分类 …… 002
1.2.2 MIMO 雷达的发展现状 …… 004
1.3 本书结构及内容安排 …… 019
参考文献 …… 020
第2章 MIMO 雷达信号处理基础 …… 025
2.1 引言 …… 025
2.2 MIMO 雷达信号处理数学基础 …… 025
2.2.1 矩阵数学基础 …… 025
2.2.2 张量数学基础 …… 031
2.3 MIMO 雷达信号模型 …… 034
2.4 MIMO 雷达信号的二阶统计特性和高阶统计特性 …… 036
2.4.1 MIMO 雷达信号的二阶统计特性 …… 036
2.4.2 MIMO 雷达信号的高阶统计特性 …… 037
2.5 小结 …… 039
参考文献 …… 040
第3章 均匀线阵 MIMO 雷达目标参数估计 …… 041
3.1 引言 …… 041
3.2 基于空间谱搜索的角度估计算法 …… 042
3.2.1 二维 Capon 算法 …… 042
3.2.2 二维 MUSIC 算法 …… 042
3.2.3 降维的 MUSIC 算法 …… 044
3.2.4 仿真实验与分析 …… 045
3.3 基于子空间旋转不变特性的角度估计方法 …… 047
3.3.1 ESPRIT 算法 …… 047
3.3.2 ESPRIT – MUSIC 算法 …… 049

3.3.3 仿真实验与分析 …… 050
3.4 实数域的参数估计方法 …… 051
3.4.1 Centro – Symmetric 阵列和 Unitary 变换 …… 051
3.4.2 Unitary – MUSIC 算法 …… 052
3.4.3 Unitary – ESPRIT 算法 …… 053
3.4.4 Unitary – ESPRIT – MUSIC 算法 …… 054
3.4.5 仿真实验与分析 …… 055
3.5 小结 …… 056
参考文献 …… 056
第4章 非圆信号 MIMO 雷达目标参数估计 …… 058
4.1 引言 …… 058
4.2 非圆信号的 MIMO 雷达模型 …… 058
4.3 NC – MUSIC 算法 …… 060
4.3.1 二维 NC – MUSIC 算法 …… 060
4.3.2 仿真实验与分析 …… 061
4.4 非圆旋转不变子空间算法 …… 062
4.4.1 NC – ESPRIT 算法 …… 062
4.4.2 NC – ESPRIT – MUSIC 算法 …… 064
4.4.3 仿真实验与分析 …… 065
4.5 实数域的非圆目标参数估计方法 …… 067
4.5.1 扩展后虚拟阵列特性的 Centro – Symmetric 特性 …… 067
4.5.2 Unitary NC – MUSIC 算法 …… 067
4.5.3 Unitary NC – ESPRIT 算法 …… 068
4.5.4 仿真实验与分析 …… 069
4.6 小结 …… 071
参考文献 …… 071
第5章 MIMO 雷达目标参数快速估计 …… 073
5.1 引言 …… 073
5.2 传播算子方法 …… 074
5.2.1 传播算子方法原理 …… 074
5.2.2 基于传播算子方法的参数估计 …… 075
5.3 多级维纳滤波技术 …… 076
5.3.1 多级维纳滤波原理 …… 076
5.3.2 基于多级维纳滤波器的参数估计 …… 079

5.4 Nystrom 方法 …… 081
5.4.1 Nystrom 方法矩阵近似原理 …… 081
5.4.2 基于 Nystrom 方法的参数估计 …… 083
5.5 仿真实验与分析 …… 085
5.5.1 运算复杂度分析 …… 085
5.5.2 参数估计性能分析 …… 086
5.6 小结 …… 087
参考文献 …… 087
第 6 章 MIMO 雷达相干目标参数估计 …… 090
6.1 引言 …… 090
6.2 MIMO 雷达相干目标信号模型 …… 090
6.3 基于二维联合空间平滑的 MIMO 雷达相干目标参数估计方法 …… 092
6.3.1 基于二维联合空间平滑算法的参数估计 …… 092
6.3.2 扩展阵列孔径的二维联合空间平滑算法 …… 093
6.3.3 仿真实验与分析 …… 095
6.4 基于矩阵重构的 MIMO 雷达相干目标参数估计方法 …… 097
6.4.1 基于托普利兹矩阵重构的相干目标参数估计 …… 097
6.4.2 仿真实验与分析 …… 099
6.5 小结 …… 100
参考文献 …… 100
第 7 章 基于高阶累积量的 MIMO 雷达参数估计 …… 102
7.1 引言 …… 102
7.2 高阶累积量的基本理论 …… 102
7.2.1 特征函数 …… 102
7.2.2 高阶矩和高阶累积量 …… 103
7.2.3 高阶累积量的性质 …… 105
7.2.4 四阶累积量 …… 106
7.3 基于四阶累积量的 MIMO 雷达参数估计方法 …… 106
7.3.1 信号模型 …… 106
7.3.2 基于四阶累积量的 MUSIC 算法 …… 107
7.3.3 基于四阶累积量的 PM 算法 …… 111
7.3.4 基于四阶累积量的相干信号角度估计方法 …… 118
7.4 小结 …… 122
参考文献 …… 122

第 8 章　MIMO 雷达分布式目标参数估计 …… 124
8.1　引言 …… 124
8.2　分布式目标的信号模型 …… 124
8.2.1　非相干分布式目标信号模型 …… 126
8.2.2　相干分布式目标信号模型 …… 126
8.3　广义二维 DMUSIC 算法 …… 128
8.4　广义 ESPRIT 算法 …… 130
8.4.1　相干分布式目标参数估计 …… 130
8.4.2　非相干分布式目标角度估计 …… 133
8.5　非圆分布式目标参数估计方法 …… 139
8.5.1　广义 NC－MUSIC 算法 …… 141
8.5.2　广义 NC－ESPRIT 算法 …… 142
8.6　仿真实验与分析 …… 145
8.7　小结 …… 152
参考文献 …… 152
第 9 章　基于张量分解的 MIMO 雷达参数估计 …… 154
9.1　引言 …… 154
9.2　MIMO 雷达的张量信号模型 …… 154
9.3　基于高阶奇异值分解的 MIMO 雷达参数估计 …… 155
9.3.1　匹配滤波器多维结构特性分析 …… 155
9.3.2　基于高阶奇异值分解的子空间估计 …… 156
9.3.3　基于高阶协方差张量分解的子空间估计 …… 157
9.3.4　参数联合估计 …… 159
9.3.5　仿真实验与分析 …… 160
9.4　基于实值高阶奇异值分解的参数估计 …… 162
9.4.1　Centro－Hermitian 张量和张量实值变换 …… 162
9.4.2　基于高阶奇异值分解的 UESPRIT 算法 …… 163
9.4.3　仿真实验与分析 …… 164
9.5　色噪声背景下基于高阶奇异值分解的参数估计 …… 165
9.5.1　色噪声背景下的 MIMO 雷达张量信号模型 …… 165
9.5.2　基于高阶互协方差张量分解的参数估计 …… 166
9.5.3　仿真实验与分析 …… 169
9.6　小结 …… 171
参考文献 …… 171

第 10 章　互耦误差条件下的 MIMO 雷达参数估计 …… 173
10.1　引言 …… 173
10.2　互耦误差条件下的 MIMO 雷达信号模型 …… 174
10.3　互耦误差条件下的 MIMO 雷达参数估计 …… 176
10.3.1　基于 MUSIC – Like 的参数估计方法 …… 176
10.3.2　基于 ESPRIT – Like 的参数估计方法 …… 179
10.3.3　仿真实验与分析 …… 181
10.4　互耦误差条件下基于张量分解的 MIMO 雷达参数估计 …… 183
10.4.1　基于张量分解的 MIMO 雷达参数联合估计 …… 183
10.4.2　仿真实验与分析 …… 185
10.5　小结 …… 187
参考文献 …… 187
第 11 章　L 型阵列结构 MIMO 雷达目标参数估计 …… 190
11.1　引言 …… 190
11.2　信号建模 …… 191
11.2.1　收发分置 L 型阵列 MIMO 雷达信号模型 …… 191
11.2.2　收发共置 L 型阵列 MIMO 雷达信号模型 …… 192
11.2.3　等效虚拟阵列 …… 193
11.2.4　自由度和最大可分辨目标数 …… 194
11.2.5　Cramer – Rao 界 …… 195
11.3　收发分置 L 型阵列低复杂度 DOA 估计算法 …… 197
11.3.1　基于 MUSIC 算法的低复杂度 DOA 估计算法 …… 197
11.3.2　基于 ESPRIT 算法的低复杂度 DOA 估计算法 …… 205
11.4　收发共置 L 型阵列低复杂度 DOA 估计算法 …… 218
11.4.1　降维预处理 …… 218
11.4.2　基于 MUSIC 算法的低复杂度 DOA 估计算法 …… 222
11.4.3　基于 ESPRIT 算法的低复杂度 DOA 估计算法 …… 228
11.5　小结 …… 233
参考文献 …… 234
主要符号表 …… 236
缩略语 …… 237

第1章 绪论

1.1 引言

雷达原意为“无线电探测和测距”，利用电磁波散射原理进行目标探测和定位。雷达自问世以来，从早期的船用防撞雷达[1]到现代的相控阵雷达[2]、合成孔径雷达[3]等，其主要任务不外乎目标检测和参数估计。第二次世界大战后，雷达技术飞速发展，逐渐在军事领域崭露头角，在现代信息战、电子战中，作为获取敌情的“先头兵”，雷达发挥的作用无可替代。随着雷达技术的日益成熟，雷达技术在交通、气象等诸多民用领域也具有显著作用。但是，随着现代高新技术的发展，电磁环境日趋复杂，电子干扰、隐身目标、反辐射导弹、低空突防“四大威胁”严重制约着雷达发挥其作用[4]。这就给雷达设计者出了一道难题，要求雷达设计者应不断地进行技术创新，以满足复杂电磁环境下对雷达良好性能的需求。

20 世纪 90 年代，多输入多输出（MIMO）技术在通信领域获得巨大发展。逐渐成熟的 MIMO 技术吸引了众多雷达设计者的目光，在 2003 年第 37 届 Asilomar 信号、系统与计算机会议（ACSSC）上 Bliss 和 Rabideau 等同时独立地提出了 MIMO 雷达的概念[5,6]。MIMO 雷达在发射端通过各发射阵元发射互不相关的正交信号，接收端接收到目标回波信号后，通过匹配滤波器组将各发射信号分离，成倍地产生虚拟阵元，形成大孔径虚拟阵列，增加了雷达系统的自由度和最大可分辨目标数，使得 MIMO 雷达系统具有更好的目标检测性能和参数估计精度。

波达方向（DOA）估计又称空间谱估计或角度估计，是雷达参数估计的一项重要内容[7]。DOA 估计利用一组在空间呈任意分布的天线阵列对空间目标在时域和空域同时采样，并将采样数据传输至信号处理单元进行空间目标 DOA 估计。目标 DOA 估计的分辨力、实时性、最大可分辨目标数、稳健性等因素决定了估计性能的好坏。天线阵列的孔径越大，DOA 估计的分辨力越大；天线阵元数越多，可分辨目标数越多。然而在实际工程应用中，天线阵列的孔径受物理器件及其成本的影响，不可能趋于无穷大，这就导致 DOA 估计的分辨力始终受到阵列孔径的限制；天线阵元数受到实际环境的制约，也不可能无限多，这就导致最大可分辨目标数始终受到阵元数的限制。在 MIMO 雷达中，由于大孔径虚拟阵元对阵列孔径和阵元数进行了成倍扩展，使得 MIMO 雷达 DOA 估计在性能上具有很大的提升潜力。本书重点介绍 MIMO 雷达角度估计的相关内容。

1.2 MIMO 雷达研究现状

1.2.1 MIMO 雷达起源和分类

随着固态有源器件的不断发展和数字阵列技术的逐渐成熟，雷达由最开始的单天线机械扫描雷达发展到相控阵雷达、合成孔径雷达等现代化雷达。目前，雷达技术不仅在军事领域发挥作用，而且已经广泛应用到人们的生活中，如气象雷达、交通导航雷达等。与此同时，反雷达技术的迅猛发展使得电磁环境日益复杂，迫使传统的雷达体系结构不断更新。

在 21 世纪初，受到 MIMO 通信技术和综合脉冲孔径雷达（SIAR）思想的启发，MIMO 雷达应运而生[8,9]。MIMO 雷达本质上可以认为是发射端或接收端同时（或分别）利用时间、空间、频率和极化等分集来探测目标或处理目标回波信号的一类雷达。实际上在 MIMO 雷达概念提出之前，国内外已经有了关于此类技术的研究。在 20 世纪 70 年代末，法国国家航空航天研究所（ONERA）率先提出了综合脉冲孔径雷达的概念。在国内，90 年代初西安电子科技大学雷达信号处理重点实验室深入研究了米波稀布阵综合脉冲孔径雷达，并与中国电子科技集团第三十八研究所合作研究了该雷达系统的工程实现。SIAR 采用大阵元间距随机稀布阵形式，每个发射天线阵元发射窄带正交波形，在接收端进行发射波束综合，从而获得可以与宽带信号媲美的更高的距离分辨力。SIAR 发射天线阵元是全向天线，与传统的单一方向波束形成器不同，因此具有低截获概率优势，使得 SIAR 不仅可以探测隐身目标，还可以提高雷达抗反辐射导弹的能力。由 SIAR 的原理可以看出，SIAR 实际上是 MIMO 雷达的雏形。图 1.1(a) 为西安电子科技大学雷达重点实验室设计的 SIAR 稀布阵俯视图，其中内圆为接收天线阵列，外圆为发射天线阵列；图 1.1(b) 为 SIAR 实景图。

受到 SIAR 和 MIMO 通信技术的启发，美国麻省理工学院（MIT）林肯实验室的 Rabideau 和 Parker 在 2003 年第 37 届 Asilomar 信号、系统与计算机会议（ACSSC）上首次提出 MIMO 雷达的概念，对 MIMO 雷达在波束形成、低截获概率、杂波抑制等方面的优势进行了理论分析[8]。同一届会议上，Bliss 和 Forsythe 针对多种阵列结构 MIMO 雷达的自由度和分辨力改善进行了研究分析[9]。

根据 MIMO 雷达发射和接收阵列的配置方式，大致将 MIMO 分为以下两种：

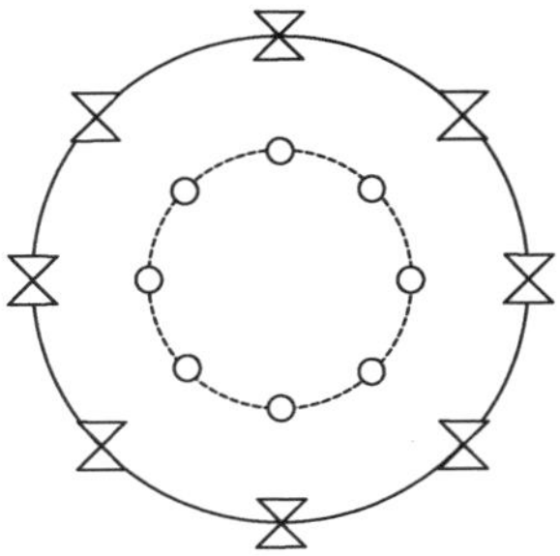

(a) SIAR稀布阵俯视图

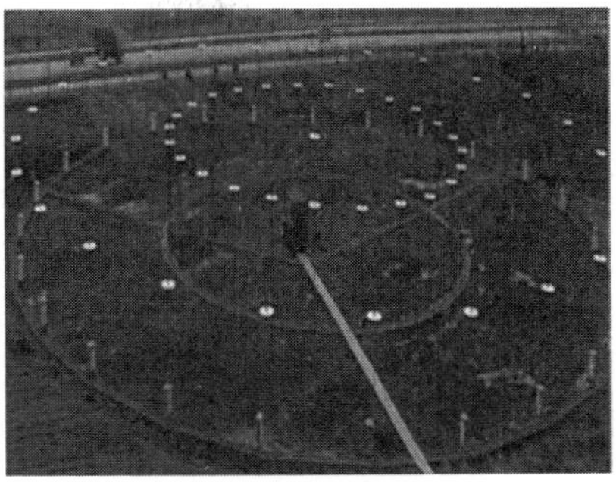

(b) SIAR实景图

图 1.1 稀布阵 SIAR 系统

(1) 统计 MIMO 雷达。统计 MIMO 雷达的概念由新泽西州理工学院的 Fishler 等在 2004 年的雷达年会上提出[10-13],其示意图如图 1.2 所示。

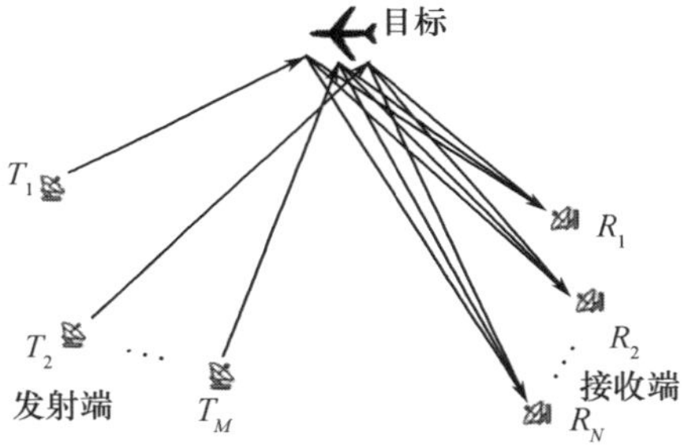

图 1.2 统计 MIMO 雷达示意图

统计 MIMO 雷达由多个相距足够远的发射/接收单元组成,发射端发射互不相关的信号,接收端采用非相参处理,每一个发射 - 接收对形成相互独立的接收通道,能够获得目标的独立散射响应。这样,发射系统从多个不同角度照射探测目标,接收系统接收不同角度的回波信号,各接收信号统一进行统计处理,从而获得空域分集,克服目标的闪烁特性。

(2) 集中式 MIMO 雷达。集中式 MIMO 雷达的概念由麻省理工学院林肯实验室提出[14-17],如图 1.3 所示,该类雷达的发射/接收阵列均采用紧凑式布置方式,一般情况下发射/接收的阵元间距均采用小于或者等于半个波长。在接收端经过匹配滤波器组之后,形成一个大孔径的虚拟阵列,提高目标的角度分辨力和自由度。其最大的特点在于利用了发射信号的正交性,同时可以在接收端完成等效的发射波束形成。

MIMO 雷达一经提出便得到了国内外学者的广泛关注和研究,如美国的佛罗里达大学谱分析实验室、麻省理工学院林肯实验室、里海大学信号处理与通信

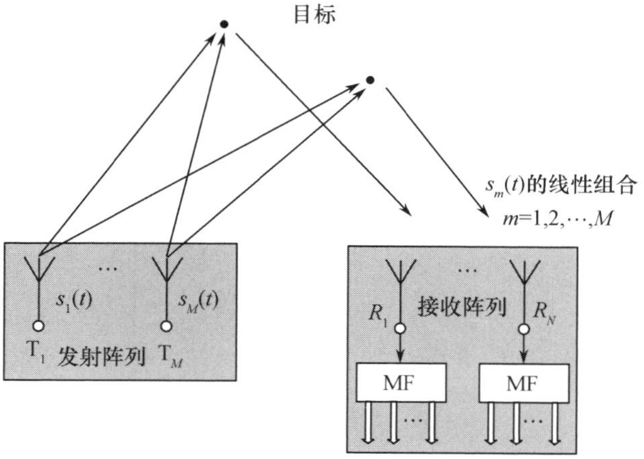

图 1.3　集中式 MIMO 雷达示意图

研究实验室、华盛顿大学电子与系统工程系等,国内的清华大学、西安电子科技大学、电子科技大学、国防科技大学、中国科学院、中国电子科技集团第十四研究所等多所高校和科研单位均对其展开了相关研究,并取得了大量研究成果。

1.2.2　MIMO 雷达的发展现状

提出 MIMO 雷达技术以后,各个研究机构就开始了实验系统的研制并获得众多的实验数据。2004 年,麻省理工学院林肯实验室研制了 2 款雷达实验系统用于验证 MIMO 雷达技术:一款采用 L 波段,带宽为 1MHz,共有 20 个阵元,但同一时刻只能使用 4 个通道,如图 1.4 所示;另一款为宽带雷达,采用 X 波段,带宽为 500MHz,共有 2 个发射阵元、4 个接收阵元,如图 1.5 所示。实验证明 MIMO 雷达可以获得更好的空间分辨力和更窄的波束图[18]。

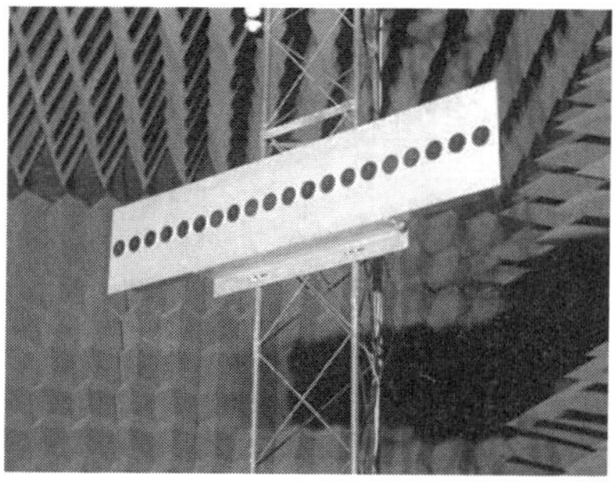

图 1.4　L 波段雷达

图 1.5　X 波段雷达

2005 年,德国 Neuenahrer 下属的 FGAN – FHR 研究所开始了有关 MIMO – SAR 课题的研究。课题采用机载下视三维成像与低点观测空基雷达(ARTINO)

技术，解决了传统侧视合成孔径雷达受阴影影响的限制，实验示意图如图 1.6 所示。Jens Klare 的团队为此设计了一个实验平台——三维成像与低点观测空基雷达（ARTINO）[19]。如图 1.7 所示，ARTINO 使用一架翼展 4m、载重 5 kg 的无人机作为载体。机载系统主要由 MIMO 雷达系统和导航模块两部分组成。

图 1.6　ARTINO 实验示意图

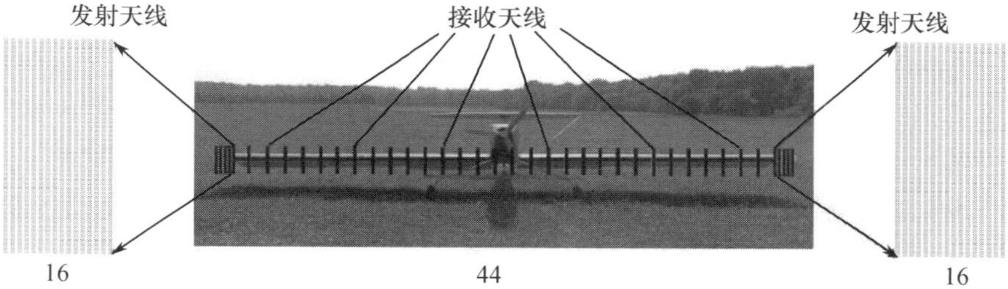

图 1.7　ARTINO 天线系统示意图

导航模块由惯性测量单元（IMU）、GPS 接收机和激光发射接收系统三部分组成，如图 1.8 所示。导航模块有以下两个方面的作用：

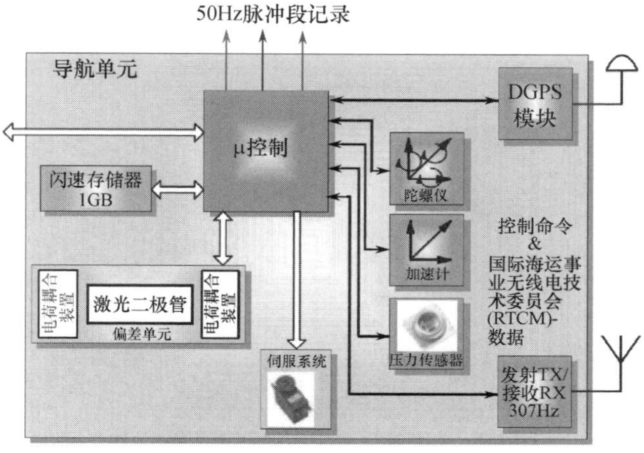

图 1.8　ARTINO 导航模块结构

(1) 用于记录无人机的飞行路径，便于后期处理结果与实际状态对比。

(2) 使用激光发射器和 CCD 器件记录无人机飞行中机翼抖动，用于后期信号处理消除机翼抖动等对成像质量的影响。

雷达系统的天线采用嵌入机翼的结构，具备 32 个发射阵元、44 个接收阵元，发射阵元分为 2 组，每组 16 个，放置在机翼两端，接收阵元放置在机翼中间且均匀分布。具体天线分布如图 1.7 所示。ARTINO 系统参数如表 1.1 所列[20]。

表 1.1 ARTINO 系统参数

系统参数	参数值	系统参数	参数值
发射单元/个	32	接收单元/个	44
中心频率/GHz	36.5	带宽/MHz	750
天线间距	0.69λ	天线长度/cm	20
脉冲重复频率/Hz	3200	平台速度/(m/s)	10
平台高度/m	≥200	翼展/m	>4.1

ARTINO 系统中的射频前端结构如图 1.9 所示。采用斜坡信号发生器产生调频连续波(FMCW)信号，经过功率放大器放大到所需的功率，然后使用功分器把发射信号发送到各个发射天线和接收阵元。接收阵元把接收到的信号放大，然后与发射信号混频产生中频信号后发送到信号处理单元。斜坡信号发生器结构框图如图 1.10 所示，使用 2.7GHz 直接数字合成器(DDS)AD9956 和外置压控振荡器(VCO)产生基带扫频信号后与由锁相介质振荡器(PDRO)产生的本振信号混频生成所需的发射信号。

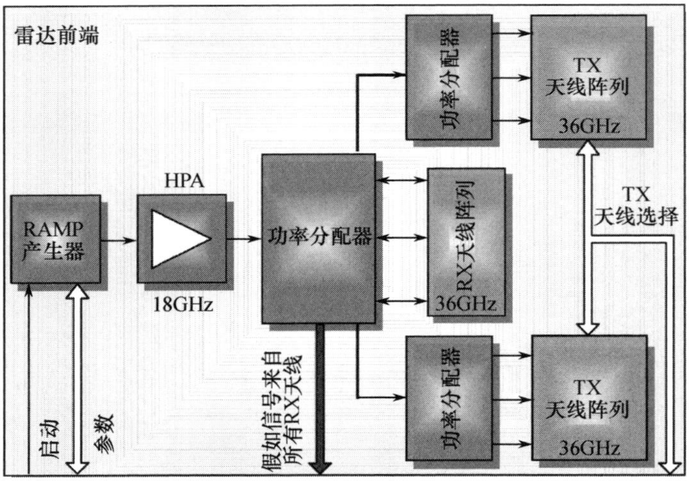

图 1.9 ARTINO 系统中的射频前端结构

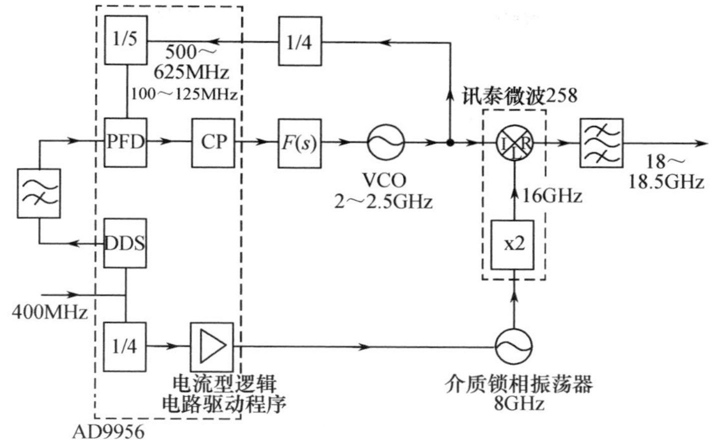

图 1.10　斜坡信号发生器结构框图

Jens Klare 的团队在 ARTINO 平台的基础上对发射波形设计[21]、3D 成像算法[22]、机翼抖动干扰对成像质量影响的消除[23]等方面进行了深入研究，并在 2010 年进行了第一次飞行试验，取得了良好的效果。

2010 年，Jens Klare 团队又提出了一种 Ka 波段静基座的 MIMO 成像雷达 MIRA－CLE Ka，如图 1.11(a)所示。MIRA－CLE Ka 雷达由 16 个发射阵元和 16 个接收阵元构成 256 个虚拟阵元。天线的布阵结构如图 1.11(b)所示，发射阵元分成两组放置在接收阵元的两侧下方，接收阵元均匀分布在中间上部，中心频率 36GHz(Ka 波段)，带宽 800MHz。

MIRA－CLE Ka 雷达系统框图如图 1.11(c)所示。系统采用任意波形发生器(AWG)产生基带信号，上变频到 18GHz 后通过功率分配器发送到每个发射阵元，二倍频后发射。单个阵元发射功率为 33dBm，并通过射频开关控制每个阵元的发射。接收机采用 4 路接收采集通道同步采样。每个接收通道通过开关轮流采集 4 个接收阵元的信号，这样可以增加系统的脉冲重复频率(PRF)。每个接收阵元通过前置可编程放大器并与 18GHz 的本地振荡器混频后下变频到 IF 信号，送入接收采集通道[24,25]。

2010 年 Jens Klare 团队还设计了一款 X 波段的 MIMO 雷达 MIRA－CLE X。MIRA－CLE X 同样是一款静基座成像雷达，但是由于采用更长的载波可以实现相对于 MIRA－CLE Ka 雷达更远的探测距离。MIRA－CLE X 雷达由 16 个发射阵元和 14 个接收阵元构成 224 个虚拟阵元，如图 1.12 所示。

图 1.13 为 MIRA－CLE X 雷达系统结构框图。它采用时分工作方式，利用一路信号发生器和一路信号接收机通过开关矩阵实现所有收发阵元对的组合。MIRA－CLE X 雷达中心频率为 9GHz(X 波段)，带宽为 1GHz，单个阵元发射功

(a)MIRA-CLE Ka雷达实物

(b)MIRA-CLE Ka雷达天线布局

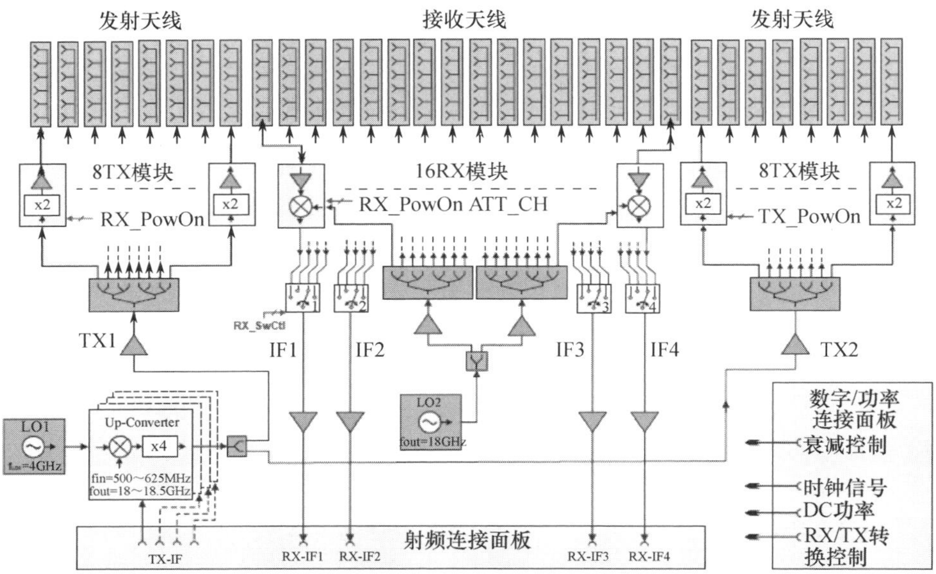

(c) MIRA-CLE Ka雷达系统框图

图 1.11　MIRA - CLE Ka 雷达组成示意图

图 1.12　MIRA - CLE X 雷达天线单元

率为 33dBm,可以通过更换放大器实现更大的发射功率,接收单元与发射单元采用相同的本振,采样率达 8×10^9/s[26,27]。

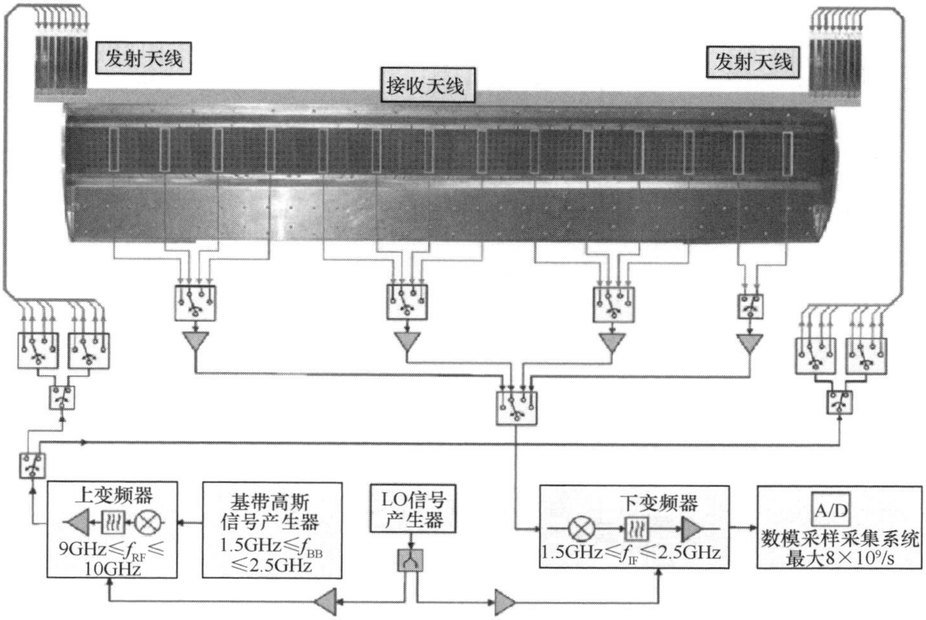

图 1.13　MIRA - CLE X 雷达系统结构框图

MIRA - CLE X 雷达分两步对信号进行处理。第一步是对每个虚拟通道信号做预处理,即首先进行距离压缩,然后下变频到中频进行希尔伯特变换,通过使用汉明窗抑制旁瓣增益,进行移相校正后对多个周期信号进行相干累积来提高信噪比。第二步实现成像处理,选用两种方法,一种是直接使用波束形成技术,另一种是使用后向投影算法,两者主要区别在近场条件下的运算时间。成像结果显示该系统可以清晰地识别建筑物、树林等目标[28]。

2010 年,美国维拉诺瓦大学现代通信技术中心雷达成像实验室使用通用仪器搭建了一套用于动目标检测的 MIMO 穿墙成像雷达。穿墙成像雷达使用 ENA - 5071B 矢量网络分析仪作为信号合成器产生步进 10MHz、带宽 1 ~ 3GHz 共 201 个阶梯的步进频连续波信号,同时兼作信号采集器。使用带宽为 0.7 ~ 6GHz 的 ETS - Lindren 3164 - 04 喇叭状天线作为发射接收天线。穿墙雷达天线布阵结构如图 1.14 所示,两个发射天线位于两侧后端,接收天线使用安装在前端导轨上的喇叭状天线滑动组成 41 个接收阵元,阵元中心间距为 7.49cm。图 1.15 展示了穿墙成像雷达的测试环境,墙壁厚为 0.14m,由混凝土砖块组成,后面放置两把椅子,一台计算机显示器放置在桌面上,两个人按照图 1.14 所示的路径交叉移动，系统成功地检测到了墙后人体的移动位置[29]。

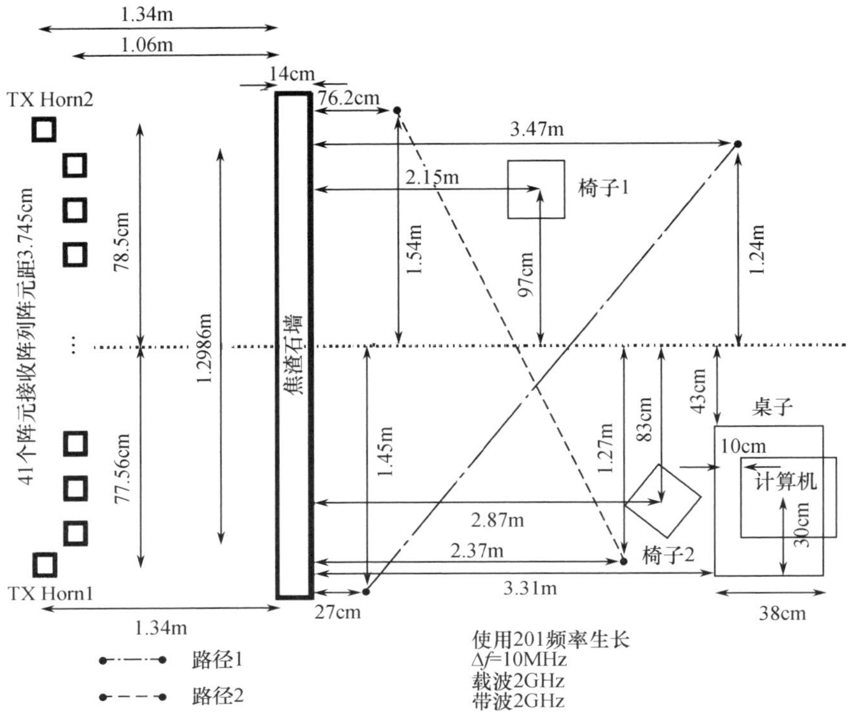

图 1.14　穿墙雷达天线布阵结构

图 1.15　穿墙雷达的测试环境

2010 年，美国麻省理工学院林肯实验室设计了一套可以对墙后目标实时成像的 MIMO 成像雷达系统，可以实现帧刷新率达 10.8Hz 的成像效果。穿墙雷达系统结构如图 1.16 所示，使用一路信号源产生 2 ~ 4GHz 的 FMCW 信号，峰值功

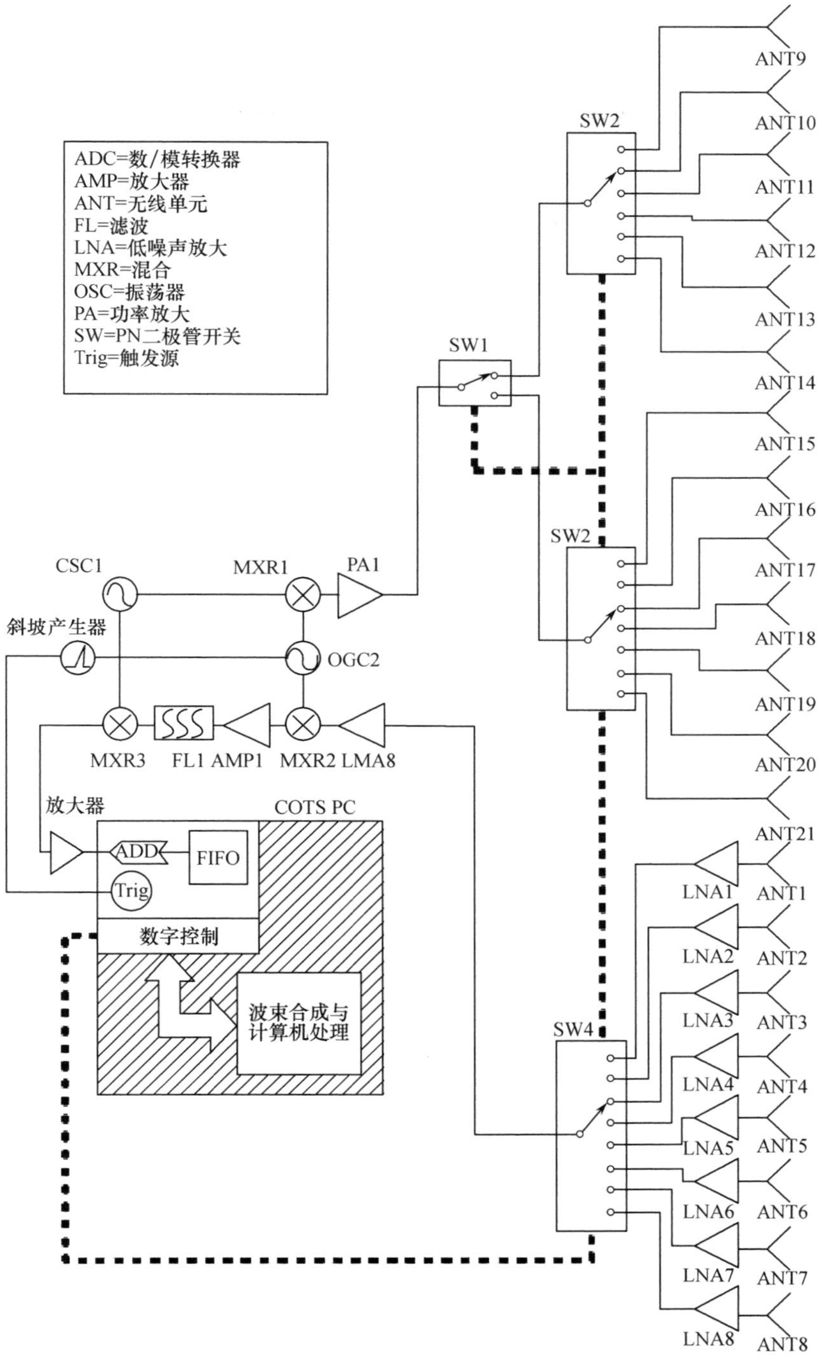

图 1. 16　穿墙雷达系统结构图

率为2W,占空比为50%。通过开关SW1－3构成13个发射阵元。8个接收阵元通过开关SW4分时共用一路接收通道。通道使用PCIE－6251数据采集卡实现数据采集,采样精度为16bit,采样率为1.25×10^{6}/s。同时采集卡的I/O通道负责系统信号发生器的控制和所有开关的控制。最后采集卡采集的信息通过PCIE总线送到个人计算机经过信号处理后在GUI软件上实现显示。图1.17为穿墙雷达采集卡系统结构,图1.18为穿墙雷达实物[30]。

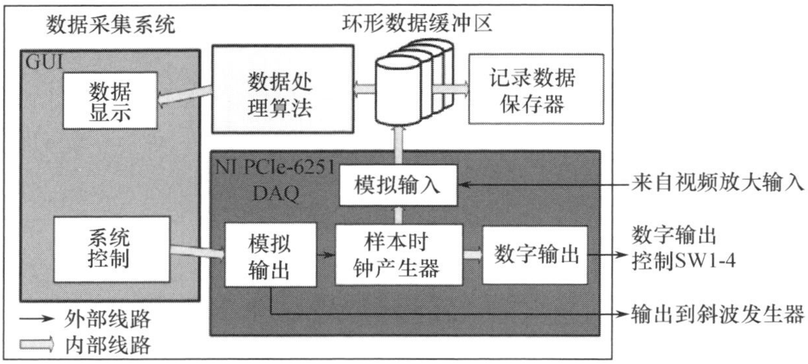

图1.17　穿墙雷达采集卡系统结构

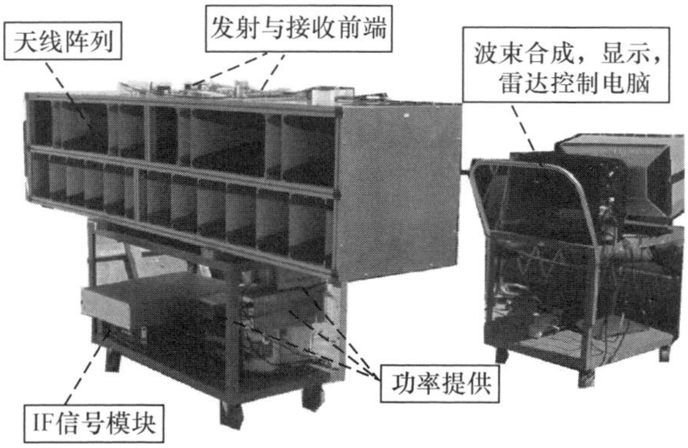

图1.18　穿墙雷达实物

2011年,伦敦大学学院电子与电力工程系的Y. Huang和P. V. Brennan设计了一款用于航海导航的MIMO成像雷达,它使用4个发射阵元、16个接收阵元,通过开关矩阵分时复用构成了64个虚拟阵元的阵列。航海导航用MIMO成像雷达系统技术参数如表1.2所列。图1.19为航海导航用MIMO成像雷达系统结构框图。系统有一路信号发生器,采用DDS产生100MHz的FMCW信号,上变频到X波段后功率放大输出。16路接收通道同时处理每个接收阵元上的信号,每路接收通道包含前置放大器、中频处理电路和ADC采样电路,最终接收数据送到信号处理单元完成成像处理。该系统在方位向上使用 MUSIC 算法，在距离向上使用 FFT 算法，生成的图像可以实现理论上的 0.64m 的横向分辨力精度[31]。

表 1.2　航海导航用 MIMO 成像雷达系统技术参数

系统参数	参数值	系统参数	参数值
中心频率/GHz	9.25	探测距离/m	253
脉冲带宽/MHz	100	探测角度范围/(°)	120
脉冲持续时间/μs	135	采样率/($\times10^6$/s)	2.5

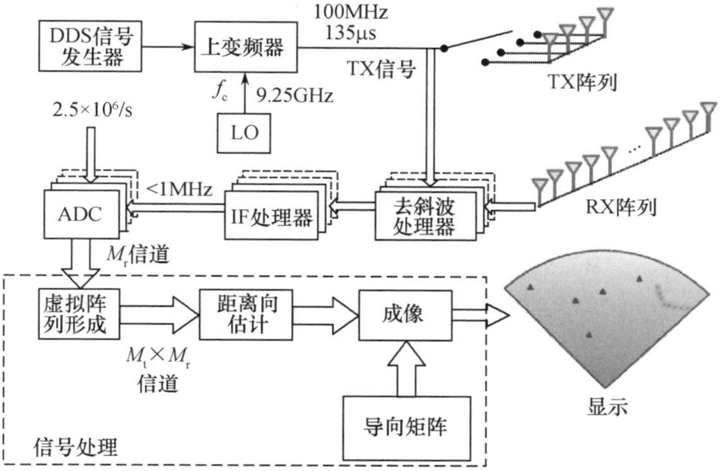

图 1.19　航海导航用 MIMO 成像雷达系统结构框图

2011 年，伦敦大学学院电力与电子工程系的 Hari Narayanan 等对基于 MIMO 技术的冰盖成像雷达进行了研究和试验。该系统在借鉴了 ARTINO 系统的设计思想后设计了如图 1.20 所示的布阵结构，6 个发射阵元和 6 个接收阵元构成 36 个虚拟阵元。使用网络分析仪作为信号合成器和信号处理器。工作频率为 305MHz，带宽为 160MHz，发射波形为步进频连续波，阶梯数为 5001 个。冰盖成像雷达试验环境如图 1.21 所示。该系统可以探测最薄 118m、最厚 1.6km 的冰盖[32]。

2011 年，欧洲宇航防务集团创新中心的 Prechtel 等设计了一款短距 MIMO 成像雷达。短距成像雷达天线布阵结构如图 1.22 所示，与 Hari Narayanan 的冰盖成像雷达天线布阵结构相同。在实际试验中使用了其中的一半，即 L 型布阵结构，如图 1.23 所示。

使用安装在导轨上的发射天线和接收天线，通过移动构成 20 个发射阵元和 20 个接收阵元构成 400 个阵元的虚拟阵列。同样使用矢量网络分析仪作为信

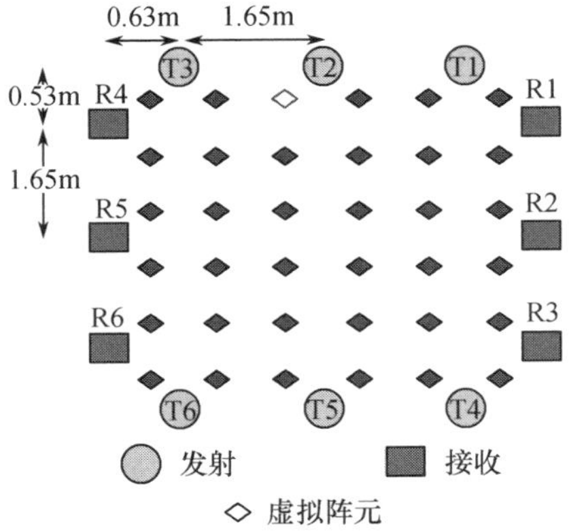

图 1.20　冰盖成像雷达天线布阵结构

图 1.21　冰盖成像雷达试验环境

天线组成＊＊发射天线 ▽▽接收天线 ▩目标

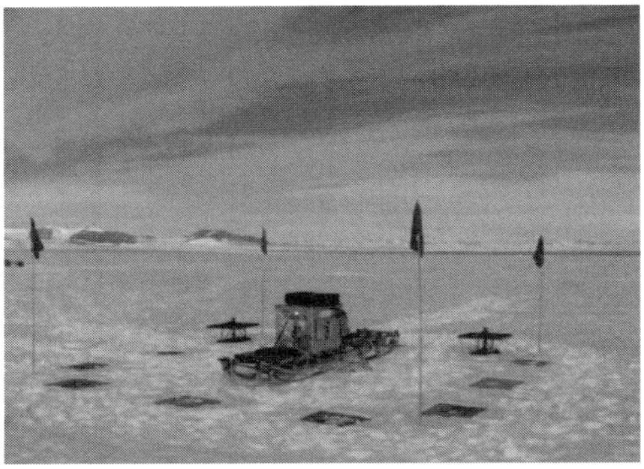

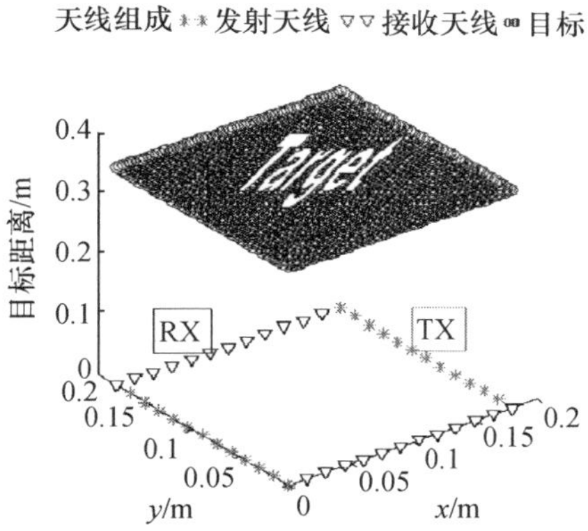

图 1.22　短距成像雷达天线布阵结构

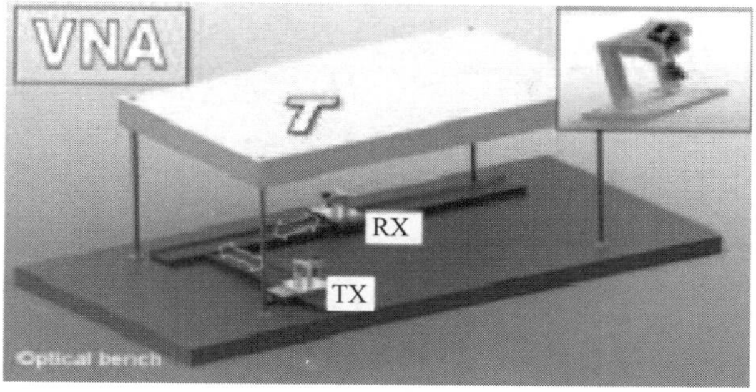

图 1.23　短距成像雷达试验结构

号合成器和信号采集器。成像目标放置在天线阵列上部的聚苯乙烯泡沫塑料上。通过 26GHz 和 40GHz 两个波段的试验分析发现,在 40GHz 的情况可以更清晰地对目标形状实现成像[33]。

2012 年,澳大利亚阿德莱德大学电力与电子工程系的 G. A. Rankin 和 A. Z. Tirkel 等开发了一款用于检测建筑墙壁中白蚁的手持雷达设备。该雷达系统在上一代单通道收发机的基础上改进为 MIMO 体制,它使用 16 个发射阵元和 16 个接收阵元,其布阵结构如图 1.24 所示,其中中间圆点为发射阵元,四角方块为接收阵元。白蚁检测雷达系统结构框图如图 1.25 所示。雷达系统采用正交发射波形,接收采用独立通道同步接收。为了减小系统体积,天线和收发电路都集成到了一个印制电路板(PCB)上,布局如图 1.26 所示。白蚁检测雷达实物如图 1.27 所示,其易于携带,检测精确[34]。

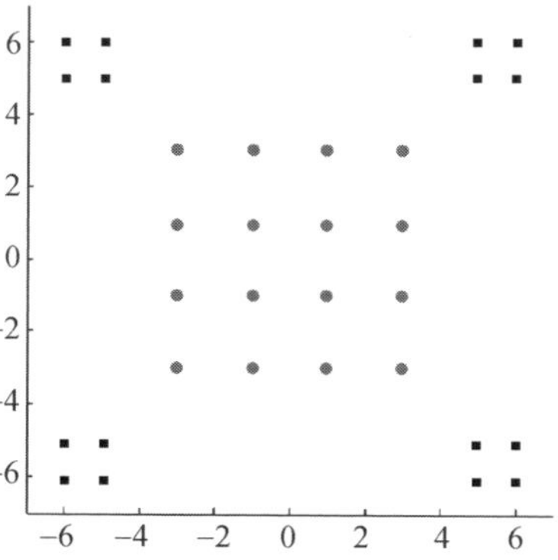

图 1.24　白蚁检测雷达天线布阵

2012 年,德国宇航中心(DLR)微波与雷达研究所的 T. Rommel 等设计了一款基于数字波束合成(DBF)技术的 MIMO 雷达系统。如图 1.28 所示,该系统采

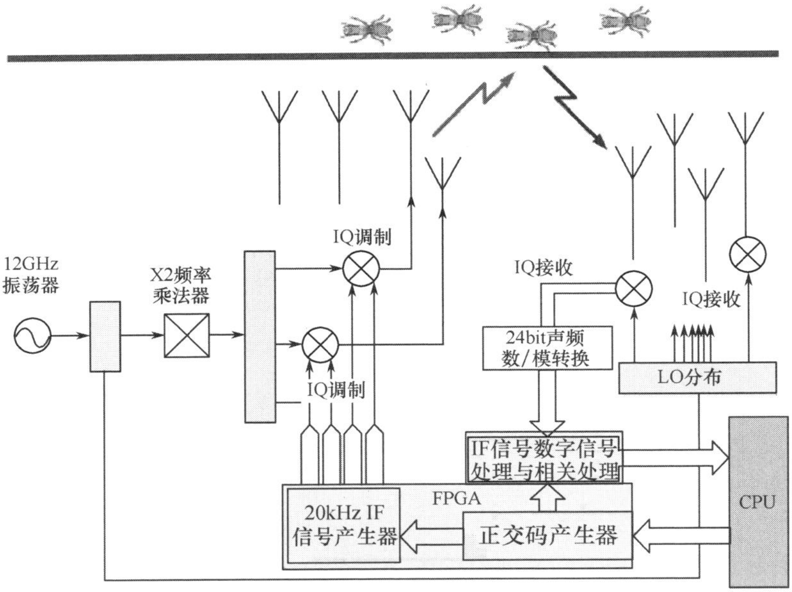

图 1.25　白蚁检测雷达系统框图

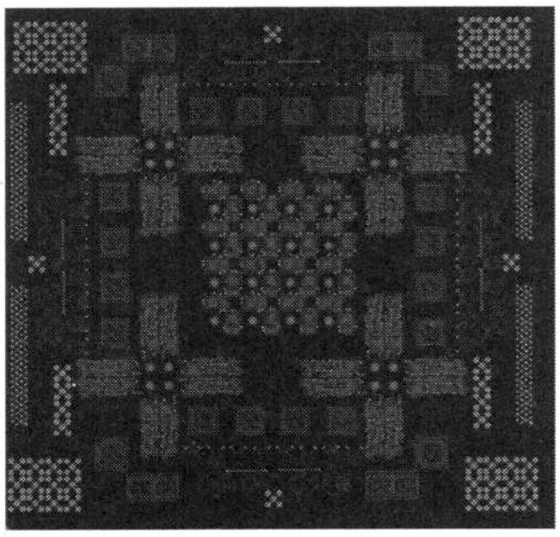

图 1.26　白蚁检测雷达 PCB 布局

用 2 个发射阵元和 4 个接收阵元组成 8 个虚拟阵列，其中两路发射信号由任意波形发生器产生复数形式的线性调频信号，四路独立的接收通道与发射通道共用相同的本振信号。该系统中心频率为 9.55GHz，带宽为 150MHz，脉冲长度为 10μs，采样率为 2×10^9/s，可以获得距离分辨力为 1.0m 和方位分辨力为 6.5°。雷达试验系统如图 1.29 所示[35]。

总体来说，自 2004 年提出 MIMO 雷达技术以来，国外一直在对 MIMO 雷达成像理论的各个方面如波形优化[36-41]、目标检测[42-47]、参数估计[48-57]、空时处

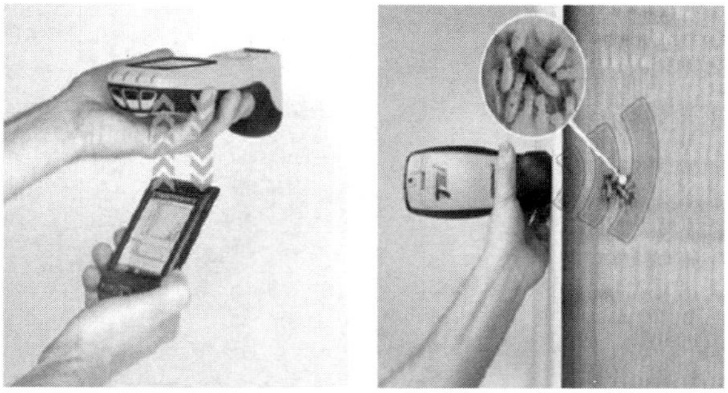

图 1.27　白蚁检测雷达实物

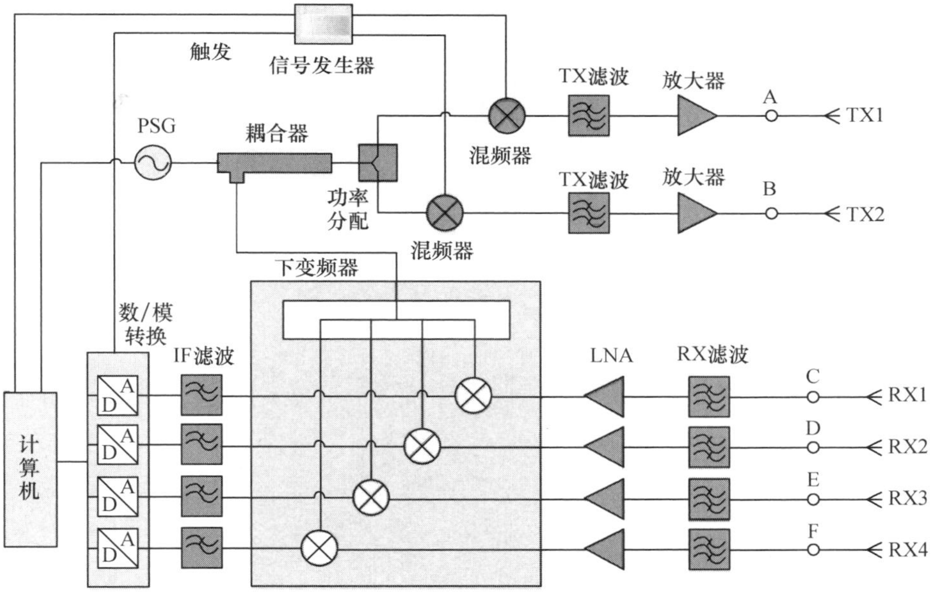

图 1.28　雷达系统框图

理[58-61]、成像[62-65]进行研究和验证。MIMO 雷达国内外研究趋势如图 1.30 所示。

从图 1.30 中可以看到,国外学者早在 2004 年就已经开始进行 MIMO 雷达波形设计和目标检测的研究,而国内从 2006 年才开始进行 MIMO 雷达波形设计的有关研究。自 2010 年后,国内外关于 MIMO 雷达的研究涉及更多方面的内容,如宽带 MIMO 雷达[66]、MIMO 雷达收发阵列结构[67]等,已经不局限于上述 5 个方面,但参数估计还是最主要的研究内容之一。

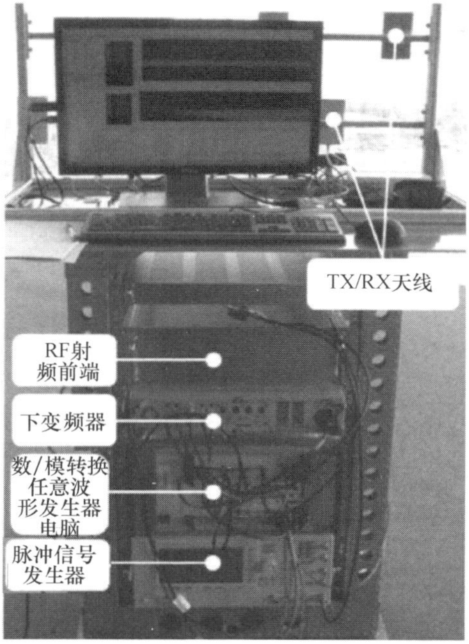

图 1.29　雷达试验系统

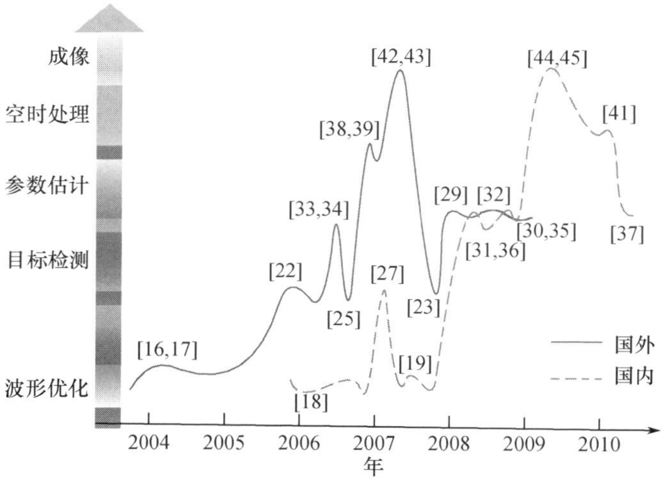

图 1.30　MIMO 雷达国内外研究趋势

1.3 本书结构及内容安排

MIMO 雷达的研究领域发展十分迅速，不可能在本书中覆盖全面，本书主要研究 MIMO 雷达参数估计问题，具体而言是角度（包括 DOD 和 DOA）估计问题。参数估计是 MIMO 雷达主要研究内容之一，而 DOA 估计则是参数估计的主要研究内容之一。本书的结构和内容安排如下：

第 1 章介绍了 MIMO 雷达研究现状。

第 2 章介绍 MIMO 雷达的基础知识，包括矩阵和张量数学基础、MIMO 雷达信号基本模型、信号统计特性等基础知识。

第 3 章介绍均匀线阵 MIMO 雷达目标参数估计，包括经典的二维 Capon 算法、二维 MUSIC 算法、ESPRIT 算法、实数域的参数估计方法等，并给出仿真性能分析。

第 4 章介绍非圆信号 MIMO 雷达目标参数估计，包括非圆信号特性分析、NC－MUSIC 算法、NC－ESPRIT 算法和实数域的非圆目标参数估计方法。

第 5 章介绍 MIMO 雷达的目标参数快速估计，主要包括传播算子方法、多级维纳滤波技术、Nystrom 方法，给出性能对比。

第 6 章介绍 MIMO 雷达的相干目标参数估计，给出相干目标信号模型、二维联合空间平滑解相干算法、协方差矩阵重构解相干算法和非圆信号的解相干算法。

第 7 章介绍基于高阶累积量的 MIMO 雷达参数估计方法，分析 MIMO 雷达信号的四阶累积量特性，给出基于四阶累积量的 MUSIC 算法、快速参数估计方法和相干信号参数估计算法。

第 8 章介绍 MIMO 雷达分布式目标参数估计方法，建立了分布式目标的信号模型，给出了适合于分布式目标的广义二维 MUSIC 算法、Hadamard 旋转不变子空间算法和非圆分布式目标参数估计方法。

第 9 章介绍基于张量分解的 MIMO 雷达参数估计，包括基于高阶奇异值分解的参数估计和基于高阶互协方差张量分解的参数估计。

第 10 章介绍互耦误差条件下的 MIMO 雷达参数估计，包括阵列误差条件下的信号模型、互耦误差条件下的子空间目标参数估计方法和互耦误差条件下基于张量分解的参数估计方法。

第 11 章介绍 L 型阵列结构 MIMO 雷达目标参数估计，包括收发共置和收发分置的 L 型阵列目标参数估计算法。

参考文献

[1] Brown L. A Radar History of World War II: Technical and Military Imperatives[J]. Institute of Physics Publishing, Bristol—Philadelphia, 1999.
[2] 张光义. 相控阵雷达原理[M]. 北京:国防工业出版社, 2009.
[3] 杨晓波. 合成孔径雷达成像原理[M]. 成都:电子科技大学出版社, 2007.
[4] 朱华邦,杜娟. "四大威胁"环境下雷达生存与对抗技术浅析[J]. 飞航导弹, 2005: 61-64.
[5] Bliss D W, Forsythe K W. Multiple-input multiple-output (MIMO) radar and imaging: degrees of freedom and resolution[C]. Signals, Systems and Computers, 2003. Conference Record of the Thirty-Seventh Asilomar Conference on. IEEE, 2003, 1: 54-59.
[6] Rabideau D J, Parker P. Ubiquitous MIMO multifunction digital array radar[C]. Signals, Systems and Computers, 2003. Conference Record of the Thirty-Seventh Asilomar Conference on. IEEE, 2003, 1: 1057-1064.
[7] 王永良. 空间谱估计理论与算法[M]. 北京:清华大学出版社, 2004.
[8] Rabideau D J, Parker P. Ubiquitous MIMO multifunction digital array radar[C]. Signals, Systems and Computers, 2003. Conference Record of the Thirty-Seventh Asilomar Conference on. IEEE, 2003, 1: 1057-1064.
[9] Bliss D W, Forsythe K W. Multiple-input multiple-output (MIMO) radar and imaging: degrees of freedom and resolution[C]. Signals, Systems and Computers, 2003. Conference Record of the Thirty-Seventh Asilomar Conference on. IEEE, 2003, 1: 54-59.
[10] Eran F, Alex H, Rick B. Performance of MIMO radar systems: Advantages of angular diversity[C]. Proceeding of the Thirty-Eighth Asilomar Conference on Signals, Systems and Computers, 2004: 305-309.
[11] Eran F, Alexander H, Rick B. Spatial diversity in radars-Models and detection performance[J]. IEEE Transactions on Signal Processing, 2006, 54(3): 823-838.
[12] Haimovich A M, Blum R S, Leonard J, et al. MIMO radar with widely separated antennas[J]. IEEE Signal Processing Magazine, 2008, 25(1): 116-129.
[13] He Q, Blum R S, Haimovich A M. Target velocity estimation and antenna placement for MIMO radar with widely separated antennas[J]. IEEE Journal on Selected Topics in Signal Processing, 2010, 4(1): 79-100.
[14] Rabideau D J, Parker P. Ubiquitous MIMO Multifunction Digital Array Radar[C]. 2003 Conference Record of the Thirty-Seventh Asilomar Conference on Signals, Systems and Computers, 2003, 1: 1057-1064.
[15] Stoica P, Li J, Xie Y. On probing signal design for MIMO radar[J]. IEEE Transactions on Signal Processing, 2007, 55(8): 4151-4161.
[16] Li J, Stoica P. MIMO radar with colocated antennas[J]. IEEE Signal Processing Magazine, 2007. 24(5):106-114.

[17] Luzhou X, Jian L, Stoica P. Target Detection and Parameter Estimation for MIMO Radar [J]. IEEE Transactions on Aerospace and Electronic Systems, 2008, 44(3): 927 – 939.

[18] Robey F C, Coutts S. MIMO radar theory and experimental results[C]. Conference Record of the 38th Asilomar Conference on Signals, Systems and Computers. 2004, (1): 300 – 304.

[19] WeiB M, Ender J. A 3D imaging radar for small unmanned airplanes – ARTINO[C]. European Radar Conference, Paris, France, 2005, 10: 209 – 212.

[20] Ender J H G, Klare J. System architectures and algorithms for radar imaging by MIMO – SAR [C]. IEEE RadarCon 2009, asadena, USA. 2009,5: 1 – 6.

[21] Klare J. Digital Beamforming for a 3D MIMO SAR – Improvements through Frequency and Waveform Diversity[C]. IGARSS'07, Boston, 2008,7: 17 – 20.

[22] Klare J, Brenner A. Ender J. A new Airborne Radar for 3D Imaging – Image Formation using the ARTINO Principle[C]. EUSAR'06, Dresden, 2006,5.

[23] Klare J, Brenner A, Ender J. Impact Platform Attitude Disturbances on the 3D Imaging Quality of the UAV ARTINO[C]. EUSAR'07, Friedrichshafen, June 2008: 1 – 4.

[24] Wilden H, Klare J, Freohlich A, et al. MIRA – CLE, an experimental MIMO radar in Ka – band[C]. in EUSAR 2010, Aachen, Germany, June 2010: 1 – 4.

[25] Klare J, Saalmann O, Biallawons O. First Imaging and Change Detection Results of the MIMO Radar MIRA – CLE Ka[C]. in Radar Symposium (IRS), 2013 14th international (1): 65 – 70.

[26] Klare J, Saalmann O. MIRA – CLE X: A new imaging MIMO – radar for multi – purpose applications[C]. in 7th European Radar Conference, EuRAD 2010, 2010: 129 – 132.

[27] Klare J, Saalmann O, Wilden H,et al. First Experimental Results with the Imaging MIMO Radar MIRA – CLE X, Synthetic Aperture Radar (EUSAR)[C]. 2010 8th European Conference, 2010: 1 – 4.

[28] Klare J, Saalmann O, Wilden H, Brenner Fraunhofer,et al. Environmental Monitoring with the Imaging MIMO Radars MIRA – CLE and MIRA – CLE X[C]. Geoscience and Remote Sensing Symposium (IGARSS), 2010: 3781 – 3784.

[29] Masbernat X P, Amin M G, Ahmad F, et al. An MIMO – MTI approach for through the wall radar imaging applications[C]. in Proc. 5th Int. Waveform Diversity and Design Conf. , Niagara Falls, Canada, 2010: 188 – 192.

[30] Ralston T S, et al. Real – time through – wall imaging using an ultrawideband multiple – input multiple – output (MIMO) phased array radar system, in Phased Array Systems and Technology (ARRAY)[C]. 2010 IEEE International Symposium on, 2010: 551 – 558.

[31] Huang Y, Brennan P V, Patrick D, et al. FMCW Based MIMO Imaging Radar for Maritime Navigation[J]. Progress In Electromagnetcs Research, 2011, 115:327 – 342.

[32] Narayanan, A H Brennan, Nicholls K W. Antarctic ice shelf 3D cross sectional profile imaging using MIMO radar[C]. Geoscience and Remote Sensing Symposium (IGARSS), 2011

IEEE International: 186 – 189.

[33] Meenakshisundaram P U, Schoenlinner V, Ziegler B, et al. Short-range MIMO radar system considerations[C]. Antennas and Propagation (EUCAP), 2012 6th European Conference on, March 2012: 1742 – 1745.

[34] Rankin G A, Tirkel A Z, Bui L Q, et al. Radar Imaging: Conventional and MIMO[C]. Communications and Electronics (ICCE), 2012 Fourth International conference, 2012: 171 – 176.

[35] Rommel T, Patyuchenko A, Laskowski P, et al. Development of a MIMO Radar System Demonstrator[C]. 19th International Radar Symposium, 2012: 113 – 118.

[36] Deng H. Polyphase code design for orthogonal netted radar systems[J]. Signal Processing, IEEE Transactions on, 2004, 52(11): 3126 – 3135.

[37] Deng H. Discrete frequency – coding waveform design for netted radar systems[J]. Signal Processing Letters, IEEE, 2004, 11(2): 179 – 182.

[38] Liu B, He Z, Zeng J, et al. Polyphase orthogonal code design for MIMO radar systems[C]. Radar, 2006. CIE'06. International Conference on. IEEE, 2006: 1 – 4.

[39] 王敦勇, 袁俊泉, 马晓岩. 基于遗传算法的 MIMO 雷达离散频率编码波形设计[J]. 空军雷达学院学报, 2007, 21(2): 105 – 107.

[40] Khan H A, Zhang Y, Ji C, et al. Optimizing polyphase sequences for orthogonal netted radar [J]. Signal Processing Letters, IEEE, 2006, 13(10): 589 – 592.

[41] White L B, Ray P S. Signal design for MIMO diversity systems[C]. Signals, Systems and Computers, 2004. Conference Record of the Thirty – Eighth Asilomar Conference on. IEEE, 2004, 1: 973 – 977.

[42] Fishler E, Haimovich A, Blum R S, et al. Spatial diversity in radars models and detection performance[J]. Signal Processing, IEEE Transactions on, 2006, 54(3): 823 – 838.

[43] De Maio A, Lops M. Design principles of MIMO radar detectors[J]. Aerospace and Electronic Systems, IEEE Transactions on, 2007, 43(3): 886 – 898.

[44] Goodman N A, Bruyere D. Optimum and decentralized detection for multistatic airborne radar [J]. Aerospace and Electronic Systems, IEEE Transactions on, 2007, 43(2): 806 – 813.

[45] Sheikhi A, Zamani A, Norouzi Y. Model – based adaptive target detection in clutter using MIMO radar[C]. Radar, 2006. CIE'06. International Conference on. IEEE, 2006: 1 – 4.

[46] Lehmann N H, Haimovich A M, Blum R S, et al. High resolution capabilities of MIMO radar [C]. Signals, Systems and Computers, 2006. ACSSC'06. Fortieth Asilomar Conference on. IEEE, 2006: 25 – 30.

[47] 戴喜增, 彭应宁, 汤俊. MIMO 雷达检测性能 [J]. 清华大学学报(自然科学版), 2007, 47(1): 188 – 91.

[48] Li J, Stoica P, Xu L, et al. On parameter identifiability of MIMO radar[J]. Signal Processing Letters, IEEE, 2007, 14(12): 968 – 971.

[49] He Q, Blum R S, Godrich H, et al. Cramer – Rao bound for target velocity estimation in MI-

MO radar with widely separated antennas[C]. Information Sciences and Systems, 2008. CISS 2008. 42nd Annual Conference on. IEEE, 2008: 123 - 127.

[50] Jin M, Liao G, Li J. Joint DOD and DOA estimation for bistatic MIMO radar[J]. Signal Processing, 2009, 89(2): 244 - 251.

[51] Yan H, Li J, Liao G. Multitarget identification and localization using bistatic MIMO radar systems[J]. EURASIP Journal on Advances in Signal Processing, 2008: 48.

[52] Godrich H, Haimovich A M, Blum R S. Cramer Rao bound on target localization estimation in MIMO radar systems[C]. Information Sciences and Systems, 2008. CISS 2008. 42nd Annual Conference on. IEEE, 2008: 134 - 139.

[53] Bekkerman I, Tabrikian J. Target detection and localization using MIMO radars and sonars [J]. Signal Processing, IEEE Transactions on, 2006, 54(10): 3873 - 3883.

[54] Tabrikian J. Barankin bounds for target localization by MIMO radars[C]. Sensor Array and Multichannel Processing, 2006. Fourth IEEE Workshop on. IEEE, 2006: 278 - 281.

[55] 王鞠庭, 江胜利, 刘中. 复合高斯杂波中 MIMO 雷达 DOA 估计的克拉美 - 罗下限[J]. 电子与信息学报, 2009, 31(4): 786 - 789.

[56] 夏威, 何子述. APES 算法在 MIMO 雷达参数估计中的稳健性研究[J]. 电子学报, 2008, 36(9): 1804 - 1809.

[57] 张永顺, 郭艺夺, 赵国庆, 等. MIMO 双基地雷达空间多目标定位方法[J]. 电子与信息学报, 2010, 32(12): 2820 - 2824.

[58] Chen C Y, Vaidyanathan P P. MIMO radar space - time adaptive processing using prolate spheroidal wave functions[J]. Signal Processing, IEEE Transactions on, 2008, 56(2): 623 - 635.

[59] Chen C Y, Vaidyanathan P P. A subspace method for MIMO radar space - time adaptive processing[C]. Acoustics, Speech and Signal Processing, 2007. ICASSP 2007. IEEE International Conference on. IEEE, 2007, 2: II - 925 - II - 928.

[60] Mecca V F, Ramakrishnan D, Krolik J L. MIMO radar space - time adaptive processing for multipath clutter mitigation[C]. Sensor Array and Multichannel Processing, 2006. Fourth IEEE Workshop on. IEEE, 2006: 249 - 253.

[61] 翟伟伟, 张弓, 刘文波. 基于杂波子空间估计的 MIMO 雷达降维 STAP 研究[J]. 航空学报, 2010, 31(9): 1824 - 1831.

[62] Li J, Zheng X, Stoica P. MIMO SAR imaging: Signal synthesis and receiver design[C]. Computational Advances in Multi - Sensor Adaptive Processing, 2007. CAMPSAP 2007. 2nd IEEE International Workshop on. IEEE, 2007: 89 - 92.

[63] Bliss D W, Forsythe K W. MIMO radar medical imaging: self - interference mitigation for breast tumor detection[C]. Signals, Systems and Computers, 2006. ACSSC'06. Fortieth Asilomar Conference on. IEEE, 2006: 1558 - 1562.

[64] 王怀军, 粟毅, 朱宇涛, 等. 基于空间谱域填充的 MIMO 雷达成像研究[J]. 电子学报, 2009, 37(6): 1242 - 1246.

[65] 武其松，井伟，邢孟道，等．MIMO－SAR 大测绘带成像[J]．电子与信息学报，2009，31(4)：772－775.
[66] Chen A, Wang D, Ma X, et al. Imaging Method of the Wide－Band MIMO Radar Based on a Symmetrical Exponential Distribution Nonlinear Array[C]. Photonics and Optoelectronic (SOPO), 2010 Symposium on. IEEE, 2010：1－4.
[67] 张娟，张林让，刘楠．阵元利用率最高的 MIMO 雷达阵列结构优化算法[J]．西安电子科技大学学报，2010，37(1)：86－90.

第 2 章 MIMO 雷达信号处理基础

2.1 引　言

MIMO 雷达信号处理同其他信号处理一样，与数学密切相关，因此首先介绍 MIMO 雷达信号处理数学基础，然后介绍 MIMO 雷达的信号模型，最后分析 MIMO 雷达信号的二阶统计特性和高阶统计特性。

2.2 MIMO 雷达信号处理数学基础

2.2.1 矩阵数学基础[1,2]。

2.2.1.1 线性空间的基和维数

设 V 是数域 K 上的线性空间，$\boldsymbol{x}_1,\boldsymbol{x}_2,\cdots,\boldsymbol{x}_r(r\geqslant 1)$ 为属于 V 的任意 r 个矢量，如果它满足

(1) $\boldsymbol{x}_1,\boldsymbol{x}_2,\cdots,\boldsymbol{x}_r$ 线性无关。

(2) V 中任意一矢量 $\boldsymbol{x}$ 都是 $\boldsymbol{x}_1,\boldsymbol{x}_2,\cdots,\boldsymbol{x}_r$ 的线性组合。

则称 $\boldsymbol{x}_1,\boldsymbol{x}_2,\cdots,\boldsymbol{x}_r$ 为 V 的一个基或基底，并称 $\boldsymbol{x}_i(i=1,2,\cdots,r)$ 为基矢量。

线性空间 V 中线性无关矢量组所含的矢量最大个数称为 V 的维数。若 n 是具有该性质的正整数，则 V 的维数是 n，记为 $\dim\{V\}=n$。

2.2.1.2 线性子空间

设 V 是线性空间，$V_1\subset V$ 且 V_1 不是空集，记

$$\operatorname{span}\{V_1\}=\{a_1\boldsymbol{x}_1+a_2\boldsymbol{x}_2+\cdots+a_n\boldsymbol{x}_n\mid\boldsymbol{x}_i\in V_1\}\tag{2.1}$$

式中：a_i 为常数；$\operatorname{span}\{V_1\}$ 为 V_1 张成的（或称为 V_1 生成的）子空间，是由 V_1 中的任意有限个元素的线性组合的全体组成的集合。

如 T 和 S 均是 V 的子空间,则 $S+T=\{\boldsymbol{x}+\boldsymbol{y}:\boldsymbol{x}\in S,\boldsymbol{y}\in T\}$ 称为 T 和 S 的和空间,$S\cap T=\{\boldsymbol{x}:\boldsymbol{x}\in S$ 且 $\boldsymbol{x}\in T\}$ 称为 T 和 S 的交空间。当 $S\cap T=\{\boldsymbol{0}\}$,则称 T 和 S 的和空间为直和,记为 $S\oplus T$。

2.2.1.3 矩阵的分块及基本运算

将 $m\times m$ 阶矩阵 $\boldsymbol{A}$ 剖分为若干个较低阶矩阵(子阵),则经过剖分的矩阵称为分块矩阵。如将 $\boldsymbol{A}$ 剖分为

$$\boldsymbol{A}=\begin{bmatrix}\boldsymbol{A}_{11} & \boldsymbol{A}_{12}\\ \boldsymbol{A}_{21} & \boldsymbol{A}_{22}\end{bmatrix} \tag{2.2}$$

如果 $\boldsymbol{A}_{11}$ 是 $p\times q$ 阶子阵,则其余子阵的阶数相应可得,如 $\boldsymbol{A}_{12}$ 为 $p\times(m-q)$ 阶子阵。除式(2.2)所示的四块形式外,常用的还有如下的列剖分和行剖分形式:

$$\boldsymbol{A}=[\boldsymbol{a}_1\ \boldsymbol{a}_2\cdots\ \boldsymbol{a}_m]=\begin{bmatrix}\boldsymbol{b}_1\\ \boldsymbol{b}_2\\ \vdots\\ \boldsymbol{b}_m\end{bmatrix} \tag{2.3}$$

式中:$\boldsymbol{a}_i$,$\boldsymbol{b}_i$ 分别为矩阵 $\boldsymbol{A}$ 的第 i 列(行)矢量($i=1,2,\cdots,m$)。

2.2.1.4 矩阵的基本运算

矩阵 $\boldsymbol{A}$ 和 $\boldsymbol{B}$ 基本运算如下:

(1) $\boldsymbol{A}+\boldsymbol{B}=\boldsymbol{B}+\boldsymbol{A}$

(2) $(\boldsymbol{A}+\boldsymbol{B})+\boldsymbol{C}=\boldsymbol{A}+(\boldsymbol{B}+\boldsymbol{C})$

(3) $(a\boldsymbol{A})\boldsymbol{B}=a(\boldsymbol{AB})$

(4) $\boldsymbol{ABC}=\boldsymbol{A}(\boldsymbol{BC})$

(5) $a(\boldsymbol{A}+\boldsymbol{B})=a\boldsymbol{A}+a\boldsymbol{B}$

(6) $\boldsymbol{A}(\boldsymbol{B}+\boldsymbol{C})=\boldsymbol{AB}+\boldsymbol{AC}$

(7) $(\boldsymbol{A}+\boldsymbol{B})\boldsymbol{C}=\boldsymbol{AC}+\boldsymbol{BC}$

2.2.1.5 矩阵分块运算

对于如下两个分块矩阵

$$\boldsymbol{A}=\begin{bmatrix}\boldsymbol{A}_{11} & \boldsymbol{A}_{12}\\ \boldsymbol{A}_{21} & \boldsymbol{A}_{22}\end{bmatrix},\qquad \boldsymbol{B}=\begin{bmatrix}\boldsymbol{B}_{11} & \boldsymbol{B}_{12}\\ \boldsymbol{B}_{21} & \boldsymbol{B}_{22}\end{bmatrix} \tag{2.4}$$

运算中各矩阵满足可乘和可加条件时,则有

$$a\boldsymbol{A}=\begin{bmatrix}a\boldsymbol{A}_{11} & a\boldsymbol{A}_{12}\\ a\boldsymbol{A}_{21} & a\boldsymbol{A}_{22}\end{bmatrix} \tag{2.5}$$

$$\boldsymbol{A}+\boldsymbol{B}=\begin{bmatrix}\boldsymbol{A}_{11}+\boldsymbol{B}_{11} & \boldsymbol{A}_{12}+\boldsymbol{B}_{12}\\ \boldsymbol{A}_{21}+\boldsymbol{B}_{21} & \boldsymbol{A}_{22}+\boldsymbol{B}_{22}\end{bmatrix} \tag{2.6}$$

$$\boldsymbol{AB}=\begin{bmatrix}\boldsymbol{A}_{11} & \boldsymbol{A}_{12}\\ \boldsymbol{A}_{21} & \boldsymbol{A}_{22}\end{bmatrix}\begin{bmatrix}\boldsymbol{B}_{11} & \boldsymbol{B}_{12}\\ \boldsymbol{B}_{21} & \boldsymbol{B}_{22}\end{bmatrix}=\begin{bmatrix}\boldsymbol{A}_{11}\boldsymbol{B}_{11}+\boldsymbol{A}_{12}\boldsymbol{B}_{21} & \boldsymbol{A}_{11}\boldsymbol{B}_{12}+\boldsymbol{A}_{12}\boldsymbol{B}_{22}\\ \boldsymbol{A}_{21}\boldsymbol{B}_{11}+\boldsymbol{A}_{22}\boldsymbol{B}_{21} & \boldsymbol{A}_{21}\boldsymbol{B}_{12}+\boldsymbol{A}_{22}\boldsymbol{B}_{22}\end{bmatrix} \tag{2.7}$$

2.2.1.6　厄米特(Hermite)矩阵、酉矩阵及性质

如果矩阵 $\boldsymbol{A}$ 满足 $\boldsymbol{A}^{\mathrm{T}}=\boldsymbol{A}$，则称 $\boldsymbol{A}$ 为对称矩阵。如果复数矩阵 $\boldsymbol{A}$ 满足 $\boldsymbol{A}^{\mathrm{H}}=\boldsymbol{A}$，则称 $\boldsymbol{A}$ 为厄米特矩阵。如矩阵 $\boldsymbol{A}$ 满足 $\boldsymbol{A}^{\mathrm{H}}\boldsymbol{A}=\boldsymbol{A}\boldsymbol{A}^{\mathrm{H}}$，则称 $\boldsymbol{A}$ 为正规矩阵。如矩阵 $\boldsymbol{A}$ 满足 $\boldsymbol{A}^{\mathrm{H}}\boldsymbol{A}=\boldsymbol{A}\boldsymbol{A}^{\mathrm{H}}=\boldsymbol{I}$，则称 $\boldsymbol{A}$ 为酉矩阵。

如果 $\boldsymbol{A}$ 是 $n\times n$ 的厄米特矩阵，则有下列常用的性质：

(1) $\boldsymbol{A}$ 的主对角元素都是实数。

(2) 对任意的 $n\times 1$ 矢量 $\boldsymbol{x}$，$f=\boldsymbol{x}^{\mathrm{H}}\boldsymbol{A}\boldsymbol{x}$ 是实数，且 $\boldsymbol{x}^{\mathrm{H}}\boldsymbol{A}\boldsymbol{x}=\langle\boldsymbol{x},\boldsymbol{A}\boldsymbol{x}\rangle=\langle\boldsymbol{A}\boldsymbol{x},\boldsymbol{x}\rangle$。

(3) $\boldsymbol{A}$ 的所有特征值都是实数。

(4) $\boldsymbol{A}+\boldsymbol{A}^{\mathrm{H}}$、$\boldsymbol{A}\boldsymbol{A}^{\mathrm{H}}$ 和 $\boldsymbol{A}^{\mathrm{H}}\boldsymbol{A}$ 均是厄米特矩阵，$\boldsymbol{A}^{k}$ 也是厄米特矩阵(k 是自然数)；若 $\boldsymbol{A}$ 是非奇异的，则 $\boldsymbol{A}^{-1}$ 也是厄米特矩阵。

(5) 对任意的 $n\times n$ 的矩阵 $\boldsymbol{C}$，$\boldsymbol{C}^{\mathrm{H}}\boldsymbol{A}\boldsymbol{C}$ 也是厄米特矩阵。

若 $\boldsymbol{A}$ 是 $n\times n$ 的厄米特矩阵，对任意非零 $n\times 1$ 矢量 $\boldsymbol{x}=[x_1\quad x_2\quad\cdots\quad x_n]^{\mathrm{T}}$，若恒有 $f=\boldsymbol{x}^{\mathrm{H}}\boldsymbol{A}\boldsymbol{x}>0$，则称 f 是正定的厄米特二次型，$\boldsymbol{A}$ 为正定矩阵。若恒有 $f\geqslant 0$，则称 f 是半正定的厄米特二次型，$\boldsymbol{A}$ 为半正定矩阵。

若 $\boldsymbol{A}$ 是 $n\times n$ 的酉矩阵，则有下列常用性质：

(1) $\boldsymbol{A}^{\mathrm{H}}=\boldsymbol{A}^{-1}$。

(2) $\boldsymbol{A}$ 的各列矢量是正交，各行矢量也是正交的。

(3) $\boldsymbol{A}^{*}$、$\boldsymbol{A}^{\mathrm{H}}$、$\boldsymbol{A}^{-1}$ 和 $\boldsymbol{A}^{\mathrm{T}}$ 都是酉矩阵，且有两个可乘酉矩阵的积也是酉矩阵。

2.2.1.7　矢量内积和外积、矩阵克罗内克(Kronecker)积及点积

定义 $\boldsymbol{w}=[w_1\quad w_2\quad\cdots\quad w_m]^{\mathrm{T}}$，$\boldsymbol{v}=[v_1\quad v_2\quad\cdots\quad v_m]^{\mathrm{T}}$，矩阵 $\boldsymbol{A}$ 和 $\boldsymbol{B}$ 都是 $p\times q$ 的矩阵，则有：

内积

$$\langle\boldsymbol{w},\boldsymbol{v}\rangle=\boldsymbol{w}^{\mathrm{H}}\boldsymbol{v}=\sum_{i=1}^{m}w_i^{*}v_i \tag{2.8}$$

范数

$$\|\boldsymbol{w}\|=\sqrt{\langle\boldsymbol{w},\boldsymbol{w}\rangle} \tag{2.9}$$

外积

$$\boldsymbol{w}\boldsymbol{v}^{\mathrm{H}}=\begin{bmatrix}w_1v_1^{*} & \cdots & w_1v_m^{*}\\ \vdots & \ddots & \vdots\\ w_mv_1^{*} & \cdots & w_mv_m^{*}\end{bmatrix} \tag{2.10}$$

克罗内克积

$$\boldsymbol{A}\otimes\boldsymbol{B}=\begin{bmatrix}a_{11}\boldsymbol{B} & \cdots & a_{1q}\boldsymbol{B}\\ \vdots & \ddots & \vdots\\ a_{p1}\boldsymbol{B} & \cdots & a_{pq}\boldsymbol{B}\end{bmatrix} \tag{2.11}$$

阿达马(Hadamard)积或点积

$$\boldsymbol{A}\odot\boldsymbol{B}=\begin{bmatrix}a_{11}b_{11} & \cdots & a_{1q}b_{1q}\\ \vdots & \ddots & \vdots\\ a_{p1}b_{p1} & \cdots & a_{pq}b_{pq}\end{bmatrix} \tag{2.12}$$

2.2.1.8 特殊矩阵

一个 $n\times n$ 阶矩阵称为方阵。方阵

$$\boldsymbol{I}=[\delta_{ij}],\delta_{ij}=\begin{cases}1 & (i=j)\\ 0 & (i\neq j)\end{cases} \tag{2.13}$$

称为单位阵,记为 $\boldsymbol{I}_n$。

元素 $a_{ii}(i=1,2,\cdots,n)$ 称作矩阵 $\boldsymbol{A}$ 的主对角元。除主对角元外全为 0 的方阵称为对角矩阵,记为 $\mathrm{diag}(a_{11}\quad a_{22}\quad\cdots\quad a_{nn})$。主对角线以下(上)全为 0 的矩阵称为上(下)三角矩阵。

汉克尔(Hankel)矩阵:

$$\boldsymbol{A}=\begin{bmatrix}a_0 & a_1 & a_2 & \cdots & a_n\\ a_1 & a_2 & a_3 & \cdots & a_{n+1}\\ a_2 & a_3 & a_4 & \cdots & a_{n+2}\\ \vdots & \vdots & \vdots & \ddots & \vdots\\ a_n & a_{n+1} & a_{n+2} & \cdots & a_{2n}\end{bmatrix} \tag{2.14}$$

托普利茨(Toplitz)矩阵:

$$\boldsymbol{A}=\begin{bmatrix}a_0 & a_1 & a_2 & \cdots & a_n\\ a_{-1} & a_0 & a_1 & \cdots & a_{n-1}\\ a_{-2} & a_{-1} & a_0 & \cdots & a_{n-2}\\ \vdots & \vdots & \vdots & \ddots & \vdots\\ a_{-n} & a_{-n+1} & a_{-n+2} & \cdots & a_0\end{bmatrix} \tag{2.15}$$

2.2.1.9 矩阵分解

定义矩阵 $\boldsymbol{A}_1$ 和 $\boldsymbol{A}_2$ 是 $n\times n$ 的方阵,矩阵 $\boldsymbol{B}_1$ 和 $\boldsymbol{B}_2$ 是 $n\times m$ 的长方阵,则有以下定义:

特征分解

$$A_1x = \lambda x (\lambda \neq 0) \tag{2.16}$$

式中：λ 为特征值；x 为对应的特征矢量（右特征矢量）。如 A_1 可逆，则 $1/\lambda$ 是矩阵 A_1^{-1} 的特征值。

广义特征分解

$$A_1x = \lambda A_2 x (\lambda \neq 0) \tag{2.17}$$

式中：x 为矩阵束的特征矢量。

奇异值分解

$$B_1 = U\Sigma V^{\mathrm{H}} = \sum_{i=1}^{r} \sigma_i u_i v_i^{\mathrm{H}} \tag{2.18}$$

式中

$$\Sigma = \begin{bmatrix} S & 0 \\ 0 & 0 \end{bmatrix}, r = \mathrm{rank}(B_1) \tag{2.19}$$

$$S = \mathrm{diag}\{\sigma_1\ \sigma_2 \cdots\ \sigma_r\} (\sigma_1 \geqslant \sigma_2 \geqslant \cdots \geqslant \sigma_r) \tag{2.20}$$

式中：σ_i 为奇异值。

QR 分解

$$B_1 = QR \tag{2.21}$$

式中：Q 为 $n \times n$ 的正交矩阵；R 为 $n \times m$ 的上三角矩阵。

2.2.1.10　投影矩阵、逆矩阵、伪矩阵

设 L 和 M 都是 V 的子空间，且 $L \oplus M = V$，式

$$x = x_1 + x_2 \quad (x \in V, x_1 \in L, x_2 \in M) \tag{2.22}$$

有唯一分解，则称 x_1 是 x 沿着 M 到 L 的投影。这种投影的变换称为投影算子，记为 $P_{L,M}x = x_1$。在 V 的给定的有序基下，x 表示的是 n 维矢量，投影算子表示的是 n 阶方阵，这个方阵称为投影矩阵 P。n 阶投影阵 P 具有下列特性：

（1）P 是幂等阵，即 $P^2 = P$。

（2）$\mathrm{rank}(I - P) + \mathrm{rank}(P) = n$。

（3）P 的特征值为 1 或 0。

如果 P 是沿 S_2 到 S_1 空间的投影阵，如果 $S_1 \perp S_2$，则称 P 是 S_1 的正投影矩阵。如果矩阵 A 和 B 分别是 $m \times n$、$n \times m$ 的矩阵（$n \geqslant m$），且

$$AB = I_m \tag{2.23}$$

则称 A 是 B 的左逆，B 是 A 的右逆。

如果 $n = m$，且有 $BA = AB = I_m$，称 B 是 A 的逆矩阵，记为 A^{-1}。具有逆矩阵的方阵为非奇异阵或可逆阵；反之，则为奇异阵，即不可逆阵。

可逆矩阵 $\boldsymbol{A}$ 和 $\boldsymbol{B}$ 具有如下性质：

(1) $(\boldsymbol{A}^{-1})^{\mathrm{T}}=(\boldsymbol{A}^{\mathrm{T}})^{-1}$

(2) $(\boldsymbol{A}^{-1})^{-1}=\boldsymbol{A}$

(3) $(a\boldsymbol{A})^{-1}=a^{-1}\boldsymbol{A}^{-1}$

(4) $(\boldsymbol{AB})^{-1}=\boldsymbol{B}^{-1}\boldsymbol{A}^{-1}$

左伪逆阵：$\boldsymbol{A}_{左}^{+}=\boldsymbol{A}^{\dagger}=(\boldsymbol{A}^{\mathrm{H}}\boldsymbol{A})^{-1}\boldsymbol{A}^{\mathrm{H}}$

右伪逆阵：$\boldsymbol{A}_{右}^{\dagger}=\boldsymbol{A}^{\dagger}=\boldsymbol{A}^{\mathrm{H}}(\boldsymbol{A}\boldsymbol{A}^{\mathrm{H}})^{-1}$

矩阵的伪逆具有如下性质：

(1) $\mathrm{rank}\boldsymbol{A}^{\dagger}=\mathrm{rank}\boldsymbol{A}$

(2) $(\boldsymbol{A}^{\dagger})^{\dagger}=\boldsymbol{A}$，$(\boldsymbol{A}^{\mathrm{T}})^{\dagger}=(\boldsymbol{A}^{\dagger})^{\mathrm{T}}$，$\boldsymbol{A}^{\dagger}=(\boldsymbol{A}^{\mathrm{T}}\boldsymbol{A})^{\dagger}\boldsymbol{A}^{\mathrm{T}}=\boldsymbol{A}^{\mathrm{T}}(\boldsymbol{A}\boldsymbol{A}^{\mathrm{T}})^{\dagger}$；

(3) $\boldsymbol{A}\boldsymbol{A}^{\dagger}=\boldsymbol{P}_{\boldsymbol{A}}$ 及 $\boldsymbol{A}^{\dagger}\boldsymbol{A}$ 都是正投影矩阵。

增广矩阵求逆(矩阵满足相乘条件)

$$(\boldsymbol{A}+\boldsymbol{BCD})^{-1}=\boldsymbol{A}^{-1}-\boldsymbol{A}^{-1}\boldsymbol{B}(\boldsymbol{D}\boldsymbol{A}^{-1}\boldsymbol{B}+\boldsymbol{C}^{-1})^{-1}\boldsymbol{D}\boldsymbol{A}^{-1} \tag{2.24}$$

2.2.1.11 矩阵的秩、迹、行列式

对于 $n\times m$ 矩阵 $\boldsymbol{A}$，如果 $\mathrm{rank}\{\boldsymbol{A}\}=n$，则称 $\boldsymbol{A}$ 为行满秩矩阵；如果 $\mathrm{rank}\{\boldsymbol{A}\}=m$，则称 $\boldsymbol{A}$ 为列满秩矩阵；如果 $\mathrm{rank}\{\boldsymbol{A}\}=n=m$，则称 $\boldsymbol{A}$ 为满秩矩阵。

(1) $\mathrm{rank}\{\boldsymbol{A}^{\mathrm{H}}\}=\mathrm{rank}\{\boldsymbol{A}^{\mathrm{T}}\}=\mathrm{rank}\{\boldsymbol{A}^{*}\}=\mathrm{rank}\{\boldsymbol{A}\}$。

(2) 对于 $n\times m$ 矩阵 $\boldsymbol{A}$，有

$$\mathrm{rank}\{\boldsymbol{A}\}=\min\{m,n\}$$

(3) 对于 $m\times n$ 矩阵 $\boldsymbol{A}$ 和 $\boldsymbol{B}$，有

$$\mathrm{rank}\{\boldsymbol{A}+\boldsymbol{B}\}\leqslant\mathrm{rank}\{\boldsymbol{A}\}+\mathrm{rank}\{\boldsymbol{B}\}$$

(4) 对于 $m\times k$ 矩阵 $\boldsymbol{A}$ 和 $k\times n$ 矩阵 $\boldsymbol{B}$，有

$$\mathrm{rank}\{\boldsymbol{A}\}+\mathrm{rank}\{\boldsymbol{B}\}-k\leqslant\mathrm{rank}\{\boldsymbol{AB}\}\leqslant\min\{\mathrm{rank}\{\boldsymbol{A}\},\mathrm{rank}\{\boldsymbol{B}\}\}$$

如果 $\boldsymbol{A}$ 是 n 阶方阵，称 $\boldsymbol{A}$ 的主对角元素的和为 $\boldsymbol{A}$ 的迹，记作 $\mathrm{tr}\{\boldsymbol{A}\}$，即

$$\mathrm{tr}\{\boldsymbol{A}\}=\sum_{i=1}^{n}a_{ii} \tag{2.25}$$

矩阵的迹具有如下性质：

(1) 矩阵的迹等于特征值的和，即

$$\mathrm{tr}\{\boldsymbol{A}\}=\lambda_1+\lambda_2+\cdots+\lambda_n$$

(2) 迹具有相似不变性，即

$$\mathrm{tr}\{\boldsymbol{AB}\}=\mathrm{tr}\{\boldsymbol{BA}\}$$

(3) $\mathrm{tr}\{\boldsymbol{A}^{k}\}=\sum_{i=1}^{n}\lambda_i^{k}$，$\mathrm{tr}(\boldsymbol{A}^{\mathrm{T}})=\mathrm{tr}\{\boldsymbol{A}\}$

$\boldsymbol{A}$ 是 n 阶矩阵,则 $\boldsymbol{A}$ 的行列式记为 $\det\{\boldsymbol{A}\}$。矩阵的行列式具有如下性质:

(1) $\det\{\boldsymbol{A}^{\mathrm{T}}\} = \det\{\boldsymbol{A}\}$

(2) $\det\{a\boldsymbol{A}\} = a^n\det\{\boldsymbol{A}\}$

(3) $\det\{\boldsymbol{AB}\} = \det\{\boldsymbol{A}\}\cdot\det\{\boldsymbol{B}\}$

(4) $\det\{\boldsymbol{I}+\boldsymbol{AB}\} = \det\{\boldsymbol{I}+\boldsymbol{BA}\}$

2.2.1.12　矩阵的拉直

对于 $n\times m$ 的矩阵 $\boldsymbol{A}$,矩阵的拉直就是将矩阵 $\boldsymbol{A}$ 以列为单位拉成一矢量,也可将矩阵按行为单位拉成一矢量,即

$$\mathrm{vec}(\boldsymbol{A}) = [a_{11},a_{21},\cdots,a_{n1},a_{12},a_{22},\cdots,a_{n2},\cdots,a_{1m},a_{2m},\cdots,a_{nm}] \tag{2.26}$$

或

$$\mathrm{vec}(\boldsymbol{A}) = [a_{11},a_{12},\cdots,a_{1n},a_{21},a_{22},\cdots,a_{2n},\cdots,a_{m1},a_{m2},\cdots,a_{mn}] \tag{2.27}$$

容易看出, $\boldsymbol{A}$ 的按行拉直恰恰是 $\boldsymbol{A}^{\mathrm{T}}$ 的按列拉直。$\mathrm{vec}(\boldsymbol{A})$具有如下特性。

(1) $\mathrm{vec}\left(\sum_{i=1}^{k}\xi_i\boldsymbol{A}_i\right) = \sum_{i=1}^{k}\xi_i\mathrm{vec}(\boldsymbol{A}_i)$

(2) $\mathrm{vec}(\boldsymbol{B}^{\mathrm{T}}\boldsymbol{A}) = \mathrm{vec}(\boldsymbol{B}^{\mathrm{T}})\mathrm{vec}(\boldsymbol{A})$

(3) $\mathrm{vec}(\boldsymbol{ABC}) = \mathrm{vec}(\boldsymbol{A}\otimes\boldsymbol{C}^{\mathrm{T}})\mathrm{vec}(\boldsymbol{B})$

2.2.2　张量数学基础[2]

2.2.2.1　张量的定义

定义 2.1　假设一个 N 阶张量 $\boldsymbol{A}\in\mathbb{C}^{I_1\times I_2\times\cdots\times I_N}$。元素 $a_{i_1i_2\cdots i_N}$在展开矩阵 $[\boldsymbol{A}]_{(n)}\in\mathbb{C}^{I_n\times(I_{n+1}I_{n+2}\cdots I_NI_1I_2\cdots I_{n-1})}$中的位置行坐标为 i_n,列坐标为

$$\begin{aligned}&(i_{n+1}-1)I_{n+2}I_{n+3}\ldots I_NI_1I_2\ldots I_{n-1}+(i_{n+2}-1)I_{n+3}I_{n+4}\ldots I_NI_1I_2\ldots I_{n-1}+\cdots\\&+(i_N-1)I_1I_2\ldots I_{n-1}+(i_1-1)I_2I_3\ldots I_{n-1}+(i_2-1)I_3I_4\ldots I_{n-1}+\cdots+i_{n-1}\end{aligned} \tag{2.28}$$

因此,张量 $\boldsymbol{A}\in\mathbb{C}^{I_1\times I_2\times\cdots\times I_N}$的三个展开矩阵为

若 $\boldsymbol{A}\in\mathbb{C}^{I_1\times I_2\times I_3}$,则 $[\boldsymbol{A}]_{(1)}\in(I_1\times I_2I_3)$, $[\boldsymbol{A}]_{(2)}\in(I_2\times I_1I_3)$, $[\boldsymbol{A}]_{(3)}\in(I_3\times I_1I_2)$。

2.2.2.2　张量的秩

定义 2.2　张量 $\boldsymbol{A}$ 的 n 秩,表示为 $R_n=\mathrm{rank}_n(\boldsymbol{A})$,是 n 模矢量展开的矢量空间的维数。

给定张量的 n 秩可以用矩阵技术来分析。

性质 2.1　张量 $\boldsymbol{A}$ 的 n 模矢量是它的矩阵展开 $[\boldsymbol{A}]_{(n)}$ 的列矢量，并且

$$\mathrm{rank}_n(\boldsymbol{A}) = \mathrm{rank}([\boldsymbol{A}]_{(n)}) \tag{2.29}$$

矩阵的秩与张量的秩的第一个不同是张量的 n 秩不必全部一样，通过一些简单的例子即可证明。秩为 R 的矩阵可以分解为 R 个秩为 1 的矩阵的和，张量的秩由此定义。

定义 2.3　张量的秩为 1，则它可以表示为 N 个矢量的外积，即

$$a_{i_1 i_2 \cdots i_N} = u_{i_1}^{(1)} u_{i_2}^{(2)} \cdots u_{i_N}^{(N)} \tag{2.30}$$

定义 2.4　任意 N 阶张量的秩是通过线性组合能等于该张量的最少秩 1 张量的个数。

矩阵的秩和张量的秩第二个不同是张量的秩不需要等于 n 秩，即便所有的 n 秩都相同。从定义可知 $R_n \leqslant R$ 恒成立。

2.2.2.3　两个张量的标量积

定义 2.5　两个张量的标量积定义为

$$\langle \boldsymbol{A}, \boldsymbol{B} \rangle = \sum_{i_1} \sum_{i_2} \cdots \sum_{i_N} b_{i_1 i_2 \cdots i_N}^{*} a_{i_1 i_2 \cdots i_N} (\boldsymbol{A}, \boldsymbol{B} \in \mathbb{C}^{I_1 \times I_2 \times \cdots \times I_N}) \tag{2.31}$$

定义 2.6　两个张量的标量积为 0 时，称这两个张量正交。

定义 2.7　张量 $\boldsymbol{A}$ 的范数定义为

$$\| \boldsymbol{A} \| = \sqrt{<\boldsymbol{A}, \boldsymbol{A}>} \tag{2.32}$$

2.2.2.4　张量与矩阵的乘积

定义 2.8　张量 $\boldsymbol{A} \in \mathbb{C}^{I_1 \times I_2 \times \cdots \times I_N}$ 与矩阵 $\boldsymbol{U} \in \mathbb{C}^{J_n \times I_n}$ 的 n 模积为一个张量($I_1 \times I_2 \times \cdots \times I_{n-1} \times J_n \times I_{n+1} \times \cdots \times I_N$)，表示为 $\boldsymbol{A} \times_n \boldsymbol{U}$，其内部元素为

$$(\boldsymbol{A} \times_n \boldsymbol{U})_{i_1 i_2 \cdots i_{n-1} i_n i_{n+1} \cdots i_N} = \sum_{i_n} a_{i_1 i_2 \cdots i_{n-1} i_n i_{n+1} \cdots i_N} u_{j_n i_n} \tag{2.33}$$

根据式(2.33)，三阶张量 $\boldsymbol{A} = \boldsymbol{B} \times_1 \boldsymbol{U}^{(1)} \times_2 \boldsymbol{U}^{(2)} \times_3 \boldsymbol{U}^{(3)}$ 的示意如图 2.1 所示。

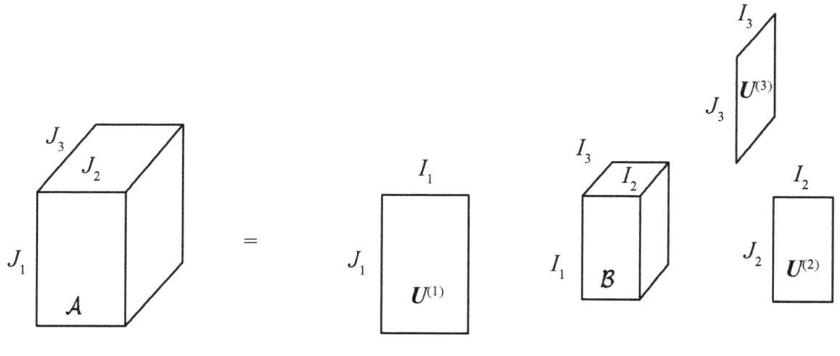

图 2.1　张量与矩阵乘积的示意图

n 模积具有下列性质：

性质 2.2　给定张量 $\boldsymbol{A} \in \mathbb{C}^{I_1 \times I_2 \times \cdots \times I_N}$，矩阵 $\boldsymbol{F} \in \mathbb{C}^{J_n \times I_n}$，$\boldsymbol{G} \in \mathbb{C}^{J_m \times I_m}(n \neq m)$，下面等式成立：

$$(\boldsymbol{A} \times_n \boldsymbol{F}) \times_m \boldsymbol{G} = (\boldsymbol{A} \times_m \boldsymbol{G}) \times_n \boldsymbol{F} = \boldsymbol{A} \times_n \boldsymbol{F} \times_m \boldsymbol{G} \tag{2.34}$$

性质 2.3　给定张量 $\boldsymbol{A} \in \mathbb{C}^{I_1 \times I_2 \times \cdots \times I_N}$，矩阵 $\boldsymbol{F} \in \mathbb{C}^{J_n \times I_n}$，$\boldsymbol{G} \in \mathbb{C}^{K_n \times J_n}$，下面等式成立：

$$(\boldsymbol{A} \times_n \boldsymbol{F}) \times_n \boldsymbol{G} = \boldsymbol{A} \times_n (\boldsymbol{G} \cdot \boldsymbol{F}) \tag{2.35}$$

2.2.2.5　张量的 n 阶奇异值分解

定理 2.1　（矩阵 SVD）每一个复矩阵 $\boldsymbol{F} \in \mathbb{C}^{I_1 \times I_2}$ 都可以写为

$$\boldsymbol{F} = \boldsymbol{U}^{(1)} \cdot \boldsymbol{S} \cdot \boldsymbol{V}^{(2)\mathrm{H}} = \boldsymbol{S} \times_1 \boldsymbol{U}^{(1)} \times_2 \boldsymbol{V}^{(2)*} = \boldsymbol{S} \times_1 \boldsymbol{U}^{(1)} \times_2 \boldsymbol{U}^{(2)} \tag{2.36}$$

式中：$U^{(1)}$ 为 $I_1 \times I_1$ 维酉矩阵，$\boldsymbol{U}^{(1)} = [\boldsymbol{U}_1^{(1)}, \boldsymbol{U}_2^{(1)}, \cdots, \boldsymbol{U}_{I_1}^{(1)}]$ $\boldsymbol{U}_i^{(1)}$ 为第 i 个左奇异矢量；$U^{(2)}$ 为 $I_2 \times I_2$ 维酉矩阵，$\boldsymbol{U}^{(2)} = [\boldsymbol{U}_1^{(2)}, \boldsymbol{U}_2^{(2)}, \cdots, \boldsymbol{U}_{I_2}^{(2)}] = \boldsymbol{V}^{(2)}$ $\boldsymbol{U}_i^{(2)}$ 为第 i 个右奇异矢量；$\boldsymbol{S}$ 为 $I_1 \times I_2$ 维矩阵；且具有下列性质，即

① 伪对角阵

$$\boldsymbol{S} = \mathrm{diag}(\sigma_1, \sigma_2, \cdots, \sigma_{\min(I_1, I_2)}) \tag{2.37}$$

② 顺序

$$\sigma_1 \geqslant \sigma_2 \geqslant \cdots \geqslant \sigma_{\min(I_1, I_2)} \geqslant 0 \tag{2.38}$$

其中：$\boldsymbol{\sigma}_i$ 为 $\boldsymbol{F}$ 的奇异值。矩阵 SVD 示意图如图 2.2 所示。

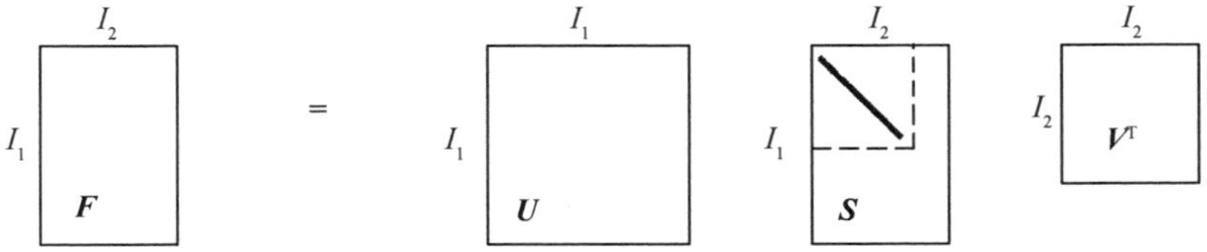

图 2.2　矩阵 SVD 示意图

定理 2.2　（N 阶 SVD）每一个复矩阵（$I_1 \times I_2 \times \cdots \times I_N$）的张量 $\boldsymbol{A}$ 都可以写为

$$\boldsymbol{A} = \boldsymbol{S} \times_1 U^{(1)} \times_2 \boldsymbol{U}^{(2)} \times \cdots \times_N \boldsymbol{U}^{(N)} \tag{2.39}$$

式中：$\boldsymbol{U}^{(n)}$ 为酉（$I_n \times I_n$）矩阵，$\boldsymbol{U}^{(n)} = (\boldsymbol{U}_1^{(1)}, \boldsymbol{U}_2^{(2)}, \cdots, \boldsymbol{U}_{I_n}^{(n)})$ $\boldsymbol{U}_i^{(n)}$ 为 n 模奇异矢量；S 为复（$I_1 \times I_2 \times \cdots \times I_N$）的张量，其子张量 $\boldsymbol{S}_{i_n=a}$ 为下标 $i_n = a$ 时对应的矩阵，具有以下性质，即

① 全正交性。两个子张量 $\boldsymbol{S}_{i_n=\alpha}$ 和 $\boldsymbol{S}_{i_n=\beta}$ 是正交的，对于任意的 n、α、β（$\alpha \neq$

β)，有

$$\langle \boldsymbol{S}_{i_n=\alpha}, \boldsymbol{S}_{i_n=\beta} \rangle = 0 \quad (\alpha \neq \beta) \tag{2.40}$$

② 顺序

$$\| \boldsymbol{S}_{i_n=1} \| \geqslant \| \boldsymbol{S}_{i_n=2} \| \geqslant \cdots \geqslant \| \boldsymbol{S}_{i_n=I_n} \| \geqslant 0 \tag{2.41}$$

范数 $\| \boldsymbol{S}_{i_n=i} \|$ 可以表示为 $\boldsymbol{\sigma}_i^{(n)}$，它是张量 $\boldsymbol{A}$ 的 n 模奇异值。

性质 2.4 张量展开与 n 阶奇异值分解之间的关系为

$$[\boldsymbol{A}]_{(n)} = \boldsymbol{U}_{(n)} \cdot [\boldsymbol{S}]_{(n)} \cdot (\boldsymbol{U}^{(n+1)} \otimes \boldsymbol{U}^{(n+2)} \otimes \cdots \otimes \boldsymbol{U}^{(N)} \otimes \boldsymbol{U}^{(1)} \otimes \boldsymbol{U}^{(2)} \otimes \cdots \otimes \boldsymbol{U}^{(n-1)})^{\mathrm{T}} \tag{2.42}$$

2.3 MIMO 雷达信号模型

双基地 MIMO 雷达系统的结构如图 2.3 所示，MIMO 雷达的发射阵列和接收阵列分别由 M 个阵元和 N 个阵元的均匀线性阵列构成，且所有的阵列天线均为全向天线，发射阵元间距和接收阵元间距分别为 d_{t}、d_{r}。发射阵列同时发射一组相互正交的窄带信号，且假设信号的多普勒频移对信号正交性没有影响。设存在 P 个相互独立的目标，且第 p 个目标的空间位置为(φ_p, θ_p)，其中 φ_p 和 θ_p 分别表示第 p 个目标的 DOD 和 DOA，则接收端接收的回波为[3-5]

$$\boldsymbol{x}(t) = \sum_{p=1}^{P} a_p \mathrm{e}^{\mathrm{j}2\pi f_p(t)} \boldsymbol{a}_{\mathrm{r}}(\theta_p) \boldsymbol{a}_{\mathrm{t}}^{\mathrm{T}}(\varphi_p) \boldsymbol{S}(t) + \boldsymbol{n}(t) \tag{2.43}$$

式中：$\boldsymbol{a}_{\mathrm{r}}(\theta)$ 为 $N \times 1$ 维的接收阵列导向矢量，$\boldsymbol{a}_{\mathrm{r}}(\theta) = [1, \mathrm{e}^{\mathrm{j}(2\pi/\lambda)d_{\mathrm{r}}\sin\theta}, \cdots, \mathrm{e}^{\mathrm{j}(2\pi/\lambda)(N-1)d_{\mathrm{r}}\sin\theta}]^{\mathrm{T}}$，$\lambda$ 为载波的波长；$\boldsymbol{a}_{\mathrm{t}}(\varphi)$ 为 $M \times 1$ 维的发射导向矢量，$\boldsymbol{a}_{\mathrm{t}}(\varphi) = [1, \mathrm{e}^{\mathrm{j}(2\pi/\lambda)d_{\mathrm{t}}\sin\varphi}, \cdots, \mathrm{e}^{\mathrm{j}(2\pi/\lambda)(M-1)d_{\mathrm{t}}\sin\varphi}]^{\mathrm{T}}$，$(\cdot)^{\mathrm{T}}$ 表示矢量或者矩阵的转置；a_p、$\mathrm{e}^{\mathrm{j}2\pi f_p(t)}$ 分别为第 p 个目标的散射系数和多普勒频率；$\boldsymbol{S}(t)$ 为 $M \times 1$ 的正交发射波形，$\boldsymbol{S}(t) = [s_1(t), \cdots, s_M(t)]^{\mathrm{T}}$；$\boldsymbol{n}(t)$ 为 $N \times 1$ 的零均值高斯白噪声。

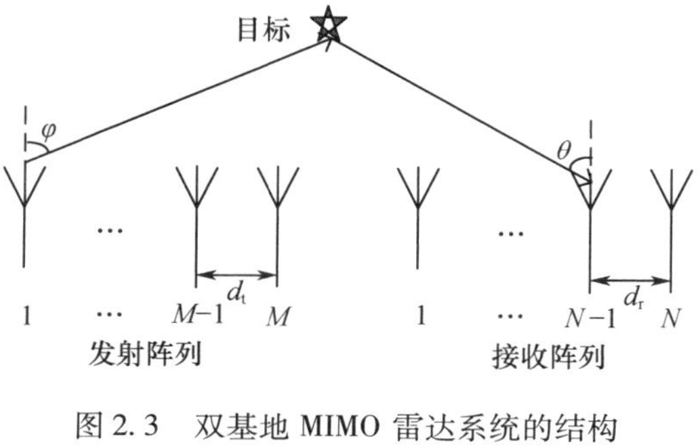

图 2.3 双基地 MIMO 雷达系统的结构

利用发射波形的正交性与接收信号进行匹配滤波处理（原理框图如图 2.4 所示），那么第 $m(1 \leqslant m \leqslant M)$ 个匹配滤波器的输出为[5]

$$\begin{aligned}\boldsymbol{y}_m(t) &= \sum_{p=1}^{P} a_p e^{j2\pi f_p(t)} \boldsymbol{a}_r(\theta_p)\boldsymbol{a}_{tm}(\varphi_p) + \bar{\boldsymbol{n}}_{\boldsymbol{k}}(t) \\ &= \boldsymbol{A}_r(\theta)\boldsymbol{D}_m\boldsymbol{H}(t) + \bar{\boldsymbol{n}}_{\boldsymbol{k}}(t)\end{aligned} \tag{2.44}$$

式中：$\boldsymbol{A}_r(\theta)$ 为 $M \times P$ 接收导向矩阵，$\boldsymbol{A}_r(\theta) = [\boldsymbol{a}_r(\theta_1), \cdots, \boldsymbol{a}_r(\theta_P)]$；$\boldsymbol{D}_m = \text{diag}(\boldsymbol{a}_{tm}(\varphi_1), \cdots, \boldsymbol{a}_{tm}(\varphi_P))$，其中 $\boldsymbol{a}_{tm}(\varphi)$ 为 $\boldsymbol{a}_t(\varphi)$ 中的第 m 个元素，$\text{diag}(\boldsymbol{r})$ 为由矢量 $\boldsymbol{r}$ 构成的对角矩阵；$\boldsymbol{H}(t)$ 为匹配滤波后的信号矩阵，$\boldsymbol{H}(t) = [a_1 e^{j2\pi f_1(t)}, \cdots, a_p e^{j2\pi f_P(t)}]^T$；$\bar{\boldsymbol{n}}_{\boldsymbol{k}}(t)$ 为经过第 m 个匹配滤波器后的高斯白噪声矢量。

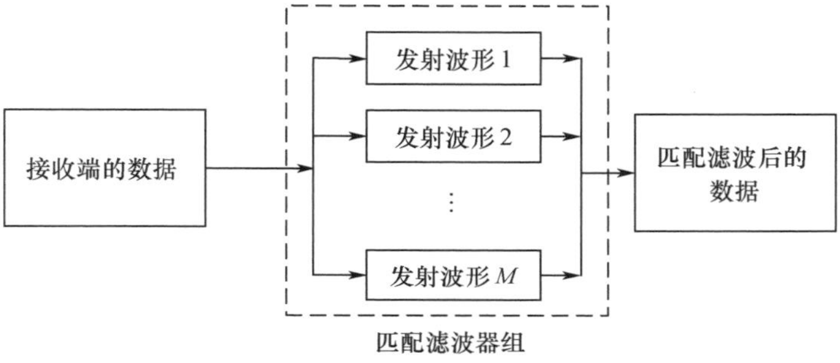

图 2.4　匹配滤波的原理框图

经过 M 个匹配滤波器后，阵列信号为

$$\boldsymbol{y}(t) = [\boldsymbol{y}_1(t), \boldsymbol{y}_2(t), \cdots, \boldsymbol{y}_M(t)] \tag{2.45}$$

对式(2.45)进行列堆栈，则有

$$\boldsymbol{Y}(t) = \boldsymbol{A}\boldsymbol{H}(t) + \boldsymbol{N}(t) \tag{2.46}$$

式中：$\boldsymbol{A}$ 为 $MN \times P$ 维的发射－接收联合导向矩阵，$\boldsymbol{A} = [\boldsymbol{a}(\varphi_1, \theta_1), \boldsymbol{a}(\varphi_2, \theta_2), \cdots, \boldsymbol{a}(\varphi_P, \theta_P)]$，$\boldsymbol{a}(\varphi, \theta)$ 为 $MN \times 1$ 的发射－接收联合导向矢量，$\boldsymbol{a}(\varphi, \theta) = \boldsymbol{a}_t(\varphi) \otimes \boldsymbol{a}_r(\theta)$，$\otimes$表示克罗内克积；$\boldsymbol{N}(t)$ 为 $MN \times 1$ 维的高斯白噪声矢量，$\boldsymbol{N}(t) = [\bar{\boldsymbol{n}}_1^T(t), \bar{\boldsymbol{n}}_2^T(t), \cdots, \bar{\boldsymbol{n}}_M^T(t)]^T$。

在快拍数为 K 时，接收数据为

$$\boldsymbol{X}(t) = [\boldsymbol{Y}(t_1), \boldsymbol{Y}(t_2), \cdots, \boldsymbol{Y}(t_K) = \boldsymbol{A}\overline{\boldsymbol{H}}(t) + \boldsymbol{N}(t) \tag{2.47}$$

式中：$\boldsymbol{X}$ 为 $MN \times K$ 维的接收数据；$\overline{\boldsymbol{H}}(t)$ 为 $P \times K$ 维的信号矩阵，$\overline{\boldsymbol{H}}(t) = [\boldsymbol{H}(t_1), \boldsymbol{H}(t_2), \cdots, \boldsymbol{H}(t_K)]$；$\overline{\boldsymbol{N}}(t)$ 为 $MN \times K$ 维的高斯白噪声矩阵，$\overline{\boldsymbol{N}}(t) = [\boldsymbol{N}(t_1), \boldsymbol{N}(t_2), \cdots, \boldsymbol{N}(t_K)]$。

根据式(2.47)，经过匹配滤波器处理后，MIMO 雷达的虚拟阵列为具有 MN 个虚拟阵元的大孔径阵列，如图 2.5 所示。因此 MIMO 雷达比传统的相控阵雷达具有更多的自由度和更高的空域分辨率。同时注意到 MIMO 雷达的虚拟阵列的结构特性比传统的均匀线阵相控阵雷达更为复杂，即包括目标的发射角和接收角，因此传统的相控阵阵列角度估计方法不能直接利用。

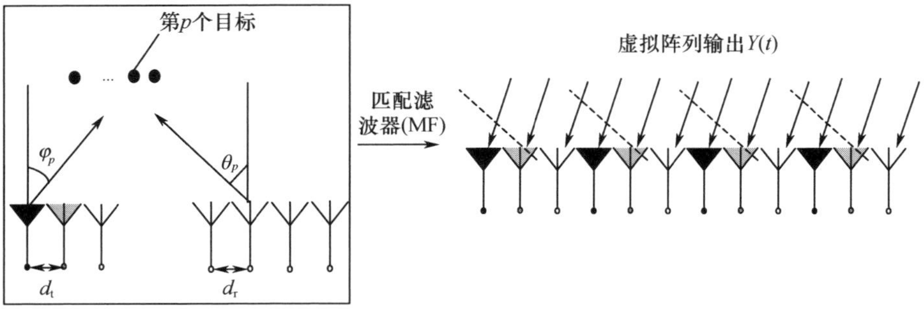

图 2.5　MIMO 雷达虚拟阵列

2.4　MIMO 雷达信号的二阶统计特性和高阶统计特性

2.4.1　MIMO 雷达信号的二阶统计特性

对式(2.47)中的 MIMO 雷达接收数据进行求解协方差矩阵操作，则有

$$\boldsymbol{R}=\mathrm{E}[\boldsymbol{X}(t)\boldsymbol{X}^{\mathrm{H}}(t)]=\boldsymbol{A}\mathrm{E}[\overline{\boldsymbol{H}}(t)(t)\overline{\boldsymbol{H}}^{\mathrm{H}}(t)]\boldsymbol{A}^{\mathrm{H}}+\mathrm{E}[\overline{\boldsymbol{N}}(t)\overline{\boldsymbol{N}}^{\mathrm{H}}(t)]=\boldsymbol{A}\boldsymbol{R}_{\mathrm{H}}\boldsymbol{A}^{\mathrm{H}}+\boldsymbol{R}_{\mathrm{N}} \tag{2.48}$$

式中：$\boldsymbol{R}_{\mathrm{H}}$、$\boldsymbol{R}_{\mathrm{N}}$ 分别为信号协方差矩阵和噪声协方差矩阵。

对于功率均为 σ^2 的理想白噪声，有下式成立：

$$\boldsymbol{R}=\boldsymbol{A}\boldsymbol{R}_{\mathrm{H}}\boldsymbol{A}^{\mathrm{H}}+\boldsymbol{R}_{\mathrm{N}}=\boldsymbol{A}\boldsymbol{R}_{\mathrm{H}}\boldsymbol{A}^{\mathrm{H}}+\sigma^2\boldsymbol{I} \tag{2.49}$$

对协方差矩阵进行特征值分解

$$\boldsymbol{R}=\boldsymbol{U}\boldsymbol{\Sigma}\boldsymbol{U}^{\mathrm{H}} \tag{2.50}$$

式中：$\boldsymbol{U}$ 为特征矢量矩阵；$\boldsymbol{\Sigma}$ 为特征值组成的对角矩阵，且有

$$\boldsymbol{\Sigma}=\begin{bmatrix}\lambda_1 & & & \\ & \lambda_2 & & \\ & & \ddots & \\ & & & \lambda_{MN}\end{bmatrix} \tag{2.51}$$

对角线矩阵 $\boldsymbol{\Sigma}$ 的对角线元素满足

$$\lambda_1\geqslant\lambda_2\geqslant\cdots\geqslant\lambda_P>\lambda_{P+1}=\cdots=\lambda_{MN}=\sigma^2 \tag{2.52}$$

定义两个对角矩阵为

$$\boldsymbol{\Sigma}_{\mathrm{S}}=\begin{bmatrix}\lambda_1 & & & \\ & \lambda_2 & & \\ & & \ddots & \\ & & & \lambda_P\end{bmatrix} \tag{2.53}$$

$$\boldsymbol{\Sigma}_{\mathrm{N}}=\begin{bmatrix}\lambda_{M+1} & & & \\ & \lambda_{M+2} & & \\ & & \ddots & \\ & & & \lambda_{N}\end{bmatrix} \tag{2.54}$$

式中:$\boldsymbol{\Sigma}_{\mathrm{S}}$ 的对角线元素由 P 个大特征值组成,$\boldsymbol{\Sigma}_{\mathrm{N}}$ 的对角线元素由 $MN-P$ 个小特征值组成。相应的将特征矢量也分为两部分:一部分为大特征值对应的特征矢量组成信号子空间 $\boldsymbol{U}_{\mathrm{S}}=[\boldsymbol{e}_1 \quad \boldsymbol{e}_2 \quad \cdots \quad \boldsymbol{e}_p]$;另一部分为小特征值对应的特征矢量组成的噪声子空间 $\boldsymbol{U}_{\mathrm{N}}=[\boldsymbol{e}_{P+1} \quad \boldsymbol{e}_{P+2} \quad \cdots \quad \boldsymbol{e}_{MN}]$。

性质 2.1 协方差矩阵大特征值对应的特征矢量张成的空间与目标信号的导向矢量张量的空间是同一个空间[6-8],即

$$\mathrm{span}\{\boldsymbol{e}_1,\boldsymbol{e}_2,\cdots,\boldsymbol{e}_P\}=\mathrm{span}\{\boldsymbol{a}(\varphi_1,\theta_1),\cdots,\boldsymbol{a}(\varphi_P,\theta_P)\} \tag{2.55}$$

性质 2.2 信号子空间 $\boldsymbol{U}_{\mathrm{S}}$ 和噪声子空间 $\boldsymbol{U}_{\mathrm{N}}$ 相互正交[5-7],且有 $\boldsymbol{A}^{\mathrm{H}}\boldsymbol{e}_i=0$,其中 $i=P+1,P+2,\cdots,MN$。

2.4.2 MIMO 雷达信号的高阶统计特性

2.4.2.1 高阶矩和高阶累积量的基本定义及其转换关系

设 m 维随机矢量 $\boldsymbol{x}=[x_1,x_2,\cdots,x_m]^{\mathrm{T}}$,对它的特征函数 $\boldsymbol{\Phi}(w_1,w_2,\cdots,w_m)$ 求 $r=r_1+r_2+\cdots+r_m$ 阶偏导数:

$$\frac{\partial^r\boldsymbol{\Phi}(w_1,w_2,\cdots,w_m)}{\partial w_1^{r_1}\partial w_2^{r_2}\cdots\partial w_m^{r_m}}=\mathrm{j}^r E[x_1^{r_1}x_2^{r_2}\cdots x_m^{r_m}\mathrm{e}^{\mathrm{j}(w_1x_1+w_2x_2+\cdots+w_mx_m)}] \tag{2.56}$$

所以 $x=[x_1,x_2,\cdots,x_m]^{\mathrm{T}}$ 的 r 阶矩 $m_{r_1,r_2,\cdots,r_m}$ 为

$$m_{r_1,r_2,\cdots,r_m}=\mathrm{E}[x_1^{r_1}x_2^{r_2}\cdots x_m^{r_m}]=(-\mathrm{j})^r\left.\frac{\partial^r\boldsymbol{\Phi}(w_1,w_2,\cdots,w_m)}{\partial w_1^{r_1}\partial w_2^{r_2}\cdots\partial w_m^{r_m}}\right|_{w_1=w_2=\cdots=w_m=0} \tag{2.57}$$

通常,将 $\Phi(w_1,w_2,\cdots w_m)$ 称为 x 的矩生成函数(也称 x 的第一特征函数)。同理,m 维随机矢量 $\boldsymbol{x}=[x_1,x_2,\cdots,x_m]^{\mathrm{T}}$ 的 r 阶累积量 $c_{r_1,r_2,\cdots,r_m}$ 为

$$\begin{aligned}c_{r_1,r_2,\cdots,r_m}&=(-\mathrm{j})^r\left.\frac{\partial^r\boldsymbol{\Psi}(w_1,w_2,\cdots,w_m)}{\partial w_1^{r_1}\partial w_2^{r_2}\cdots\partial w_m^{r_m}}\right|_{w_1=w_2=\cdots=w_m=0}\\&=(-\mathrm{j})^r\left.\frac{\partial^r\ln[\boldsymbol{\Phi}(w_1,w_2,\cdots,w_m)]}{\partial w_1^{r_1}\partial w_2^{r_2}\cdots\partial w_m^{r_m}}\right|_{w_1=w_2=\cdots=w_m=0}\end{aligned} \tag{2.58}$$

$\boldsymbol{\Psi}(w_1,w_2,\cdots,w_m)$ 称为 x 的累积量生成函数(也称 x 的第二特征函数),可以证明[9],m 维随机矢量 $\boldsymbol{x}=[x_1,x_2,\cdots,x_m]^{\mathrm{T}}$ 的 $r=r_1+r_2+\cdots+r_m$ 阶矩和 r 阶累积量可分别定义为 $\boldsymbol{\Phi}(w_1,w_2,\cdots,w_m)$ 和 $\boldsymbol{\Psi}(w_1,w_2,\cdots,w_m)$ 的泰勒级数展开式

中各 w^r 项的相应系数。

特别的,令 $r_1=r_2=\cdots=r_m=1$,可得 r 阶矩和 r 阶累积量的常用定义式为

$$m_{r_1,r_2,\cdots,r_m}=m_{1,1,\cdots,1}=\mathrm{mom}(x_1,x_2,\cdots,x_m) \tag{2.59}$$

$$c_{r_1,r_2,\cdots,r_m}=c_{1,1,\cdots,1}=\mathrm{cum}(x_1,x_2,\cdots,x_m) \tag{2.60}$$

设 $I_x=[1,2,\cdots,m]$ 为 x 的下标集合,如果 $I\subseteq I_x$,那么将下标为 I 的子矢量 $\boldsymbol{x}_I$ 记为 $\boldsymbol{x}_I=[x_{i1},x_{i2},\cdots,x_{iI}]^{\mathrm{T}}$,$(I\leqslant m;i=1,2,\cdots,q,q\leqslant m)$。如果对 I 进行一种分割的集合中具有 q 个元素,那么 $\cup_{p=1}^{q}I_p=I$ 表示非空且非相交集合 I_p 的所有无序组合,$\sum\limits_{\cup_{p=1}^{q}I_p=I}$ 表示对集合 I 的所有可能分割进行求和运算。同时将 x_I 的高阶矩记为 $\mathrm{mom}(I_x)$,将其高阶累积量记为 $\mathrm{cum}(I_x)$,那么两者之间的转换关系为

$$\mathrm{cum}(x_1,x_2,\cdots,x_m)=\sum_{\cup_{p=1}^{q}I_p=I}(-1)^{q-1}(q-1)!\prod_{p=1}^{q}\mathrm{mom}(I_p) \tag{2.61}$$

$$\mathrm{mom}(x_1,x_2,\cdots,x_m)=\sum_{\cup_{p=1}^{q}I_p=I}\left[\prod_{p=1}^{q}\mathrm{cum}(I_p)\right] \tag{2.62}$$

2.4.2.2 四阶累积量的表达式

设 M 维零均值复平稳随机矢量 $\boldsymbol{X}=[x_1,x_2,\cdots,x_M]^{\mathrm{T}}$,其四阶累积量可以有 2^4 种不同的定义形式,对于不同的问题可以采用不同的表达式,下面给出一种常用的表达式

$$\begin{aligned}c_{4x}(m_1,m_2,m_3,m_4)&=\mathrm{cum}(x_{m_1}^*,x_{m_2},x_{m_3},x_{m_4}^*)\\&=E[x_{m_1}^*x_{m_2}x_{m_3}x_{m_4}^*]-E[x_{m_1}^*x_{m_3}]E[x_{m_2},x_{m_4}^*]-\\&=E[x_{m_1}^*x_{m_2}]E[x_{m_3}x_{m_4}^*]-E[x_{m_2}x_{m_3}]E[x_{m_1}^*x_{m_4}^*]\end{aligned} \tag{2.63}$$

式中:$E[x_{m_1}^*x_{m_2}x_{m_3}x_{m_4}^*]$ 为 x 的四阶矩;$E[x_ix_j]$ 为 x 的二阶矩。

在实际应用中,式(2.63)中关于四阶矩和二阶矩的计算通常采用以下两个式子替代,即

$$E[x_{m_1}^*x_{m_2}x_{m_3}x_{m_4}^*]=\frac{1}{L}\sum_{t=1}^{L}x_{m_1}^*(t)x_{m_2}(t)x_{m_3}(t)x_{m_4}^*(t) \tag{2.64}$$

$$E[x_{m_1}x_{m_2}]=\frac{1}{L}\sum_{t=1}^{L}x_{m_1}(t)x_{m_2}(t) \tag{2.65}$$

2.4.2.3 MIMO 雷达接收数据的四阶累积量特性

根据式(2.63)给出的四阶累积量的定义式,当 m_1、m_2、m_3、m_4 分别从 $1\leqslant m_1$、m_2、m_3、$m_4\leqslant MN$ 进行取值时,将式(2.64)定义为四阶累积量矩阵 $\boldsymbol{R}_{4x}$ 的第 $[(m_1-1)\cdot MN+m_2]$ 行第 $[(m_3-1)\cdot MN+m_4]$ 列上的元素,即

$$c_{4z}(m_1,m_2,m_3,m_4)=\mathrm{cum}(x_{m_1}^*,x_{m_2}^*,x_{m_3}^*,x_{m_4}^*)$$

$$= \boldsymbol{R}_{4x}((m_1-1)\cdot MN+m_2,(m_3-1)\cdot MN+m_4) \tag{2.66}$$

将式(2.66)进行化简与整理,四阶累积量矩阵可表示为

$$\boldsymbol{R}_{4x} = E[(\boldsymbol{X}\otimes\boldsymbol{X}^*)(\boldsymbol{X}\otimes\boldsymbol{X}^*)^{\mathrm{H}}] - E[\boldsymbol{X}\otimes\boldsymbol{X}^*]\cdot E[(\boldsymbol{X}\otimes\boldsymbol{X}^*)^{\mathrm{H}}] - E[\boldsymbol{X}\cdot\boldsymbol{X}^{\mathrm{H}}]\otimes E[(\boldsymbol{X}\cdot\boldsymbol{X}^{\mathrm{H}})^*] \tag{2.67}$$

式中:$\boldsymbol{R}_{4x}$为$(MN)^2\times(MN)^2$维的矩阵。

根据克罗内克积的性质[10],式(2.67)中的$\boldsymbol{X}\otimes\boldsymbol{X}^*$可表示为

$$\begin{aligned}\boldsymbol{X}\otimes\boldsymbol{X}^* &= (\boldsymbol{A}\overline{\boldsymbol{H}}+\overline{\boldsymbol{N}})(\boldsymbol{A}\overline{\boldsymbol{H}}+\overline{\boldsymbol{N}})^* = (\boldsymbol{A}\overline{\boldsymbol{H}})\otimes(\boldsymbol{A}\overline{\boldsymbol{H}})^* + \overline{\boldsymbol{N}}\otimes\overline{\boldsymbol{N}}^* \\ &= (\boldsymbol{A}\otimes\boldsymbol{A}^*)(\overline{\boldsymbol{H}}\otimes\overline{\boldsymbol{H}}^*) + \overline{\boldsymbol{N}}\otimes\overline{\boldsymbol{N}}^*\end{aligned} \tag{2.68}$$

将式(2.68)代入式(2.67),可得

$$\begin{aligned}\boldsymbol{R}_{4z} = &\{(\boldsymbol{A}\otimes\boldsymbol{A}^*)E[(\overline{\boldsymbol{H}}\otimes\overline{\boldsymbol{H}}^*)(\overline{\boldsymbol{H}}\otimes\overline{\boldsymbol{H}}^*)^{\mathrm{H}}](\boldsymbol{A}\otimes\boldsymbol{A}^*)^{\mathrm{H}} - \\ &(\boldsymbol{A}\otimes\boldsymbol{A}^*)E[\overline{\boldsymbol{H}}\otimes\overline{\boldsymbol{H}}^*]\cdot E[(\overline{\boldsymbol{H}}\otimes\overline{\boldsymbol{H}}^*)^{\mathrm{H}}](\boldsymbol{A}\otimes\boldsymbol{A}^*)^{\mathrm{H}} - \\ &(\boldsymbol{A}\otimes\boldsymbol{A}^*)E[\overline{\boldsymbol{H}}\cdot\overline{\boldsymbol{H}}^{\mathrm{H}}]\otimes E[(\overline{\boldsymbol{H}}\cdot\overline{\boldsymbol{H}}^{\mathrm{H}})^*](\boldsymbol{A}\otimes\boldsymbol{A}^*)^{\mathrm{H}}\} + \\ &\{E[\overline{\boldsymbol{N}}\otimes\overline{\boldsymbol{N}}^*)(\overline{\boldsymbol{N}}\otimes\overline{\boldsymbol{N}}^*)^{\mathrm{H}}] - E[\overline{\boldsymbol{N}}\otimes\overline{\boldsymbol{N}}^*]\cdot E[(\overline{\boldsymbol{N}}\otimes\overline{\boldsymbol{N}}^*)^{\mathrm{H}}] - \\ &E[\overline{\boldsymbol{N}}\cdot\overline{\boldsymbol{N}}^{\mathrm{H}}]\otimes E[(\overline{\boldsymbol{N}}\cdot\overline{\boldsymbol{N}}^{\mathrm{H}})^*]\} \\ = &\boldsymbol{B}\cdot\boldsymbol{C}_{4S}\cdot\boldsymbol{B}^{\mathrm{H}} + \boldsymbol{C}_{4\tilde{N}}\end{aligned} \tag{2.69}$$

式中 $\boldsymbol{B} = \boldsymbol{A}\otimes\boldsymbol{A}^*$

$$\boldsymbol{C}_{4S} = E[(\overline{\boldsymbol{H}}\otimes\overline{\boldsymbol{H}}^*)(\overline{\boldsymbol{H}}\otimes\overline{\boldsymbol{H}}^*)^{\mathrm{H}}] - E[\overline{\boldsymbol{H}}\otimes\overline{\boldsymbol{H}}^*]\cdot E[(\overline{\boldsymbol{H}}\otimes\overline{\boldsymbol{H}}^*)^{\mathrm{H}}] - E[\overline{\boldsymbol{H}}\cdot\overline{\boldsymbol{H}}^{\mathrm{H}}]\otimes E[(\overline{\boldsymbol{H}}\cdot\overline{\boldsymbol{H}}^{\mathrm{H}})^*]$$

$$\boldsymbol{C}_{4\tilde{N}} = E[(\overline{\boldsymbol{N}}\otimes\overline{\boldsymbol{N}}^*)(\overline{\boldsymbol{N}}\otimes\overline{\boldsymbol{N}}^*)^{\mathrm{H}}] - E[\overline{\boldsymbol{N}}\otimes\overline{\boldsymbol{N}}^*]\cdot E[(\overline{\boldsymbol{N}}\otimes\overline{\boldsymbol{N}}^*)^{\mathrm{H}}] - E[\overline{\boldsymbol{N}}\cdot\overline{\boldsymbol{N}}^{\mathrm{H}}]\otimes E[(\overline{\boldsymbol{N}}\cdot\overline{\boldsymbol{N}}^{\mathrm{H}})^*]$$

根据克罗内克积的性质可知

$$\mathrm{rank}(\boldsymbol{B}) = \mathrm{rank}(\boldsymbol{A}\otimes\boldsymbol{A}^*) = P^2 \tag{2.70}$$

根据目标信号的相互独立性可知

$$\mathrm{rank}(\boldsymbol{B}\cdot\boldsymbol{C}_{4S}\cdot\boldsymbol{B}^{\mathrm{H}}) = P^2 \tag{2.71}$$

对式(2.71)中的R_{4z}进行特征值分解,由大到小排列$(MN)^2$个特征值,并记$\boldsymbol{\Sigma}_{\mathrm{S}}$、$\boldsymbol{\Sigma}_{\mathrm{N}}$分别是由$P^2$个大特征值和其余$M^2N^2-P^2$个小特征值构成的对角矩阵,$\boldsymbol{U}_{\mathrm{S}} = [u_1\ \ u_2\ \ \cdots\ \ u_{P^2}]$和$\boldsymbol{U}_{\mathrm{N}} = [u_{P^2+1}\ \ u_{P^2+2}\ \ \cdots\ \ u_{(MN)^2}]$分别是由与其相对应的特征矢量所组成的信号子空间和噪声子空间。

2.5 小　结

本章介绍在 MIMO 雷达信号处理中涉及的矩阵和张量的基本知识,然后介绍 MIMO 雷达的基本信号模型,并对接收信号的二阶统计特性和高阶统计特性进行了分析,为后面 MIMO 雷达参数估计算法做数学和理论铺垫。

参考文献

[1] 王永良. 空间谱估计理论与算法[M]. 北京:清华大学出版社,2004.

[2] 张贤达. 矩阵分析与应用[M]. 北京:清华大学出版社,2013.

[3] Duofang C, Baixiao C, Guodong Q. Angle estimation using ESPRIT in MIMO radar[J]. Electronics Letters, 2008, 44(12): 770 - 771.

[4] Jinli C, Hong G, Weimin S. Angle estimation using ESPRIT without pairing in MIMO radar [J]. Electronics Letters, 2008, 44(24): 1422 - 1423.

[5] Jin M, Liao G, Li J. Joint DOD and DOA estimation for bistatic MIMO radar[J]. Signal Processing, 2009, 89(2): 244 - 251.

[6] Stoica P, Nehorai A. MUSIC, maximum likelihood, and Cramer - Rao bound[J]. IEEE Trans. on ASSP, 1989,37(5):720 - 741.

[7] Stoica P, Nehorai A. MUSIC, maximum likelihood, and Cramer - Rao bound: further results and comparions[J]. IEEE Trans. on ASSP, 1990,38(12):2140 - 2150.

[8] Stoica P, Nehorai A. Performance comparsion of subspace rotation and MUSIC methods for direction estimation[J]. IEEE Trans. On, 1991, 39(8):2140 - 2150.

[9] 张贤达. 时间序列分析——高阶统计量方法[M]. 北京:清华大学出版社, 1996.

[10] 魏平, 肖先赐, 李乐民. 基于四阶累积量特征分解的空间谱估计测向方法[J]. 电子科学学刊, 1995, 17(3): 243 - 249.

第3章

均匀线阵 MIMO 雷达目标参数估计

3.1 引　　言

第2章介绍了 MIMO 雷达信号处理的数学基础以及 MIMO 雷达的基本信号模型,并分析了 MIMO 雷达接收数据的二阶统计特性和高阶统计特性。本章以理想条件下的均匀线性阵列 MIMO 雷达信号模型为基础,介绍几种常用的 MIMO 雷达目标参数估计的方法。

在 MIMO 雷达中,利用发射信号的正交特性对接收数据进行匹配滤波处理,然后进行堆栈操作形成一个大孔径的虚拟阵列,因此和传统的阵列信号处理具有很多相似之处,很多传统的参数估计算法可以扩展到 MIMO 雷达的目标参数估计中,例如 Capon[1]、MUSIC[2] 和 ESPRIT[3] 等。文献[4]提出一种基于二维 Capon 谱的发射角和接收角联合估计算法,但与传统的 Capon 算法具有相同的特性,参数的估计性能依旧受到限制。为了能够获得更好的参数估计性能,文献[5]提出二维的 MUSIC 算法,由于涉及空域的二维参数联合搜索,导致运算复杂度过高,不利于信号的实时处理。为了能够进一步降低运算复杂度,提出了降维 MUSIC 算法[6]和求根形式的 MUSIC 算法[7],这些算法与二维 MUSIC 算法具有相似的参数估计性能,但运算复杂度大幅度降低。MUSIC 算法是基于接收信号的噪声子空间,而 ESPRIT 算法则是基于接收信号的信号子空间,可以看成是 MUSIC 类算法的一种互补算法。ESPRIT 类算法主要是通过研究阵列本身具有物理结构的旋转不变特性获取目标的参数,在文献[8]中研究了 MIMO 雷达发射阵列和接收阵列的旋转不变特性,然后通过两个独立的 ESPRIT 算法获得目标的发射角和接收角,但该算法需要对发射角和接收角进行配对处理。文献[9]通过利用矩阵、矩阵特征值与矩阵特征矢量的关系,使得发射角和接收角自动配对并且获得相似的角度估计性能。另外,结合 MUSIC 算法和 ESPRIT 算法的优点,文献[10]提出 ESPRIT－MUSIC 算法,该算法通过 ESPRIT 算法获得目标的发射角,然后利用求根 MUSIC 算法获得目标的接收角。由于每个接收角都是根据对应的发射角获得,因此发射角和接收角能够自动配对。针对复数运算复杂度高的问题，利用虚拟阵列的中心对称特性，采用酉变换将复数域的接收数据变换到实数域中，文献[11,12]提出了实数域的 Unitary – ESPRIT 算法和 Unitary-ESPRIT – MUSIC 算法，相对传统的复数运算，这些算法具有很好的实时性。

本章介绍 MIMO 雷达中的 Capon 算法、MUSIC 类算法、ESRPIT 类算法以及实数域中的 Unitary-ESPRIT 算法和 Unitary-MUSIC 算法等，并通过相应的仿真试验验证这些算法的有效性。

3.2 基于空间谱搜索的角度估计算法

3.2.1 二维 Capon 算法

在阵列信号处理中，Capon 算法[1]也称为最小方差无失真响应（MVDR）波束形成器，可以看成是一个空域的带通滤波器。它的基本原理是利用阵列的一些自由度在期望的观测空域形成一个波束，而利用其他的自由度在不感兴趣的空域或干扰的方向上形成零陷。在 Capon 算法中考虑空域噪声和干扰的特性，从而对干扰具有良好的稳健性，因此比传统的波束形成方法具有更好的分辨率。根据 Capon 算法的基本思想，有

$$\begin{aligned}&\min(\mathrm{E}[\,|\boldsymbol{Y}(t)|^2\,]) = \min \boldsymbol{W}^{\mathrm{H}}\boldsymbol{R}_{\mathrm{S}}\boldsymbol{W}\\&\text{s. t. } \boldsymbol{W}^{\mathrm{H}}\boldsymbol{a}(\varphi_0,\theta_0) = 1\end{aligned} \tag{3.1}$$

式中：$\boldsymbol{R}_{\mathrm{S}}$ 为 MIMO 雷达接收数据的协方差矩阵；$\boldsymbol{W}$ 为权值矩阵；$\boldsymbol{a}(\varphi_0,\theta_0)$ 为期望发射 – 接收角的联合导向矢量。

利用拉格朗日乘子法对式（3.1）进行求解，获得最优权值为

$$\boldsymbol{W} = \frac{\boldsymbol{R}^{-1}\boldsymbol{a}(\varphi,\theta)}{\boldsymbol{a}(\varphi,\theta)\boldsymbol{R}^{-1}\boldsymbol{a}(\varphi,\theta)} \tag{3.2}$$

利用式（3.2）的最优权值以及 Capon 算法的思想，构造如下二维空间谱函数：

$$\boldsymbol{P}_{\mathrm{capon}} = \frac{1}{\boldsymbol{a}^{\mathrm{H}}(\varphi,\theta)\boldsymbol{R}^{-1}\boldsymbol{a}(\varphi,\theta)} \tag{3.3}$$

利用式（3.3）对整个二维空域进行搜索，找到二维空域谱的峰值对应的角度就是目标的发射角和接收角，且各个目标的发射角和接收角自动配对。

3.2.2 二维 MUSIC 算法

与 Capon 算法的基本思想不同，MUSIC 算法[2,5]是基于接收信号的噪声子空间与发射 – 接收联合导向矢量正交特性的一种子空间参数估计方法。在

MUSIC算法中，首先需要对接收数据的协方差矩阵进行特征值分解，从而获得噪声子空间和信号子空间。

对协方差矩阵进行特征值分解：

$$\boldsymbol{R}=\boldsymbol{U}\boldsymbol{\Sigma}\boldsymbol{U}^{\mathrm{H}} \tag{3.4}$$

式中：$\boldsymbol{U}$ 为特征矢量矩阵；$\boldsymbol{\Sigma}$ 为特征值组成的对角矩阵，且有

$$\boldsymbol{\Sigma}=\begin{bmatrix}\lambda_1 & & & \\ & \lambda_2 & & \\ & & \ddots & \\ & & & \lambda_{MN}\end{bmatrix} \tag{3.5}$$

对角线矩阵 $\boldsymbol{\Sigma}$ 的对角线元素满足

$$\lambda_1 \geqslant \lambda_2 \geqslant \cdots \geqslant \lambda_P > \lambda_{P+1}=\cdots=\lambda_{MN}=\sigma^2 \tag{3.6}$$

定义两个对角矩阵为

$$\boldsymbol{\Sigma}_{\mathrm{S}}=\begin{bmatrix}\lambda_1 & & & \\ & \lambda_2 & & \\ & & \ddots & \\ & & & \lambda_P\end{bmatrix} \tag{3.7}$$

$$\boldsymbol{\Sigma}_{\mathrm{N}}=\begin{bmatrix}\lambda_{M+1} & & & \\ & \lambda_{M+2} & & \\ & & \ddots & \\ & & & \lambda_N\end{bmatrix} \tag{3.8}$$

式中：$\boldsymbol{\Sigma}_{\mathrm{S}}$ 的对角线元素由 P 个大特征值组成；$\boldsymbol{\Sigma}_{\mathrm{N}}$ 的对角线元素由 $MN-P$ 个小特征值组成。相应的，将特征矢量也分为两部分；一部分为大特征值对应的特征矢量组成信号子空间 $\boldsymbol{U}_{\mathrm{S}}=[\boldsymbol{e}_1\quad \boldsymbol{e}_2\quad \cdots\quad \boldsymbol{e}_p]$；另一部分为小特征值对应的特征矢量组成的噪声子空间 $\boldsymbol{U}_{\mathrm{N}}=[\boldsymbol{e}_{P+1}\quad \boldsymbol{e}_{P+2}\quad \cdots\quad \boldsymbol{e}_{MN}]$。根据 MUSIC 算法的基本思想，即利用子空间和发射－接收联合导向矢量的正交特性，构造如下二维 MUSIC 空间谱函数：

$$\boldsymbol{P}_{\mathrm{MUSIC}}=\frac{1}{\boldsymbol{a}^{\mathrm{H}}(\varphi,\theta)\boldsymbol{U}_{\mathrm{N}}\boldsymbol{U}_{\mathrm{N}}^{\mathrm{H}}\boldsymbol{a}(\varphi,\theta)} \tag{3.9}$$

通过对式(3.9)进行二维空间域的角度搜索，获得最大峰值所对应的角度分别为目标的发射角和接收角，且自动配对。与二维 Capon 算法相比，二维 MUSIC 算法具有更好的参数估计性能，但无论是 Capon 算法还是 MUSIC 算法，都涉及二维空间谱搜索，这往往导致繁重的运算复杂度，不利于实际系统中信号实时处理的需求。

3.2.3 降维的 MUSIC 算法

由于二维 MUSIC 算法的运算复杂度特别高，为了避免这个缺陷，文献[6]提出一种降维的 MUSIC 算法，该算法利用发射－接收导向矢量的内在特性并通过二次优化将二维空间搜索问题转化成为一维空间搜索问题。首先定义

$$V(\varphi,\theta)=(\boldsymbol{a}_{\mathrm{t}}(\varphi)\otimes\boldsymbol{a}_{\mathrm{t}}(\varphi))^{\mathrm{H}}\boldsymbol{U}_{\mathrm{N}}\boldsymbol{U}_{\mathrm{N}}^{\mathrm{H}}(\boldsymbol{a}_{\mathrm{t}}(\varphi)\otimes\boldsymbol{a}_{\mathrm{t}}(\varphi))\tag{3.10}$$

根据克罗内克积的性质，式(3.10)可表示为

$$V(\varphi,\theta)=\boldsymbol{a}_{\mathrm{r}}^{\mathrm{H}}(\theta)(\boldsymbol{a}_{\mathrm{t}}(\varphi)\otimes\boldsymbol{I}_{\mathrm{N}})^{\mathrm{H}}\boldsymbol{U}_{\mathrm{N}}\boldsymbol{U}_{\mathrm{N}}^{\mathrm{H}}(\boldsymbol{a}_{\mathrm{t}}(\varphi)\otimes\boldsymbol{I}_{\mathrm{N}})\boldsymbol{a}_{\mathrm{r}}(\theta)=\boldsymbol{a}_{\mathrm{r}}^{\mathrm{H}}(\theta)\boldsymbol{Q}(\varphi)\boldsymbol{a}_{\mathrm{r}}(\theta)\tag{3.11}$$

式中

$$\boldsymbol{Q}(\varphi)=(\boldsymbol{a}_{\mathrm{t}}(\varphi)\otimes\boldsymbol{I}_{\mathrm{N}})^{\mathrm{H}}\boldsymbol{U}_{\mathrm{N}}\boldsymbol{U}_{\mathrm{N}}^{\mathrm{H}}(\boldsymbol{a}_{\mathrm{t}}(\varphi)\otimes\boldsymbol{I}_{\mathrm{N}})$$

式(3.11)是一个二次优化问题，考虑线性约束 $\boldsymbol{e}^{\mathrm{H}}\boldsymbol{a}_{\mathrm{r}}(\theta)=1$ 来消除 $\boldsymbol{a}_{\mathrm{r}}(\theta)=0_{\mathrm{N}}$ 的平凡解，其中 $\boldsymbol{e}=[1,0,\cdots,0]^{\mathrm{T}}$。因此可以将式(3.11)转化成如下线性优化问题进行求解：

$$\begin{gathered}\min_{\varphi}\boldsymbol{a}_{\mathrm{r}}^{\mathrm{H}}(\theta)\boldsymbol{Q}(\varphi)\boldsymbol{a}_{\mathrm{r}}(\theta)\\ \text{s. t. }\boldsymbol{e}^{\mathrm{H}}\boldsymbol{a}_{\mathrm{r}}(\theta)=1\end{gathered}\tag{3.12}$$

利用拉格朗日乘子法对式(3.12)进行求解。首先构造代价函数

$$L(\varphi,\theta)=\boldsymbol{a}_{\mathrm{r}}^{\mathrm{H}}(\theta)\boldsymbol{Q}(\varphi)\boldsymbol{a}_{\mathrm{r}}(\theta)-\gamma(\boldsymbol{e}^{\mathrm{T}}\boldsymbol{a}_{\mathrm{r}}(\theta)-1)\tag{3.13}$$

式中：γ 为常量。

对式(3.13)中 $\boldsymbol{a}_{\mathrm{r}}(\theta)$ 求偏导，则有

$$\frac{\partial}{\partial\boldsymbol{a}_{\mathrm{r}}(\theta)}L(\varphi,\theta)=2\boldsymbol{Q}(\varphi)\boldsymbol{a}_{\mathrm{r}}(\theta)-\gamma\boldsymbol{e}=0\tag{3.14}$$

由式(3.14)可得

$$\boldsymbol{a}_{\mathrm{r}}(\theta)=\mu\boldsymbol{Q}^{-1}(\varphi)\boldsymbol{e}\tag{3.15}$$

式中：μ 为常量。

根据约束条件 $\boldsymbol{e}^{\mathrm{H}}\boldsymbol{a}_{\mathrm{r}}(\theta)=1$ 可知，$\mu=1/(\boldsymbol{e}^{\mathrm{H}}\boldsymbol{Q}^{-1}(\varphi)\boldsymbol{e})$，则式(3.15)为

$$\boldsymbol{a}_{\mathrm{r}}(\theta)=\frac{Q^{-1}(\varphi)\boldsymbol{e}}{\boldsymbol{e}^{\mathrm{H}}\boldsymbol{Q}^{-1}(\varphi)\boldsymbol{e}}\tag{3.16}$$

将式(3.16)代入 $\min\boldsymbol{a}_{\mathrm{r}}^{\mathrm{H}}(\theta)\boldsymbol{Q}(\varphi)\boldsymbol{a}_{\mathrm{r}}(\theta)$ 中，则发射角可通过如下一维空间谱函数获得：

$$\varphi=\operatorname{argmin}\frac{1}{\boldsymbol{e}^{\mathrm{H}}\boldsymbol{Q}^{-1}(\varphi)\boldsymbol{e}}\operatorname{argmax}\boldsymbol{e}^{\mathrm{H}}\boldsymbol{Q}^{-1}(\varphi)\boldsymbol{e}\tag{3.17}$$

通过对式(3.17)进行一维空间谱搜索，获得 P 个最大值对应的角度为目标的发射角($\varphi_1,\varphi_2,\cdots,\varphi_P$)。将获得发射角代入式(3.16)中得到 P 个接收导向矢量为 $\hat{\boldsymbol{a}}_{\mathrm{r}}(\theta_1),\hat{\boldsymbol{a}}_{\mathrm{r}}(\theta_1),\cdots,\hat{\boldsymbol{a}}_{\mathrm{r}}(\theta_P)$，并定义

$$\boldsymbol{f}_p = \text{angle}(\hat{\boldsymbol{a}}_{\text{r}}(\theta_p)) \tag{3.18}$$

式中：angle(·)表示求取相角操作，即

$$\boldsymbol{f}_p = [0, 2d_{\text{r}}/\lambda \sin\theta_p, \cdots, 2d_{\text{r}}/\lambda(N-1)\sin\theta_p]^{\text{T}} \tag{3.19}$$

首先对每个导向矢量进行归一化处理获得 $\bar{\boldsymbol{a}}_{\text{r}}(\theta_p)$，然后进行式(3.18)操作获得 $\bar{\boldsymbol{f}}_p$，最后利用 LS 对接收角度进行求解。对每个接收角度的相角进行拟合：

$$\min \| \boldsymbol{g}\boldsymbol{c}_p - \bar{\boldsymbol{f}}_p \|_{\text{F}}^2 \tag{3.20}$$

式中：$\boldsymbol{c}_p$ 为 2×1 维的参数向量，$\boldsymbol{c}_p = [\boldsymbol{c}_{p0}, \boldsymbol{c}_{p1}]^{\text{T}}$。其中，$\boldsymbol{c}_{p1}$ 为所求解的接收角度 $\sin\theta_p$，$\boldsymbol{c}_{p0}$ 为辅助参数；矩阵 $\boldsymbol{g}$ 为

$$\boldsymbol{g} = \begin{bmatrix} 1 & 0 \\ 1 & 2d_{\text{r}}/\lambda \\ \vdots & \vdots \\ 1 & 2d_{\text{r}}/\lambda(N-1) \end{bmatrix} \tag{3.21}$$

式(3.20)的最小二乘解为

$$[\boldsymbol{c}_{p0}, \boldsymbol{c}_{p1}]^{\text{T}} = (\boldsymbol{g}^{\text{T}}\boldsymbol{g})^{-1}\boldsymbol{g}^{\text{T}}\bar{\boldsymbol{f}}_p \tag{3.22}$$

则目标的接收角为

$$\theta_p = \arcsin\boldsymbol{c}_{p1} \tag{3.23}$$

通过以上算法流程可知，降维的 MUSIC 算法只需要一次一维的空间谱搜索就实现了目标的发射角和接收角的联合估计，且每个目标的接收角都是基于对应的发射角推导获得，因此相互之间自动配对。与二维 MUSIC 算法相比，降维的 MUSIC 算法明显降低了运算复杂度，且获得相似的参数估计性能，在下面的仿真实验中将得到证明。

3.2.4　仿真实验与分析

下面通过仿真实验验证二维 Capon 算法、二维 MUSIC 算法和降维 MUSIC 算法的性能，考虑 MIMO 雷达的发射阵元和接收阵元的阵元间距均为半个波长，发射阵列发射相互正交的波形，所有的目标均为远场目标。

仿真实验一：双基地 MIMO 雷达系统的发射阵列和接收阵列由 M 个发射阵元和 N 个接收阵元组成，发射阵列和接收阵列均为均匀线阵，且发射阵元间距和接收阵元间距均为半个波长。发射端发射相互正交的波形，接收端利用发射波形的正交性对接收信号进行处理获得接收数据。接收信号的信噪比为

$$\text{SNR} = 10\lg(\sigma_{\text{s}}^2/\sigma_{\text{n}}^2)$$

式中：σ_{s}^2 为信号的功率；σ_{n}^2 为噪声的功率。

图 3.1 为 4 个目标所对应的二维 Capon 算法和二维 MUSIC 算法的空间谱。其中：MIMO 雷达的发射阵元和接收阵元分别为 $M=N=3$；4 个非相关目标的发

射角和接收角分别为$(\varphi_1,\theta_1)=(-20°,-40°)$，$(\varphi_2,\theta_2)=(-50°,-20°)$，$(\varphi_3,\theta_3)=(0°,0°)$和$(\varphi_4,\theta_4)=(-40°,40°)$；所有的信号的信噪比均为10dB；快拍数为200。根据图3.1所示，二维Capon算法和二维MUSIC算法均能够准确对4个目标的发射角和接收角进行估计，且目标的发射角和接收角自动配对。同时注意到，二维MUSIC算法的空间谱比二维Capon算法的空间谱峰更尖，旁瓣更低，这意味着二维MUSIC算法具有比二维Capon算法更高的角度分辨力。

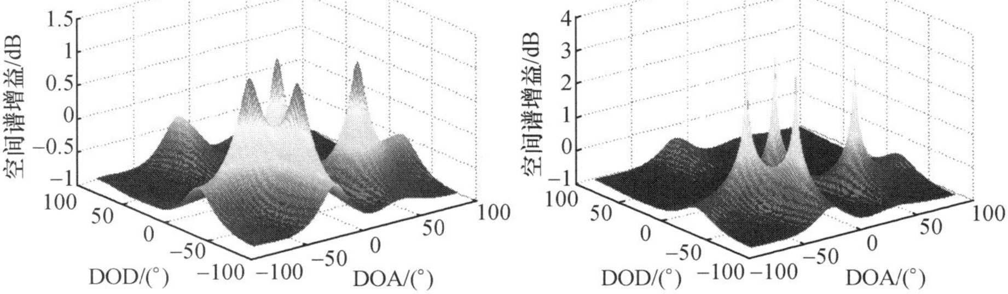

(a) 4个目标的二维Capon算法的空间谱　(b) 4个目标的二维MUSIC算法的空间谱

图3.1　4个目标的二维空间谱

图3.2为8个目标所对应的二维Capon算法和二维MUSIC算法的空间谱。其中：MIMO雷达的发射阵元和接收阵元分别为$M=N=3$；8个非相关目标的发射角和接收角分别为$(\varphi_1,\theta_1)=(50°,-50°)$，$(\varphi_2,\theta_2)=(-20°,-40°)$，$(\varphi_3,\theta_3)=(-50°,-20°)$，$(\varphi_4,\theta_4)=(-10°,10°)$，$(\varphi_5,\theta_5)=(-40°,40°)$，$(\varphi_6,\theta_6)=(60°,20°)$，$(\varphi_7,\theta_7)=(30°,50°)$和$(\varphi_8,\theta_8)=(10°,-10°)$；所有的信号的信噪比均为10dB；快拍数为200。根据图3.2，对于8个非相关目标，二维Capon算法和二维MUSIC算法都能有效的估计出目标的DOD和DOA。根据前面

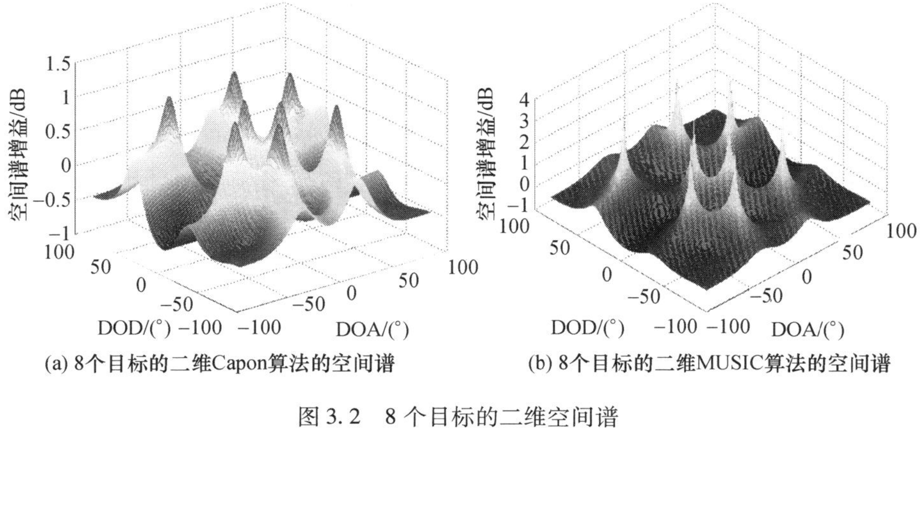

(a) 8个目标的二维Capon算法的空间谱　(b) 8个目标的二维MUSIC算法的空间谱

图3.2　8个目标的二维空间谱

的理论分析可知，无论是二维 Capon 算法还是二维 MUSIC 算法，最大的可识别目标数为 $MN-1$。

仿真实验二：考虑三个远场目标，发射阵元数和接收阵元均为 6。三个非相干目标分别为 $(\varphi_1,\theta_1)=(-35°,25°)$，$(\varphi_2,\theta_2)=(-20°,-15°)$ 和 $(\varphi_3,\theta_3)=(5°,10°)$。图 3.3 为降维 MUSIC 算法估计三个目标的 DOD 和 DOA 星座图。从图中可知，三个目标能很好配对。由于降维 Capon 算法不需要二维空间谱搜索，因此具有更高的运算效率。

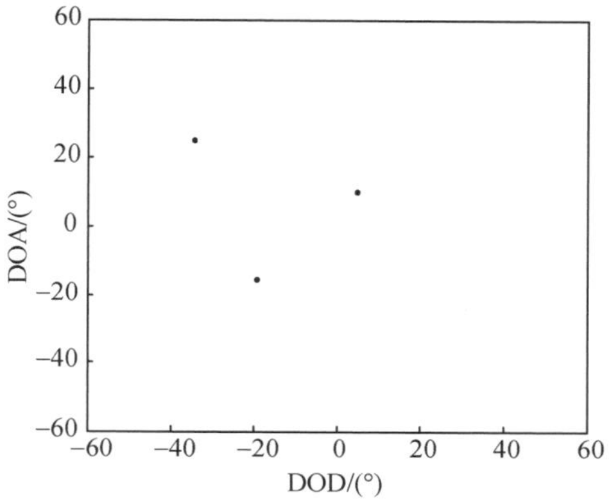

图 3.3 降维 MUSIC 算法估计三个目标的 DOD 和 DOA 星座图

3.3 基于子空间旋转不变特性的角度估计方法

无论是二维 MUSIC 算法还是降维的 MUSIC 算法，都是利用噪声子空间和发射－接收联合导向矢量正交特性，因此归类为基于噪声子空间的算法。而 ESPRIT 算法[9]则是利用阵列之间的旋转不变特性实现目标的参数估计，即信号子空间的旋转不变特性，该算法不需要空间谱搜索，运算效率明显优于 MUSIC 算法。下面介绍 ESPRIT 算法以及 ESPRIT－MUSIC 算法。

3.3.1 ESPRIT 算法

根据 MIMO 雷达虚拟阵列的发射－接收联合导向矢量 $\boldsymbol{a}(\varphi,\theta)=\boldsymbol{a}_{\mathrm{t}}(\varphi)\otimes\boldsymbol{a}_{\mathrm{r}}(\theta)$ 的结构特性可知：

$$\begin{aligned}\Gamma_2\boldsymbol{a}(\varphi,\theta)&=\Gamma_1\boldsymbol{a}(\varphi,\theta)\mathrm{e}^{\mathrm{j}2\pi d_{\mathrm{t}}/\lambda\sin\varphi}\\ \Gamma_4\boldsymbol{a}(\varphi,\theta)&=\Gamma_3\boldsymbol{a}(\varphi,\theta)\mathrm{e}^{\mathrm{j}2\pi d_{\mathrm{r}}/\lambda\sin\theta}\end{aligned}\tag{3.24}$$

式中：Γ_1、Γ_2、Γ_3、Γ_4 为选择矩阵，且有

$$\Gamma_1=[\boldsymbol{I}_{(M-1)N},\boldsymbol{0}_{(M-1)N\times N}],\Gamma_2=[\boldsymbol{0}_{(M-1)N\times N},\boldsymbol{I}_{(M-1)N}]$$

$$\boldsymbol{\Gamma}_3=\boldsymbol{I}_M\otimes[\boldsymbol{I}_{N-1},\boldsymbol{0}_{(N-1)\times 1}],\boldsymbol{\Gamma}_4=\boldsymbol{I}_M\otimes[\boldsymbol{0}_{(N-1)\times 1},\boldsymbol{I}_{N-1}]$$

式(3.24)表明了 MIMO 雷达虚拟阵列中存在的旋转不变特性,即发射-接收导向矢量的旋转不变特性。利用这种特性可以获得与目标信息有关的参数 $e^{j2\pi d_t/\lambda\sin\varphi}$和 $e^{j2\pi d_r/\lambda\sin\theta}$,进一步推导出所求的目标参数。考虑 P 个目标时,将式(3.24)扩展成矩阵形式:

$$\begin{aligned}\boldsymbol{\Gamma}_2\boldsymbol{A}&=\boldsymbol{\Gamma}_1\boldsymbol{A}\boldsymbol{\Phi}_t\\ \boldsymbol{\Gamma}_4\boldsymbol{A}&=\boldsymbol{\Gamma}_3\boldsymbol{A}\boldsymbol{\Phi}_r\end{aligned}\tag{3.25}$$

式中

$$\boldsymbol{\Phi}_t=\mathrm{diag}(e^{j2\pi d_t/\lambda\sin\varphi_1},\cdots,e^{j2\pi d_t/\lambda\sin\varphi_P}),\boldsymbol{\Phi}_r=\mathrm{diag}(e^{j2\pi d_r/\lambda\sin\theta_1},\cdots,e^{j2\pi d_r/\lambda\sin\varphi_P})$$

由式(3.25)可知,求解目标的发射角和接收角关键在于求解对角矩阵 $\boldsymbol{\Phi}_t$ 和 $\boldsymbol{\Phi}_r$。根据信号子空间与导向矢量的关系 $\boldsymbol{U}_S=\boldsymbol{A}(\varphi,\theta)\boldsymbol{T}$($\boldsymbol{T}$ 为非奇异矩阵),将 $\boldsymbol{U}_N$ 替代 $\boldsymbol{A}(\varphi,\theta)$,式(3.25)可表示为

$$\begin{aligned}\boldsymbol{\Gamma}_2\boldsymbol{U}_N&=\boldsymbol{\Gamma}_1\boldsymbol{U}_N\boldsymbol{\Psi}_t\\ \boldsymbol{\Gamma}_4\boldsymbol{U}_N&=\boldsymbol{\Gamma}_3\boldsymbol{U}_N\boldsymbol{\Psi}_r\end{aligned}\tag{3.26}$$

式中

$$\boldsymbol{\Psi}_t=\boldsymbol{T}^{-1}\boldsymbol{\Phi}_t\boldsymbol{T},\boldsymbol{\Psi}_r=\boldsymbol{T}^{-1}\boldsymbol{\Phi}_r\boldsymbol{T}$$

根据(3.26)可知,利用最小二乘法可以分别获得矩阵 $\boldsymbol{\Psi}_t$ 和 $\boldsymbol{\Psi}_r$,然后进行特征值分解获得相应的对角矩阵 $\boldsymbol{\Phi}_t$ 和 $\boldsymbol{\Phi}_r$,那么目标的发射角和接收角为

$$\varphi_p=\arcsin(\arg(\gamma_t^p)\lambda/(2\pi d_t))\tag{3.27}$$

$$\theta_p=\arcsin(\arg(\gamma_r^p)\lambda/(2\pi d_r))\tag{3.28}$$

式中:γ_t^p、γ_r^p($1\leqslant p\leqslant P$)分别为对角矩阵 $\boldsymbol{\Phi}_t$ 和 $\boldsymbol{\Phi}_r$ 的第 p 个对角元素。

根据以上算法可以获得目标的发射角和接收角,但值得注意的是由于对角矩阵 $\boldsymbol{\Phi}_t$ 和 $\boldsymbol{\Phi}_r$ 是通过两个相互独立的特征值分解而获得的,因此它们之间不存在任何关系,使得目标的发射角和接收角不能自动配对。在文献[9]中利用特征值相互匹配实现角度的成功配对,但这额外增加算法的运算复杂度。下面介绍一种自动配对的方法。根据式(3.26)可知,矩阵 $\boldsymbol{\Psi}_t$ 和 $\boldsymbol{\Psi}_r$ 具有相同的特征矢量,对矩阵 $\boldsymbol{\Psi}_t$ 进行特征值分解 $\boldsymbol{\Psi}_t=\overline{\boldsymbol{T}}^{-1}\overline{\boldsymbol{\Phi}}_t\overline{\boldsymbol{T}}$,其中 $\overline{\boldsymbol{T}}$ 为特征矢量矩阵,为了避免对 $\boldsymbol{\Psi}_r$ 进行特征值分解,对角矩阵 $\overline{\boldsymbol{\Phi}}_r$ 由以下式获得,即

$$\boldsymbol{\Psi}_r=\overline{\boldsymbol{T}}^{-1}\overline{\boldsymbol{\Phi}}_r\overline{\boldsymbol{T}}\tag{3.29}$$

通过以上操作,对角矩阵 $\overline{\boldsymbol{\Phi}}_t$和 $\overline{\boldsymbol{\Phi}}_r$ 的相同对角位置的元素包含同一个目标的发射角和接收角的信息,即实现了发射角和接收角的自动配对,再经过与式(3.27)和式(3.28)相似的求解过程,就可以获得目标的发射角和接收角。与 MUSIC 算法相比,ESPRIT 算法不需要空间谱搜索,在运算效率上具有很大的优势。但应注意:ESPRIT 算法对阵列的结构特性具有严格要求,要求阵列具有旋

转不变特性；而 MUSIC 算法则没有这样的特定要求。

3.3.2 ESPRIT - MUSIC 算法

根据 ESPRIT 算法的实现过程可知，ESPRIT 算法并没有完全利用 MIMO 雷达虚拟阵列的所有阵元，因此角度估计性能有所下降，为了能够弥补这一不足，文献[10]提出了 ESPRIT - MUSIC 算法。该算法首先通过 ESPRIT 算法获得目标的发射角，然后通过求根 MUSIC 算法获得目标的接收角。下面将详细介绍该方法的基本原理。

由式(3.11)可得

$$V(\varphi,\theta)=\boldsymbol{a}_{\mathrm{r}}^{\mathrm{H}}(\theta)(\boldsymbol{a}_{\mathrm{t}}(\varphi)\otimes\boldsymbol{I}_{\mathrm{N}})^{\mathrm{H}}\boldsymbol{U}_N\boldsymbol{U}_N^{\mathrm{H}}(\boldsymbol{a}_{\mathrm{t}}(\varphi)\otimes\boldsymbol{I}_{\mathrm{N}})\boldsymbol{a}_{\mathrm{r}}(\theta)=0 \tag{3.30}$$

由式(3.30)可知，目标的发射角和接收角可以分开进行估计，若已经获得目标的发射角，那么目标的接收角可利用多项式求根技术对式(3.30)进行求解，从而避免 ESPRIT 算法对接收角进行求解导致的阵元损失，提高目标的参数估计。通过对接收数据的协方差矩阵 $\boldsymbol{R}$ 进行特征值分解获得信号子空间 $\boldsymbol{U}_{\mathrm{S}}$ 和噪声子空间 $\boldsymbol{U}_{\mathrm{N}}$。首先利用 ESPRIT 算法获得目标的发射角度，对信号子空间进行如下操作：

$$\boldsymbol{\Gamma}_2\boldsymbol{U}_{\mathrm{N}}=\boldsymbol{\Gamma}_1\boldsymbol{U}_{\mathrm{N}}\boldsymbol{\Psi}_{\mathrm{t}} \tag{3.31}$$

首先利用最小二乘法对式(3.31)进行求解获得 $\boldsymbol{\Psi}_{\mathrm{t}}$，然后对 $\boldsymbol{\Psi}_{\mathrm{t}}$ 进行特征值分解获得 $\boldsymbol{\Phi}_{\mathrm{t}}$，则目标的发射角为

$$\hat{\varphi}_p=\arcsin(\arg(\gamma_{\mathrm{t}}^p)\lambda/(2\pi d_{\mathrm{t}}))(p=1,2,\cdots,P) \tag{3.32}$$

根据获得的发射角，相应的发射导向矢量为

$$\boldsymbol{a}_{\mathrm{t}}(\hat{\varphi}_p)=[1,\mathrm{e}^{\mathrm{j}2\pi d_{\mathrm{t}}/\lambda\sin\hat{\varphi}_p},\cdots,\mathrm{e}^{\mathrm{j}2\pi d_{\mathrm{t}}/\lambda(M-1)\sin\hat{\varphi}_p}]^{\mathrm{T}} \tag{3.33}$$

将式(3.33)代入式(3.30)，可得

$$\boldsymbol{a}_{\mathrm{r}}^{\mathrm{H}}(\hat{\theta}_p)(\boldsymbol{a}_{\mathrm{t}}(\hat{\varphi}_p)\otimes\boldsymbol{I}_{\mathrm{N}})^{\mathrm{H}}\boldsymbol{U}_{\mathrm{N}}\boldsymbol{U}_{\mathrm{N}}^{\mathrm{H}}(\boldsymbol{a}_{\mathrm{t}}(\hat{\varphi}_p)\otimes\boldsymbol{I}_{\mathrm{N}}(\boldsymbol{a}_{\mathrm{r}}(\hat{\theta}_p)=0 \tag{3.34}$$

定义

$$\boldsymbol{a}_{\mathrm{r}}(z_{\mathrm{r}})=[1,z_{\mathrm{r}},z_{\mathrm{r}}^2,\cdots,z_{\mathrm{r}}^{N-1}]^{\mathrm{T}} \tag{3.35}$$

式中

$$z_{\mathrm{r}}=\mathrm{e}^{\mathrm{j}2\pi d_{\mathrm{r}}/\lambda\sin\theta_p}$$

根据式(3.35)，式(3.34)可转化成为多项式形式，即

$$\boldsymbol{a}_{\mathrm{r}}(z_{\mathrm{r}}^{-1})^{\mathrm{T}}\boldsymbol{Q}(\hat{\varphi}_p)\boldsymbol{a}_{\mathrm{r}}(z_{\mathrm{r}})=0 \tag{3.36}$$

式中

$$\boldsymbol{Q}=(\hat{\varphi}_p)=(\boldsymbol{a}_{\mathrm{t}}(\hat{\varphi}_p)\otimes\boldsymbol{I}_{\mathrm{N}})^{\mathrm{H}}\boldsymbol{U}_{\mathrm{N}}\boldsymbol{U}_{\mathrm{N}}^{\mathrm{H}}(\boldsymbol{a}_{\mathrm{t}}(\hat{\varphi}_p)\otimes\boldsymbol{I}_{\mathrm{N}})$$

对式(3.36)进行多项式求根获得 P 个根 $z_p(p=1,2,\cdots,P)$，那么目标的接收角为

$$\hat{\theta}_p = \arcsin(\arg(z_p)\lambda/(2\pi d_t)) \quad (p=1,2,\cdots,P) \tag{3.37}$$

在联合 ESPRIT - MUSIC 中,每个目标的接收角都是根据相应的发射角进行求解的,因此相互之间自动配对。该方法也不需要空间谱搜索,且在一定程度弥补了 ESPRIT 算法导致的阵元损失,因此可以看作是 ESPRIT 和 MUSIC 算法的一种折中算法。

3.3.3 仿真实验与分析

下面通过仿真实验验证 ESPRIT 算法和 ESPRIT - MUSIC 算法的参数估计性能。考虑双基地 MIMO 雷达的发射阵元数和接收阵元数均为 8,且发射阵元间距和接收阵元间距均为半个波长。考虑三个非相关目标分别位于$(\varphi_1,\theta_1)=(-30°,-20°)$,$(\varphi_2,\theta_2)=(0°,10°)$和$(\varphi_3,\theta_3)=(10°,30°)$。

仿真实验一:所有的目标信号的信噪比均为 0dB。图 3.4 为 ESPRIT 算法对 3 个目标估计结果的星座图。从图中可知,ESPRIT 算法能准确地估计出所有目标的发射角和接收角,且发射角和接收角自动配对。值得一提的是,ESPRIT 算法分别利用发射阵列和接收阵列的旋转不变特性实现对目标的发射角和接收角联合估计,不需要空间谱搜索,因此运算效率大大提高。

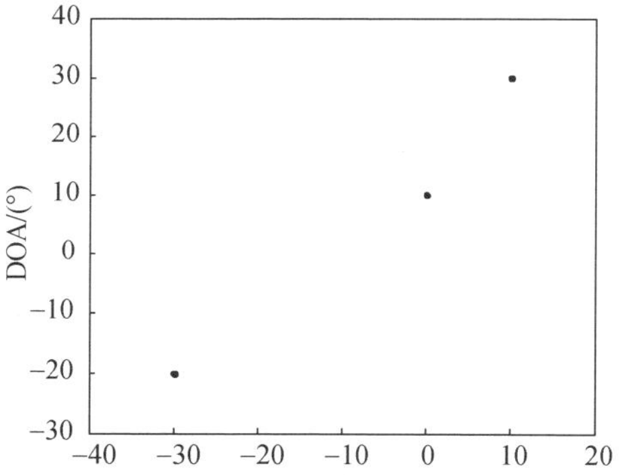

图 3.4 ESPRIT 算法对目标估计的星座图

仿真实验二:所有的目标信号的信噪比均为 0dB。图 3.5 为 ESPRIT - MUSIC 算法对 3 个目标估计结果的星座图。从图中可知,ESPRIT - MUSIC 算法能准确地估计出所有目标的发射角和接收角,且自动配对。与 ESPRRIT 相比,该算法的接收角根据相应的发射角所获得,不需要额外的配对运算。

仿真实验三:进一步考察 ESPRIT 算法和 ESPRIT - MUSIC 算法对于目标参数的估计性能,接收信号所对应的采样拍数为 200。图 3.6 为 ESPRIT 算法和 ESPRIT - MUSIC 算法的均方根误差与信噪比变换的关系。由图中可知,随着信噪比的增加,两种算法的参数估计性能均得到明显改善,且 ESPRIT－MUSIC 算法比 ESPRIT 算法具有更好的参数估计性能。这是由于 ESPRIT－MUSIC 算法中估计接收角时采用求根 MUSIC 算法代替了 ESPRIT 算法,避免了部分阵列孔径损失,因此角度的估计性能得到了改善,比 ESPRIT 算法具有更好的参数估计性能。

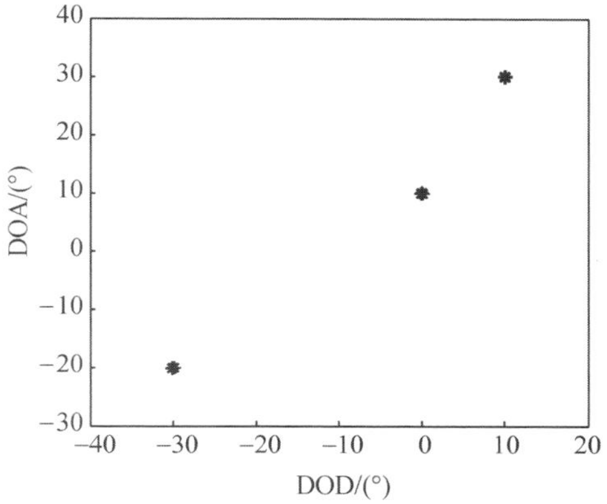

图 3.5　ESPRIT－MUSIC 算法对目标估计的星座图

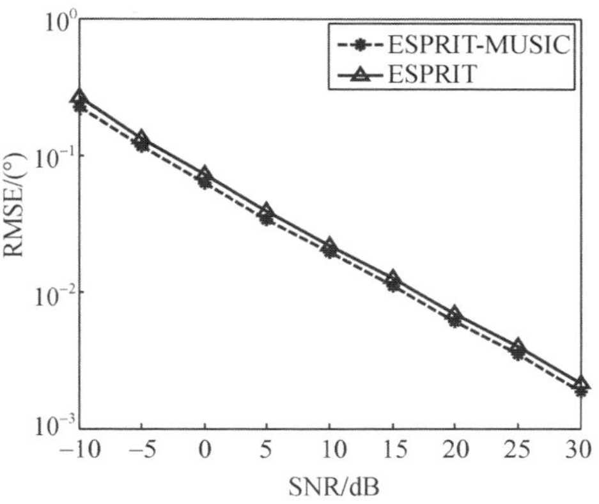

图 3.6　均方根误差与信噪比关系

3.4　实数域的参数估计方法

在实际信号处理中,对于实数的数据处理往往更加方便,且在实数域里对数据的处理速度明显优于在复数域中。本节主要介绍四种实数域的参数估计方法。

3.4.1　Centro－Symmetric 阵列和 Unitary 变换

定义 3.1　若线性阵列 $q \times q$ 维的导向矩阵 $\boldsymbol{A}$ 满足 $\boldsymbol{\Pi}_q\boldsymbol{A}^* = \boldsymbol{A\Omega}$,其中 $\boldsymbol{\Pi}_q$ 为 $q \times q$ 维的反对角置换矩阵,它的反对角线上元素全为 1,其他位置元素全为 0,$\boldsymbol{\Omega}$ 为酉对角矩阵,即满足 $\boldsymbol{\Omega}^{\mathrm{H}}\boldsymbol{\Omega} = \boldsymbol{\Omega}^{-1}\boldsymbol{\Omega}$,则称该线性阵列为 Centro－Symmetric 阵列,

命题 3.1　MIMO 雷达的虚拟阵列为 Centro－Symmetric 阵列。

证明:根据式(2.46)中 MIMO 雷达的发射－接收导向矩阵的结构,则有

$$\boldsymbol{\Pi}_{MN}\boldsymbol{A}^* = \boldsymbol{A\Omega}_1 \tag{3.38}$$

式中

$$\boldsymbol{\Omega}_1 = \mathrm{diag}\left[\mathrm{e}^{-\mathrm{j}(2\pi/\lambda)(N-1)d_{\mathrm{r}}\sin\theta_1 + (M-1)d_{\mathrm{t}}\sin\varphi_1)}, \cdots, \mathrm{e}^{-\mathrm{j}(2\pi/\lambda)(N-1)d_{\mathrm{r}}\sin\theta_P + (M-1)d_{\mathrm{t}}\sin\varphi_P)}\right]$$

由于 $\boldsymbol{\Omega}_1$ 为酉对角矩阵,因此 MIMO 雷达虚拟阵列为 Centro - Symmetric 阵列,即命题 3.1 得证。

根据命题 3.1 可知,MIMO 雷达的接收数据 $\boldsymbol{X}$ 可通过酉变换将复数域的数据转换到实数域中[13],即

$$\boldsymbol{X}_{\text{real}} = \boldsymbol{U}_{MN}[\boldsymbol{X} \quad \boldsymbol{\Pi}_{MN}\boldsymbol{X}^* \boldsymbol{\Pi}_K]\boldsymbol{U}_{2K} \tag{3.39}$$

式中:$\boldsymbol{U}_K$ 为 $K \times K$ 的酉矩阵。

当 $K = 2J$ 为偶数时,$\boldsymbol{U}_K$ 为

$$\boldsymbol{U}_K = \frac{1}{\sqrt{2}}\begin{bmatrix} \boldsymbol{I}_J & \text{j}\boldsymbol{I}_J \\ \boldsymbol{\Pi}_J & -\text{j}\,\boldsymbol{\Pi}_J \end{bmatrix} \tag{3.40}$$

当 $K = 2J + 1$ 为奇数时,$\boldsymbol{U}_K$ 为

$$\boldsymbol{U}_K = \frac{1}{\sqrt{2}}\begin{bmatrix} \boldsymbol{I}_J & 0 & \text{j}\boldsymbol{I}_J \\ \bar{\boldsymbol{0}} & \sqrt{2} & \bar{\boldsymbol{0}} \\ \boldsymbol{\Pi}_J & 0 & -\text{j}\,\boldsymbol{\Pi}_J \end{bmatrix} \tag{3.41}$$

对实数域的接收数据求协方差矩阵,即

$$\boldsymbol{R} = \frac{1}{2L}\boldsymbol{X}_{\text{real}}\boldsymbol{X}_{\text{real}}^{\text{H}} \tag{3.42}$$

对实数协方差进行特征值分解,采用与复数域相似的方法可获得相应的实数噪声子空间 $\boldsymbol{E}_{\text{N}}$ 和实数信号子空间 $\boldsymbol{E}_{\text{S}}$。

3.4.2 Unitary - MUSIC 算法

通过酉变换后,原来的复值噪声子空间变成实值噪声子空间。实值导向矢量和复值导向矢量的关系[13]为

$$\boldsymbol{a}_{\text{real}}(\varphi,\theta) = \boldsymbol{U}_{MN}\boldsymbol{a}(\varphi,\theta) \tag{3.43}$$

根据 MUSIC 算法的基本原理,即实值导向矢量 $\boldsymbol{a}_{\text{real}}(\varphi,\theta)$ 和实值噪声子空间的正交性,构造如下实值空间谱函数:

$$\boldsymbol{P}_{\text{real}} = \frac{1}{\boldsymbol{a}_{\text{real}}^{\text{H}}(\varphi,\theta)\boldsymbol{E}_{\text{N}}\boldsymbol{E}_{\text{N}}^{\text{H}}\boldsymbol{a}_{\text{real}}(\varphi,\theta)} \tag{3.44}$$

对式(3.44)进行二维空间谱搜索,可得目标的发射角和接收角的联合估计,且目标的发射角和接收角自动配对。与复数域的二维 MUSIC 算法相比,二维 Unitary - MUSIC 算法对于低采样拍数具有更好的稳健性,这是由于在进行 Unitary变换时,接收数据为原始数据的前后空间平滑均值。同时,由于Unitary - MUSIC 的所有矢量、矩阵计算均在实数域中进行,因此运算复杂度得到降低。值得注意的是,由于式(3.44)中的空间谱涉及二维空间谱搜索,可以采用类似于降维 MUSIC 算法的降维技术,将二维实值空间谱搜索转换成为一维空间谱搜索,进一步降低运算复杂度。

3.4.3 Unitary - ESPRIT 算法

3.4.2 节介绍了实数域的 Unitary - MUSIC 算法，该算法是基于实值噪声子空间的算法。这里介绍基于实值信号子空间的算法 Unitary - ESPRIT 算法，该算法可以看成实数域里面 Unitary - MUSIC 算法的互补算法。根据式(3.24)中的复值旋转不变特性，在实数域中可以表示为[11]

$$\begin{cases}\overline{\boldsymbol{\Gamma}}_2\boldsymbol{a}_{\text{real}}(\varphi,\theta)=\overline{\boldsymbol{\Gamma}}_1\boldsymbol{a}_{\text{real}}(\varphi,\theta)\tan\dfrac{\pi d_{\text{t}}\sin\varphi}{\lambda}\\ \overline{\boldsymbol{\Gamma}}_4\boldsymbol{a}_{\text{real}}(\varphi,\theta)=\overline{\boldsymbol{\Gamma}}_3\boldsymbol{a}_{\text{real}}(\varphi,\theta)\tan\dfrac{\pi d_{\text{r}}\sin\theta}{\lambda}\end{cases}\tag{3.45}$$

式中：$\overline{\boldsymbol{\Gamma}}_1$、$\overline{\boldsymbol{\Gamma}}_2$、$\boldsymbol{\Gamma}_3$、$\boldsymbol{\Gamma}_4$ 为实值选择矩阵，且有

$$\overline{\boldsymbol{\Gamma}}_1=\text{Re}\{\boldsymbol{U}_{MN}\boldsymbol{\Gamma}_2\},\overline{\boldsymbol{\Gamma}}_2=\text{Im}\{\boldsymbol{U}_{MN}\boldsymbol{\Gamma}_2\},\overline{\boldsymbol{\Gamma}}_3=\text{Re}\{\boldsymbol{U}_{MN}\boldsymbol{\Gamma}_4\},\overline{\boldsymbol{\Gamma}}_4=\text{Im}\{\boldsymbol{U}_{MN}\boldsymbol{\Gamma}_4\}$$

其中：Re{·}和 Im{·}分别为取一个复数矩阵或矢量的实部和虚部。

将式(3.45)扩展到实值导向矩阵中

$$\begin{cases}\overline{\boldsymbol{\Gamma}}_2\boldsymbol{A}=\overline{\boldsymbol{\Gamma}}_1\boldsymbol{A}\overline{\boldsymbol{\Phi}}_{\text{t}}\\ \overline{\boldsymbol{\Gamma}}_4\boldsymbol{A}=\overline{\boldsymbol{\Gamma}}_3\boldsymbol{A}\overline{\boldsymbol{\Phi}}_{\text{r}}\end{cases}\tag{3.46}$$

式中

$$\overline{\boldsymbol{\Phi}}_{\text{t}}=\text{diag}\{[\tan(\pi d_{\text{t}}\sin\varphi_1/\lambda),\cdots,\tan(\pi d_{\text{t}}\sin\varphi_P/\lambda)]\}$$
$$\overline{\boldsymbol{\Phi}}_{\text{r}}=\text{diag}\{[\tan(\pi d_{\text{r}}\sin\theta_1/\lambda),\cdots,\tan(\pi d_{\text{r}}\sin\theta_P/\lambda)]\}$$

由式(3.46)可知，在实数域中，发射 - 接收联合导向矩阵的旋转不变特性矩阵 $\overline{\boldsymbol{\Phi}}_{\text{t}}$ 和 $\overline{\boldsymbol{\Phi}}_{\text{r}}$ 分别包含着目标发射角和接收角信息。因此，对目标的发射角和接收角联合估计问题转化成对角矩阵 $\overline{\boldsymbol{\Phi}}_{\text{t}}$ 和 $\overline{\boldsymbol{\Phi}}_{\text{r}}$ 求解问题，通过求解对角矩阵 $\overline{\boldsymbol{\Phi}}_{\text{t}}$ 和 $\overline{\boldsymbol{\Phi}}_{\text{r}}$ 逆推出目标的发射角和接收角。将实值信号子空间与实值导向矩阵的关系 $\boldsymbol{E}_{\text{S}}=\boldsymbol{A}_{\text{real}}\boldsymbol{\Theta}$ 代入式(3.46)，则有

$$\begin{cases}\overline{\boldsymbol{\Gamma}}_2\boldsymbol{E}_{\text{s}}=\overline{\boldsymbol{\Gamma}}_1\boldsymbol{E}_{\text{s}}\boldsymbol{\Psi}_{\text{t}}\\ \overline{\boldsymbol{\Gamma}}_4\boldsymbol{E}_{\text{s}}=\overline{\boldsymbol{\Gamma}}_3\boldsymbol{E}_{\text{s}}\boldsymbol{\Psi}_{\text{r}}\end{cases}\tag{3.47}$$

式中

$$\boldsymbol{\Psi}_{\text{t}}=\overline{\boldsymbol{T}}^{-1}\overline{\boldsymbol{\Phi}}_{\text{t}}\overline{\boldsymbol{T}},\boldsymbol{\Psi}_{\text{r}}=\overline{\boldsymbol{T}}^{-1}\overline{\boldsymbol{\Phi}}_{\text{r}}\overline{\boldsymbol{T}}$$

由式(3.47)可知，矩阵 $\boldsymbol{\Psi}_{\text{t}}$ 和 $\boldsymbol{\Psi}_{\text{r}}$ 的特征值包含目标的发射角和接收角信息。因此利用最小二乘法或者总体最小二乘法对式(3.47)进行求解获得矩阵 $\boldsymbol{\Psi}_{\text{t}}$ 和 $\boldsymbol{\Psi}_{\text{r}}$，然后分别对它们进行特征值分解，利用其特征值信息实现对目标发射角和接收角的联合估计。然而由于对两个实值矩阵进行特征值是两个完全独立的过程，无法实现目标发射角和接收角的自动配对。在 ESPRIT 算法中采用相同特征矢量的特性克服角度无法配对问题，该方法也可以直接利用到 Unitary -

ESPRIT 算法中实现角度的自动配对。然后,注意到矩阵 $\boldsymbol{\Psi}_{\mathrm{t}}$ 和 $\boldsymbol{\Psi}_{\mathrm{r}}$ 均为实值矩阵,这里采用谱分解的方法[14]构造实值矩阵 $\boldsymbol{\Delta}=\boldsymbol{\Psi}_{\mathrm{t}}+\mathrm{j}\boldsymbol{\Psi}_{\mathrm{r}}$,然后对其进行特征值分解

$$\boldsymbol{\Delta}\tilde{T}^{-1}(\tilde{\boldsymbol{\Phi}}_{\mathrm{t}}+\mathrm{j}\tilde{\boldsymbol{\Phi}}_{\mathrm{r}})\tilde{T} \tag{3.48}$$

式中:$\tilde{T}$ 为特征矢量组成的矩阵;$\tilde{\boldsymbol{\Phi}}_{\mathrm{t}}$ 和 $\tilde{\boldsymbol{\Phi}}_{\mathrm{r}}$ 分别为特征值组成的对角矩阵的实部和虚部。

根据谱分解的特性,在实值对角矩阵 $\tilde{\boldsymbol{\Phi}}_{\mathrm{t}}$ 和 $\tilde{\boldsymbol{\Phi}}_{\mathrm{r}}$ 同一位置的对角线元素对应的是同一个目标的角度信息,即目标的发射角和接收角自动配对。目标的发射角和接收角为

$$\varphi_p=\arcsin(\arctan(\gamma_{\mathrm{t}p})\lambda/(2\pi d_{\mathrm{t}}))\quad(p=1,2,\cdots,P) \tag{3.49}$$

$$\theta_p=\arcsin(\arctan(\gamma_{\mathrm{r}p})\lambda/(2\pi d_{\mathrm{r}}))\quad(p=1,2,\cdots,P) \tag{3.50}$$

式中:$\gamma_{\mathrm{t}p}$、$\gamma_{\mathrm{r}p}$分别为对角矩阵 $\tilde{\boldsymbol{\Phi}}_{\mathrm{t}}$ 和 $\tilde{\boldsymbol{\Phi}}_{\mathrm{r}}$ 第 p 个对角线元素。

与传统的 ESPRIT 算法相比,Unitary - ESPRIT 算法有两个优势:①Unitary - ESPRIT 算法在低采样拍数的条件下比 ESPRIT 算法获得更好的角度估计性能;②Unitary - ESPRIT 算法比 ESPRIT 算法具有更低的运算复杂度,具有更好的实时特性。

3.4.4 Unitary - ESPRIT - MUSIC 算法

根据 Unitary - ESPRIT 算法的基本原理可知,Unitary - ESPRIT 对虚拟阵列进行分割成不同的子阵,利用子阵间的旋转不变特性实现了目标的发射角和接收角的联合估计,但这是以损失部分虚拟阵列孔径为代价的。Unitary - ESPRIT - MUSIC 算法可以看成 Unitary - ESPRIT 和 Unitary - MUSIC 的一种折中算法,该算法补偿了部分的阵列损失,同时避免了 Unitary - MUSIC 算法的二维空间谱搜索。实值导向矢量和实值噪声子空间的正交性表示为

$$V(\varphi,\theta)=\boldsymbol{a}_{\mathrm{real}}^{\mathrm{H}}(\varphi,\theta)\boldsymbol{E}_{\mathrm{N}}\boldsymbol{E}_{\mathrm{N}}^{\mathrm{H}}\boldsymbol{a}_{\mathrm{real}}(\varphi,\theta)=0 \tag{3.51}$$

根据克罗内克积的性质,式(3.51)可表示为

$$V(\varphi,\theta)=\boldsymbol{a}_{\mathrm{r}}(\theta)(\boldsymbol{a}_{\mathrm{t}}(\varphi)\times\boldsymbol{I}_{\mathrm{N}})\boldsymbol{U}_{MN}^{\mathrm{H}}\boldsymbol{E}_{\mathrm{N}}\boldsymbol{E}_{\mathrm{N}}^{\mathrm{H}}\boldsymbol{U}_{MN}(\boldsymbol{a}_{\mathrm{t}}(\varphi)\times\boldsymbol{I}_{\mathrm{N}})\boldsymbol{a}_{\mathrm{r}}(\theta)=0 \tag{3.52}$$

由式(3.52)可知,在实数域中目标的发射角和接收角可以分开估计。因此首先采用 Unitary - ESPRIT 对目标的发射角度进行估计,然后利用求根Unitary - MUSIC 算法对目标的接收角度进行估计。根据 Unitary - ESPRIT 算法实现目标的发射角估计,即利用选择矩阵 $\overline{\Gamma}_1$ 和 $\overline{\Gamma}_2$ 对信号子空间进行如下操作:

$$\overline{\Gamma}_2\boldsymbol{E}_S=\overline{\Gamma}_1\boldsymbol{E}_S\boldsymbol{\Psi}_{\mathrm{t}} \tag{3.53}$$

式中

$$\boldsymbol{\Psi}_{\mathrm{t}}=\overline{\boldsymbol{T}}^{-1}\overline{\boldsymbol{\Phi}_{\mathrm{t}}}\overline{\boldsymbol{T}}$$

利用最小二乘法或总体最小二乘法对式(3.53)进行求解,获得 $\boldsymbol{\Psi}_{\mathrm{t}}$,然后对 $\boldsymbol{\Psi}_{\mathrm{t}}$ 进行特征值分解,可得

$$\boldsymbol{\Psi}_{\mathrm{t}}=\hat{\boldsymbol{T}}^{-1}\hat{\boldsymbol{\Phi}}_{\mathrm{t}}\hat{\boldsymbol{T}} \tag{3.54}$$

式中:$\hat{\boldsymbol{T}}$ 为由特征矢量组成的特征矩阵;$\hat{\boldsymbol{\Phi}}_{\mathrm{t}}$ 为由特征值组成的对角矩阵。

那么目标的发射角为

$$\hat{\varphi}_p=\arcsin(\arctan(\hat{\gamma}_{\mathrm{t}p})\lambda/(2\pi d_{\mathrm{t}}))\ (p=1,2,\cdots,P) \tag{3.55}$$

式中:$\hat{\gamma}_{\mathrm{t}p}$为对角矩阵 $\hat{\boldsymbol{\Phi}}_{\mathrm{t}}$ 的第 p 个对角线元素。

根据目标的发射角估计值 $\hat{\varphi}_p$,发射导向矢量可表示为

$$\boldsymbol{a}_{\mathrm{t}}(\hat{\varphi}_p)=[1,\mathrm{e}^{\mathrm{j}2\pi d_{\mathrm{t}}/\lambda\sin\hat{\varphi}_p},\cdots,\mathrm{e}^{\mathrm{j}2\pi d_{\mathrm{r}}/\lambda(M-1)\sin\hat{\varphi}_p}]^{\mathrm{T}} \tag{3.56}$$

将式(3.56)代入式(3.53),可得

$$\boldsymbol{a}_{\mathrm{r}}^{\mathrm{H}}(\hat{\theta}_p)(\boldsymbol{a}_{\mathrm{t}}(\hat{\varphi}_p)\otimes\boldsymbol{I}_{\mathrm{N}})^{\mathrm{H}}\boldsymbol{U}_{\mathrm{N}}\boldsymbol{U}_{\mathrm{N}}^{\mathrm{H}}(\boldsymbol{a}_{\mathrm{t}}(\hat{\varphi}_p)\otimes\boldsymbol{I}_{\mathrm{N}})\boldsymbol{a}_{\mathrm{r}}(\hat{\theta}_p)=0 \tag{3.57}$$

定义

$$\boldsymbol{a}_{\mathrm{r}}(z_{\mathrm{r}})=[1,z_{\mathrm{r}},z_{\mathrm{r}}^2,\cdots,z_{\mathrm{r}}^{N-1}]^{\mathrm{T}} \tag{3.58}$$

式中:$z_{\mathrm{r}}=\mathrm{e}^{\mathrm{j}/2\pi d_{\mathrm{r}}/\lambda\sin\theta_p}$。

结合式(3.58),式(3.57)可表示为

$$\boldsymbol{a}_{\mathrm{r}}(z_{\mathrm{r}}^{-1})^{\mathrm{T}}\boldsymbol{Q}(\hat{\varphi}_p)\boldsymbol{a}_{\mathrm{r}}(z_{\mathrm{r}})=0 \tag{3.59}$$

式中

$$\boldsymbol{Q}_{\mathrm{r}}(\hat{\varphi}_p)=(\boldsymbol{a}_{\mathrm{t}}(\hat{\varphi}_{\mathrm{p}})\times\boldsymbol{I}_{\mathrm{N}})\boldsymbol{U}_{MN}^{\mathrm{H}}\boldsymbol{E}_{\mathrm{N}}\boldsymbol{E}_{\mathrm{N}}^{\mathrm{H}}\boldsymbol{U}_{MN}(\boldsymbol{a}_{\mathrm{t}}(\hat{\varphi}_p)\times\boldsymbol{I}_{\mathrm{N}})$$

对式(3.59)进行多项式求根获得 P 个根 $z_p(p=1,2,\cdots,P)$,那么目标的接收角为

$$\hat{\theta}_p=\arcsin(\arg)(z_p)\lambda/(2\pi d_{\mathrm{t}}))\quad(p=1,2,\cdots,P) \tag{3.60}$$

3.4.5 仿真实验与分析

下面通过仿真实验来验证和分析 Unitary - ESPRIT 算法和 Unitary ESPRIT - MUSIC 算法的性能。考虑双基地 MIMO 雷达的发射阵列和接收阵列的阵元数分别为 6、8,且发射阵元间距和接收阵元间距均为半个波长。存在 3 个非相干目标,其发射角度和接收角度分别为$(\varphi_1,\theta_1)=(10°,20°)$,$(\varphi_2,\theta_2)=(-8°,30°)$和$(\varphi_3,\theta_3)=(0°,45°)$。

仿真实验一: MIMO 雷达接收数据对应的采样拍数为 50。图 3.7 为 Unitary - ESPRIT 算法与 ESPRIT 算法的均方根误差与信噪比的关系。由图中可知,Unitary - ESPRIT 算法比 ESPRIT 算法具有更好的参数估计性能。这是由于 Unitary 算法对接收数据进行前后向空间平滑处理,有效地增加了采样拍数,因

此在低拍时改善了参数的估计性能。同时,由于 Unitary - ESPRIT 算法在实数域中进行运算,具有比 ESPRIT 算法更高的运算效率。

仿真实验二:MIMO 雷达接收数据对应的采样拍数为 50。图 3.8 为 Unitary ESPRIT - MUSIC 算法与 ESPRIT - MUSIC 算法的均方根误差与信噪比关系。由图中可知,随着信噪比的增加,两种算法对于 DOD 和 DOA 的估计性能均明显得到改善。同时注意到 Unitary ESPRIT - MUSIC 算法比 ESPRIT - MUSIC 算法具有更好的参数估计性能,尤其是在低信噪比时。这是由于在 Unitary ESPRIT - MUSIC 中采用了实值变换所涉及的前后向空间平滑技术,从而改善了参数估计性能。

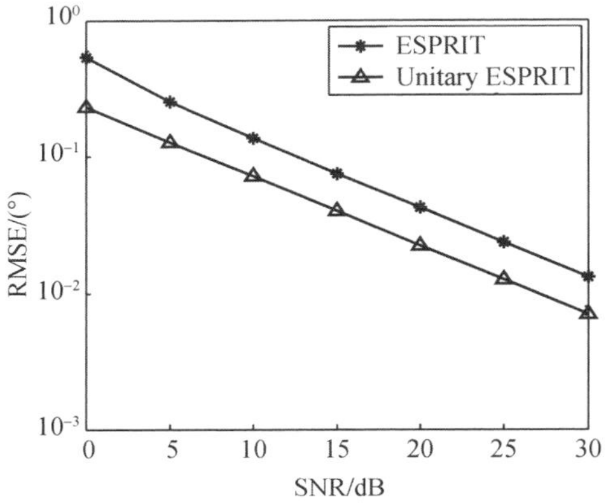

图 3.7 均方根误差与信噪比关系(Unitary - ESPRIT 和 ESPRIT)

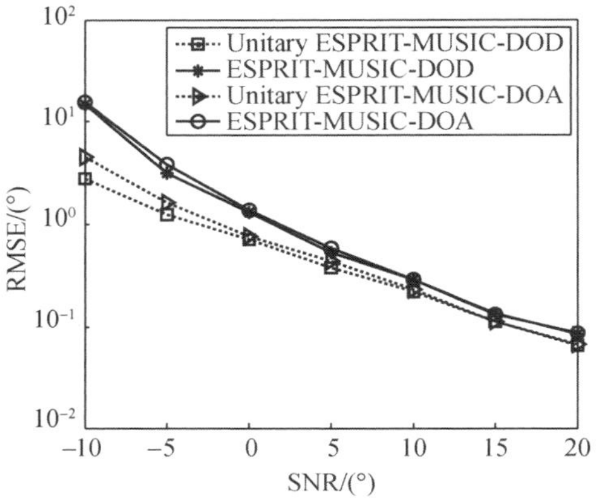

图 3.8 均方根误差与信噪比关系(Unitary ESPRIT - MUSIC 和 ESPRIT - MUSIC)

3.5 小 结

本章主要介绍了 MIMO 雷达参数估计中的子空间类算法,主要包括了二维 Capon 算法、二维 MUSIC 算法、降维 MUSIC 算法、ESPRIT 算法以及实数域的 Unitary - ESPRIT 算法和 Unitary ESPRIT - MUSIC 算法。理论分析与仿真实验验证了这些算法的有效性。

参考文献

[1] Veen B D V, Buckley K M. Beamforming: a versatile approach to spatial filtering [J]. IEEE ASSP Magazine, 1988, 5(2):4 - 24.

[2] Schmidt R O. Multiple emitter location and signal parameter estimation [J]. IEEE Trans. on AP, 1986, 34(3): 276 - 280.

[3] Roy R, Kailath T. ESPRIT – a subspace rotation approach to estimation of parameters of cissoids in noise [J]. IEEE Trans. on ASSP, 1986, 34(10):1340 – 1342.

[4] Bekkerman I, Tabrikian J. Target detection and localization using MIMO radars and sonars [J]. IEEE Transactions on Signal Processing, 2006, 54(10): 3873 – 3883.

[5] Gao X, Zhang X, Feng G, et al. On the MUSIC – derived approaches of angle estimation for bistatic MIMO radar[C]. Wireless Networks and Information Systems, 2009. WNIS'09. International Conference on. IEEE, 2009: 343 – 346.

[6] Zhang X, Xu L, Xu L, et al. Direction of departure (DOD) and direction of arrival (DOA) estimation in MIMO radar with reduced – dimension MUSIC[J]. IEEE Communications Letters, 2010, 14(12): 1161 – 1163.

[7] Bencheikh M L, Wang Y, He H. Polynomial root finding technique for joint DOA DOD estimation in bistatic MIMO radar[J]. Signal Processing, 2010, 90(9): 2723 – 2730.

[8] Duofang C, Baixiao C, Guodong Q. Angle estimation using ESPRIT in MIMO radar[J]. Electronics Letters, 2008, 44(12): 770 – 771.

[9] Jinli C, Hong G, Weimin S. Angle estimation using ESPRIT without pairing in MIMO radar [J]. Electronics Letters, 2008, 44(24): 1422 – 1423.

[10] Bencheikh M L, Wang Y. Joint DOD – DOA estimation using combined ESPRIT – MUSIC approach in MIMO radar[J]. Electronics Letters, 2010, 46(15): 1081 – 1083.

[11] Zheng G, Chen B, Yang M. Unitary ESPRIT algorithm for bistatic MIMO radar[J]. Electronics letters, 2012, 48(3): 179 – 181.

[12] Wang W, Wang X P, et al. Angle estimation using combined Unitary ESPRIT – MUSIC algorithm for MIMO radar [J]. IEICE Communications Express, 2012, 1(4), 154 – 159.

[13] Haardt M, Nossek J A. Unitary ESPRIT: How to obtain increased estimation accuracy with a reduced computational burden [J]. IEEE Transactions on Signal Processing, 1995, 43(5): 1232 – 1242.

[14] Zoltowski M D, Haardt M, Mathews C P. Closed – form 2 – D angle estimation with rectangular arrays in element space or beamspace via unitary ESPRIT[J]. IEEE Transactions on Signal Processing , 1996, 44(2): 316 – 328.

第4章 非圆信号 MIMO 雷达目标参数估计

4.1 引　言

第 3 章以均匀线阵 MIMO 雷达信号模型为基础，介绍了 MIMO 雷达目标参数估计中的子空间算法。本章以非圆信号 MIMO 雷达模型为基础，介绍如何利用非圆信号的信息提高目标参数性能的相关算法。

在雷达系统中，发射端发射的波形往往具有非圆特性，如二进制移相键控（BPSK）调制信号、多进制数字振幅调制（MASK）调制信号等，在阵列处理中，非圆信号可以提高阵列的自由度和分辨率等[1-5]，同时文献[6]指出利用非圆信号特性能够提高雷达系统的分辨率、抗干扰能力、目标检测能力等。然而，目前在 MIMO 雷达系统中的大多数参数估计方法主要是从 MIMO 雷达的结构特性（如波形分集、空域分集）去考虑提高目标参数的估计性能。文献[7,8]考虑了MIMO雷达信号的非圆特性，提出一种基于共轭 ESPRIT 的 MIMO 角度估计方法，与传统的 ESPRIT 算法相比，该算法大大提高了目标的角度估计性能。文献[9]提出一种非圆 ESPRIT - MUSIC（NC - ESPRIT - MUSIC）算法，其在一定程度上补偿了 ESPRIT 算法导致的阵列孔径损失，改善了目标参数估计性能。另外，考虑到算法的运算复杂度问题，文献[10]提出实数域的 NC - MUSIC（Unitary NC - MUSIC）算法，在降低运算复杂度的同时保证目标的角度估计性能。

本章主要分析基于非圆信号的 MIMO 雷达目标参数估计问题，首先介绍非圆信号的 MIMO 雷达模型，然后介绍 NC - MUSIC 算法、NC - ESPRIT 算法、NC - ESPRIT - MUSIC 算法，以及实数域的 NC - MUSIC 算法和 NC - ESPRIT 算法。

4.2 非圆信号的 MIMO 雷达模型

考虑双基地 MIMO 雷达系统由 M 个发射阵元和 N 个接收阵元组成，发射阵列和接收阵列的阵元间距分别为 d_t、d_r，且发射阵列和接收阵列均为均匀等距的线阵。发射端 M 个发射阵元发射 M 个相互的非圆窄带信号。假设存在 P 个远场相互独立的目标，其中第 $p(p=1,2,\cdots,P)$ 个目标相对于发射阵列和接收阵列的发射角和接收角分别为 φ_p、θ_p，那么接收端接收的信号可表示为[9]

$$\boldsymbol{x}(l,t) = \sum_{p=1}^{P} \alpha_p(t)\boldsymbol{a}_r(\theta_p)\boldsymbol{a}_t^T(\varphi_p)\begin{bmatrix} u_1(l,t) \\ \vdots \\ u_M(l,t) \end{bmatrix} + \boldsymbol{w}(l,t) \tag{4.1}$$

式中：$\boldsymbol{a}_r(p)$ 为接收导向矢量，$\boldsymbol{a}_r(\theta_p) = [1, e^{j(2\pi/\lambda)d_r\sin\theta_p}, \cdots, e^{j(2\pi/\lambda)(N-1)d_r\sin\theta_p}]^T$，$\lambda$ 为信号的波长；$\boldsymbol{a}_t(p)$ 为发射导向矢量，$\boldsymbol{a}_t(\varphi_p) = [1, e^{j(2\pi/\lambda)d_t\sin\theta_p}, \cdots, e^{j(2\pi/\lambda)(M-1)d_t\sin\varphi_p}]^T$，$\alpha_p(t)$ 为第 $p(p=1,2,\cdots,P)$ 个目标的发射系数；$u_m(l,t)$ 为第 m 个发射阵元发射的非圆信号（如 BPSK 调制信号），l 和 t 分别表示快时间和慢时间；$\boldsymbol{w}(l,t)$ 为零均值且方差为 $\sigma^2\boldsymbol{I}_N$ 的高斯白噪声。

利用 MIMO 雷达发射波形的正交特性，将接收数据通过第 m 个匹配滤波器，则有[9]

$$\begin{aligned}\boldsymbol{y}_m(t) &= \sum_{p=1}^{P} \alpha_p(t)e^{j\beta_p}r_p(t)\boldsymbol{a}_r(\theta_p)\boldsymbol{a}_t^T(\varphi_p)\begin{bmatrix} 0 \\ \vdots \\ 0 \\ 1 \\ 0 \\ \vdots \\ 0 \end{bmatrix} + \boldsymbol{w}_m(t) \\ &= \sum_{p=1}^{P} \boldsymbol{a}_r(\theta_p)\boldsymbol{a}_{tm}(\varphi_p)s_p(t) + \boldsymbol{w}_m(t)\end{aligned} \tag{4.2}$$

式中：$\boldsymbol{a}_{tm}(\varphi_p)$ 为发射导向矢量中第 m 个元素；$s_p(t)$ 为接收端经过匹配滤波器后的第 p 个目标非圆信号，$s_p(t) = \alpha_p(t)e^{j\beta_p}r_p(t)$，其中 $e^{j\beta_p}$ 为任意的初始相位，$r_p(t)$ 为非圆信号的实数部分；$\boldsymbol{w}_m(t)$ 为经过第 m 个匹配滤波器后的高斯白噪声。

将式(4.2)表示成矩阵形式，即

$$\boldsymbol{y}_m(t) = \boldsymbol{A}_r(\theta)\boldsymbol{D}_m\boldsymbol{\Lambda}\boldsymbol{r}(t) + \boldsymbol{w}_m(t) \tag{4.3}$$

式中：$\boldsymbol{A}_r$ 为接收导向矩阵，$\boldsymbol{A}_r = [\boldsymbol{a}_r(\theta_1), \cdots, \boldsymbol{a}_r(\theta_P)]$，$\boldsymbol{D}_m = \mathrm{diag}[e^{j(2\pi/\lambda)d_t(m-1)\sin\varphi_1}, \cdots, e^{j(2\pi/\lambda)d_t(m-1)\sin\varphi_P}]$，$\boldsymbol{\Lambda} = \mathrm{diag}[\alpha_1(t)e^{j\beta_1}, \cdots, \alpha_P(t)e^{j\beta_P}]$，$\boldsymbol{r}(t) = [r_1(t), \cdots, r_P(t)]^T$ 为信号的实值部分。该特性将在下面加以利用，改善目标的估计性能[6-9]。通过全部的匹配滤波器后，接收端的信号表示为

$$\boldsymbol{y}(t) = [\boldsymbol{y}_1(t), \boldsymbol{y}_2(t), \cdots, \boldsymbol{y}_M(t)] \tag{4.4}$$

对式(4.4)进行堆栈处理,得到 $MN \times 1$ 维的接收数据,可表示为

$$\boldsymbol{Y}(t) = \mathrm{vec}(\boldsymbol{y}(t)) = \boldsymbol{A\Lambda r}(t) + \boldsymbol{N}(t) \tag{4.5}$$

式中:$\boldsymbol{A}$ 为发射-接收联合导向矩阵,$\boldsymbol{A} = [\boldsymbol{a}_1, \cdots, \boldsymbol{a}_P]$其中 $\boldsymbol{a}_p = \boldsymbol{a}_{\mathrm{t}}(\varphi_p) \otimes \boldsymbol{a}_{\mathrm{r}}(\theta_p)$;$\boldsymbol{N}_{(t)}$为零均值且方差 $\sigma^2 \boldsymbol{I}_{MN}$的高斯白噪声矢量,$\boldsymbol{N}(t) = [\boldsymbol{w}_1^{\mathrm{T}}(t), \cdots, \boldsymbol{w}_M^{\mathrm{T}}(t)]^{\mathrm{T}}$。

4.3 NC-MUSIC 算法

4.3.1 二维 NC-MUSIC 算法

根据 MUSIC 算法的基本思想,即利用导向矢量与噪声子空间的正交性,首先对式(4.5)直接求取协方差矩阵,然后进行子空间分解,获得噪声子空间和信号子空间,即为基本的 MUSIC 算法。它没有考虑 MIMO 雷达发射信号的非圆特性,即 MIMO 雷达接收信号中 $\boldsymbol{r}(t)$所具有的实值特性。为了能够利用信号的非圆特性,对式(4.5)进行如下扩展[11]:

$$\boldsymbol{X}(t) = \begin{bmatrix} \boldsymbol{Y}(t) \\ \boldsymbol{\Gamma}_{MN}\boldsymbol{Y}^*(t) \end{bmatrix} = \begin{bmatrix} \boldsymbol{A\Lambda r}(t) \\ \boldsymbol{\Gamma}_{MN}\boldsymbol{A}^*\boldsymbol{\Lambda}^*\boldsymbol{r}^*(t) \end{bmatrix} + \begin{bmatrix} \boldsymbol{AN}(t) \\ \boldsymbol{\Gamma}_{MN}\boldsymbol{N}^*(t) \end{bmatrix} \tag{4.6}$$

式中:$\boldsymbol{\Gamma}_{MN}$为反对角矩阵,其中反对角线上元素为1,其他位置的元素为0。

根据非圆信号中的实值特性,式(4.6)可写为

$$\boldsymbol{X}(t) = \begin{bmatrix} \boldsymbol{A\Lambda} \\ \boldsymbol{\Gamma}_{MN}\boldsymbol{A}^*\boldsymbol{\Lambda}^* \end{bmatrix} \boldsymbol{r}(t) + \begin{bmatrix} \boldsymbol{AN}(t) \\ \boldsymbol{\Gamma}_{MN}\boldsymbol{N}^*(t) \end{bmatrix} \tag{4.7}$$

扩展后接收数据的协方差矩阵为

$$\boldsymbol{R} = \mathrm{E}[\boldsymbol{X}(t)\boldsymbol{X}^{\mathrm{H}}(t)] = \boldsymbol{CR}_{\mathrm{s}}\boldsymbol{C} + \sigma^2 \boldsymbol{I}_{2MN} \tag{4.8}$$

式中

$$\boldsymbol{C} = \begin{bmatrix} \boldsymbol{A\Lambda} \\ \boldsymbol{\Gamma}_{MN}\boldsymbol{A}^*\boldsymbol{\Lambda}^* \end{bmatrix}, \boldsymbol{R}_{\mathrm{s}} = \mathrm{E}[\boldsymbol{r}(t)\boldsymbol{r}^{\mathrm{H}}(t)] \tag{4.9}$$

根据式(4.8)和式(4.9)可知,$\boldsymbol{C}$ 为扩展后的发射-接收联合导向矩阵。与式(4.5)中的发射-接收联合导向矩阵 $\boldsymbol{A}$ 相比,扩展后的导向矩阵所对应的阵列孔径扩大了1倍,虚拟阵列的自由度是原来的2倍。因此利用信号的非圆特性扩大了阵列孔径,增加了虚拟阵元数。MUSIC 算法的基本思想是利用导向矢量和噪声子空间的正交性实现目标的发射角和接收角估计。根据式(4.9),扩展后的数据所对应的导向矢量为

$$\boldsymbol{c} = \begin{bmatrix} \alpha(t)\boldsymbol{a}\mathrm{e}^{\mathrm{j}\beta_P} \\ \alpha(t)\boldsymbol{\Gamma}_{MN}\boldsymbol{a}^*\mathrm{e}^{-\mathrm{j}\beta_P} \end{bmatrix} \tag{4.10}$$

对协方差矩阵 $\boldsymbol{R}$ 进行如下特征值分解：

$$\boldsymbol{R}=\boldsymbol{U}_{\mathrm{s}}\boldsymbol{\Sigma}_{\mathrm{s}}\boldsymbol{U}_{\mathrm{s}}^{\mathrm{H}}+\sigma^2\boldsymbol{U}_{\mathrm{n}}\boldsymbol{U}_{\mathrm{n}}^{\mathrm{H}} \tag{4.11}$$

式中：$\boldsymbol{U}_{\mathrm{s}}$ 为由大特征值对应的特征向量组成的信号子空间；$\boldsymbol{\Sigma}_{\mathrm{s}}$ 为由大特征值组成的对角矩阵；$\boldsymbol{U}_{\mathrm{n}}$ 为由小特征值对应的特征向量组成的噪声子空间。根据 MUSIC 算法的基本原理，扩展后的导向矩阵和噪声子空间相互正交，则有

$$\boldsymbol{U}_{\mathrm{n}}^{\mathrm{H}}\boldsymbol{C}=\boldsymbol{0} \tag{4.12}$$

因此，目标的发射角、接收角可以由以下搜索式的极小值获得：

$$f(\varphi,\theta,\beta)=\boldsymbol{c}^{\mathrm{H}}\boldsymbol{U}_{\mathrm{n}}\boldsymbol{U}_{\mathrm{n}}^{\mathrm{H}}\boldsymbol{c} \tag{4.13}$$

由于式(4.13)是目标发射角、接收角和信号初始相位的三维联合搜索函数，运算复杂度特别高，为了降低运算复杂度，将三维搜索降低成为发射角和接收角的二维角度联合搜索函数。根据式(4.10)扩展后的导向矢量结构，式(4.13)可以表示为

$$f(\varphi,\theta,\beta)=\left[\alpha(t)\mathrm{e}^{-\mathrm{j}\beta_P}\quad\alpha(t)\mathrm{e}^{\mathrm{j}\beta_P}\right]\begin{bmatrix}\boldsymbol{a} & \boldsymbol{0}\\ \boldsymbol{0} & \boldsymbol{\Gamma}_{MN}\boldsymbol{a}^*\end{bmatrix}^{\mathrm{H}}\boldsymbol{U}_{\mathrm{n}}\boldsymbol{U}_{\mathrm{n}}^{\mathrm{H}}\begin{bmatrix}\boldsymbol{a} & \boldsymbol{0}\\ \boldsymbol{0} & \boldsymbol{\Gamma}_{MN}\boldsymbol{a}^*\end{bmatrix}\begin{bmatrix}\alpha(t)\mathrm{e}^{\mathrm{j}\beta_P}\\ \alpha(t)\mathrm{e}^{-\mathrm{j}\beta_P}\end{bmatrix} \tag{4.14}$$

由于矢量 $[\alpha(t)\mathrm{e}^{-\mathrm{j}\beta_P}\quad\alpha(t)\mathrm{e}^{\mathrm{j}\beta_P}]$ 为非零值，因此利用式(4.14)进行发射角和接收角估计可以转换为以下二维搜索函数：

$$f(\varphi,\theta)=\begin{bmatrix}\boldsymbol{a} & \boldsymbol{0}\\ \boldsymbol{0} & \boldsymbol{\Gamma}_{MN}\boldsymbol{a}^*\end{bmatrix}^{\mathrm{H}}\boldsymbol{U}_{\mathrm{n}}\boldsymbol{U}_{\mathrm{n}}^{\mathrm{H}}\begin{bmatrix}\boldsymbol{a} & \boldsymbol{0}\\ \boldsymbol{0} & \boldsymbol{\Gamma}_{MN}\boldsymbol{a}^*\end{bmatrix}=0 \tag{4.15}$$

式(4.15)可利用如下最大特征值方式：

$$f(\varphi,\theta)=\frac{1}{\det\left\{\begin{bmatrix}\boldsymbol{a} & \boldsymbol{0}\\ \boldsymbol{0} & \boldsymbol{\Gamma}_{MN}\boldsymbol{a}^*\end{bmatrix}^{\mathrm{H}}\boldsymbol{U}_{\mathrm{n}}\boldsymbol{U}_{\mathrm{n}}^{\mathrm{H}}\begin{bmatrix}\boldsymbol{a} & \boldsymbol{0}\\ \boldsymbol{0} & \boldsymbol{\Gamma}_{MN}\boldsymbol{a}^*\end{bmatrix}\right\}} \tag{4.16}$$

对式(4.16)进行二维空间谱搜索，可以得到目标的发射角和接收角，且发射角和接收角自动配对。

4.3.2　仿真实验与分析

通过仿真实验来验证 NC－MUSIC 算法和降维的 NC－MUSIC 算法的有效性。双基地 MIMO 雷达的收发配置为 6 个发射阵元、6 个接收阵元。发射端发射相互正交的非圆信号，初始相位为任意值。假设空中存在 $P=3$ 个不相关的目标，目标的发射角和接收角分别为 $(\varphi_1,\theta_1)=(10°,10°)$，$(\varphi_2,\theta_2)=(-8°,0°)$ 和 $(\varphi_3,\theta_3)=(0°,8°)$。

为了验证 NC－MUSIC 的有效性，3 个目标的信噪比均为 0dB。图 4.1 为 NC－MUSIC 算法的二维空间谱。从图中可知，NC－MUSIC 算法能准确地估计

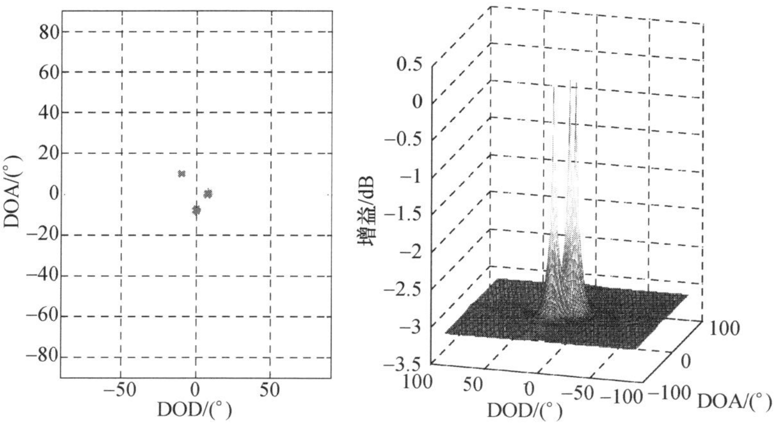

图 4.1　NC－MUSIC 算法二维空间谱

出目标的发射角和接收角,且自动配对。同时注意到,在仿真实验中 3 个目标为邻近目标,NC－MUSIC 能够有效地分辨出来,且波峰特别尖锐。这证明 NC－MUSIC 算法利用信号的非圆特性有效地扩大虚拟阵列孔径,提高了角度分辨力。

4.4　非圆旋转不变子空间算法

4.4.1　NC－ESPRIT 算法

NC－MUSIC 算法通过利用信号的非圆特性提高目标的角度估计性能,该算法利用噪声子空间和扩展导向矢量的正交性,与传统的 MUSIC 算法一样可以认为是基于噪声子空间的算法。本节将介绍基于信号子空间旋转不变特性的 ESPRIT 算法。由于利用非圆信号特性,因此称为 NC－ESPRIT 算法。由式(4.10)可得

$$\Pi_2 \boldsymbol{c} = \Pi_1 \boldsymbol{c} e^{j(2\pi/\lambda)d_t \sin\varphi} \tag{4.17}$$

$$\boldsymbol{\amalg}_2 \boldsymbol{c} = \boldsymbol{\amalg}_1 \boldsymbol{c} e^{j(2\pi/\lambda)d_r \sin\theta} \tag{4.18}$$

式中:Π_1、Π_2、$\boldsymbol{\amalg}_1$和$\boldsymbol{\amalg}_2$为选择矩阵,且有

$$\Pi_1 = \begin{bmatrix} 1 & 0 \\ 0 & 1 \end{bmatrix} \otimes \boldsymbol{J}_1, \Pi_2 = \begin{bmatrix} 1 & 0 \\ 0 & 1 \end{bmatrix} \otimes \boldsymbol{J}_2 \tag{4.19}$$

$$\boldsymbol{\amalg}_1 = \begin{bmatrix} 1 & 0 \\ 0 & 1 \end{bmatrix} \otimes \boldsymbol{J}_3, \boldsymbol{\amalg}_2 = \begin{bmatrix} 1 & 0 \\ 0 & 1 \end{bmatrix} \otimes \boldsymbol{J}_4 \tag{4.20}$$

其中

$$\boldsymbol{J}_1 = [\boldsymbol{I}_{N(M-1)}, \boldsymbol{0}_{N(M-1)\times N}], \boldsymbol{J}_2 = [\boldsymbol{0}_{N(M-1)\times N}, \boldsymbol{I}_{N(M-1)}],$$
$$\boldsymbol{J}_3 = \mathrm{diag}^M\{[\boldsymbol{I}_{(N-1)\times 1}, 0]\} \text{ 和 } \boldsymbol{J}_4 = \mathrm{diag}^M\{[0, \boldsymbol{I}_{(N-1)\times 1}]\}$$

其中：$\mathrm{diag}^M\{\boldsymbol{r}\}$ 为以矢量或矩阵 $\boldsymbol{r}$ 为对角块的对角矩阵操作。

根据式(4.17)和式(4.18)可知，扩展后的发射-接收导向矢量均存在对于发射端和接收端的旋转不变特性，利用这些旋转不变特性可以实现目标的发射角和接收角的联合估计。考虑到发射-接收导向矩阵，则有

$$\boldsymbol{\Pi}_2\boldsymbol{C}=\boldsymbol{\Pi}_1\boldsymbol{C}\boldsymbol{\Phi}_{\mathrm{t}} \tag{4.21}$$

$$\boldsymbol{\amalg}_2\boldsymbol{C}=\boldsymbol{\amalg}_1\boldsymbol{C}\boldsymbol{\Phi}_{\mathrm{r}} \tag{4.22}$$

式中：$\boldsymbol{\Phi}_{\mathrm{t}}$、$\boldsymbol{\Phi}_{\mathrm{r}}$ 为对角矩阵，且有

$$\boldsymbol{\Phi}_{\mathrm{t}}=\mathrm{diag}\{[\mathrm{e}^{\mathrm{j}(2\pi/\lambda)d_{\mathrm{t}}\sin\varphi_1},\cdots,\mathrm{e}^{\mathrm{j}(2\pi/\lambda)d_{\mathrm{t}}\sin\varphi_P}]\},$$

$$\boldsymbol{\Phi}_{\mathrm{r}}=\mathrm{diag}\{[\mathrm{e}^{\mathrm{j}(2\pi/\lambda)d_{\mathrm{r}}\sin\varphi_1},\cdots,\mathrm{e}^{\mathrm{j}(2\pi/\lambda)d_{\mathrm{r}}\sin\varphi_P}]\}$$

注意到对角矩阵中包含目标的发射角和接收角信息，因此目标的发射角和接收角联合估计问题转换成为对角矩阵 $\boldsymbol{\Phi}_{\mathrm{t}}$ 和 $\boldsymbol{\Phi}_{\mathrm{r}}$ 的求解问题。利用式(4.11)获得的信号子空间，根据导向矢量和信号子空间的关系，则有

$$\boldsymbol{U}_{\mathrm{s}}=\boldsymbol{C}\boldsymbol{T} \tag{4.23}$$

式中：$\boldsymbol{T}$ 为非奇异矩阵。

将式(4.23)代入式(4.22)和式(4.21)，则有

$$\boldsymbol{\Pi}_2\boldsymbol{U}_{\mathrm{s}}=\boldsymbol{\Pi}_1\boldsymbol{U}_{\mathrm{s}}\boldsymbol{\Psi}_{\mathrm{t}} \tag{4.24}$$

$$\boldsymbol{\amalg}_2\boldsymbol{U}_{\mathrm{s}}=\boldsymbol{\amalg}_1\boldsymbol{U}_{\mathrm{s}}\boldsymbol{\Psi}_{\mathrm{r}} \tag{4.25}$$

式中

$$\boldsymbol{\Psi}_{\mathrm{t}}=\boldsymbol{T}^{-1}\boldsymbol{\Phi}_{\mathrm{t}}\boldsymbol{T},\boldsymbol{\Psi}_{\mathrm{r}}=\boldsymbol{T}^{-1}\boldsymbol{\Phi}_{\mathrm{r}}\boldsymbol{T}$$

利用最小二乘法或者总体最小二乘法分解对式(4.24)和式(4.25)进行求解获得 $\boldsymbol{\Psi}_{\mathrm{t}}$ 和 $\boldsymbol{\Psi}_{\mathrm{r}}$ 的估计值 $\hat{\boldsymbol{\Psi}}_{\mathrm{t}}$ 和 $\hat{\boldsymbol{\Psi}}_{\mathrm{r}}$，然后对它们分别进行特征值分解，利用相应的特征矢量获得目标的发射角和接收角。由于两个特征值分解的是相互独立的过程，因此目标的发射角和接收角无法自动配对，往往需要额外的配对算法。这里介绍一种目标发射角和接收角自动配对的方法。注意到对角矩阵 $\boldsymbol{\Phi}_{\mathrm{t}}$ 和 $\boldsymbol{\Phi}_{\mathrm{r}}$ 具有相同的特征矢量，因此利用相同特征矢量的特性实现目标的发射角和接收角自动配对。对矩阵 $\hat{\boldsymbol{\Psi}}_{\mathrm{t}}$ 进行特征值分解：

$$\hat{\boldsymbol{\Psi}}_{\mathrm{t}}=\hat{\boldsymbol{T}}^{-1}\hat{\boldsymbol{\Phi}}_{\mathrm{t}}\hat{\boldsymbol{T}} \tag{4.26}$$

式中：$\hat{\boldsymbol{T}}$ 为由特征值矢量组成的矩阵；$\hat{\boldsymbol{\Phi}}_{\mathrm{t}}$ 为由特征值组成的对角矩阵。

类似地，$\hat{\boldsymbol{\Phi}}_{\mathrm{t}}$ 和 $\hat{\boldsymbol{\Phi}}_{\mathrm{r}}$ 具有相同的特征矢量：

$$\hat{\boldsymbol{\Phi}}_{\mathrm{r}}=\hat{\boldsymbol{T}}\hat{\boldsymbol{\Psi}}_{\mathrm{r}}\hat{\boldsymbol{T}}^{-1} \tag{4.27}$$

通过式(4.27)的操作，在对角矩阵 $\hat{\boldsymbol{\Psi}}_{\mathrm{t}}$ 和 $\hat{\boldsymbol{\Phi}}_{\mathrm{r}}$ 同一个位置的元素所对应的为同一个目标的发射角和接收角信息，即目标的发射角和接收角自动配对。目标的发射角和接收角为

$$\varphi_p = \arcsin \frac{\lambda \arg(\gamma_{tp})}{2\pi d_t} \quad (p=1,2,\cdots,P) \tag{4.28}$$

$$\theta_p = \arcsin \frac{\lambda \arg(\gamma_{tp})}{2\pi d_r} \quad (p=1,2,\cdots,P) \tag{4.29}$$

式中：γ_{tp}、γ_{rp}分别为对角矩阵 $\hat{\boldsymbol{\Psi}}_t$ 和 $\hat{\boldsymbol{\Phi}}_r$ 的第 p 个对角线元素。

4.4.2 NC－ESPRIT－MUSIC 算法

由于 NC－ESPRIT 通过利用扩展后虚拟阵列的两个子阵的旋转不变特性实现目标的发射角和接收角联合估计。虽然避免了空间谱搜索，降低了运算复杂度，但以损失部分虚拟阵列孔径为代价。本节介绍基于 NC－ESPRIT－MUSIC 的发射角和接收角联合估计算法[9]，首先利用 NC－ESPRIT 算法求解目标的发射角，然后利用非圆求根 MUSIC 算法求解目标的接收角。首先考察扩展后发射－接收联合导向矢量的特性，即

$$\begin{bmatrix} \boldsymbol{a} & \boldsymbol{0} \\ \boldsymbol{0} & \boldsymbol{\Gamma}_{MN}\boldsymbol{a}^* \end{bmatrix} = \begin{bmatrix} \boldsymbol{a}_t(\varphi)\otimes \boldsymbol{I}_N & \boldsymbol{0} \\ \boldsymbol{0} & \boldsymbol{\Gamma}_{MN}(\boldsymbol{a}_t^*(\varphi)\otimes \boldsymbol{I}_N) \end{bmatrix} \begin{bmatrix} \boldsymbol{a}_r(\theta) & \boldsymbol{0} \\ \boldsymbol{0} & \boldsymbol{a}_r^*(\theta) \end{bmatrix} \tag{4.30}$$

根据式(4.30)，在扩展后的发射－接收联合导向矢量中，目标的发射导向矢量和接收导向矢量是可以相互分开的，这就意味目标的发射角度和接收角度可通过不同的方法进行估计。这里首先利用 NC－ESPRIT 算法求解发射角，然后利用非圆求根 MUSIC 算法求解接收角。根据式(4.24)，利用选择矩阵对信号子空间进行操作，获得发射阵列的旋转不变特性：

$$\boldsymbol{\Pi}_2 \boldsymbol{U}_s = \boldsymbol{\Pi}_1 \boldsymbol{U}_s \boldsymbol{\Psi}_t \tag{4.31}$$

式中：$\boldsymbol{\Psi}_t = \boldsymbol{T}^{-1}\boldsymbol{\Phi}_t \boldsymbol{T}$。

利用最小二乘法或总体最小二乘法对式(4.31)进行求解获得矩阵 $\boldsymbol{\Psi}_t$，并对它进行特征值分解获得由特征值组成的对角矩阵 $\hat{\boldsymbol{\Phi}}_t$，目标的发射角为

$$\hat{\varphi}_p = \arcsin \frac{\lambda \arg(\gamma_{tp})}{2\pi d_r} \quad (p=1,2,\cdots,P) \tag{4.32}$$

式中：γ_{tp}为对角矩阵 $\hat{\boldsymbol{\Phi}}_t$ 的第 p 个对角线元素。

获得目标的发射角后，相应的发射导向矢量为

$$\boldsymbol{a}_t(\hat{\varphi}_p) = [1, e^{j(2\pi/\lambda)d_t \sin\hat{\varphi}_p}, \cdots, e^{j(2\pi/\lambda)(M-1)d_t \sin\hat{\varphi}_p}]^T \tag{4.33}$$

定义

$$\boldsymbol{H}(\varphi_p) = \begin{bmatrix} \boldsymbol{a}_t(\hat{\varphi}_p) & \boldsymbol{0} \\ \boldsymbol{0} & \boldsymbol{\Gamma}_{MN}(\boldsymbol{a}_t^*(\hat{\varphi}_p)\otimes \boldsymbol{I}_N) \end{bmatrix} \tag{4.34}$$

估计导向矢量与噪声子空间的正交性，则第 $p(p=1,2,\cdots,P)$个目标的一维

空间谱函数为

$$f(\theta_p)=\begin{bmatrix}\boldsymbol{a}_{\mathrm{r}}^{*}(\theta) & \boldsymbol{0}\\ \boldsymbol{0} & \boldsymbol{a}_{\mathrm{r}}(\theta)\end{bmatrix}\boldsymbol{H}(\varphi_p)^{\mathrm{H}}\boldsymbol{U}_{\mathrm{n}}\boldsymbol{U}_{\mathrm{n}}^{\mathrm{H}}\boldsymbol{H}(\varphi_p)\begin{bmatrix}\boldsymbol{a}_{\mathrm{r}}(\theta) & \boldsymbol{0}\\ \boldsymbol{0} & \boldsymbol{a}_{\mathrm{r}}^{*}(\theta)\end{bmatrix}=0 \tag{4.35}$$

定义 $z_{\mathrm{r}}=\mathrm{e}^{\mathrm{j}(2\pi/\lambda)d_{\mathrm{r}}\sin\theta}$，$\boldsymbol{a}_{\mathrm{r}}(\theta)=[1,z_{\mathrm{r}},\cdots,z_{\mathrm{r}}^{N-1}]^{\mathrm{T}}$，则式(4.35)可表示为

$$f(\theta_p)=\det\left(\begin{bmatrix}\boldsymbol{a}_{\mathrm{r}}^{*}(z_{\mathrm{r}}) & \boldsymbol{0}\\ \boldsymbol{0} & \boldsymbol{a}_{\mathrm{r}}(z_{\mathrm{r}})\end{bmatrix}\boldsymbol{E}_{\mathrm{n}}\begin{bmatrix}\boldsymbol{a}_{\mathrm{r}}(z_{\mathrm{r}}) & \boldsymbol{0}\\ \boldsymbol{0} & \boldsymbol{a}_{\mathrm{r}}^{*}(z_{\mathrm{r}})\end{bmatrix}\right)=0 \tag{4.36}$$

式中

$$\boldsymbol{E}_{\mathrm{n}}=\boldsymbol{H}(\varphi_p)^{\mathrm{H}}\boldsymbol{U}_{\mathrm{n}}\boldsymbol{U}_{\mathrm{n}}^{\mathrm{H}}\boldsymbol{H}(\varphi_p)$$

令

$$\overline{\boldsymbol{A}}_{\mathrm{r}}(1/z_{\mathrm{r}})=\begin{bmatrix}\boldsymbol{a}_{\mathrm{r}}^{*}(z_{\mathrm{r}}) & \boldsymbol{0}\\ \boldsymbol{0} & \boldsymbol{a}_{\mathrm{r}}(z_{\mathrm{r}})\end{bmatrix}$$

则式(4.36)表示为

$$f(\theta_p)=\det\left(\overline{\boldsymbol{A}}_{\mathrm{r}}(1/z_{\mathrm{r}})=\begin{bmatrix}\boldsymbol{E}_{\mathrm{n11}} & \boldsymbol{E}_{\mathrm{n12}}\\ \boldsymbol{E}_{\mathrm{n21}} & \boldsymbol{E}_{\mathrm{n22}}\end{bmatrix}\overline{\boldsymbol{A}}_{\mathrm{r}}(1/z_{\mathrm{r}})\right)=0 \tag{4.37}$$

式中：$\boldsymbol{E}_{\mathrm{n}ij}(i,j=1,2)$ 为矩阵 $\boldsymbol{E}_{\mathrm{n}}$ 的 $MN\times MN$ 的块矩阵。

根据求根多项式的特性，式(4.37)可由以下多项式计算：

$$\sum_{k=1}^{4N-3}q_k z_{\mathrm{r}}^{k-1-2(N-1)}=0 \tag{4.38}$$

式中：$q_k(k=1,2,\cdots,4N-3)$ 为多项式系数，可根据文献[11]中的方法获得。

对式(4.38)进行求根运算，找到最接近单位圆上的根 $z_{\mathrm{r}p}$，则第 p 个目标的发射角为

$$\theta_p=\arcsin\frac{\arg(z_{\mathrm{r}p})\lambda}{2\pi d_{\mathrm{r}}}\quad(p=1,2,\cdots,P) \tag{4.39}$$

每个目标的接收角都是根据相应的发射角的估计值而获得，因此它们之间相互自动配对，不需要额外的配对运算。

4.4.3　仿真实验与分析

通过仿真实验来验证 NC－ESPRIT 算法和 NC－ESPRIT－MUSIC 算法的有效性。双基地 MIMO 雷达的收发配置为发射阵元 4 个、接收阵元 6 个。发射端发射相互正交的非圆信号，初始相位为任意值。假设空中存在 $P=3$ 个不相关的目标，目标的发射角度和接收角度分别为$(\varphi_1,\theta_1)=(10°,10°)$，$(\varphi_2,\theta_2)=(-8°,0°)$和$(\varphi_3,\theta_3)=(0°,8°)$。

仿真实验一：MIMO 雷达接收数据所对应的快拍数为 200，仿真图为经过

100 次蒙特卡洛仿真实验获得。图 4.2 为 NC－ESPRIT 算法和 ESPRIT 算法的均方根误差与信噪比的比较。从图中可知,传统的 ESPRIT 算法并没有考虑信号本身所具有的特性,因此对于目标的角度估计性能受到了限制。而 NC－ESPRIT 算法考虑了信号的非圆特性,因此能够有效地扩大虚拟阵列的孔径,从而大大改善了目标参数的估计性能。

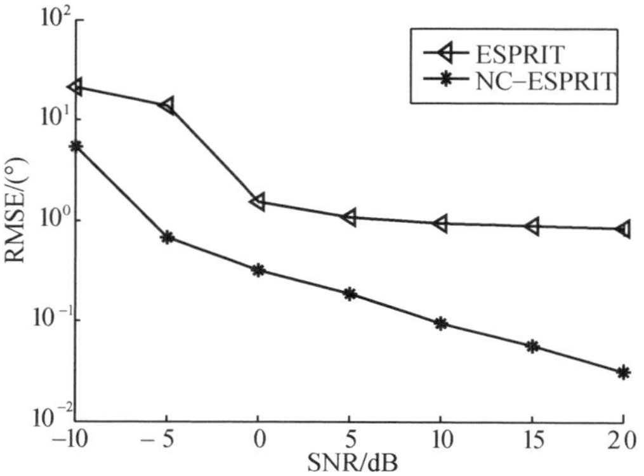

图 4.2　均方根误差与信噪比的关系(NC－ESPRIT 和 ESPRIT)

仿真实验二: MIMO 雷达接收数据所对应的快拍数为 200,仿真图为经过 100 次蒙特卡洛仿真实验获得。图 4.3 为 NC－ESPRIT 算法和 NC－ESPRIT－MUSIC 算法的均方根误差与信噪比的比较。从图中可知,随着信噪比的增加,两种算法的角度估计性能均得到明显改善。同时可知,在整个信噪比区间,NC－ESPRIT－MUSIC 算法比 NC－ESPRIT 算法具有更好的参数估计性能。这是由于在 NC－ESPRIT－MUSIC 算法中,最后采用求根 MUSIC 算法代替了 ESPRIT 算法求解目标的发射角度,避免了 ESPRIT 算法导致的部分阵列孔径的损失,因此对于目标参数估计性能有所改善。

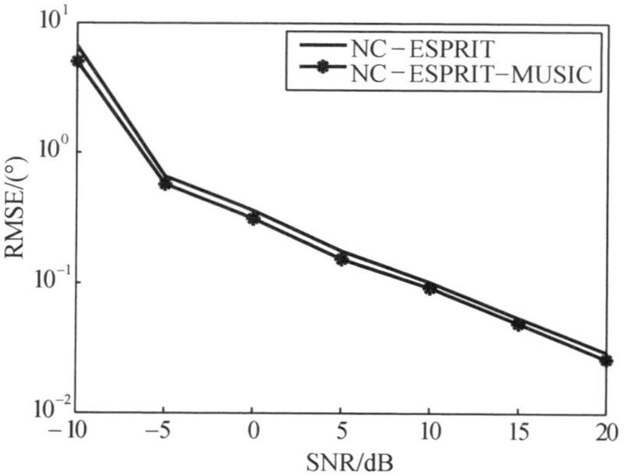

图 4.3　均方根误差与信噪比的关系(NC－ESPRIT 和 NC－ESPRIT－MUSIC)

4.5　实数域的非圆目标参数估计方法

在第 3 章中提到，若阵列结构符合 Centro – Symmetric 特性，那么可以利用 Unitary 变换对接收数据进行实值变换，从而将复数域的信号处理转变成为实数域的信号处理，提高目标参数估计技术的效率；同时还具有良好的估计性能。本节首先考虑扩展后虚拟阵列的 Centro – Symmetric 特性，然后介绍两种实数域的非圆目标参数估计方法。

4.5.1　扩展后虚拟阵列特性的 Centro – Symmetric 特性

根据 3.4.1 节中对于 Centro – Symmetric 阵列的定义，若一个线性阵列 $q \times q$ 维的导向矩阵 $\boldsymbol{A}$ 满足 $\boldsymbol{\Gamma}_q\boldsymbol{A}^* = \boldsymbol{A}\boldsymbol{\Omega}$，其中 $\boldsymbol{\Gamma}_q$ 为 $q \times q$ 维的反对角置换矩阵，它的反对角线上元素全为 1，其他位置元素全为 0，$\boldsymbol{\Omega}$ 为酉对角矩阵，即满足 $\boldsymbol{\Omega}^{\mathrm{H}}\boldsymbol{\Omega} = \boldsymbol{\Omega}^{-1}\boldsymbol{\Omega}$，则称该线性阵列为 Centro – Symmetric 阵列。下面对扩展后的虚拟阵列进行分析，为了方便，重写式(4.9)中的扩展后发射 – 接收联合导向矩阵：

$$\boldsymbol{C} = \begin{bmatrix} \boldsymbol{A}\boldsymbol{\Lambda} \\ \boldsymbol{\Gamma}_{MN}\boldsymbol{A}^*\boldsymbol{\Lambda}^* \end{bmatrix} \tag{4.40}$$

利用式(4.40)，则有

$$\boldsymbol{\Gamma}_{2MN}\boldsymbol{C}^* = \boldsymbol{C} \tag{4.41}$$

根据式(4.41)，显然扩展后的虚拟阵列为 Centro – Symmetric 阵列，因此首先利用 Unitary 变换将接收的数据转换到实数域，然后对目标的参数进行估计。

4.5.2　Unitary NC – MUSIC 算法

根据式(4.8)中扩展后接收数据的协方差矩阵 $\boldsymbol{R}$，对其进行 Unitary 变换[12]：

$$\boldsymbol{R}_{\mathrm{real}} = \boldsymbol{U}_{2MN}(\boldsymbol{R} + \boldsymbol{\Gamma}_{2MN}\boldsymbol{R}^*\boldsymbol{\Gamma}_{2MN})\boldsymbol{U}_{2MN} \tag{4.42}$$

对实值协方差矩阵进行特征值分解，则有

$$\boldsymbol{R}_{\mathrm{real}} = \boldsymbol{E}_{\mathrm{s}}\boldsymbol{\Lambda}_{\mathrm{s}}\boldsymbol{E}_{\mathrm{s}}^{\mathrm{H}} + \sigma^2\boldsymbol{E}_{\mathrm{n}}\boldsymbol{E}_{\mathrm{n}}^{\mathrm{H}} \tag{4.43}$$

式中：$\boldsymbol{E}_{\mathrm{s}}$ 为由大特征值对应的实值特征矢量组成的信号子空间；$\boldsymbol{E}_{\mathrm{n}}$ 为由小特征值对应的实值特征矢量组成的噪声子空间；$\boldsymbol{\Lambda}_{\mathrm{s}}$ 为由大特征值组成的对角矩阵。

通过 Unitary 变换，实值导向矩阵和复值导向矩阵的关系为

$$\boldsymbol{C}_{\mathrm{real}} = \boldsymbol{U}_{2MN}\boldsymbol{C} \tag{4.44}$$

根据实值导向矩阵和噪声子空间的正交特性，则发射角、接收角与初始相位的三维联合空间谱函数为

$$f_{\mathrm{r}}(\varphi,\theta,\beta) = \boldsymbol{c}_{\mathrm{real}}^{\mathrm{H}}\boldsymbol{U}_{\mathrm{n}}\boldsymbol{U}_{\mathrm{n}}^{\mathrm{H}}\boldsymbol{c}_{\mathrm{real}} = 0 \tag{4.45}$$

式(4.45)涉及三维空间谱搜索，运算比较复杂。这里采用与 NC – MUSIC

类似的降维方法，将三维空间谱函数转化成为二维空间函数，从而降低运算复杂度。实值导向矢量的特性可表示为

$$\boldsymbol{c}_{\text{real}}=\boldsymbol{U}_{2MN}\begin{bmatrix}\boldsymbol{a} & \boldsymbol{0}\\ \boldsymbol{0} & \boldsymbol{\Gamma}_{MN}\boldsymbol{a}^{*}\end{bmatrix}\begin{bmatrix}\alpha(t)\mathrm{e}^{\mathrm{j}\beta_p}\\ \alpha(t)\mathrm{e}^{-\mathrm{j}\beta_p}\end{bmatrix} \tag{4.46}$$

则式(4.45)可重新表示为

$$f_{\mathrm{r}}(\varphi,\theta,\beta)=[\alpha(t)\mathrm{e}^{-\mathrm{j}\beta_p}\quad \alpha(t)\mathrm{e}^{\mathrm{j}\beta_p}]\bar{\boldsymbol{c}}_{\text{real}}^{\mathrm{H}}\boldsymbol{U}_{\mathrm{n}}\boldsymbol{H}_{\mathrm{n}}^{\mathrm{H}}\bar{\boldsymbol{c}}_{\text{real}}\begin{bmatrix}\alpha(t)\mathrm{e}^{\mathrm{j}\beta_p}\\ \alpha(t)\mathrm{e}^{-\mathrm{j}\beta_p}\end{bmatrix}=0 \tag{4.47}$$

式中

$$\bar{\boldsymbol{c}}_{\text{real}}=\boldsymbol{U}_{2MN}\begin{bmatrix}\boldsymbol{a} & \boldsymbol{0}\\ \boldsymbol{0} & \boldsymbol{\Gamma}_{MN}\boldsymbol{a}^{*}\end{bmatrix} \tag{4.48}$$

根据式(4.47)，由于矢量$[\alpha(t)\mathrm{e}^{-\mathrm{j}\beta_p}\quad \alpha(t)\mathrm{e}^{\mathrm{j}\beta_p}]$为非零值，因此式(4.47)转化为二维空间谱函数，即

$$f_{\mathrm{r}}(\theta,\beta)=\det(\bar{\boldsymbol{c}}_{\text{real}}^{\mathrm{H}}\boldsymbol{U}_{\mathrm{n}}\boldsymbol{U}_{\mathrm{n}}^{\mathrm{H}}\bar{\boldsymbol{c}}_{\text{real}})=0 \tag{4.49}$$

因此，目标的发射角和接收角可通过二维空间谱搜索获得，即

$$f_{\mathrm{r}}(\theta,\beta)=\frac{1}{\det(\bar{\boldsymbol{c}}_{\text{real}}^{\mathrm{H}}\boldsymbol{U}_{\mathrm{n}}\boldsymbol{U}_{\mathrm{n}}^{\mathrm{H}}\bar{\boldsymbol{c}}_{\text{real}})} \tag{4.50}$$

通过对式(4.50)进行空间谱搜索，实现发射角和接收角的联合估计，且能够自动配对。

4.5.3 Unitary NC - ESPRIT 算法

4.5.2 节中，Unitary NC - MUSIC 算法利用了实值导向矢量与实值噪声子空间的正交特性对目标的发射角和接收角进行联合估计。本节介绍一种 Unitary NC - ESPRIT 算法[5]，该算法通过利用实值导向矢量的旋转不变特性实现目标的发射角和接收角的联合估计。实值导向矢量为 $\boldsymbol{c}_{\text{real}}$，则有

$$\overline{\Pi}_2\boldsymbol{c}_{\text{real}}=\overline{\Pi}_1\boldsymbol{c}_{\text{real}}\tan(\pi d_{\mathrm{r}}\sin\theta_p/\lambda) \tag{4.51}$$

$$\overline{\boldsymbol{\Pi}}_2\boldsymbol{c}=\overline{\boldsymbol{\Pi}}_1\boldsymbol{c}\tan(\pi d_{\mathrm{t}}\sin\varphi_p/\lambda) \tag{4.52}$$

式中：$\overline{\Pi}_1$、$\overline{\Pi}_2$、$\overline{\boldsymbol{\Pi}}_1$ 和 $\overline{\boldsymbol{\Pi}}_2$ 为实值选择矩阵，且有

$$\overline{\Pi}_1=\mathrm{Re}\left\{\boldsymbol{U}_{2MN}\left(\begin{bmatrix}1&0\\0&1\end{bmatrix}\otimes\boldsymbol{J}_1\right)\right\},\overline{\Pi}_2=\mathrm{Im}\left\{\boldsymbol{U}_{2MN}\left(\begin{bmatrix}1&0\\0&1\end{bmatrix}\otimes\boldsymbol{J}_2\right)\right\} \tag{4.53}$$

$$\overline{\boldsymbol{\Pi}}_1=\mathrm{Re}\left\{\boldsymbol{U}_{2MN}\left(\begin{bmatrix}1&0\\0&1\end{bmatrix}\otimes\boldsymbol{J}_4\right)\right\},\overline{\boldsymbol{\Pi}}_2=\mathrm{Im}\left\{\boldsymbol{U}_{2MN}\left(\begin{bmatrix}1&0\\0&1\end{bmatrix}\otimes\boldsymbol{J}_4\right)\right\} \tag{4.54}$$

式中：Re{·}、Im{·}分别表示取实数部和虚数部。

考虑到实值发射 - 接收联合导向矩阵，则有

$$\overline{\Pi}_2\boldsymbol{C}_{\text{real}}=\overline{\Pi}_1\boldsymbol{C}_{\text{real}}\overline{\boldsymbol{\Phi}}_{\mathrm{t}} \tag{4.55}$$

$$\overline{\boldsymbol{\Pi}}_2\boldsymbol{C}_{\text{real}}=\overline{\boldsymbol{\Pi}}_1\boldsymbol{C}_{\text{real}}\overline{\boldsymbol{\Phi}}_{\text{r}} \tag{4.56}$$

式中：$\overline{\boldsymbol{\Phi}}_{\text{t}}$、$\overline{\boldsymbol{\Phi}}_{\text{r}}$ 为对角矩阵，且有

$$\overline{\boldsymbol{\Phi}}_{\text{t}}=\text{diag}\{[\tan(\pi d_{\text{t}}\sin\theta_1/\lambda),\cdots,\tan(\pi d_{\text{t}}\sin\theta_P/\lambda)]\}$$

$$\overline{\boldsymbol{\Phi}}_{\text{r}}=\text{diag}\{[\tan(\pi d_{\text{r}}\sin\theta_1/\lambda),\cdots,\tan(\pi d_{\text{r}}\sin\theta_P/\lambda)]\}$$

根据式(4.55)和式(4.56)可知，目标的发射角和接收角信息均包含在对角矩阵，因此联合发射角和接收角估计问题转化为对实值对角矩阵 $\overline{\boldsymbol{\Phi}}_{\text{t}}$ 和 $\overline{\boldsymbol{\Phi}}_{\text{r}}$ 的求解。根据实值导向矩阵和实值发射－接收联合导向矩阵之间的关系 $\boldsymbol{E}_{\text{s}}=\boldsymbol{C}_{\text{real}}\boldsymbol{\Omega}$（$\boldsymbol{\Omega}$ 为非奇异矩阵），则有

$$\overline{\Pi}_2\boldsymbol{E}_{\text{s}}=\overline{\Pi}_1\boldsymbol{E}_{\text{s}}\overline{\boldsymbol{\Psi}}_{\text{t}} \tag{4.57}$$

$$\overline{\boldsymbol{\Pi}}_2\boldsymbol{E}_{\text{s}}=\overline{\boldsymbol{\Pi}}_1\boldsymbol{E}_{\text{s}}\overline{\boldsymbol{\Psi}}_{\text{r}} \tag{4.58}$$

式中

$$\overline{\boldsymbol{\Psi}}_{\text{t}}=\boldsymbol{\Omega}^{-1}\overline{\boldsymbol{\Phi}}_{\text{t}}\boldsymbol{\Omega},\boldsymbol{\Psi}_{\text{r}}=\boldsymbol{\Omega}^{-1}\overline{\boldsymbol{\Phi}}_{\text{r}}\boldsymbol{\Omega}$$

利用最小二乘法或总体最小二乘法对式(4.57)和式(4.58)进行求解获得 $\overline{\boldsymbol{\Psi}}_{\text{t}}$ 和 $\overline{\boldsymbol{\Psi}}_{\text{r}}$。对矩阵 $\overline{\boldsymbol{\Psi}}_{\text{t}}$ 和 $\overline{\boldsymbol{\Psi}}_{\text{r}}$ 进行特征值分解获得 $\overline{\boldsymbol{\Phi}}_{\text{t}}$ 和 $\overline{\boldsymbol{\Phi}}_{\text{r}}$，最后分别获得目标的发射角和接收角。然而由于发射角和接收角的求解过程涉及的特征值分解相互独立，因此目标的发射角和接收角无法进行自动配对。为了能够实现目标发射角和接收角自动配对，由于矩阵 $\overline{\boldsymbol{\Psi}}_{\text{t}}$ 和 $\overline{\boldsymbol{\Psi}}_{\text{r}}$ 均为实值矩阵，这里采用谱分解的方法[13]。构造复值矩阵 $\overline{\boldsymbol{\Psi}}_{\text{t}}+\text{j}\overline{\boldsymbol{\Psi}}_{\text{r}}$，对其进行特征值分解：

$$\overline{\boldsymbol{\Psi}}_{\text{t}}+\text{j}\overline{\boldsymbol{\Psi}}_{\text{r}}=\overline{\boldsymbol{\Omega}}^{-1}(\tilde{\boldsymbol{\Phi}}_{\text{t}}+\text{j}\tilde{\boldsymbol{\Phi}}_{\text{r}})\overline{\boldsymbol{\Omega}} \tag{4.59}$$

式中：$\overline{\boldsymbol{\Omega}}$ 为特征矢量矩阵；$\tilde{\boldsymbol{\Phi}}_{\text{t}}$、$\tilde{\boldsymbol{\Phi}}_{\text{r}}$ 分别为特征值对角矩阵的实数部和虚数部组成的对角矩阵。

根据谱分解的特性，对角矩阵 $\tilde{\boldsymbol{\Phi}}_{\text{t}}$ 和 $\tilde{\boldsymbol{\Phi}}_{\text{r}}$ 的同一位置的元素对应同一个目标的发射角和接收角的信息，即发射角和接收角自动配对。目标的发射角和接收角分别为

$$\varphi_p=\arcsin\frac{\arctan(\gamma_{\text{t}p})\lambda}{2\pi d_{\text{t}}}\quad(p=1,2,\cdots,P) \tag{4.60}$$

$$\theta_p=\arcsin\frac{\arctan(\gamma_{\text{r}p})\lambda}{2\pi d_{\text{r}}}\quad(p=1,2,\cdots,P) \tag{4.61}$$

式中：$\gamma_{\text{t}p}$、$\gamma_{\text{r}p}$分别为对角矩阵 $\tilde{\boldsymbol{\Phi}}_{\text{t}}$ 和 $\tilde{\boldsymbol{\Phi}}_{\text{r}}$ 第 p 个对角线元素。

4.5.4 仿真实验与分析

这里通过仿真实验来验证 Unitary NC－MUSIC 算法和 Unitary NC－ESPRIT

算法的有效性。双基地 MIMO 雷达的收发配置为发射阵元 6 个,接收阵元 8 个。发射端发射相互正交的非圆信号,初始相位为任意值。假设空中存在 $P=3$ 个不相关的目标,目标的发射角和接收角分别为 $(\varphi_1,\theta_1)=(10°,10°)$,$(\varphi_2,\theta_2)=(-8°,0°)$ 和 $(\varphi_3,\theta_3)=(0°,8°)$。

仿真实验一:MIMO 雷达接收数据所对应的快拍数为 100。图 4.4 为 Unitary NC－MUSIC 算法二维空间谱。从图中可知,Unitary NC－MUSIC 算法和 NC－MUSIC 算法一致,均能够精确地对相近目标进行准确的估计,且发射角和接收角自动配对。但 Unitary NC－MUSIC 算法在实数域中进行空间谱搜索,因此运算效率高于 NC－MUSIC 算法。

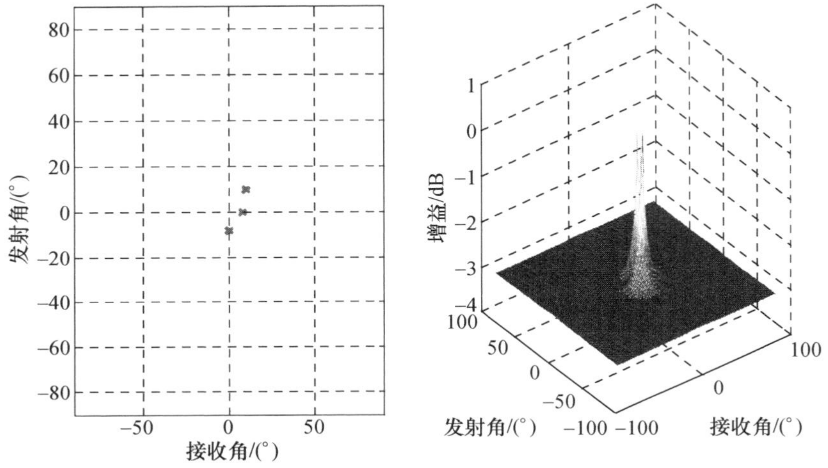

图 4.4　Unitary NC－MUSIC 算法二维空间谱

仿真实验二:MIMO 雷达接收数据所对应的快拍数为 50,仿真图为经过 100 次蒙特卡洛仿真实验获得。图 4.5 为将 NC－ESPRIT 算法与 Unitary NC－ESPRIT、ESPRIT－MUSIC、ESPRIT 算法均方根误差与信噪比关系。从图中可知,采用信号非圆特性的 NC－ESPRIT 算法和 Unitary NC－ESPRIT 算法均比 ESPRIT－MUSIC 算法和 ESPRIT 算法具有更好的参数估计性能,进一步证明采用信号的非圆特性改善目标参数估计性能的优点。同时注意到 Unitary NC－ESPRIT 与 NC－ESPRIT 具有相似的参数估计性能,这是由于在 4.5.1 节中已经证明采用信号的非圆特性对接收数据进行扩展后,虚拟阵列是一个标准的 Centro－Symmetric 阵列,前后向空间平滑技术并不能有效地改善目标参数估计性能,但 Unitary NC－ESPRIT 经过 Unitary 变换后,与 NC－ESPRIT 算法相比,该算法的所有运算均在实数域中进行,有效地降低了运算复杂度,因此 Unitary NC－ESPRIT 具有比 NC－ESPRIT 算法更高的运算效率。

仿真实验三：MIMO 雷达接收数据所对应的信噪比为 0dB，仿真图为经过 100 次蒙特卡洛仿真实验获得。图 4.6 为 NC – ESPRIT 算法与 Unitary NC – ESPRIT、ESPRIT – MUSIC、ESPRIT 算法均方根误差与快拍数的关系。从图中可知，随着快拍数的增加，所有算法的参数估计性能都得到改善，且 Unitary NC – ESPRIT 算法和 NC – ESPRIT 的参数估计性能始终保持相似。

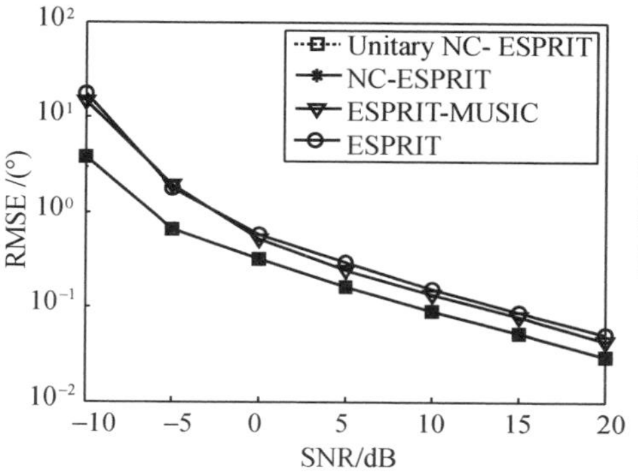

图 4.5　均方根误差与信噪比的关系

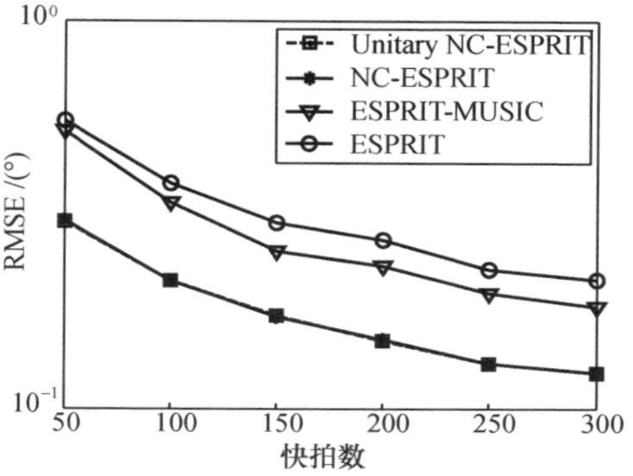

图 4.6　均方根误差与快拍数的关系

4.6 小　　结

在 MIMO 雷达系统中，针对传统的参数估计算法没有考虑信号本身所具备的非圆特性问题，本章主要研究 MIMO 雷达系统非圆信号参数估计问题，利用信号的非圆特性对接收信号进行扩展，从而有效地扩大 MIMO 雷达虚拟阵列孔径，进而改善目标的参数估计性能。本章主要介绍了 NC – MUSIC 算法、NC – ESPRIT 算法、NC ESPRIT – MUSIC 算法、Unitary NC – MUSIC 算法和 Unitary NC – ESPRIT 算法等，理论分析与仿真结果表明，这些算法有效地利用非圆信号所具备的非圆特性，比传统的参数估计方法具有更加优越的参数估计性能。

参考文献

[1] Haardt M, Florian R. Enhancements of unitary ESPRIT for non – circular sources. [C] Acoustics, Speech, and Signal Processing, 2004. Proceedings. (ICASSP'04). IEEE International Conference on. Vol. 2. IEEE, 2004.

[2] Salameh A, Tayem N. Conjugate MUSIC for non – circular sources[C]. Acoustics, Speech and Signal Processing, 2006. ICASSP 2006 Proceedings. 2006 IEEE International Conference on. IEEE, 2006, 4: IV – IV.

[3] Charge P, Wang Y, Saillard J. A root – MUSIC algorithm for non circular sources[C]. Acous-

tics, Speech, and Signal Processing, 2001. Proceedings. (ICASSP'01). 2001 IEEE International Conference on. IEEE, 2001, 5: 2985 – 2988.

[4] Abeida H, Delmas J P. MUSIC – like estimation of direction of arrival for noncircular sources [J]. Signal Processing, IEEE Transactions on, 2006, 54(7): 2678 – 2690.

[5] Salameh A, Tayem N, Kwon H M. Improved 2 – D root MUSIC for non – circular signals[C]. IEEE Sensor Array and Multichannel Processing, 2006. Fourth IEEE Workshop on. 2006: 151 – 156.

[6] Barbaresco F, Chevalier P. Noncircularity exploitation in signal processing overview and application to radar[C], IET Waveform Diversity and Digital Radar Conf, London, UK, 2008:1 – 6.

[7] Yang M L, Chen B X, Yang X Y. Conjugate ESPRIT algorithm for bistatic MIMO radar[J]. Electronics letters, 2010, 46(25): 1692 – 1694.

[8] Wang W, Wang X, Song H, et al. Conjugate ESPRIT for DOA estimation in monostatic MIMO radar[J]. Signal Processing, 2013, 93(7): 2070 – 2075.

[9] Bencheikh M L, Wang Y. Non circular ESPRIT – ROOTMUSIC joint DOD – DOAestimation in bistatic MIMO radar[C], in Proceeding of the 7th intarnational workshop on systems, signal processing and their application, Tipaze, 2011: 51 – 54 .

[10] Wei W, Wang X, Xin L I. Conjugate unitary ESPRIT algorithm for bistatic MIMO Radar [J]. IEICE Transactions on Electronics, 2013, 96(1): 124 – 126.

[11] Chargé P, Wang Y, Saillard J. A non-circular sources direction finding method using polynomial rooting[J]. Signal Processing, 2001, 81(8): 1765 – 1770.

[12] Haardt M, Nossek J A. Unitary ESPRIT: How to obtain increased estimation accuracy with a reduced computational burden[J]. IEEE Transactions on Signal Processing, 1995, 43(5): 1232 – 1242.

[13] Zoltowski M D, Haardt M, Mathews C P. Closed-form 2-D angle estimation with rectangular arrays in element space or beamspace via unitary ESPRIT[J]. IEEE Transactions on Signal Processing , 1996, 44(2): 316 – 328.

第5章 MIMO雷达目标参数快速估计

5.1 引　言

前面各章中介绍 MIMO 雷达基于子空间的目标参数估计方法,如 MUSIC 算法[1]、ESPRIT 算法[2-4]以及 Unitary - ESPRIT 算法[5-7]等,均需要计算接收信号的协方差矩阵以及对其进行特征值分解,获得相应的信号子空间和噪声子空间,然后求解出目标的参数估计。在 MIMO 雷达中,利用发射阵列的正交波形特性对接收信号进行匹配滤波处理,获得一个大孔径和多自由度的虚拟阵列。同时为了获得良好的目标参数估计性能,往往需要大量的采样拍数估计信号的协方差矩阵,因此计算接收信号的协方差矩阵及其特征值分解或奇异值分解,往往导致庞大的运算复杂度,不利于信号的实时处理。

为了能够降低算法的运算复杂度同时保证良好的目标参数估计性能,文献[8 - 10]提出传播算子(PM)方法,该算法通过一个线性运算求解出信号子空间和噪声子空间,避免了特征值分解或奇异值分解,从而降低了算法的运算复杂度。相应的仿真结果表明,在较多采样拍数条件下与基于特征值分解或奇异值分解的子空间方法获得相似的参数估计性能。文献[11 - 14]将传播算子方法应用到 MIMO 雷达的参数估计中,实现了低复杂度的参数估计。多级维纳滤波(MSWF)是由 Goldstein 等人[15]提出的一种有效的降维方法。由它的特殊结构可知, MSWF 其实就是对初始数据空间进行前向正交分解递推的过程,同时 MSWF 具有收敛速度快等特点。在阵列信号处理中,文献[16 - 18]将多级维纳滤波技术运用到子空间算法中,通过多级维纳滤波前向递推技术间接获得信号子空间和噪声子空间,避免协方差矩阵的特征值分解或奇异值分解,同样达到了降低运算复杂度的目的。文献[19]将多级维纳滤波技术应用到 MIMO 雷达的参数估计中,避免了协防矩阵的特征值分解,降低了运算复杂度。

Nystrom 方法最初是应用于机器学习中的核机器学习[20]领域中,其原理就是利用少量的抽样点对连续空间中的一个卷积算子的特征矢量进行逼近。当然,它在离散空间中也可以用来逼近对应数据的特征矢量,即 Nystrom 方法的矩阵表示形式。目前 Nystrom 方法是一种最流行的"低秩矩阵逼近"算法之一[21-23]。如何将 Nystrom 方法应用到 MIMO 雷达中,利用低秩矩阵逼近方法估计出信号子空间与噪声子空间,实现参数的快速估计也是一个值得研究的问题。

5.2 传播算子方法

5.2.1 传播算子方法原理

在以往的子空间算法中,为了估计接收信号的信号子空间和噪声子空间,往往首先需要计算信号的协方差矩阵,然后对其进行特征值或奇异值分解获得信号子空间或噪声子空间。在阵元数和采样拍数较多的情况下,以上的运算往往导致巨大的运算量,不利于信号的实时处理。针对这一问题提出一种传播算子方法[11-13],该方法的基本原理为:通过一个线性运算代替协方差矩阵的计算及其特征值分解,间接获得信号子空间或噪声子空间,从而降低运算复杂度。MIMO 雷达的信号模型如下所示:

$$\boldsymbol{X}=\boldsymbol{A}\boldsymbol{S}+\boldsymbol{N} \tag{5.1}$$

式中

$$\boldsymbol{X}=[\boldsymbol{x}(t_1),\boldsymbol{x}(t_2),\cdots,\boldsymbol{x}(t_L)],\boldsymbol{S}=[\boldsymbol{s}(t_1),\boldsymbol{s}(t_2),\cdots,\boldsymbol{s}(t_L)],$$
$$\boldsymbol{N}=[\boldsymbol{n}(t_1),\boldsymbol{n}(t_2),\cdots,\boldsymbol{n}(t_L)]$$

将发射 - 接收联合导向矢量 $\boldsymbol{A}$ 进行如下分割:

$$\boldsymbol{A}=\begin{bmatrix}\boldsymbol{A}_1\\ \boldsymbol{A}_2\end{bmatrix} \tag{5.2}$$

式中:$\boldsymbol{A}_1$ 为 $p\times p$ 维的矩阵;$\boldsymbol{A}_2$ 为 $(MN-p)\times p$ 维的矩阵。

由于 $\boldsymbol{A}_1$ 是非奇异矩阵,则可以定义传播算子矩阵 $\boldsymbol{P}$ 满足以下线性关系:

$$\boldsymbol{P}^{\mathrm{H}}\boldsymbol{A}_1=\boldsymbol{A}_2 \tag{5.3}$$

根据式(5.3),传播算子矩阵 $\boldsymbol{P}$ 可通过如下式子获得:

$$\boldsymbol{P}=(\boldsymbol{A}_1^{\mathrm{H}}\boldsymbol{A}_1)^{-1}\boldsymbol{A}_1^{\mathrm{H}}\boldsymbol{A}_2 \tag{5.4}$$

对式(5.4)进行如下扩展:

$$\overline{\boldsymbol{P}}=\begin{bmatrix}\boldsymbol{I}_P\\ \boldsymbol{P}^{\mathrm{H}}\end{bmatrix} \tag{5.5}$$

$$\hat{\boldsymbol{P}}=[\boldsymbol{P}^{\mathrm{H}}\quad -\boldsymbol{I}_{MN-P}] \tag{5.6}$$

根据式(5.5)和式(5.6)则有

$$\overline{\boldsymbol{P}}\boldsymbol{A}_1=\begin{bmatrix}\boldsymbol{I}_P\\ \boldsymbol{P}^{\mathrm{H}}\end{bmatrix}\boldsymbol{A}_1=\begin{bmatrix}\boldsymbol{A}_1\\ \boldsymbol{A}_2\end{bmatrix}=\boldsymbol{A} \tag{5.7}$$

$$\hat{\boldsymbol{P}}\boldsymbol{A}[\boldsymbol{P}^{\mathrm{H}}\quad -\boldsymbol{I}_{MN-P}]\begin{bmatrix}\boldsymbol{A}_1\\ \boldsymbol{A}_2\end{bmatrix}=0 \tag{5.8}$$

由式(5.7)可知,利用传播算子扩展后的矩阵 $\overline{\boldsymbol{P}}$ 和 MIMO 雷达的发射－接收联合导向矩阵 $\boldsymbol{A}$ 张成同一个子空间,因此矩阵 $\overline{\boldsymbol{P}}$ 和信号子空间也张成同一个子空间。根据式(5.8)可知,矩阵 $\hat{\boldsymbol{P}}^{\mathrm{H}}$ 和 MIMO 雷达的发射－接收联合导向矩阵 $\boldsymbol{A}$ 正交,因此 $\hat{\boldsymbol{P}}^{\mathrm{H}}$ 和噪声子空间张成同一个子空间。根据以上分析可知,利用传播算子 $\boldsymbol{P}$ 通过不同的扩展方式间接获得信号子空间和噪声子空间。关键在于如何计算出传播算子 $\boldsymbol{P}$,而式(5.4)在实际中是不可实现的,因此发射－接收导向矩阵 $\boldsymbol{A}$ 是未知量。下面将介绍两种计算传播算子矩阵 $\boldsymbol{P}$ 的方法:

(1) MIMO 雷达接收数据。类似于式(5.2),将接收数据矩阵 $\boldsymbol{X}$ 进行如下分割:

$$\boldsymbol{X}=\begin{bmatrix}\boldsymbol{X}_1\\ \boldsymbol{X}_2\end{bmatrix} \tag{5.9}$$

则传播算子矩阵 $\boldsymbol{P}$ 为

$$\boldsymbol{P}=(\boldsymbol{X}_1^{\mathrm{H}}\boldsymbol{X}_1)^{-1}\boldsymbol{X}_1^{\mathrm{H}}\boldsymbol{X}_2 \tag{5.10}$$

(2) MIMO 雷达接收数据协方差矩阵。MIMO 雷达接收数据协方差矩阵为

$$\boldsymbol{R}=\frac{1}{L}\boldsymbol{X}\boldsymbol{X}^{\mathrm{H}} \tag{5.11}$$

类似于式(5.2),将接收数据协方差矩阵 $\boldsymbol{R}$ 进行如下分割:

$$\boldsymbol{R}=\begin{bmatrix}\boldsymbol{R}_1\\ \boldsymbol{R}_2\end{bmatrix} \tag{5.12}$$

则传播算子矩阵 $\boldsymbol{P}$ 为

$$\boldsymbol{P}=(\boldsymbol{R}_1^{\mathrm{H}}\boldsymbol{R}_1)^{-1}\boldsymbol{R}_1^{\mathrm{H}}\boldsymbol{R}_2 \tag{5.13}$$

利用式(5.12)和式(5.13)获得传播算子矩阵 $\boldsymbol{P}$。按照式(5.5)和式(5.6)分别进行扩展,则获得相应的信号子空间和噪声子空间,从而避免了协方差矩阵的特征值分解,降低了相应的运算复杂度。

5.2.2 基于传播算子方法的参数估计

本节以 ESPRIT 算法[2,3]为基础介绍参数的估计方法。根据式(5.10)或式(5.13),对传播算子矩阵 $\boldsymbol{P}$ 进行以下扩展:

$$U_s = \begin{bmatrix} I_P \\ P^H \end{bmatrix} \tag{5.14}$$

式(5.14)为信号子空间。下面采用 ESPRIT 算法来估计出目标的发射角和接收角,从而实现参数估计。

设 U_{s1} 和 U_{s2} 分别由 U_s 的前 $M(N-1)$ 和后 $M(N-1)$ 的行元素组成,则

$$U_{s2} = U_{s1}\varphi_r \tag{5.15}$$

式中:$\varphi_r = B^{-1}\Phi_r B$。

对 φ_r 进行特征值分解就可以得到包含接收角参数信息的对角矩阵 Φ_r,从而得到目标相对 MIMO 雷达接收阵列的角度。对 φ_r 进行特征值分解,则

$$\Phi_r = Q^{-1}\varphi_r Q \tag{5.16}$$

将 U_s 乘以 T 得到 $\overline{U}_s$,即

$$\overline{U}_s = TU_s \tag{5.17}$$

式中:T 为满足 $\overline{A} = TA$,其中 $\overline{A} = A_r \odot A_t$。

用 Q 乘以 U_s,则有

$$\hat{U}_s = \overline{U}_s Q \tag{5.18}$$

设 $\hat{U}_{s1}$ 和 $\hat{U}_{s2}$ 分别为 $\hat{U}_s$ 的前$(M-1)N$ 行和后$(M-1)N$ 行构成的矩阵,则存在一个矩阵使得

$$\hat{U}_{s2} = \hat{U}_{s1}\Phi_t \tag{5.19}$$

文献[12]中已经证明,$\overline{\Phi}_t$ 为对角矩阵且对角线上元素与对角矩阵 $\Phi_t = \mathrm{diag}[\mathrm{e}^{-j(2\pi/\lambda)d_t\sin\varphi_1}, \mathrm{e}^{-j(2\pi/\lambda)d_t\sin\varphi_2}, \cdots, \mathrm{e}^{-j(2\pi/\lambda)d_t\sin\varphi_p}]$ 的对角元素相同,但在矩阵的对角线上位置不同;Φ_t 和 Φ_r 同一个位置的对角元素反映的是同一个目标发射角和接收角信息,二维方位角参数自动配对。因此,目标相对于发射和接收阵列的发射角和接收角分别为

$$\tilde{\theta}_{tp} = \arcsin\left(\arg(r_{tp})\frac{-\lambda}{2\pi d_t}\right) \tag{5.20}$$

$$\tilde{\theta}_{rp} = \arcsin\left(\arg(r_{rp})\frac{-\lambda}{2\pi d_r}\right) \tag{5.21}$$

式中:$\arg(\cdot)$表示取相角;r_{tp}、r_{rp} 分别为对角矩阵 Φ_t 和 Φ_r 的第 p 个对角元素。

5.3 多级维纳滤波技术

5.3.1 多级维纳滤波原理

在传统的维纳滤波器中,基于最小均方根误差准则获得 Wiener - Hopf 方程

的最优解为

$$\boldsymbol{w}_x = \boldsymbol{R}^{-1}\boldsymbol{r}_x$$

式中：$\boldsymbol{R}$ 为协方差矩阵；$\boldsymbol{r}_x = E[\boldsymbol{x}(k)\boldsymbol{d}^*(k)]$，其中，$\boldsymbol{x}(k)$ 为输入信号；$\boldsymbol{d}(k)$ 为期望信号。

由于 Wiener－Hopf 方程的解涉及协方差矩阵求逆，在协方差矩阵维数较大时导致巨大的运算复杂度。为了解决这个问题，Goldstein 等[15]提出了利用一种有效降维方法，即多级维纳滤波，该方法在最小均方的意义下得到 Wiener－Hopf 方程的近似最优解，不需要计算协方差矩阵的逆。多级维纳滤波器的基本结构如图 5.1 所示。

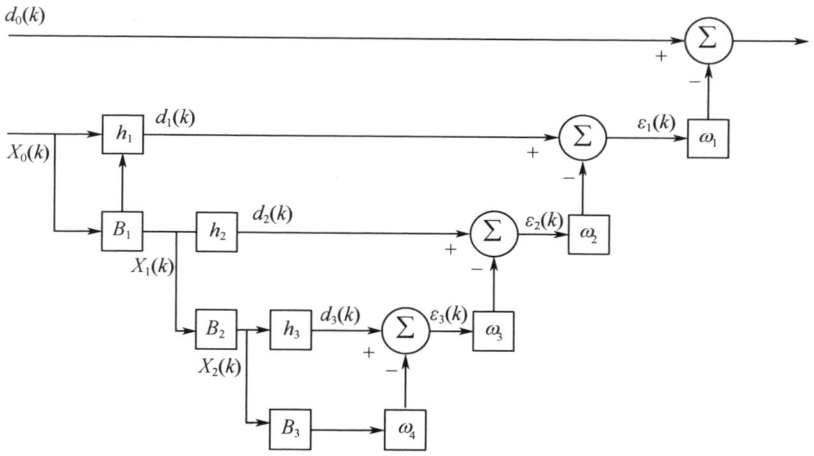

图 5.1　多级维纳滤波器的基本结构

从图 5.1 可知，多级维纳滤波器可以典型地分成分解滤波器组与合成滤波器组，每一级的匹配滤波器均是前一级期望信号和观测数据的互相关函数的归一化矢量，即

$$\boldsymbol{h}_i = \frac{\boldsymbol{r}_{x_{i-1}}\boldsymbol{d}_{i-1}}{\sqrt{\boldsymbol{r}^{\mathrm{H}}_{x_{i-1}d_{i-1}}\boldsymbol{r}_{x_{i-1}d_{i-1}}}} = \frac{E[\boldsymbol{d}^*_{i-1}(k)\boldsymbol{x}_{i-1}(k)]}{\|E[\boldsymbol{d}^*_{i-1}(k)\boldsymbol{x}_{i-1}(k)]\|_2} \tag{5.22}$$

在多级维纳滤波器中，选择阻塞矩阵 $\boldsymbol{B}_i = \mathrm{null}(\boldsymbol{h}_i)$ 至关重要，它可以抑制来自 $\boldsymbol{r}_{x_{i-1}d_{i-1}}$ 方向的信号，即满足 $\boldsymbol{B}_i\boldsymbol{h}_i = 0$。通常情况下，阻塞矩阵有很多种选择，但为了能够使得阻塞矩阵为单位正交的，最优选择为 $\boldsymbol{B}_i = \boldsymbol{I} - \boldsymbol{h}_i\boldsymbol{h}_i^{\mathrm{H}}$。根据以上的分析，给出 M 级的满秩多级维纳滤波器算法如下。

(1) 初始化：

$$\boldsymbol{d}_0(k) = \boldsymbol{s}_1(k), \boldsymbol{x}_0(k) = \boldsymbol{x}_1(k)$$

式中：$\boldsymbol{s}_1(k)$ 为某一期望信号或训练信号。

(2) 前向递推:

$$\boldsymbol{h}_i = E[\boldsymbol{x}(k)_{i=1}\boldsymbol{d}_{i-1}^*(k)] / \| E[\boldsymbol{x}(k)_{i-1}\boldsymbol{d}_{i-1}^*(k)] \|_2$$

$$\left.\begin{aligned} \boldsymbol{d}_k(k) &= \boldsymbol{h}_i^{\mathrm{H}}\boldsymbol{x}_{i-1}(k) \\ \boldsymbol{B}_i &= \boldsymbol{I} - \boldsymbol{h}_i\boldsymbol{h}_i^{\mathrm{H}} \\ \boldsymbol{x}_i(k) &= \boldsymbol{B}_i^{\mathrm{H}}\boldsymbol{x}_{i-1}(k) \end{aligned}\right. \qquad (i=1,2,\cdots,M)$$

(3) 后向递推:

$$\begin{aligned} \boldsymbol{e}_M(k) &= \boldsymbol{d}_M(k) \\ \boldsymbol{\omega}_i &= E[\boldsymbol{d}_{i-1}(k)\boldsymbol{e}_i^*(k)]/E[|\boldsymbol{e}_i(k)|^2] \qquad (i=M,M-1,\cdots,1) \\ \boldsymbol{e}_{i-1}(k) &= \boldsymbol{d}_{i-1}(k) - \boldsymbol{\omega}_i^*\boldsymbol{e}_i(k) \end{aligned}$$

根据多级维纳滤波器的前向递推分解过程可知,前向分解滤波器组可以看成一个预滤波矩阵 $\boldsymbol{T}_M$:

$$\boldsymbol{T}_M = [\boldsymbol{h}_1 \quad \boldsymbol{B}_1\boldsymbol{h}_2 \quad \cdots \quad \prod_{i=1}^{M-2}\boldsymbol{B}_i\boldsymbol{h}_{M-1} \quad \prod_{i=1}^{M-1}\boldsymbol{B}_i\boldsymbol{h}_M] \tag{5.23}$$

由于多级维纳滤波器中各个匹配滤波器为相互独立,因此式(5.23)可表示为

$$\boldsymbol{T}_M = [\boldsymbol{h}_1, \boldsymbol{h}_2, \cdots, \boldsymbol{h}_{M-1}, \boldsymbol{h}_M] \tag{5.24}$$

经过分解滤波器组滤波后,得到各级的期望信号为

$$\boldsymbol{d}(k) = \boldsymbol{T}_M\boldsymbol{x}_0(k) = [\boldsymbol{d}_1(k), \boldsymbol{d}_2(k), \cdots, \boldsymbol{d}_M(k)]^{\mathrm{T}} \tag{5.25}$$

以上为多级维纳滤波器的前向递推过程。而多级维纳滤波器的后向综合实际上就是 Gram – Schmidt 正交化过程。由于这里只采用多级维纳滤波器的前向递推过程,因此后向综合过程就不再详细介绍,具体过程可以参见文献[15]。

如果将图 5.1 中的 M 级的满秩多级维纳滤波器在第 d 级截断,则可以得到降维(维数为 d)的多级维纳滤波器,相应地秩为 d 的预滤波矩阵(或降维矩阵)为

$$T_M = [h_1, h_2, \cdots, h_{d-1}, h_d] \tag{5.25}$$

在多级维纳滤波器中,阻塞矩阵 $\boldsymbol{B}_1$ 的计算往往比较复杂,所需要的运算复杂度相当巨大,因此如何选择阻塞矩阵来降低运算复杂度也是一个关键问题。有关文献已经证明,如果选择阻塞矩阵 $\boldsymbol{B}_i = \boldsymbol{I} - \boldsymbol{h}_i\boldsymbol{h}_i^{\mathrm{H}}$,既能够保证多级维纳滤波器的所有匹配滤波器为相互正交的,而且能够大大简化多级维纳滤波器的结构。Ricks 等人提出了多级维纳滤波有效应用结构,即基于相关相减结构的多级维纳滤波器(CSA – MSWF),如图 5.2 所示。将多级维纳滤波器的前向递推级数设置为 d,则可以得到截断的多级维纳滤波器,即降维的多级维纳滤波器。

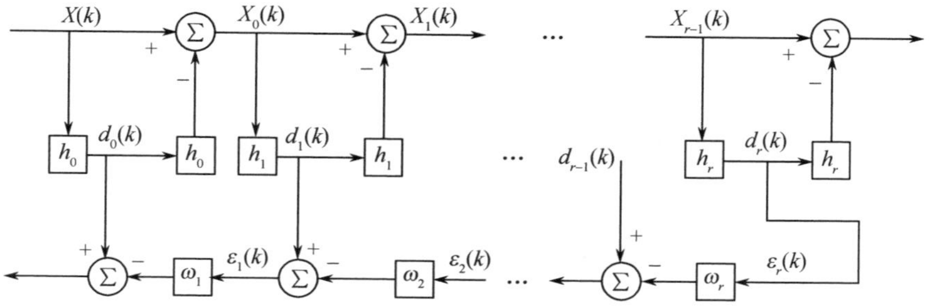

图 5.2　基于相关相减结构的多级维纳滤波器

5.3.2　基于多级维纳滤波器的参数估计

由图 5.2 可知，设多级维纳滤波器为 d 级降维的多级维纳滤波器算法，则由期望信号组成的方向矢量空间 $\boldsymbol{d}=[\boldsymbol{d}_1,\boldsymbol{d}_2,\cdots,\boldsymbol{d}_d]$ 可表示为

$$\begin{bmatrix} \boldsymbol{d}_1 \\ \boldsymbol{d}_2 \\ \vdots \\ \boldsymbol{d}_{d-1} \\ \boldsymbol{d}_d \end{bmatrix} = \begin{bmatrix} \boldsymbol{h}_1 \\ \boldsymbol{B}_1\boldsymbol{h}_2 \\ \vdots \\ \prod_{r=1}^{d-2}\boldsymbol{B}_{\mathrm{r}}\boldsymbol{h}_{d-1} \\ \prod_{r=1}^{d-1}\boldsymbol{B}_{\mathrm{r}}\boldsymbol{h}_d \end{bmatrix}\boldsymbol{x}_0(t) \tag{5.26}$$

式中：d 为递推次数。定义递推权值为

$$\boldsymbol{W}=[\boldsymbol{w}_1,\boldsymbol{w}_2,\cdots,\boldsymbol{w}_d]=\left[\boldsymbol{h}_1,\boldsymbol{B}_1\boldsymbol{h}_2,\cdots,\prod_{r=1}^{d-2}\boldsymbol{B}_{\mathrm{r}}\boldsymbol{h}_{d-1},\prod_{r=1}^{d-1}\boldsymbol{B}_{\mathrm{r}}\boldsymbol{h}_d\right]$$

由文献[25]可知，递推的权值向量 $\boldsymbol{w}_i(i=1,2,\cdots,MN)$ 相互正交，且

$$\begin{aligned}\mathrm{span}\{\boldsymbol{w}_1,\boldsymbol{w}_2,\cdots,\boldsymbol{w}_q\} &= \mathrm{span}\{\boldsymbol{h}_1,\boldsymbol{h}_2,\cdots,\boldsymbol{h}_{q-1},\boldsymbol{h}_q\} \\ &= \mathrm{span}\{\boldsymbol{h}_1,\boldsymbol{R}\boldsymbol{h}_1,\boldsymbol{R}^2\boldsymbol{h}_1,\cdots,\boldsymbol{R}^{q-1}\boldsymbol{h}_1\}\ (1\leqslant i\leqslant MN)\end{aligned} \tag{5.27}$$

式中：MN 为 MIMO 雷达等效虚拟阵列的虚拟阵元数目。

对 MIMO 雷达等效的虚拟阵列接收数据的协方差矩阵 $\boldsymbol{R}$ 进行特征值分解：

$$\boldsymbol{R}=\sum_{i=1}^{MN}\lambda_i\boldsymbol{v}_i\boldsymbol{v}_i^{\mathrm{H}}=\boldsymbol{V}_{\mathrm{s}}\boldsymbol{\Lambda}_{\mathrm{s}}\boldsymbol{\Lambda}_{\mathrm{s}}^{\mathrm{H}}+\sigma_{\mathrm{n}}^2\boldsymbol{V}_{\mathrm{n}}\boldsymbol{V}_{\mathrm{n}}^{\mathrm{H}} \tag{5.28}$$

式中

$$\lambda_1>\lambda_2>\cdots>\lambda_p>\lambda_{p+1}=\cdots=\lambda_1=\sigma_{\mathrm{n}}^2,$$
$$\boldsymbol{V}_{\mathrm{s}}=[\boldsymbol{v}_1,\boldsymbol{v}_2\cdots,\boldsymbol{v}_p],\boldsymbol{V}_n=[\boldsymbol{v}_{p+1},\boldsymbol{v}_{p+2},\cdots,\boldsymbol{v}_{MN}]$$

那么 MIMO 雷达等效的虚拟阵列接收数据的协方差矩阵 $\boldsymbol{R}$ 的信号子空间 $\boldsymbol{\phi}_{\mathrm{s}}=\mathrm{span}\{\boldsymbol{v}_1,\boldsymbol{v}_2,\cdots,\boldsymbol{v}_p\}$，噪声子空间 $\boldsymbol{\phi}_{\mathrm{n}}=\mathrm{span}\{\boldsymbol{v}_{p+1},\boldsymbol{v}_{p+2},\cdots,\boldsymbol{v}_{MN}\}$。为了获得递

推的权值矢量与信号子空间和噪声子空间的关系,有如下命题。

命题 5.1 在 MIMO 雷达的等效虚拟阵列中:若存在 p 个空间目标,那么这些目标的信号子空间和噪声子空间可由多级维纳滤波器前向递推权向量组成;若递推的初始方向矢量为期望信号方向矢量,那么前 p 个权向量组成信号子空间,后 $MN-p$ 个权向量组成噪声子空间。即

$$\mathrm{span}\{\boldsymbol{w}_1,\boldsymbol{w}_2,\cdots,\boldsymbol{w}_p\}=\mathrm{span}\{\boldsymbol{v}_1,\boldsymbol{v}_2,\cdots,\boldsymbol{v}_p\}=\boldsymbol{\phi}_{\mathrm{s}} \tag{5.29}$$

$$\mathrm{span}\{\boldsymbol{w}_{p+1},\boldsymbol{w}_{p+2},\cdots,\boldsymbol{w}_{MN}\}=\mathrm{span}\{\boldsymbol{v}_{p+1},\boldsymbol{v}_{p+2},\cdots,\boldsymbol{v}_{MN}\}=\boldsymbol{\phi}_{\mathrm{n}} \tag{5.30}$$

证明:若证明 $\mathrm{span}\{\boldsymbol{w}_1,\boldsymbol{w}_2,\cdots,\boldsymbol{w}_p\}=\mathrm{span}\{\boldsymbol{v}_1,\boldsymbol{v}_2,\cdots,\boldsymbol{v}_p\}=\boldsymbol{\phi}_{\mathrm{s}}$,只需证明存在一个非奇异矩阵 $\boldsymbol{H}\in\boldsymbol{L}^{p\times p}$,使得$[\boldsymbol{w}_1,\boldsymbol{w}_2,\cdots,\boldsymbol{w}_p]=[\boldsymbol{v}_1,\boldsymbol{v}_2,\cdots,\boldsymbol{v}_p]=\boldsymbol{L}=\boldsymbol{V}_{\mathrm{s}}\boldsymbol{L}$。

由式(5.27)可知,存在一个非奇异矩阵 $\boldsymbol{H}\in\boldsymbol{C}^{q\times q}$ 使得

$$[\boldsymbol{w}_1,\boldsymbol{w}_2,\cdots,\boldsymbol{w}_p]=[\boldsymbol{h}_1,\boldsymbol{R}\boldsymbol{h}_1,\boldsymbol{R}^2\boldsymbol{h}_1,\cdots,\boldsymbol{R}^{p-1}\boldsymbol{h}_1]\boldsymbol{H} \tag{5.31}$$

由于 $\boldsymbol{V}_{\mathrm{s}}^{\mathrm{H}}\boldsymbol{V}_{\mathrm{s}}=\boldsymbol{I}_{p\times p}$,$\boldsymbol{V}_{\mathrm{n}}^{\mathrm{H}}\boldsymbol{V}_{\mathrm{n}}=\boldsymbol{I}_{(MN-p)\times(MN-p)}$,因此由式(5.28)可得

$$\boldsymbol{R}^i=\boldsymbol{V}_{\mathrm{s}}\boldsymbol{\Lambda}_{\mathrm{s}}^i\boldsymbol{V}_{\mathrm{s}}^{\mathrm{H}}+\sigma_{\mathrm{n}}^{2i}\boldsymbol{V}_{\mathrm{n}}\boldsymbol{V}_{\mathrm{n}}^{\mathrm{H}} \tag{5.32}$$

式中:$\boldsymbol{R}^i$ 为 $\boldsymbol{R}$ 的 i 次方;$\boldsymbol{\Lambda}_{\mathrm{s}}^i$ 为 $\boldsymbol{\Lambda}_{\mathrm{s}}$ 的 i 次方。

由多级维纳滤波前向递推结构可知,采用信号的导向矢量作为初始方向矢量,那么 $\boldsymbol{w}_1=\boldsymbol{h}_1$ 在信号子空间内。因此令 $\boldsymbol{W}_{\mathrm{s}}=[\boldsymbol{w}_1,\boldsymbol{w}_2,\cdots,\boldsymbol{w}_p]$,$\boldsymbol{W}_{\mathrm{n}}=[\boldsymbol{w}_{p+1},\boldsymbol{w}_{p+2},\cdots,\boldsymbol{w}_{MN}]$。由于 $\boldsymbol{V}_{\mathrm{s}}\boldsymbol{V}_{\mathrm{s}}^{\mathrm{H}}+\boldsymbol{V}_{\mathrm{n}}\boldsymbol{V}_{\mathrm{n}}^{\mathrm{H}}=\boldsymbol{I}_{MN}$,结合式(5.31)和式(5.32)可得

$$\begin{aligned}\boldsymbol{W}_{\mathrm{s}}&=[\boldsymbol{h}_1,\boldsymbol{R}\boldsymbol{h}_1,\boldsymbol{R}^2\boldsymbol{h}_1,\cdots,\boldsymbol{R}^{p-1}\boldsymbol{h}_1]\tilde{\boldsymbol{H}}\\&=[\boldsymbol{V}_{\mathrm{s}}\boldsymbol{V}_{\mathrm{s}}^{\mathrm{H}}\boldsymbol{h}_1,\boldsymbol{V}_{\mathrm{s}}\boldsymbol{\Lambda}_{\mathrm{s}}\boldsymbol{V}_{\mathrm{s}}^{\mathrm{H}}\boldsymbol{h}_1,\boldsymbol{V}_{\mathrm{s}}\boldsymbol{\Lambda}_{\mathrm{s}}^2\boldsymbol{V}_{\mathrm{s}}^{\mathrm{H}}\boldsymbol{h}_1,\cdots,\boldsymbol{V}_{\mathrm{s}}\boldsymbol{\Lambda}_{\mathrm{s}}^{P-1}\boldsymbol{V}_{\mathrm{s}}^{\mathrm{H}}\boldsymbol{h}]\tilde{\boldsymbol{H}}\\&=\boldsymbol{V}_{\mathrm{s}}[\boldsymbol{V}_{\mathrm{s}}^{\mathrm{H}}\boldsymbol{h}_1,\boldsymbol{\Lambda}_{\mathrm{s}}\boldsymbol{V}_{\mathrm{s}}^{\mathrm{H}}\boldsymbol{h}_1,\boldsymbol{\Lambda}_{\mathrm{s}}^2\boldsymbol{V}_{\mathrm{s}}^{\mathrm{H}}\boldsymbol{h}_1,\cdots,\boldsymbol{\Lambda}_{\mathrm{s}}^{P-1}\boldsymbol{V}_{\mathrm{s}}^{\mathrm{H}}\boldsymbol{h}]\tilde{\boldsymbol{H}}\\&=\boldsymbol{V}_{\mathrm{s}}\boldsymbol{G}\tilde{\boldsymbol{H}}\end{aligned} \tag{5.33}$$

式中:$\tilde{\boldsymbol{H}}$ 为 $p\times p$ 的非奇异矩阵。

由于 $\boldsymbol{\Lambda}_{\mathrm{s}}$ 为大于 0 的特征值组成的矩阵,易知 $\boldsymbol{G}=[\boldsymbol{V}_{\mathrm{s}}^{\mathrm{H}}\boldsymbol{h}_1,\boldsymbol{\Lambda}_{\mathrm{s}}\boldsymbol{V}_{\mathrm{s}}^{\mathrm{H}}\boldsymbol{h}_1,\boldsymbol{\Lambda}_{\mathrm{s}}^2\boldsymbol{V}_{\mathrm{s}}^{\mathrm{H}}\boldsymbol{h}_1,\cdots,\boldsymbol{\Lambda}_{\mathrm{s}}^{P-1}\boldsymbol{V}_{\mathrm{s}}^{\mathrm{H}}\boldsymbol{h}]$也是一个维数 $p\times p$ 非奇异矩阵。因此存在一个非奇异矩阵 $\boldsymbol{L}=\boldsymbol{G}\tilde{\boldsymbol{H}}$ 使得 $\boldsymbol{W}_{\mathrm{s}}=\boldsymbol{V}_{\mathrm{s}}\boldsymbol{L}$。即式(5.29)得证。

由子空间理论可知,信号子空间和噪声是相互正交的,即 $\boldsymbol{V}_{\mathrm{s}}\perp\boldsymbol{V}_{\mathrm{n}}$。由于多级维纳滤波前向递推的权值向量 $\boldsymbol{w}_i(i=1,2,\cdots,MN)$相互正交,则有 $\boldsymbol{w}_i\perp\boldsymbol{V}_{\mathrm{s}}(i=p+1,p+2,\cdots,MN)$,则有 $\mathrm{span}\{\boldsymbol{w}_{p+1},\boldsymbol{w}_{p+2},\cdots,\boldsymbol{w}_{MN}\}=\boldsymbol{V}_{\mathrm{n}}$,即式(5.30)得证。

由命题 5.1 可知,多级维纳滤波器前 p 个权矢量组成信号子空间,因此可以通过维纳滤波技术的前向递推间接得到 MIMO 雷达接收数据的信号子空间,从而避免了对雷达接收数据的协方差矩阵特征值分解,最后再利用 ESPRIT 算法

原理对目标进行定位。

5.4　Nystrom 方法

5.4.1　Nystrom 方法矩阵近似原理

下面将对 Nystrom 方法的矩阵近似过程进行详细介绍。若一个 $n \times n$ 维对称的半正定矩阵 $\boldsymbol{K}$,将矩阵 $\boldsymbol{K}$ 进行如下分解:

$$\boldsymbol{K} = \begin{bmatrix} \boldsymbol{A} & \boldsymbol{B}^{\mathrm{T}} \\ \boldsymbol{B} & \boldsymbol{C} \end{bmatrix} \tag{5.34}$$

式中:$\boldsymbol{A}$ 为 $m \times m$ 维矩阵;$\boldsymbol{B}$ 为 $(n-m) \times m$ 维的矩阵;$\boldsymbol{C}$ 为 $(n-m) \times (n-m)$ 维的矩阵,其中 $m \ll n$。

对矩阵 $\boldsymbol{A}$ 进行特征值分解:

$$\boldsymbol{A} = \boldsymbol{U}\boldsymbol{\Lambda}\boldsymbol{U}^{\mathrm{T}} \tag{5.35}$$

式中:$\boldsymbol{U}$ 为由矩阵 $\boldsymbol{A}$ 的特征矢量组成的矩阵;$\boldsymbol{\Lambda}$ 为由矩阵 $\boldsymbol{A}$ 的特征值组成的对角矩阵。由于 $m \ll n$,矩阵 $\boldsymbol{C}$ 的维数是相当巨大的。若可以避免对矩阵 $\boldsymbol{C}$ 进行特征值分解,间接获得矩阵 $\boldsymbol{K}$ 的近似特征矩阵,运算复杂度将会大大降低。假设 $\overline{\boldsymbol{U}}$ 为矩阵 $\boldsymbol{K}$ 的近似特征矩阵,根据 Nystrom 扩展有

$$\overline{\boldsymbol{U}} = \begin{bmatrix} \boldsymbol{U} \\ \boldsymbol{B}\boldsymbol{U}\boldsymbol{\Lambda}^{-1} \end{bmatrix} \tag{5.36}$$

根据式(5.36)的近似特征矩阵,并且令矩阵 $\boldsymbol{K}$ 的近似矩阵为 $\overline{\boldsymbol{K}}$,则有

$$\begin{aligned} \overline{\boldsymbol{K}} = \overline{\boldsymbol{U}}\boldsymbol{\Lambda}\overline{\boldsymbol{U}}^{\mathrm{T}} &= \begin{bmatrix} \boldsymbol{U} \\ \boldsymbol{B}\boldsymbol{U}\boldsymbol{\Lambda}^{-1} \end{bmatrix} \boldsymbol{\Lambda} [\boldsymbol{U} \quad \boldsymbol{\Lambda}^{-1}\boldsymbol{U}^{\mathrm{T}}\boldsymbol{B}^{\mathrm{T}}] \\ &= \begin{bmatrix} \boldsymbol{U}\boldsymbol{\Lambda}\boldsymbol{U}^{\mathrm{T}} & \boldsymbol{B}^{\mathrm{T}} \\ \boldsymbol{B} & \boldsymbol{B}\boldsymbol{A}^{-1}\boldsymbol{B}^{\mathrm{T}} \end{bmatrix} \\ &= \begin{bmatrix} \boldsymbol{A} & \boldsymbol{B}^{\mathrm{T}} \\ \boldsymbol{B} & \boldsymbol{B}\boldsymbol{A}^{-1}\boldsymbol{B}^{\mathrm{T}} \end{bmatrix} \\ &= \begin{bmatrix} \boldsymbol{A} \\ \boldsymbol{B} \end{bmatrix} [\boldsymbol{A}^{-1} \quad \boldsymbol{A} \quad \boldsymbol{B}^{\mathrm{T}}] \end{aligned} \tag{5.37}$$

式(5.37)表明,与实际矩阵 $\boldsymbol{K}$ 相比,经过逼近的相似矩阵 $\overline{\boldsymbol{K}}$,只有矩阵右下角的块 $\boldsymbol{B}\boldsymbol{A}^{-1}\boldsymbol{B}^{\mathrm{T}}$ 是不同的,其他部分都是相同的。通过 Nystrom 方法获得的特征矢量不能直接应用到基于子空间算法的参数估计中,这是由于 Nystrom 扩展方法并不能保证所有特征矢量满足相互正交的特性。如果保证得到的特征矢量式满足正交特性,就必须使用标准的特征分解过程,因此应用 Nystrom 扩展方法到参数估计的关键问题在于如何将所获得的特征矢量进行正交化。在文献[21]

中，根据块矩阵 $\boldsymbol{A}$ 是否为正定矩阵提出了两种可行的正交化方法。

(1) 矩阵 $\boldsymbol{A}$ 为正定矩阵。如果相似度矩阵 $\boldsymbol{A}$ 为正定阵，则矩阵 $\boldsymbol{A}^{-1/2}$ 是可求解的。根据上面的分析，近似矩阵 $\overline{\boldsymbol{K}}$ 可以表示为

$$\begin{aligned}\overline{\boldsymbol{K}} &= \begin{bmatrix}\boldsymbol{A}\\\boldsymbol{B}\end{bmatrix}\boldsymbol{A}^{-1}[\boldsymbol{A}\quad \boldsymbol{B}^{\mathrm{T}}]\\ &= \left\{\begin{bmatrix}\boldsymbol{A}\\\boldsymbol{B}\end{bmatrix}\boldsymbol{A}^{-1/2}\boldsymbol{U}\boldsymbol{\Lambda}^{-1/2}\right\}\boldsymbol{\Lambda}\{\boldsymbol{\Lambda}^{-1/2}\boldsymbol{U}^{\mathrm{T}}\boldsymbol{A}^{-1/2}[\boldsymbol{A}\quad \boldsymbol{B}]\}\\ &= \boldsymbol{V}\boldsymbol{\Lambda}\boldsymbol{V}^{\mathrm{T}}\end{aligned} \tag{5.38}$$

式中

$$\boldsymbol{V} = \begin{bmatrix}\boldsymbol{A}\\\boldsymbol{B}\end{bmatrix}\boldsymbol{A}^{-1/2}\boldsymbol{U}\boldsymbol{\Lambda}^{-1/2} \tag{5.39}$$

由式(5.39)可知，$\boldsymbol{V}$ 满足正交特性，即

$$\begin{aligned}\boldsymbol{I} &= \boldsymbol{V}^{\mathrm{T}}\boldsymbol{V}\\ &= \left\{\boldsymbol{A}^{-1/2}\boldsymbol{U}^{\mathrm{T}}\boldsymbol{A}^{-1/2}[\boldsymbol{A}\quad \boldsymbol{B}]\right\}\left\{\begin{bmatrix}\boldsymbol{A}\\\boldsymbol{B}\end{bmatrix}\boldsymbol{A}^{-1/2}\boldsymbol{U}\boldsymbol{\Lambda}^{-1/2}\right\}\end{aligned} \tag{5.40}$$

基于以上的分析，可以获得一种保证相似矩阵矢量是正交化的计算方法，即将式(5.40)的左边和右边分别乘以 $\boldsymbol{U}\boldsymbol{\Lambda}^{1/2}$ 和 $\boldsymbol{\Lambda}^{1/2}\boldsymbol{U}^{\mathrm{T}}$，则有

$$\begin{aligned}\boldsymbol{U}\boldsymbol{\Lambda}\boldsymbol{U}^{\mathrm{T}} &= \boldsymbol{U}\boldsymbol{\Lambda}^{1/2}\{\boldsymbol{\Lambda}^{-1/2}\boldsymbol{U}^{\mathrm{T}}\boldsymbol{A}^{-1/2}[\boldsymbol{A}\quad \boldsymbol{B}]\}\left\{\begin{bmatrix}\boldsymbol{A}\\\boldsymbol{B}\end{bmatrix}\boldsymbol{A}^{-1/2}\boldsymbol{U}\boldsymbol{\Lambda}^{-1/2}\right\}\boldsymbol{\Lambda}^{1/2}\boldsymbol{U}^{\mathrm{T}}\\ &= \boldsymbol{A}^{-1/2}[\boldsymbol{A}\quad \boldsymbol{B}]\begin{bmatrix}\boldsymbol{A}\\\boldsymbol{B}\end{bmatrix}\boldsymbol{A}^{-1/2}\\ &= \boldsymbol{A} + \boldsymbol{A}^{-1/2}\boldsymbol{B}\boldsymbol{B}^{\mathrm{T}}\boldsymbol{A}^{-1/2}\end{aligned} \tag{5.41}$$

由式(5.41)可以看出，特征矩阵 $\boldsymbol{U}$ 并不是通过对矩阵 $\boldsymbol{A}$ 进行特征值分解获得，而是通过对式(5.41)右侧的矩阵进行特征值分解获得。因此通过以上的正交化过程可以保证特征矢量间的正交性。

(2) 矩阵 $\boldsymbol{A}$ 为半正定矩阵。如果矩阵 $\boldsymbol{A}$ 为半正定阵，则无法对 $\boldsymbol{A}^{-1/2}$ 进行求解，因此上述方法就不可以进行正交化处理。在文献[21]中已经指出上述方法将 Nystrom 扩展和正交化在一个过程内同时处理。但如果矩阵 $\boldsymbol{A}$ 为半正定阵，Nystrom 扩展和正交化分开进行，从而实现近似特征矩阵的正交化。由式(5.36)可知，该步骤为 Nystrom 扩展过程，即

$$\overline{\boldsymbol{U}} = \begin{bmatrix}\boldsymbol{U}\\\boldsymbol{B}\boldsymbol{U}\boldsymbol{\Lambda}^{-1}\end{bmatrix} \tag{5.42}$$

式(5.42)无法保证矩阵 $\overline{\boldsymbol{U}}$ 的特征矢量间的正交特性，下面对其进行正交化，定义矩阵

$$\boldsymbol{Z} = \overline{\boldsymbol{U}}\boldsymbol{\Lambda}^{1/2} \tag{5.43}$$

定义矩阵 $\overline{\boldsymbol{K}}=\boldsymbol{Z}\boldsymbol{Z}^{\mathrm{T}}$，并对 $\boldsymbol{K}^{\mathrm{T}}$ 进行特征值分解，则有

$$\boldsymbol{K}^{\mathrm{T}}=\boldsymbol{F}\boldsymbol{\Sigma}\boldsymbol{F}^{\mathrm{T}} \tag{5.44}$$

综合以上分析，重新定义矩阵 $\boldsymbol{V}=\boldsymbol{Z}\boldsymbol{F}\boldsymbol{\Sigma}^{-1/2}$，则有

$$\begin{aligned}\boldsymbol{V}^{\mathrm{T}}\boldsymbol{V}&=\boldsymbol{\Sigma}^{-1/2}\boldsymbol{F}^{\mathrm{T}}\boldsymbol{Z}^{\mathrm{T}}\boldsymbol{Z}\boldsymbol{F}\boldsymbol{\Sigma}^{-1/2}\\&=\boldsymbol{\Sigma}^{-1/2}\boldsymbol{F}^{\mathrm{T}}\boldsymbol{F}\boldsymbol{\Sigma}\boldsymbol{F}^{\mathrm{T}}\boldsymbol{F}\boldsymbol{\Sigma}^{-1/2}=\boldsymbol{I}\end{aligned} \tag{5.45}$$

和

$$\begin{aligned}\boldsymbol{V}\boldsymbol{\Sigma}\boldsymbol{V}^{\mathrm{T}}&=\boldsymbol{Z}\boldsymbol{Z}^{\mathrm{T}}=\overline{\boldsymbol{U}}\Lambda^{1/2}\Lambda^{1/2}\overline{\boldsymbol{U}}^{\mathrm{T}}\\&=\overline{\boldsymbol{U}}\Lambda\overline{\boldsymbol{U}}^{\mathrm{T}}=\overline{\boldsymbol{K}}\end{aligned} \tag{5.46}$$

综合以上分析可知，通过正交化处理的特征矩阵 $\boldsymbol{V}$ 与直接对矩阵 $\boldsymbol{K}$ 进行特征值分解一样满足了正交特性，因此可以将其应用在基于子空间理论的参数算法中。

5.4.2 基于 Nystrom 方法的参数估计

5.4.1 节详细分析 Nystrom 方法近似矩阵的基本原理以及如何对特征矩阵进行正交化。本节将详细介绍如何利用 Nystrom 方法估计信号子空间或噪声子空间。对于 MIMO 雷达接收的协方差矩阵 $\boldsymbol{R}$ 进行如下分割操作：

$$\boldsymbol{R}=\begin{bmatrix}\boldsymbol{R}_{11} & \boldsymbol{R}_{21}^{\mathrm{H}}\\ \boldsymbol{R}_{21} & \boldsymbol{R}_{22}\end{bmatrix} \tag{5.47}$$

式中：$\boldsymbol{R}_{11}$ 为 $q\times q$ 维的矩阵；$\boldsymbol{R}_{21}$ 为 $(MN-q)\times q$ 维的矩阵；$\boldsymbol{R}_{22}$ 为 $(MN-q)\times(MN-q)$。其中 $p\leqslant q\leqslant MN$ 根据 5.4.1 节对 Nystrom 方法分析可知，为了获得协方差矩阵 $\boldsymbol{R}$ 的近似子空间，只需要块矩阵 $\boldsymbol{R}_{11}$ 和 $\boldsymbol{R}_{21}$ 的信息，因此不需要计算协方差矩阵 $\boldsymbol{R}$。可通过对接收数据 $\boldsymbol{X}=[\boldsymbol{x}(t_1),\boldsymbol{x}(t_2),\cdots,\boldsymbol{x}(t_L)]$ 进行如下操作获得：

$$\boldsymbol{X}=\begin{bmatrix}\boldsymbol{X}_1\\ \boldsymbol{X}_2\end{bmatrix} \tag{5.48}$$

式中：$\boldsymbol{X}_1$ 为由 $\boldsymbol{X}$ 的前 q 行组成的 $q\times L$ 维矩阵；$\boldsymbol{X}_2$ 为由 $\boldsymbol{X}$ 的后 $MN-q$ 行组成的 $(MN-q)\times L$ 维矩阵。

对 $\boldsymbol{R}_{11}$ 和 $\boldsymbol{R}_{21}$ 进行求解：

$$\boldsymbol{R}_{11}=E[\boldsymbol{X}_1\boldsymbol{X}_1^{\mathrm{H}}]=\boldsymbol{A}_1\boldsymbol{R}_{\mathrm{s}}\boldsymbol{A}_1^{\mathrm{H}}+\sigma^2\boldsymbol{I} \tag{5.49}$$

$$\boldsymbol{R}_{21}=E[\boldsymbol{X}_2\boldsymbol{X}_1^{\mathrm{H}}]=\boldsymbol{A}_2\boldsymbol{R}_{\mathrm{s}}\boldsymbol{A}_1^{\mathrm{H}} \tag{5.50}$$

式中：$\boldsymbol{A}_1$ 为由发射 - 接收导向矩阵 $\boldsymbol{A}$ 的前 q 行组成的矩阵；$\boldsymbol{A}_2$ 为由发射 - 接收导向矩阵 $\boldsymbol{A}$ 的后 $MN-q$ 行组成的矩阵；R_{s} 为信号的协方差矩阵，$\boldsymbol{R}_{\mathrm{s}}=E[\boldsymbol{S}\boldsymbol{S}^{\mathrm{H}}]$。

根据 Nystrom 方法原理，将 $\boldsymbol{R}_{11}$ 进行特征值分解，则有

$$\boldsymbol{R}_{11}=\boldsymbol{U}_{11}\boldsymbol{\Lambda}_{11}\boldsymbol{U}_{11}^{\mathrm{H}} \tag{5.51}$$

式中：$\boldsymbol{U}_{11}$ 为由特征矢量组成的特征矩阵；$\boldsymbol{\Lambda}_{11}$ 为特征值组成的对角阵。

则由 Nystrom 扩展获得的近似特征矩阵为

$$\tilde{\boldsymbol{U}}=\begin{bmatrix}\boldsymbol{U}_{11}\\ \boldsymbol{R}_{21}\boldsymbol{U}_{11}\boldsymbol{\Lambda}_{11}^{-1}\end{bmatrix} \tag{5.52}$$

在式(5.52)中，矩阵 $\tilde{\boldsymbol{U}}$ 并不能满足列矢量的相互正交特性，因此采用如下正交化操作。定义 $\boldsymbol{G}=\tilde{\boldsymbol{U}}\boldsymbol{\Lambda}_{11}^{1/2}$，对 $\boldsymbol{G}^{\mathrm{H}}\boldsymbol{G}$ 进行特征值分解

$$\boldsymbol{G}^{\mathrm{H}}\boldsymbol{G}=\boldsymbol{U}_G\boldsymbol{\Lambda}_G\boldsymbol{U}_G^{\mathrm{H}} \tag{5.53}$$

然后定义新的近似特征矩阵

$$\boldsymbol{U}=\tilde{\boldsymbol{U}}\boldsymbol{U}_G\boldsymbol{\Lambda}_G^{-1/2} \tag{5.54}$$

利用式(5.54)很容易证明特征矩阵 $\boldsymbol{U}$ 满足列矢量的相互正交特性，即 $\boldsymbol{U}^{\mathrm{H}}\boldsymbol{U}=\boldsymbol{I}$。首先获得接收信号的特征子空间，然后利用相应的子空间算法进行参数估计，有如下命题：

命题 5.2 在 MIMO 雷达中，若存在 p 个目标，则信号子空间 $\boldsymbol{U}_{\mathrm{s}}$ 和近似特征矩阵 $\boldsymbol{U}$ 的前 p 行组成的矩阵张成同一空间，即 $\mathrm{span}\{\boldsymbol{U}_{\mathrm{s}}\}=\mathrm{span}\{\boldsymbol{U}(:,1:p)\}$。

证明：由式(5.51)和式(5.53)可以推导出

$$\begin{aligned}\boldsymbol{U}&=\begin{bmatrix}\boldsymbol{U}_{11}\\ \boldsymbol{R}_{21}\boldsymbol{U}_{11}\boldsymbol{\Lambda}_{11}^{-1}\end{bmatrix}\boldsymbol{\Lambda}_{11}\boldsymbol{U}_{11}^{\mathrm{H}}(\boldsymbol{\Lambda}_{11}\boldsymbol{U}_{11}^{\mathrm{H}})^{-1}\boldsymbol{U}_G\boldsymbol{\Lambda}_G^{-1/2}\\ &=\begin{bmatrix}\boldsymbol{R}_{11}\\ \boldsymbol{R}_{21}\end{bmatrix}(\boldsymbol{\Lambda}_{11}\boldsymbol{U}_{11}^{\mathrm{H}})^{-1}\boldsymbol{U}_G\boldsymbol{\Lambda}_G^{-1/2}\\ &=\begin{bmatrix}\boldsymbol{R}_{11}\\ \boldsymbol{R}_{21}\end{bmatrix}D\end{aligned} \tag{5.55}$$

式中：$\boldsymbol{D}$ 为满秩矩阵，$\boldsymbol{D}=(\boldsymbol{\Lambda}_{11}\boldsymbol{U}_{11}^{\mathrm{H}})^{-1}\boldsymbol{U}_G\boldsymbol{\Lambda}_G^{-1/2}$，这是由于矩阵 $\boldsymbol{\Lambda}_{11}$、$\boldsymbol{U}_{11}^{\mathrm{H}}$、$\boldsymbol{U}_G$ 和 $\boldsymbol{\Lambda}_G^{-1/2}$ 均为满秩矩阵。

根据式(5.48)和式(5.49)，则有

$$\begin{aligned}\begin{bmatrix}\boldsymbol{R}_{11}\\ \boldsymbol{R}_{21}\end{bmatrix}&=\begin{bmatrix}\boldsymbol{A}_1\boldsymbol{R}_{\mathrm{s}}\boldsymbol{A}_1^{\mathrm{H}}\\ \boldsymbol{A}_2\boldsymbol{R}_{\mathrm{s}}\boldsymbol{A}_1^{\mathrm{H}}\end{bmatrix}+\begin{bmatrix}\sigma^2\boldsymbol{I}\\ \boldsymbol{0}\end{bmatrix}\\ &=\boldsymbol{A}\boldsymbol{R}_{\mathrm{s}}\boldsymbol{A}_1^{\mathrm{H}}+\begin{bmatrix}\sigma^2\boldsymbol{I}\\ \boldsymbol{0}\end{bmatrix}\\ &=\boldsymbol{A}(\boldsymbol{R}_{\mathrm{s}}+\sigma^2(\boldsymbol{A}^{\mathrm{H}}\boldsymbol{A})^{-1})\boldsymbol{A}_1^{\mathrm{H}}\end{aligned} \tag{5.56}$$

将式(5.56)代入式(5.55)，可得

$$\begin{aligned}\boldsymbol{U}&=\boldsymbol{A}(\boldsymbol{R}_{\mathrm{s}}+\sigma^2(\boldsymbol{A}^{\mathrm{H}}\boldsymbol{A})^{-1})\boldsymbol{A}_1^{\mathrm{H}}\boldsymbol{D}\\ &=\boldsymbol{A}\boldsymbol{H}\boldsymbol{A}_1^{\mathrm{H}}\boldsymbol{D}\end{aligned} \tag{5.57}$$

式中：$\boldsymbol{H}=\boldsymbol{R}_{\mathrm{s}}+\sigma^2(\boldsymbol{A}^{\mathrm{H}}\boldsymbol{A})^{-1}$。

同时又因为

$$\begin{aligned} \boldsymbol{R} &= \boldsymbol{U}_s \boldsymbol{\Lambda}_s \boldsymbol{U}_s^H + \sigma^2 \boldsymbol{U}_n \boldsymbol{U}_n^H \\ &= \boldsymbol{A}\boldsymbol{R}_s \boldsymbol{A}^H + \sigma^2 \boldsymbol{I} \end{aligned} \tag{5.58}$$

将式(5.58)右乘 $\boldsymbol{U}_s$,进行简单的变换,可得

$$\boldsymbol{A}\boldsymbol{R}_s\boldsymbol{A}^H\boldsymbol{U}_s = \boldsymbol{U}_s\boldsymbol{\Lambda}_s - \sigma^2\boldsymbol{U}_s \tag{5.59}$$

则 $\boldsymbol{R}_s$ 可表示为

$$\begin{aligned} \boldsymbol{R}_s &= \boldsymbol{A}^+ \boldsymbol{U}_s(\boldsymbol{\Lambda}_s - \sigma^2\boldsymbol{I})\boldsymbol{U}_s^H(\boldsymbol{A}^H)^+ \\ &= \boldsymbol{A}^+\boldsymbol{U}_s\boldsymbol{\Lambda}_s\boldsymbol{U}_s^H(\boldsymbol{A}^H)^+ - \sigma^2\boldsymbol{A}^+\boldsymbol{U}_s\boldsymbol{U}_s^H(\boldsymbol{A}^H)^+ \end{aligned} \tag{5.60}$$

将 $\boldsymbol{U}_s\boldsymbol{U}_s^H = \boldsymbol{A}(\boldsymbol{A}^H\boldsymbol{A})^{-1}\boldsymbol{A}^H$ 代入式(5.60),则有

$$\boldsymbol{R}_s = \boldsymbol{A}^+\boldsymbol{U}_s\boldsymbol{\Lambda}_s\boldsymbol{U}_s^H(\boldsymbol{A}^H)^+ - \sigma^2(\boldsymbol{A}^H\boldsymbol{A})^{-1} \tag{5.61}$$

将式(5.61)代入 $\boldsymbol{H} = \boldsymbol{R}_s + \sigma^2(\boldsymbol{A}^H\boldsymbol{A})^{-1}$ 可得

$$\boldsymbol{H} = \boldsymbol{A}^{\dagger}\boldsymbol{U}_s\boldsymbol{\Lambda}_s\boldsymbol{U}_s^H(\boldsymbol{A}^H)^{\dagger} \tag{5.62}$$

根据信号子空间与发射－接收联合导向矩阵之间的关系 $\boldsymbol{U}_s = \boldsymbol{A}\boldsymbol{T}$,其中 $\boldsymbol{T}$ 为一个非奇异矩阵。将 $\boldsymbol{U}_s = \boldsymbol{A}\boldsymbol{T}$ 代入式(5.62),可得

$$\boldsymbol{H} = \boldsymbol{T}\boldsymbol{\Lambda}_s\boldsymbol{T}^H$$

由于 $\boldsymbol{T}$ 和 $\boldsymbol{\Lambda}_s$ 均为非奇异矩阵,且 $\mathrm{rank}(\boldsymbol{T}) = \mathrm{rand}(\boldsymbol{\Lambda}_s) = p$,则 $\boldsymbol{H}$ 为秩 p 的非奇异矩阵。综合以上分析可知,在近似特征矩阵 $\boldsymbol{U} = \boldsymbol{A}\boldsymbol{H}\boldsymbol{A}_1^H\boldsymbol{D} = \boldsymbol{A}\boldsymbol{J}$ 中,其中 $\boldsymbol{J} = \boldsymbol{H}\boldsymbol{A}_1^H\boldsymbol{D}$,由于 $\boldsymbol{A}_1^H$ 为具有范德蒙德结构的 $p \times q$ 维矩阵,因此 $\boldsymbol{A}_1^H$ 的前 p 列式相互独立,且 $\boldsymbol{H}$ 和 $\boldsymbol{D}$ 均为非奇异矩阵。则有

$$\boldsymbol{U}(:,1:p) = \boldsymbol{A}\tilde{\boldsymbol{T}} \tag{5.63}$$

式中:$\tilde{\boldsymbol{T}} = \boldsymbol{J}(:,1:p)$。

由式(5.63)可知,$\mathrm{span}\{\boldsymbol{U}_s\} = \mathrm{span}\{\boldsymbol{U}(:,1:p)\}$,即信号子空间 $\boldsymbol{U}_s$ 可由近似矩阵 $\boldsymbol{U}$ 的前 P 列构成,即命题 5.2 得证。

根据命题 5.2 可知,通过 Nsytrom 方法可以间接地获得信号子空间,避免了协方差矩阵的运算及其特征值分解,从而大大降低了算法的运算复杂度。利用估计的信号子空间或噪声子空间,再结合相应的子空间算法(如 ESPRIT 或 MUSIC 算法等),从而获得相应的参数。

5.5 仿真实验与分析

5.5.1 运算复杂度分析

在 ESPRIT 算法中,运算复杂度主要集中在信号协方差矩阵的计算及其特

征值分解，因此总的运算复杂度为 $O(M^2N^2L+M^3N^3)$。

在 PM 算法中，运算复杂度主要集中计算传播算子矩阵 $\boldsymbol{P}$，因此运算复杂度为 $O(MNLP+P^3)$。

在 MSWF 算法中，信号子空间主要是由前 P 个预滤波参数构成，而每个滤波器需要的运算复杂度为 $O(MNL)$，因此算法的总运算复杂度为 $O(MNLP)$。

在 Nystrom 算法中，信号子空间主要是通过 Nystrom 扩展及正交化过程获得，运算复杂度主要集中在计算 $\boldsymbol{R}_{11}$、$\boldsymbol{R}_{21}$、$\boldsymbol{G}^{\mathrm{H}}\boldsymbol{G}$ 及其 $\boldsymbol{R}_{11}$ 和 $\boldsymbol{G}^{\mathrm{H}}\boldsymbol{G}$ 的特征值分解，因此总的运算复杂度为 $O(MNLP+MNP^2+2P^3)$。

图 5.3 给出了 ESPRIT 算法、PM 算法、MSWF 算法以及 Nystrom 算法的运算复杂度比较。从图中可知，ESPRIT 算法的运算复杂度远远高于其他算法，而 PM 算法、MSWF 算法和 Nystrom 算法具有相似的运算复杂度。

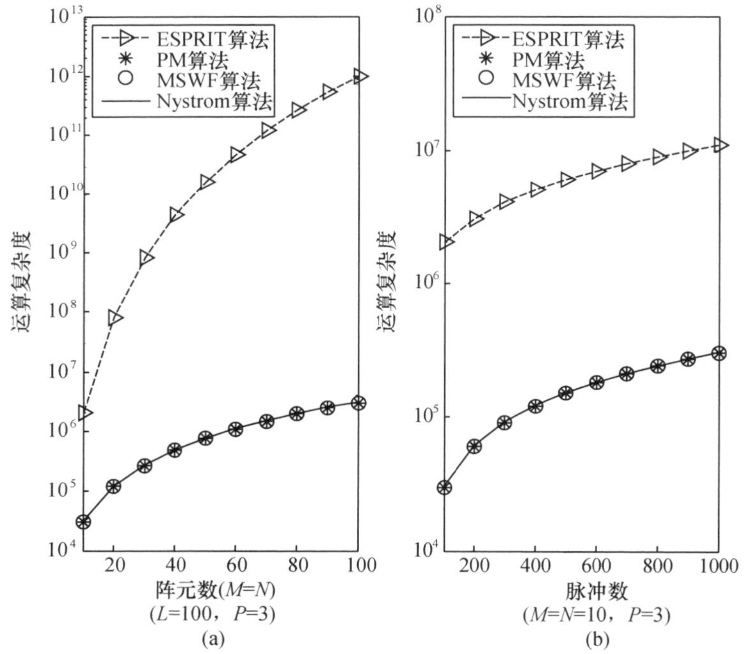

图 5.3　算法运算复杂度比较

5.5.2　参数估计性能分析

考虑双基地 MIMO 雷达系统分别由 $M=6$ 发射阵元和 $N=8$ 接收阵元组成，阵元间距 $d_{\mathrm{r}}=d_{\mathrm{t}}=\frac{1}{2}/\lambda$，发射阵列发射相互正交的阿达马编码信号，且每个重复周期内的相位编码个数 $L=128$。假设空中存在 $P=6$ 个不相关的目标，目标的发射角和接收角分别为，$(\varphi_1,\theta_1)=(30°,-30°)$，$(\varphi_2,\theta_2)=(-40°,0°)$和$(\varphi_3,\theta_3)=(10°,50°)$。

仿真实验一：MIMO 雷达发射的脉冲重复周期数 $Q=100$，经过 200 次蒙特卡洛实验。从图 5.4 中可知：在高信噪比时，所有算法的估计性能相同；在低信噪比时，ESPRIT 算法的角度估计性能比 PM 算法，MSWF 算法和 Nystrom 算法更加优越，但 ESPRIT 算法的运算复杂度较高。同时，从图中可知，MSWF 算法在低信噪比的估计性能最差。这是由于低信噪比条件下，选择初始化方向矢量包含了很多的噪声信息，因此导致估计性能下降，而 Nystrom 算法则具有较好的参数估计性能。

仿真实验二：所有目标的信噪比为 5dB，经过 200 次蒙特卡洛实验。从图 5.5 中可知，在不同的脉冲数条件下，所有算法具有相似的角度估计性能，且随着脉冲数的增加，算法的角度估计性能得到改善。

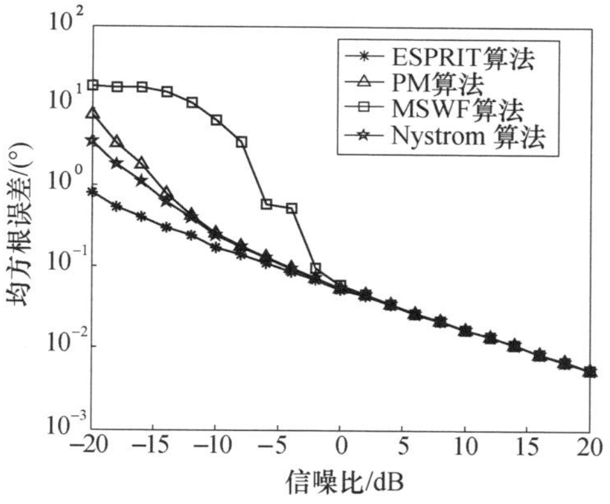

图 5.4　均方根误差随信噪比的变化

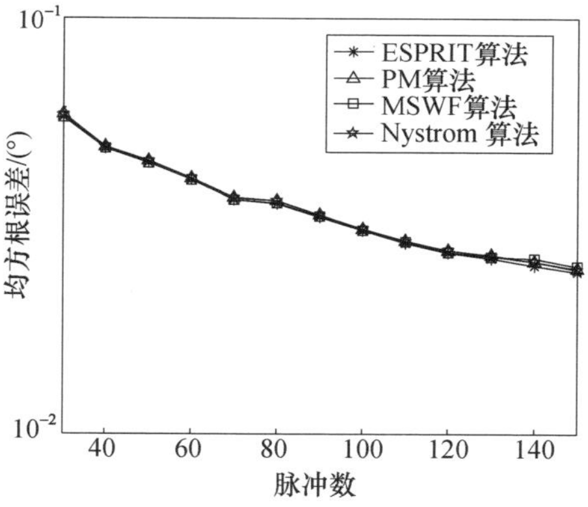

图 5.5　均方根误差随脉冲数的变化

5.6 小　　结

本章主要针对子空间算法中（如 ESPRIT、MUSIC 等）的运算复杂度高问题，分别介绍了传播算子、多级维纳滤波器以及 Nsytrom 算法间接获得信号子空间的基本原理，然后结合相应的子空间参数估计方法实现对目标的参数估计。理论分析与仿真结果表明，PM 算法、MSWF 算法以及 Nsytrom 算法的运算复杂度远远低于 ESPRIT 算法，在高信噪比时获得相似的参数估计性能。但在低信噪比时，这些算法的参数估计性能略差于 ESPRIT 算法。

参考文献

[1] Gao X, Zhang X, Feng G, et al. On the MUSIC－derived approaches of angle estimation for

bistatic MIMO radar[C]. Wireless Networks and Information Systems, 2009. WNIS'09. International Conference on. IEEE, 2009: 343 - 346.

[2] Duofang C, Baixiao C, Guodong Q. Angle estimation using ESPRIT in MIMO radar[J]. Electronics Letters, 2008, 44(12): 770 - 771.

[3] Jinli C, Hong G, Weimin S. Angle estimation using ESPRIT without pairing in MIMO radar [J]. Electronics Letters, 2008, 44(24): 1422 - 1423.

[4] Jin M, Liao G, Li J. Joint DOD and DOA estimation for bistatic MIMO radar[J]. Signal Processing, 2009, 89(2): 244 - 251.

[5] Zheng G, Chen B, Yang M. Unitary ESPRIT algorithm for bistatic MIMO radar[J]. Electronics letters, 2012, 48(3): 179 - 181.

[6] Wei W, Wang X, Xin L I. Conjugate unitary ESPRIT algorithm for bistatic MIMO Radar[J]. IEICE Transactions on Electronics, 2013, 96(1): 124 - 126.

[7] David E, Weibo D, Songyan Y. Angle Estimation in Bistatic MIMO Radar System based on Unitary ESPRIT[J]. Regeach Journal of Applied Sciences,Engihering and Technology,2014, 7(3):521 - 526.

[8] Marcos S, Marsal A, Benidir M. The propagator method for source bearing estimation[J]. Signal Processing, 1995, 42(2): 121 - 138.

[9] Wu Y, Liao G, So H C. A fast algorithm for 2 - D direction - of - arrival estimation[J]. Signal processing, 2003, 83(8): 1827 - 1831.

[10] 任勋立，廖桂生，曾操．一种低复杂度的二维波达方向估计方法[J]．电波科学学报，2005, 20(4): 526 - 530.

[11] Zheng Z D, Zhang J Y. Fast method for multi - target localisation in bistatic MIMO radar [J]. Electronics letters, 2011, 47(2): 138 - 139.

[12] Zhang X, Wu H, Li J, et al. Computationally efficient DOD and DOA estimation for bistatic MIMO radar with propagator method[J]. International Journal of Electronics, 2012, 99(9): 1207 - 1221.

[13] 陈金立，顾红，苏卫民．一种双基地 MIMO 雷达快速多目标定位方法 [J]．电子与信息学报，2009, 31(7): 1664 - 1668.

[14] 孙中伟，张小飞，吴海浪，等．双基地 MIMO 雷达中基于传播算子的 DOD 和 DOA 估计算法[J]．数据采集与处理，2012, 26(6): 643 - 647.

[15] Goldstein J S, Reed I S, Scharf L L. A multistage representation of the Wiener filter based on orthogonal projections [J]. Information Theory, IEEE Transactions on, 1998, 44(7): 2943 - 2959.

[16] Huang L, Wu S, Feng D, et al. Low complexity method for signal subspace fitting[J]. Electronics letters, 2004, 40(14): 847 - 848.

[17] Shi Y, Wang S, Huang Z. An Algorithm for 2 - D DOA Source Parameters Estimate Based on Multistage Wiener Filters[C]. Communications, Circuits and Systems Proceedings, 2006 International Conference on. IEEE, 2006, 1: 398 - 401.

[18] 黄磊，吴顺君，张林让．一种没有特征值分解的 MUSIC 算法[J]．系统工程与电子技术，2006，27(12)：1988 - 1990.

[19] 王伟，王咸鹏，马跃华．基于多级维纳滤波的双基地 MIMO 雷达多目标定位方法[J]．航空学报，2012，33(7)：1281 - 1288.

[20] Williams C，Seeger M. Using the Nyström method to speed up kernel machines[C]. Advances in Neural Information Processing Systems 13. 2001.

[21] Fowlkes C，Belongie S，Chung F，et al. Spectral grouping using the Nystrom method[J]. Pattern Analysis and Machine Intelligence，IEEE Transactions on，2004，26(2)：214 - 225.

[22] Fowlkes C，Belongie S，Malik J. Efficient spatiotemporal grouping using the nystrom method [C]. Computer Vision and Pattern Recognition，2001. CVPR 2001. Proceedings of the 2001 IEEE Computer Society Conference on. IEEE，2001，1：I - 231 - I - 238 vol. 1.

[23] Drineas P，Mahoney M W. On the Nyström method for approximating a Gram matrix for improved kernel - based learning[J]. The Journal of Machine Learning Research，2005，6：2153 - 2175.

[24] 丁前军，王永良，张永顺．一种多级维纳滤波器的快速实现算法——迭代相关相减算法[J]．通信学报，2006，26(12)：1 - 7.

[25] Hong M L，Xiao W. Performance of reduced - rank linear interference suppression [J]. IEEE Transaction on Information Theory，2001，(7)：1928 - 1946.

第6章 MIMO雷达相干目标参数估计

6.1 引　　言

在MIMO雷达中，基于子空间类的算法，如MUSIC算法[1,2]和ESPRIT算法[3,4]均需要假设所有目标源信号为相互独立的，但在目标源相干时，参数估计性能严重下降甚至失效。这是由于目标源信号完全相干时，接收信号数据的协方差矩阵的秩为1，从而导致信号子空间的维数明显小于目标的维数。也就是说，信号子空间将“扩散”到噪声子空间中，破坏了信号子空间和噪声子空间的正交性，因此导致无法正确估计出信号源的波达方向和波离方向。

根据上面所述，对于子空间类算法，为了能够正确估计相干目标的参数，核心问题是如何恢复接收数据协方差矩阵的秩。在传统的阵列信号处理中，针对相干信号源估计问题，主要有空间平滑类算法[5-9]、空域滤波算法[10]、基于矩阵重构的算法[11,12]以及托普利兹(Toeplitz)方法[13-15]等。对于MIMO雷达，由于同时涉及发射端和接收端，比传统的阵列信号处理更为复杂，本节将介绍几种MIMO雷达相干目标的发射角和接收角联合估计方法，其中包括二维空间平滑类算法[16,17]和矩阵重构方法[18]的相干目标参数估计算法等。

6.2 MIMO雷达相干目标信号模型

考虑双基地MIMO雷达的发射阵列和接收阵列分别由M个阵元和N阵元的均匀线性阵列构成，且所有的阵列天线均为全向天线，发射阵元间距和接收阵元间距分别为d_{t}、d_{r}。发射阵列同时发射一组相互正交的信号，且假设信号的多普勒频移对信号正交性没有影响。设存在P个相关的目标，且第p个目标的空间位置为(φ_p,θ_p)(φ_p、θ_p分别为目标的发射角和接收角)，则接收端接收的回波可表示为

$$\boldsymbol{x}(t)=\sum_{p=1}^{P}a_p\mathrm{e}^{\mathrm{j}2\pi f_p(t)}\boldsymbol{a}_{\mathrm{r}}(\theta_p)\boldsymbol{a}_{\mathrm{t}}^{\mathrm{T}}(\varphi_p)\boldsymbol{S}(t)+\boldsymbol{n}(t) \tag{6.1}$$

式中：$\boldsymbol{a}_{\mathrm{r}}(\theta)$ 为 $N\times 1$ 维的接收阵列导向矢量，$\boldsymbol{a}_{\mathrm{r}}(\theta)[1, \mathrm{e}^{\mathrm{j}(2\pi/\lambda)d_{\mathrm{r}}\sin\theta}, \cdots, \mathrm{e}^{\mathrm{j}(2\pi/\lambda)(N-1)d_{\mathrm{r}}\sin\theta}]^{\mathrm{T}}\lambda$ 为载波的波长；$\boldsymbol{a}_{\mathrm{t}}(\varphi)$ 为 $M\times 1$ 维的发射阵列导向矢量，$\boldsymbol{a}_{\mathrm{t}}(\varphi)=[1, \mathrm{e}^{\mathrm{j}(2\pi/\lambda)d_{\mathrm{t}}\sin\varphi}, \cdots, \mathrm{e}^{\mathrm{j}(2\pi/\lambda)(M-1)d_{\mathrm{t}}\sin\varphi}]^{\mathrm{T}}$；$a_p$ 和 $\mathrm{e}^{\mathrm{j}2\pi f_p(t)}$ 分别为第 p 个目标的散射系数和多普勒频率；$\boldsymbol{S}(t)$ 为 $M\times 1$ 的正交发射波形，$\boldsymbol{S}(t)=[s_1(t), \cdots, s_M(t)]^{\mathrm{T}}$；$\boldsymbol{n}(t)$ 为$N\times 1$的零均值高斯白噪声。

利用发射波形的正交性与接收信号进行匹配滤波处理，那么第 $m(1\leqslant m\leqslant M)$ 个匹配滤波器的输出为

$$\begin{aligned}\boldsymbol{y}_m(t) &= \sum_{p=1}^{P} a_p \mathrm{e}^{\mathrm{j}2\pi f_p(t)} \boldsymbol{a}_{\mathrm{r}}(\theta_p)\boldsymbol{a}_{\mathrm{t}m}(\varphi_p) + \bar{\boldsymbol{n}}_k(t) \\ &= \boldsymbol{A}_{\mathrm{r}}(\theta)\boldsymbol{D}_m\boldsymbol{H}(t) + \bar{\boldsymbol{n}}_k(t)\end{aligned} \tag{6.2}$$

式中：$\boldsymbol{A}_{\mathrm{r}}(\theta)$ 为 $M\times P$ 发射导向矩阵，$\boldsymbol{A}_{\mathrm{r}}(\theta)=[\boldsymbol{a}_{\mathrm{r}}(\theta_1, \cdots, \boldsymbol{a}_{\mathrm{r}}(\theta_P)]$；$\boldsymbol{D}_m=\mathrm{diag}(\boldsymbol{a}_{\mathrm{t}m}(\varphi_1), \cdots, \boldsymbol{a}_{\mathrm{t}m}(\varphi_P))$，其中 $\boldsymbol{a}_{\mathrm{t}m}(\varphi)$ 为 $\boldsymbol{a}_{\mathrm{t}}(\varphi)$ 中的第 m 个元素，$\mathrm{diag}(\boldsymbol{r})$ 为由矢量 $\boldsymbol{r}$ 构成的对角矩阵；$\boldsymbol{H}(t)$ 为匹配滤波后的信号矩阵，$\boldsymbol{H}(t)=[a_1\mathrm{e}^{\mathrm{j}2\pi f_1(t)}, \cdots, a_P\mathrm{e}^{\mathrm{j}2\pi f_P(t)}]^{\mathrm{T}}$，由于本节考虑的是相干目标，因此在信号矩阵中，多普勒频率满足 $f_1(t)=f_2(t)=\cdots=f_P(t)$；$\bar{\boldsymbol{n}}_k(t)$ 为经过第 m 个匹配滤波器后的高斯白噪声矢量。

经过 M 个匹配滤波器后，阵列信号为

$$\boldsymbol{y}(t)=[\boldsymbol{y}_1(t), \boldsymbol{y}_2(t), \cdots, \boldsymbol{y}_M(t)] \tag{6.3}$$

对式(6.3)进行列堆栈，则有

$$\boldsymbol{Y}(t)=\boldsymbol{A}(\varphi,\theta)\boldsymbol{H}(t)+\boldsymbol{N}(t) \tag{6.4}$$

式中：$\boldsymbol{A}(\varphi,\theta)$ 为 $MN\times P$ 维的发射－接收联合导向矩阵，$\boldsymbol{A}(\varphi,\theta)=[\boldsymbol{a}(\varphi_1,\theta_1), \cdots, \boldsymbol{a}(\varphi_P,\theta_P)]$，$\boldsymbol{a}(\varphi,\theta)=\boldsymbol{a}_{\mathrm{t}}(\varphi)\otimes\boldsymbol{a}_{\mathrm{r}}(\theta)$ 为 $MN\times 1$ 的发射－接收联合导向矢量；$\boldsymbol{N}(t)$ 为 $MN\times 1$ 维的高斯白噪声矢量，$\boldsymbol{N}(t)=[\bar{\boldsymbol{n}}_1^{\mathrm{T}}(t), \cdots, \bar{\boldsymbol{n}}_M^{\mathrm{T}}(t)]^{\mathrm{T}}$。

在快拍数为 K 时，接收数据为

$$\boldsymbol{X}(t)=[\boldsymbol{Y}(t_1), \cdots, \boldsymbol{Y}(t_K)]=\boldsymbol{A}(\varphi,\theta)\overline{\boldsymbol{H}}(t)+\overline{\boldsymbol{N}}(t) \tag{6.5}$$

式中 $\overline{\boldsymbol{H}}(t)=[\boldsymbol{H}(t_1), \boldsymbol{H}(t_2), \cdots, \boldsymbol{H}(t_K)]$，$\overline{\boldsymbol{N}}(t)=[\boldsymbol{N}(t_1), \cdots, \boldsymbol{N}(t_K)]$
则接收的协方差矩阵为

$$\boldsymbol{R}=\frac{1}{K}\boldsymbol{X}(t)\boldsymbol{X}^{\mathrm{H}}(t)=\boldsymbol{A}(\varphi,\theta)\boldsymbol{R}_{\mathrm{s}}\boldsymbol{A}^{\mathrm{H}}(\varphi,\theta)+\sigma^2\boldsymbol{I}_{MN} \tag{6.6}$$

式中：$\boldsymbol{R}_{\mathrm{s}}=1/K\overline{\boldsymbol{H}}(t)\overline{\boldsymbol{H}}^{\mathrm{H}}(t)$。

由于这里考虑的相干目标信号源，显然信号协方差 $\boldsymbol{R}_{\mathrm{s}}$ 是秩亏损的，因此接收信号的协方差矩阵也是秩亏损的，且所有信号完全相干时秩为 1。直接对协方差矩阵 $\boldsymbol{R}$ 进行特征值分解估计信号子空间和噪声子空间，往往导致信号子空

间维数小于目标信号源数，无法正确估计目标的发射角与接收角。

6.3 基于二维联合空间平滑的MIMO雷达相干目标参数估计方法

本节首先介绍MIMO雷达的收发阵列二维联合空间平滑预处理原理，实现对相干目标源的解相干处理，然后利用ESPRIT算法实现目标的发射角与接收角联合估计。针对二维联合空间平滑预处理导致MIMO雷达阵列孔径损失问题，分析MIMO雷达虚拟阵列的旋转不变特性，并对阵列孔径进行扩展，最后给出阵列孔径扩展后的发射角与接收角估计的过程。

6.3.1 基于二维联合空间平滑算法的参数估计

根据MIMO雷达发射－接收导向矢量的结构，对MIMO雷达的收发阵列进行二维联合空间平滑预处理。令单快拍条件下获得接收数据矩阵为$\boldsymbol{Y}_{\mathrm{ss}}(t)$，二维联合空间平滑后发射阵元数和接收阵元数分别为$M_{\mathrm{sub}}$、$N_{\mathrm{sub}}$，发射端和接收端的平滑次数分别满足$L_M = M - M_{\mathrm{sub}} + 1$和$L_N = N - N_{\mathrm{sub}} + 1$。那么MIMO雷达的二维联合空间平滑矩阵可为

$$\Gamma_{i,j} = \boldsymbol{J}_i \otimes \boldsymbol{\Pi}_j \tag{6.7}$$

式中

$$\begin{aligned}\boldsymbol{J}_i &= [\,\boldsymbol{0}_{M_{\mathrm{sub}}\times(i-1)} \quad \boldsymbol{I}_{M_{\mathrm{sub}}} \quad \boldsymbol{0}_{M_{\mathrm{sub}}\times(M-i)}\,]\,(1\leqslant i\leqslant L_M)\\ \boldsymbol{\Pi}_j &= [\,\boldsymbol{0}_{N_{\mathrm{sub}}\times(j-1)} \quad \boldsymbol{I}_{N_{\mathrm{sub}}} \quad \boldsymbol{0}_{N_{\mathrm{sub}}\times(N-j)}\,]\,(1\leqslant j\leqslant L_N)\end{aligned} \tag{6.8}$$

利用空间平滑矩阵对单快拍接收信号进行处理，则$\boldsymbol{Y}_{\mathrm{ss}}(t)$为

$$\begin{aligned}\boldsymbol{Y}_{\mathrm{ss}}(t) &= [\,\Gamma_{1,1}\boldsymbol{Y}(t),\Gamma_{2,1}\boldsymbol{Y}(t),\cdots,\Gamma_{1,2}\boldsymbol{Y}(t),\cdots,\Gamma_{L_M,L_N}\boldsymbol{Y}(t)\,]\\ &= \boldsymbol{A}_{\mathrm{sub}}\boldsymbol{\Lambda}\boldsymbol{B}_{\mathrm{sub}} + \boldsymbol{N}_{\mathrm{ss}}(t)\end{aligned} \tag{6.9}$$

式中：$\boldsymbol{\Lambda} = \mathrm{diag}[\boldsymbol{H}(t)]$为信号矩阵；$\boldsymbol{N}_{\mathrm{ss}}(t)$为$M_{\mathrm{sub}}N_{\mathrm{sub}}\times L_M L_N$维的高斯白噪声；$B_{\mathrm{sub}}$、$\phi_{\mathrm{t}}\Phi_{\mathrm{r}}$分别为

$$\boldsymbol{B}_{\mathrm{sub}} = [\,\Delta,\boldsymbol{\Phi}_{\mathrm{t}}\Delta,\cdots,\boldsymbol{\Phi}_{\mathrm{t}}^{L_M-1}\Delta,\boldsymbol{\Phi}_{\mathrm{r}}\Delta,\boldsymbol{\Phi}_{\mathrm{t}}\boldsymbol{\Phi}_{\mathrm{r}}\Delta,\cdots,\boldsymbol{\Phi}_{\mathrm{t}}^{L_M-1}\boldsymbol{\Phi}_{\mathrm{r}}^{L_N-1}\Delta\,]$$

其中

$$\begin{aligned}\boldsymbol{\Phi}_{\mathrm{t}} &= \mathrm{diag}[\,\mathrm{e}^{\mathrm{j}(2\pi/\lambda)d_{\mathrm{t}}\sin\varphi_1},\cdots,\mathrm{e}^{\mathrm{j}(2\pi/\lambda)d_{\mathrm{t}}\sin\varphi_P}\,]\\ \boldsymbol{\Phi}_{\mathrm{r}} &= \mathrm{diag}[\,\mathrm{e}^{\mathrm{j}(2\pi/\lambda)d_{\mathrm{r}}\sin\theta_1},\cdots,\mathrm{e}^{\mathrm{j}(2\pi/\lambda)d_{\mathrm{r}}\sin\theta_P}\,]\\ \Delta &= [\,\underbrace{1,1,\cdots,1}_{P}\,]^{\mathrm{T}}\end{aligned} \tag{6.10}$$

根据式(6.9)进行二维联合空间平滑后，新的发射－接收导向矩阵为

$$\boldsymbol{A}_{\text{sub}}=([\boldsymbol{I}_{M_{\text{sub}}},\boldsymbol{0}_{M_{\text{sub}}\times(M-M_{\text{sub}})}]\otimes[\boldsymbol{I}_{N_{\text{sub}}},\boldsymbol{0}_{N_{\text{sub}}\times(N-N_{\text{sub}})}])\boldsymbol{A}(\varphi,\theta) \tag{6.11}$$

在拍数为 K 时，利用空间平滑矩阵对每拍接收信号进行处理，则有

$$\boldsymbol{X}_{\text{ss}}(t)=\boldsymbol{A}_{\text{sub}}\overline{\boldsymbol{\Lambda}\boldsymbol{B}}_{\text{sub}}+\overline{\boldsymbol{N}}_{\text{ss}}(t) \tag{6.12}$$

式中：$\boldsymbol{X}_{\text{ss}}(t)$ 为 K 拍接收数据经过二维联合空间平滑预处理后的数据矩阵；$\overline{\boldsymbol{\Lambda}}=[\boldsymbol{\Lambda}(1),\cdots,\boldsymbol{\Lambda}(K)]$，其中 $\boldsymbol{\Lambda}(i)=\text{diag}[\boldsymbol{H}(t_i)]\ (1\leqslant i\leqslant K)$ 为第 i 拍的信号矩阵，$\overline{\boldsymbol{B}}_{\text{sub}}=[\underbrace{\boldsymbol{B}_{\text{sub}},\cdots,\boldsymbol{B}_{\text{sub}}}_{K}]^{\text{T}}$；$\overline{\boldsymbol{N}}_{\text{ss}}(t)=[\boldsymbol{N}_{\text{ss}}(t_1),\cdots,\boldsymbol{N}_{\text{ss}}(t_K)]$。

则平滑后协方差矩阵为

$$\overline{\boldsymbol{R}}=\frac{1}{L_ML_NK}\boldsymbol{X}_{\text{ss}}(t)\boldsymbol{X}_{\text{ss}}^{\text{H}}(t) \tag{6.13}$$

根据空间平滑原理可知，若空间平滑次数 $L_ML_N\geqslant P$，则协方差矩阵 $\overline{\boldsymbol{R}}$ 为满秩的，即实现了相干目标源的解相干。然后利用对 $\overline{\boldsymbol{R}}$ 特征值分解估计出信号子空间和噪声子空间，根据相应的二维 MUSIC 算法和 ESPRIT 算法即可实现目标的波离方向和波达方向的联合估计。需注意的是，由于采用了二维联合空间平滑算法，MIMO 雷达的虚拟阵列由 M_{sub} 个发射阵元和 N_{sub} 个接收阵元组成。因为 $M_{\text{sub}}<M$ 和 $N_{\text{sub}}<N$，所以 MIMO 雷达虚拟阵列孔径和自由度均损失。因此最大可估计目标源数小于传统的 ESPRIT 算法，即以损失阵列孔径为代价实现相干目标源的解相干。为了能够弥补阵列孔径的损失，下面介绍一种扩展阵列孔径的二维空间算法。

6.3.2　扩展阵列孔径的二维联合空间平滑算法

定义 6.1　若一个线性阵列 $q\times q$ 维的导向矩阵 $\boldsymbol{A}$ 满足

$$\boldsymbol{\varPi}_q\boldsymbol{A}^*=\boldsymbol{A}\boldsymbol{\Omega}$$

式中：$\boldsymbol{\varPi}_q$ 为 $q\times q$ 维的反对角置换矩阵，它的反对角线上元素全为 1，其他位置元素全为 0；$\boldsymbol{\Omega}$ 为酉对角矩阵，即满足 $\boldsymbol{\Omega}^{\text{H}}\boldsymbol{\Omega}=\boldsymbol{\Omega}^{-1}\boldsymbol{\Omega}$。则称该线性阵列为 Centro - Symmetric 阵列，具有旋转不变特性。

命题 6.1　MIMO 雷达的虚拟阵列具有旋转不变特性。

证明：根据 MIMO 雷达的发射 - 接收导向矩阵的结构，则有

$$\boldsymbol{\varPi}_{MN}\boldsymbol{A}^*(\varphi,\theta)=\boldsymbol{A}(\varphi,\theta)\boldsymbol{\Omega}_1 \tag{6.14}$$

式中

$$\boldsymbol{\Omega}_1=\text{diag}[\text{e}^{-\text{j}(2\pi/\lambda)((N-1)d_{\text{r}}\sin\theta_1+(M-1)d_{\text{t}}\sin\varphi_1)},\cdots,\text{e}^{-\text{j}(2\pi/\lambda)((N-1)d_{\text{r}}\sin\theta_P+(M-1)d_{\text{t}}\sin\varphi_P)}]$$

由于 $\boldsymbol{\Omega}_1$ 为酉对角矩阵，因此 MIMO 雷达虚拟阵列为 Centro - Symmetric 阵列，具有旋转不变特性，即命题 6.1 得证。

对接收信号进行二维联合空间平滑预处理后，矩阵 $\boldsymbol{A}_{\text{sub}}$ 和矩阵 $\overline{\boldsymbol{B}}_{\text{sub}}^{\text{T}}$ 满足

$$\begin{aligned}\boldsymbol{\Pi}_{M_{\text{sub}}N_{\text{sub}}}\boldsymbol{A}_{\text{sub}}^{*}&=\boldsymbol{A}_{\text{sub}}\overline{\boldsymbol{\Omega}}\\ \boldsymbol{\Pi}_{P}\overline{\boldsymbol{B}}_{\text{sub}}^{\text{H}}&=\overline{\boldsymbol{B}}_{\text{sub}}^{\text{T}}\hat{\boldsymbol{\Omega}}\end{aligned}\tag{6.15}$$

式中

$$\overline{\boldsymbol{\Omega}}=\text{diag}\left[\text{e}^{-\text{j}(2\pi/\lambda)((N_{\text{sub}}-1)d_{\text{r}}\sin\theta_1+(M_{\text{sub}}-1)d_{\text{t}}\sin\varphi_1)},\cdots,\text{e}^{-\text{j}(2\pi/\lambda)((N_{\text{sub}}-1)d_{\text{r}}\sin\theta_P+(M_{\text{sub}}-1)d_{\text{t}}\sin\varphi_P)}\right]$$

$$\hat{\boldsymbol{\Omega}}=\text{diag}\left[\text{e}^{-\text{j}(2\pi/\lambda)((N_N-1)d_{\text{r}}\sin\theta_1+(L_M-1)d_{\text{t}}\sin\varphi_1)},\cdots,\text{e}^{-\text{j}(2\pi/\lambda)((L_N-1)d_{\text{r}}\sin\theta_P+(L_M-1)d_{\text{t}}\sin\varphi_P)}\right]$$

由式(6.15)和命题6.1可知，矩阵 $\boldsymbol{A}_{\text{sub}}$ 和 $\overline{\boldsymbol{B}}_{\text{sub}}^{\text{T}}$ 均具有旋转不变特性。利用矩阵 $\boldsymbol{A}_{\text{sub}}$ 和 $\overline{\boldsymbol{B}}_{\text{sub}}^{\text{T}}$ 的结构对二维联合空间平滑预处理后的数据矩阵 $\boldsymbol{X}_{\text{ss}}(t)$ 进行扩展，则有

$$\begin{aligned}\boldsymbol{X}_{\text{E}}&=\begin{bmatrix}\boldsymbol{X}_{\text{ss}}\\ \boldsymbol{\Pi}_{M_{\text{sub}}N_{\text{sub}}}\boldsymbol{X}_{\text{ss}}^{*}\boldsymbol{\Pi}_{L_ML_NK}\end{bmatrix}\\ &=\begin{bmatrix}\boldsymbol{A}_{\text{sub}}\overline{\boldsymbol{\Lambda}}\\ \boldsymbol{A}_{\text{sub}}\overline{\boldsymbol{\Omega}\boldsymbol{\Lambda}}^{*}\hat{\boldsymbol{\Omega}}\end{bmatrix}\overline{\boldsymbol{B}}_{\text{sub}}+\begin{bmatrix}\overline{\boldsymbol{N}}_{\text{ss}}\\ \boldsymbol{\Pi}_{M_{\text{sub}}N_{\text{sub}}}\overline{\boldsymbol{N}}_{\text{ss}}^{*}\boldsymbol{\Pi}_{L_ML_NK}\end{bmatrix}\\ &=\boldsymbol{A}_{\text{E}}\overline{\boldsymbol{B}}_{\text{sub}}+\overline{\boldsymbol{N}}_{\text{E}}\end{aligned}\tag{6.16}$$

式中：$\boldsymbol{A}_{\text{E}}$ 为MIMO雷达一个新的发射－接收导向矩阵，维数为 $2M_{\text{sub}}N_{\text{sub}}\times P$。

通过对数据矩阵 $\boldsymbol{X}_{\text{ss}}(t)$ 进行扩展后，MIMO雷达的虚拟阵元数由原来的 $M_{\text{sub}}N_{\text{sub}}$ 增加到 $2M_{\text{sub}}N_{\text{sub}}$，即扩展了MIMO雷达的虚拟阵列孔径，增加了其自由度。扩展后接收数据 $\boldsymbol{X}_{\text{E}}$ 的协方差矩阵为

$$\boldsymbol{R}_{\text{E}}=E[\boldsymbol{X}_{\text{E}}\boldsymbol{X}_{\text{E}}^{\text{H}}]=\boldsymbol{A}_{\text{E}}\boldsymbol{E}[\overline{\boldsymbol{B}}_{\text{sub}}\overline{\boldsymbol{B}}_{\text{sub}}^{\text{H}}]\boldsymbol{A}_{\text{E}}^{\text{H}}+\sigma_{N_{\text{ss}}}^{2}\boldsymbol{I}\tag{6.17}$$

式中：$\sigma_{N_{\text{ss}}}$ 为噪声功率。

对协方差矩阵进行特征值分解获得信号子空间 $\boldsymbol{U}_{\text{s}}$。将扩展后的发射－接收导向矩阵 $\boldsymbol{A}_{\text{E}}$ 分割为

$$\boldsymbol{A}_{\text{E1}}=\boldsymbol{D}_1\boldsymbol{A}_{\text{E}},\boldsymbol{A}_{\text{E2}}=\boldsymbol{D}_2\boldsymbol{A}_{\text{E}}$$

式中：$\boldsymbol{D}_1$、$\boldsymbol{D}_2$ 为选择矩阵，且有 $\boldsymbol{D}_1=\boldsymbol{I}_2\otimes[\boldsymbol{I}_{N_{\text{sub}}(M_{\text{sub}}-1)},\boldsymbol{0}_{N_{\text{sub}}(M_{\text{sub}}-1)\times N_{\text{sub}}}]$，$\boldsymbol{D}_2=\boldsymbol{I}_2\otimes[\boldsymbol{0}_{N_{\text{sub}}(M_{\text{sub}}-1)\times N_{\text{sub}}},\boldsymbol{I}_{N_{\text{sub}}(M_{\text{sub}}-1)}]$ 则 $\boldsymbol{A}_{\text{E1}}$ 和 $\boldsymbol{A}_{\text{E2}}$ 存在如下旋转不变特性：

$$\boldsymbol{A}_{\text{E2}}=\boldsymbol{A}_{\text{E1}}\boldsymbol{\Phi}_{\text{t}}\tag{6.18}$$

式中：$\boldsymbol{\Phi}_{\text{t}}=\text{diag}(\text{e}^{-\text{j}(2\pi/\lambda)d_{\text{t}}\sin\varphi_1},\cdots,\text{e}^{-\text{j}(2\pi/\lambda)d_{\text{t}}\sin\varphi_P})$，即对角矩阵 $\boldsymbol{\Phi}_{\text{t}}$ 包含所求的发射角信息。

将发射－接收导向矩阵 $\boldsymbol{A}_{\text{E}}$ 进行另外分割为

$$\boldsymbol{A}_{\text{E3}}=\boldsymbol{D}_3\boldsymbol{A}_{\text{E}},\boldsymbol{A}_{\text{E4}}=\boldsymbol{D}_4\boldsymbol{A}_{\text{E}}$$

式中：$\boldsymbol{D}_3$ 和 $\boldsymbol{D}_4$ 为选择矩阵，且有 $\boldsymbol{D}_3=\boldsymbol{I}_2\otimes\overline{\boldsymbol{\Gamma}}$，$\boldsymbol{D}_4=\boldsymbol{I}_2\otimes\hat{\boldsymbol{\Gamma}}$

其中

$$\bar{\Gamma}=\mathrm{diag}^{M_{\mathrm{sub}}}[\boldsymbol{I}_{N_{\mathrm{sub}}-1},\boldsymbol{0}_{(N_{\mathrm{sub}}-1)\times 1}],\hat{\Gamma}=\mathrm{diag}^{M_{\mathrm{sub}}}[\boldsymbol{I}_{N_{\mathrm{sub}}-1},\boldsymbol{0}_{(N_{\mathrm{sub}}-1)\times 1}]$$

其中：$\mathrm{diag}^{l}[\boldsymbol{r}]$，表示一个 l 块的块对角矩阵，每块元素为 $\boldsymbol{r}$。则 $\boldsymbol{A}_{E3}$ 和 $\boldsymbol{A}_{E4}$ 存在如下旋转不变特性：

$$\boldsymbol{A}_{\mathrm{E4}}=\boldsymbol{A}_{\mathrm{E3}}\boldsymbol{\Phi}_{\mathrm{r}} \tag{6.19}$$

式中：$\boldsymbol{\Phi}_{\mathrm{r}}=\mathrm{diag}(\mathrm{e}^{-\mathrm{j}(2\pi/\lambda)d_{\mathrm{r}}\sin\theta_1},\cdots,\mathrm{e}^{-\mathrm{j}(2\pi/\lambda)d_{\mathrm{r}}\sin\varphi_P})$，即对角矩阵中 $\boldsymbol{\Phi}_{\mathrm{r}}$ 包含所求的 *DOD* 角信息。

由式(6.18)和式(6.19)可知，对于发射角和接收角的求解关键在于对角矩阵 $\boldsymbol{\Phi}_{\mathrm{t}}$ 和 $\boldsymbol{\Phi}_{\mathrm{r}}$ 的求解。信号子空间和发射－接收导向矩阵的关系为 $\boldsymbol{U}_{\mathrm{s}}=\boldsymbol{A}_{\mathrm{E}}\boldsymbol{T}$。结合 $\boldsymbol{U}_{\mathrm{s}}=\boldsymbol{A}_{\mathrm{E}}\boldsymbol{T}$，以及式(6.18)和式(6.19)，则有

$$\boldsymbol{D}_2\boldsymbol{U}_{\mathrm{s}}=\boldsymbol{D}_1\boldsymbol{U}_{\mathrm{s}}\boldsymbol{\Psi}_{\mathrm{t}},\boldsymbol{D}_4\boldsymbol{U}_{\mathrm{s}}=\boldsymbol{D}_3\boldsymbol{U}_{\mathrm{s}}\boldsymbol{\Psi}_{\mathrm{r}} \tag{6.20}$$

式中：$\boldsymbol{\Psi}_{\mathrm{t}}=\boldsymbol{T}^{-1}\boldsymbol{\Phi}_{\mathrm{t}}\boldsymbol{T}$；$\boldsymbol{\Psi}_{\mathrm{r}}=\boldsymbol{T}^{-1}\boldsymbol{\Phi}_{\mathrm{r}}T$。

$\boldsymbol{\Psi}_{\mathrm{t}}$ 和 $\boldsymbol{\Psi}_{\mathrm{r}}$ 可通过对式(6.20)进行最小二乘法或总体最小二乘法求解获得。同时注意到 $\boldsymbol{\Psi}_{\mathrm{t}}$ 和 $\boldsymbol{\Psi}_{\mathrm{r}}$ 具有相同的特征矢量，因此利用特征矢量实现发射角和接收角的自动配对。令 $\hat{\boldsymbol{\Phi}}_{\mathrm{t}}$ 为 $\boldsymbol{\Phi}_{\mathrm{t}}$ 的估计，则对 $\boldsymbol{\Psi}_{\mathrm{t}}$ 进行特征值分解，即

$$\boldsymbol{\Psi}_{\mathrm{t}}=\hat{\boldsymbol{T}}^{-1}\hat{\boldsymbol{\Phi}}_{\mathrm{t}}\hat{\boldsymbol{T}} \tag{6.21}$$

式中：$\hat{\boldsymbol{T}}$ 为由特征矢量构成的特征矩阵。

利用特征矩阵对矩阵 $\boldsymbol{\Psi}_{\mathrm{r}}$ 进行操作，则有

$$\hat{\boldsymbol{\Phi}}_{\mathrm{r}}=\hat{\boldsymbol{T}}\boldsymbol{\Psi}_{\mathrm{r}}\hat{\boldsymbol{T}}^{-1} \tag{6.22}$$

式中：$\hat{\boldsymbol{\Phi}}_{\mathrm{r}}$ 为 $\boldsymbol{\Phi}_{\mathrm{r}}$ 的估计。

此时对角矩阵 $\hat{\boldsymbol{\Phi}}_{\mathrm{t}}$ 和 $\hat{\boldsymbol{\Phi}}_{\mathrm{r}}$ 同一位置的对角元素包含同一个目标的发射角和接收角信息，那么第 p 个目标的发射角和接收角估计分别为

$$\begin{aligned}\hat{\varphi}_p&=\arcsin(\arg(\gamma_{\mathrm{t}}^{p})\lambda/(2\pi d_{\mathrm{t}}))\\\hat{\theta}_p&=\arcsin(\arg(\gamma_{\mathrm{r}}^{p})\lambda/(2\pi d_{\mathrm{r}}))\end{aligned} \tag{6.23}$$

式中：γ_{t}^{p}、$\gamma_{\mathrm{r}}^{p}(1\leqslant p\leqslant P)$ 分别为对角矩阵 $\hat{\boldsymbol{\Phi}}_{\mathrm{t}}$ 和 $\hat{\boldsymbol{\Phi}}_{\mathrm{r}}$ 的第 p 个对角元素；$\arg(r)$ 为取 r 的相角。

6.3.3 仿真实验与分析

本节对二维联合空间平滑算法和扩展阵列孔径的二维联合空间平滑算法的有效性与优越性进行仿真和分析。在仿真中，将二维联合空间平滑算法（空间平滑(ESPRIT)）和扩展阵列孔径的二维联合空间平滑算法（扩展空间平滑(ES-

PRIT))的角度估计性能与 ESPRIT 算法和 CRB 进行对比。在仿真实验中假设存在 $P=3$ 个目标,其角度分别为 $(\varphi_1,\theta_1)=(-8°,10°)$,$(\varphi_2,\theta_2)=(0°,0°)$,$(\varphi_3,\theta_3)=(8°,-10°)$。

角度估计值的均方根误差为

$$\mathrm{RMSE}=\frac{1}{P}\sum_{p=1}^{P}\sqrt{\sum_{l_1=1}^{L_1}[(\hat{\varphi}_{p,l_1}-\varphi_p)^2+(\hat{\theta}_{p,l_1}-\theta_p)^2]} \tag{6.24}$$

式中:L_1 为蒙特卡洛实验次数;$\hat{\varphi}_{p,l_1}$、$\hat{\theta}_{p,l_1}$ 分别为第 p 个目标的第 l_1 次蒙特卡洛实验发射角和接收角估计值,以下仿真实验的蒙特卡洛实验次数均为200。

仿真实验一:图6.1和图6.2给出了在 $M=9$,$N=12$,$M_{\mathrm{sub}}=4$,$N_{\mathrm{sub}}=4$,快拍数分别为10、1的情况下,扩展阵列孔径的二维联合空间算法、ESPRIT、二维联合空间平滑 ESPRIT 的角度均方根误差以及双基地 MIMO 雷达角度估计的 CRB。从图6.1中可知,ESPRIT 算法存在相干目标情况下已经失效,空间平滑 ESPRIT 算法的角度估计性能比 ESPRIT 算法优越,而扩展空间平滑 ESPRIT 算法在不同信噪比下的角度估计性能均优于 ESPRIT 和空间平滑 ESPRIT,并接近 CRB。从图6.2中可以看出,在单快拍时,ESPRIT 算法已经完全失效,空间平滑 ESPRIT 算法在低信噪比时角度估计性能急骤下降,而扩展空间平滑 ESPRIT 算法比空间平滑 ESPRIT 提供更好的角度估计性能,同时在高信噪比时接近 CRB。这是由于扩展空间平滑 ESPRIT 算法利用了 MIMO 雷达虚拟阵列的旋转不变特性扩展了阵列孔径,提高了角度的空域分辨力,改善了收发角的估计性能,因此具有优越的角度估计性能。

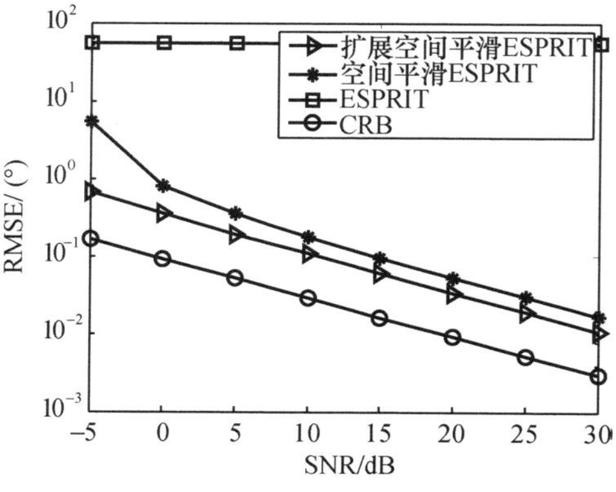

图6.1　角度估计均方根误差与SNR的关系($K=10$)

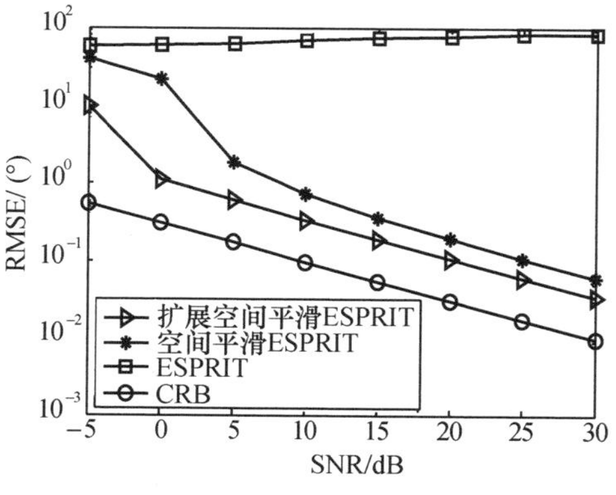

图6.2　角度估计均方根误差与SNR的关系($K=1$)

仿真实验二:为了能够进一步验证扩展阵列孔径的二维联合空域空间平滑的估计性能,图6.3给出 $M=9$,$N=12$,$M_{\mathrm{sub}}=4$,$N_{\mathrm{sub}}=4$,快拍数不同的情况下,扩展空间平滑 ESPRIT 算法的角度估计性能。从图 6.3 中可知，随着快拍数的增加，扩展空间平滑 ESPRIT 算法的角度估计性能有所改善。

仿真实验三：图 6.4 是 $M=9, N=12, M_{sub}=4, N_{sub}=4, K=10$ 收发阵列的阵元数不同的情况下，扩展空间平滑 ESPRIT 算法的角度估计性能。从图 6.4 可以看出，无论是发射阵列的阵元数还是接收阵列的阵元数增加，扩展空间平滑 ESPRIT 算法的角度估计性能均有所提升。由前面的理论分析可知，收发阵列的阵元数增加等效于增加了信号的快拍数，因此扩展空间平滑 ESPRIT 算法的角度估计性能得到了提升。

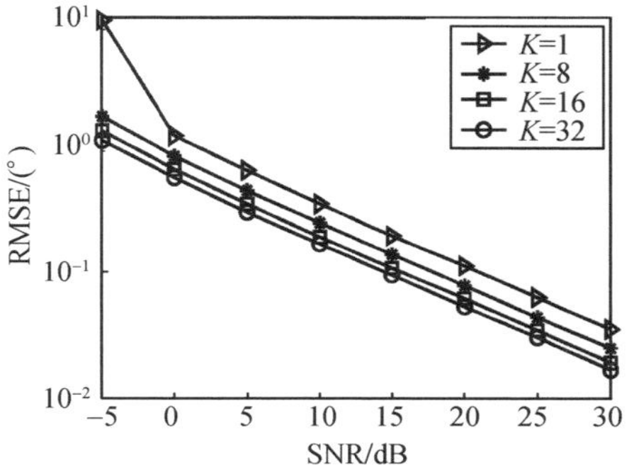

图 6.3　角度估计均方根误差与快拍数的关系

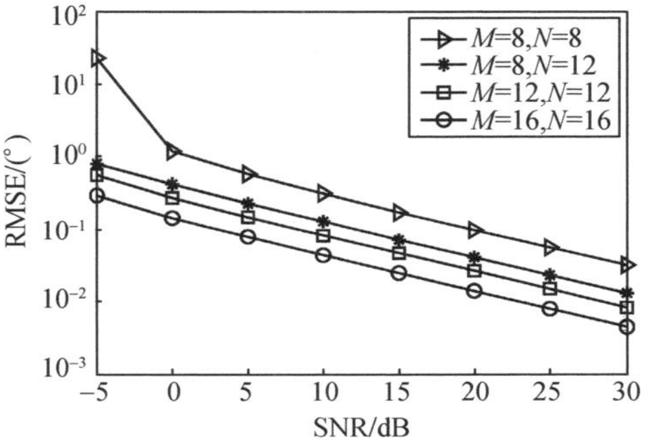

图 6.4　角度估计均方根误差与收发阵元数的关系

6.4　基于矩阵重构的 MIMO 雷达相干目标参数估计方法

6.3 节从二维空间平滑的角度考虑相干目标源的解相干问题，本节从接收数据重构[18]角度来分析相干目标源的解相干问题。

6.4.1　基于托普利兹矩阵重构的相干目标参数估计

根据 MIMO 雷达接收端匹配滤波器的输出特性，式(6.3)可以表示为

$$\boldsymbol{y}(n,m)=\sum_{p=1}^{P}a_p\mathrm{e}^{\mathrm{j}2\pi f_p(t)}\mathrm{e}^{\mathrm{j}(2\pi/\lambda)(n-1)d_r\sin\theta_p}\mathrm{e}^{\mathrm{j}(2\pi/\lambda)(m-1)d_t\sin\varphi_p}+\varsigma_{m,n}$$
$$(m=1,2,\cdots,M;n=1,2,\cdots,N) \tag{6.25}$$

式中：$\varsigma_{m,n}$为对应的噪声元素。

为推导方便，假设发射阵列的阵元数满足 $M=2\bar{M}+1$，利用接收数据矩阵 $\boldsymbol{y}$ 的第 n 行元素构造如下托普利兹矩阵：

$$
\boldsymbol{G}_n=\begin{bmatrix}\boldsymbol{y}(n,\overline{M}+1) & \boldsymbol{y}(n,\overline{M}) & \cdots & \boldsymbol{y}(n,1)\\ \boldsymbol{y}(n,\overline{M}+2) & \boldsymbol{y}(n,\overline{M}+1) & \cdots & \boldsymbol{y}(n,2)\\ \vdots & \vdots & & \vdots\\ \boldsymbol{y}(n,2\overline{M}+1) & \boldsymbol{y}(n,2\overline{M}) & \cdots & \boldsymbol{y}(n,\overline{M}+1)\end{bmatrix}
=\boldsymbol{A}_{\mathrm{t1}}(\varphi)\boldsymbol{D}_n(\boldsymbol{\Sigma})\boldsymbol{A}_{\mathrm{t1}}^{\mathrm{H}}(\varphi)+\boldsymbol{v}_n \tag{6.26}
$$

式中:$\boldsymbol{D}_n(\boldsymbol{\Sigma})$为取矩阵$\boldsymbol{\Sigma}$的第$n$行元素构成对角矩阵,$\boldsymbol{\Sigma}=\boldsymbol{A}_{\mathrm{r}}(\theta)\mathrm{diag}(\boldsymbol{H}(t))$;$\boldsymbol{A}_{\mathrm{t1}}(\varphi)=[\boldsymbol{a}_{\mathrm{t1}}(\varphi_1),\cdots,\boldsymbol{a}_{\mathrm{t1}}(\varphi_P)]$,$\boldsymbol{a}_{\mathrm{t1}}(\varphi_p)=[1,\mathrm{e}^{\mathrm{j}(2\pi/\lambda)d_{\mathrm{t}}\sin\varphi},\cdots,\mathrm{e}^{\mathrm{j}(2\pi/\lambda)\overline{M}-d_{\mathrm{t}}\sin\varphi}]^{\mathrm{T}}$。

利用N行构造的矩阵组成如下矩阵:

$$
\begin{aligned}
\boldsymbol{G}&=[\boldsymbol{G}_1^{\mathrm{T}},\boldsymbol{G}_2^{\mathrm{T}},\cdots,\boldsymbol{G}_N^{\mathrm{T}}]^{\mathrm{T}}\\
&=\begin{bmatrix}\boldsymbol{A}_{\mathrm{t1}}(\varphi)\boldsymbol{D}_1(\Sigma)\boldsymbol{A}_{\mathrm{t1}}^{\mathrm{H}}(\varphi)\\ \boldsymbol{A}_{\mathrm{t1}}(\varphi)\boldsymbol{D}_2(\Sigma)\boldsymbol{A}_{\mathrm{t1}}^{\mathrm{H}}(\varphi)\\ \vdots\\ \boldsymbol{A}_{\mathrm{t1}}(\varphi)\boldsymbol{D}_M(\Sigma)\boldsymbol{A}_{\mathrm{t1}}^{\mathrm{H}}(\varphi)\end{bmatrix}+\begin{bmatrix}\boldsymbol{v}_1\\ \boldsymbol{v}_2\\ \vdots\\ \boldsymbol{v}_N\end{bmatrix}\\
&=\begin{bmatrix}\boldsymbol{A}_{\mathrm{t1}}(\varphi)\\ \boldsymbol{A}_{\mathrm{t1}}(\varphi)\boldsymbol{\Theta}\\ \vdots\\ \boldsymbol{A}_{\mathrm{t1}}(\varphi)\boldsymbol{\Theta}^{N-1}\end{bmatrix}\mathrm{diag}(\boldsymbol{H}(t))\boldsymbol{A}_{\mathrm{t1}}^{\mathrm{H}}(\varphi)+\boldsymbol{V}\\
&=\overline{\boldsymbol{A}}\mathrm{diag}(\boldsymbol{H}(t))\boldsymbol{A}_{\mathrm{t1}}^{\mathrm{H}}(\varphi)+\boldsymbol{V}_N
\end{aligned}\tag{6.27}
$$

式中

$$
\boldsymbol{\Theta}=\mathrm{diag}(\mathrm{e}^{\mathrm{j}(2\pi/\lambda)d_{\mathrm{r}}\sin\theta_1},\cdots,\mathrm{e}^{\mathrm{j}(2\pi/\lambda)(n-1)d_{\mathrm{r}}\sin\theta_P}),\overline{\boldsymbol{A}}=\boldsymbol{A}_{\mathrm{r}}\odot\boldsymbol{A}_{\mathrm{t1}}
$$

由式(6.27)可知,矩阵$\overline{\boldsymbol{A}}$的秩为$\overline{\boldsymbol{A}}=\mathrm{rank}(\overline{\boldsymbol{A}})=P$,矩阵$\mathrm{diag}(\boldsymbol{H}(t))$的秩为$\mathrm{rank}(\mathrm{diag}(\boldsymbol{H}(t)))=P$,矩阵$\boldsymbol{A}_{\mathrm{t1}}^{\mathrm{H}}(\varphi)$的秩为$\mathrm{rank}(\boldsymbol{A}_{\mathrm{t1}}^{\mathrm{H}}(\varphi))=P$,因此矩阵$\boldsymbol{G}$的秩为$P$,即矩阵$\boldsymbol{G}$的秩只与目标的个数相关,而与目标源信号是否相干无关,实现了相干目标源的解相干。对矩阵$\boldsymbol{G}$进行奇异值分解,则有

$$
\boldsymbol{G}=\boldsymbol{U\Lambda V}=[\boldsymbol{u}_1,\boldsymbol{u}_2,\cdots,\boldsymbol{u}_{(\overline{M}+1)N}]\begin{bmatrix}\boldsymbol{\Lambda}_P & \boldsymbol{0}\\ \boldsymbol{0} & \boldsymbol{0}\end{bmatrix}[\boldsymbol{v}_1,\boldsymbol{v}_2,\cdots,\boldsymbol{v}_{(\overline{M}+1)N}]^{\mathrm{H}} \tag{6.28}
$$

式中:$\boldsymbol{\Lambda}_P$为由P个主奇异值组成矩阵。

P个主奇异值对应的左特征值向量组成信号子空间为$\boldsymbol{U}_{\mathrm{s}}=[\boldsymbol{u}_1,\boldsymbol{u}_2,\cdots,\boldsymbol{u}_P]$。根据导向矩阵和信号子空间的关系可知,信号子空间$\boldsymbol{U}_{\mathrm{s}}$和导向矩阵$\overline{\boldsymbol{A}}$张成同一个子空间,即可表示为$\boldsymbol{U}_{\mathrm{s}}=\overline{\boldsymbol{A}}\boldsymbol{T}$。因此通过奇异值分解可以获得信号子空间$\boldsymbol{U}_{\mathrm{s}}$,通过利用 ESPRIT 算法求解目标的发射角和接收角。与传统的 ESPRIT 算法不同的是这里的导向矢量结构发生了变化,最大的可识别数为$\min\{\overline{M}N,(\overline{M}+1)(N-1)\}$。式(6.27)只是考虑了单拍条件下的重构问题,若为多拍条

件,则针对每一拍的接收数据进行重构相应的 $\boldsymbol{G}$,然后进行堆栈,根据式(6.28)进行奇异值分解获得信号子空间,再利用传统的 ESPRIT 算法对目标参数进行估计。

6.4.2　仿真实验与分析

双基地 MIMO 雷达的配置为:发射阵列和接收阵列的阵元均为 11,发射阵元间距和接收阵元间距均为半个波长,在仿真实验中假设存在 $P=3$ 个相干目标,其角度为 $(\varphi_1,\theta_1)=(-5°,0°)$,$(\varphi_2,\theta_2)=(0°,5°)$,$(\varphi_3,\theta_3)=(5°,15°)$。

仿真实验一:图 6.5 为采样拍数为 1 时,托普利茨矩阵重构算法与 ESPRIT 算法和 Unitary ESPRIT 算法的均方根误差与信噪比的关系。从图中可知,Unitary ESPRIT 算法和 ESPRIT 算法均对三个相干目标估计失效,无法正确获得目标的发射角和接收角。根据 Unitary 算法的原理可知,Unitary ESPRIT 算法采用前后向空间平滑技术可以针对两个相干目标进行有效的解相干,但由于这里涉及 3 个相干目标,因此是失效的。同时根据图中可知,拉普利茨矩阵重构算法有效地对 3 个相干目标进行解相干,且在高信噪比时获得良好的参数估计性能。

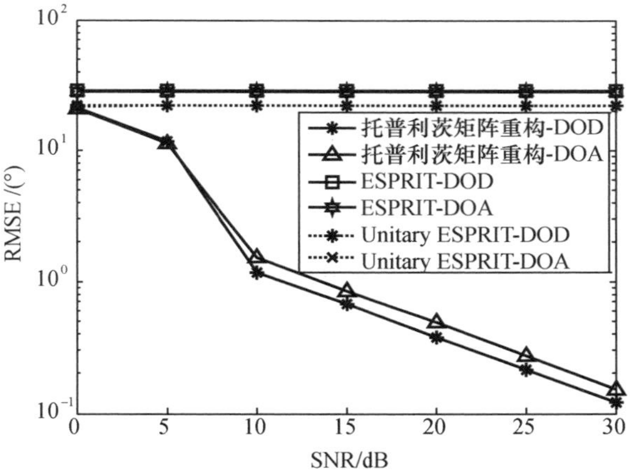

图 6.5　角度估计均方根误差与的信噪比关系($K=1$)

仿真实验二:图 6.6 为采样拍数为 10 时,托普利茨矩阵重构算法与 ESPRIT 算法和 Unitary ESPRIT 算法的均方根误差与信噪比的关系。从图中可知,ESPRIT和 Unitary ESPRIT 算法均没有对 3 个相干目标实现有效的解相干。托普利茨矩阵重构算法能够有效地对多个相干目标进行解相干,且与图 6.5 中的仿真结果相比,随着采样拍数的增加,托普利茨矩阵重构算法对于参数估计性能得到明显改善,尤其在低信噪比时,因此通过适当地增加采样拍数可以获得良好的参数估计性能。

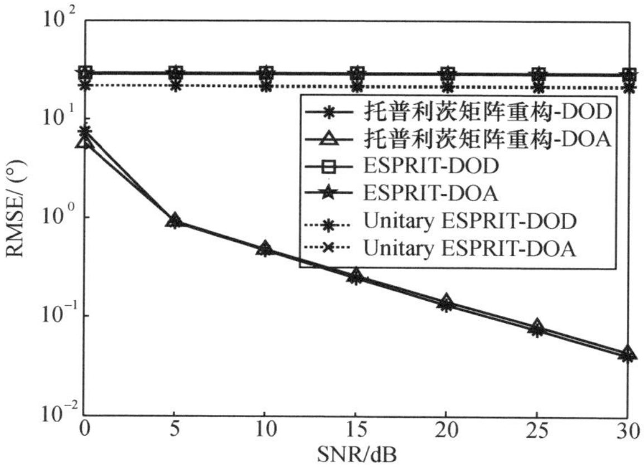

图 6.6　角度估计均方根误差与的信噪比关系($K=10$)

6.5 小　　结

本章主要考虑相干目标的参数估计问题,首先建立了相干目标的信号模型,同时说明传统子空间算法失效的原因。进一步给出了二维联合空间平滑解相干算法以及扩展阵列孔径的二维联合空间解相干算法,最后介绍基于托普利兹矩阵重构的解相干方法。理论分析与仿真表明,与传统的子空间算法相比,这些算法能够有效地对相干目标进行参数估计,具有良好的参数估计性能。

参考文献

[1] Gao X, Zhang X, Feng G, et al. On the MUSIC – derived approaches of angle estimation for bistatic MIMO radar[C]. Wireless Networks and Information Systems, 2009. WNIS'09. International Conference on. IEEE, 2009: 343 – 346.

[2] Zhang X, Xu L, Xu L, et al. Direction of departure (DOD) and direction of arrival (DOA) estimation in MIMO radar with reduced – dimension MUSIC[J]. IEEE Communications Letters, 2010, 14(12): 1161 – 1163.

[3] Duofang C, Baixiao C, Guodong Q. Angle estimation using ESPRIT in MIMO radar[J]. Electronics Letters, 2008, 44(12): 770 – 771.

[4] Jinli C, Hong G, Weimin S. Angle estimation using ESPRIT without pairing in MIMO radar [J]. Electronics Letters, 2008, 44(24): 1422 – 1423.

[5] 王布宏, 王水良, 陈辉. 相干信源波达方向估计的加权空间平滑算法[J]. 通信学报, 2003, 24(4): 31 – 40.

[6] 王布宏, 王永良, 陈辉. 一种新的相干信源 DOA 估计算法: 加权空间平滑协方差矩阵的 Toeplitz 矩阵拟合[J]. 电子学报, 2003, 31(9): 1394 – 1397.

[7] 董玫，张守宏，吴向东，等．一种改进的空间平滑算法[J]．电子与信息学报，2008，30(4)：859－862.

[8] Rao B D, Hari K V S. Effect of spatial smoothing on the performance of MUSIC and the minimum－norm method[C]. Radar and Signal Processing, IEE Proceedings F. IET, 1990, 137(6)：449－458.

[9] Friedlander B, Weiss A J. Direction finding using spatial smoothing with interpolated arrays[J]. IEEE Transactions on Aerospace and Electronic Systems, 1992, 28(2)：574－587.

[10] MacInnes C S. Source localization using subspace estimation and spatial filtering[J]. IEEE Journal of Oceanic Engineering, 2004, 29(2)：488－497.

[11] 王凌，李国林，刘坚强，等．一种基于数据矩阵重构的相干信源二维测向新方法[J]．西安电子科技大学学报，2013 (2)：130－137.

[12] 郭艳，刘学亮，李宁，等．基于协方差矩阵重构的 DOA 估计方法[J]．解放军理工大学学报：自然科学版，2012，13(1)：1－5.

[13] Han F M, Zhang X D. An ESPRIT－like algorithm for coherent DOA estimation[J]. IEEE Antennas and Wireless Propagation Letters, 2005, 4：443－446.

[14] 唐玲，宋弘，陈明举，等．基于 Toeplitz 矩阵重构的相干信源 DOA 估计算法[J]．航天电子对抗，2010 (4)：15－17.

[15] 伍逸枫，丛玉良，何斌．基于 Toeplitz 矩阵重构的相干信源波达方向估计研究[J]．电光与控制，2010，17(3)：60－63.

[16] 王伟，王咸鹏，盖猛．一种双基地 MIMO 雷达的相关目标定位方法[J]．兵工学报，2012，33(1)：35－40.

[17] 王咸鹏，王伟，马跃华，等．低快拍下 MIMO 雷达收发角度联合估计方法[J]．哈尔滨工程大学学报，2014 (9).

[18] 梁浩，崔琛，伍波，等．双基地 MIMO 雷达相干目标角度估计算法[J]．系统工程与电子技术，2014，36(6)：1068－1074.

第7章 基于高阶累积量的 MIMO 雷达参数估计

7.1 引　　言

MIMO 雷达的目标角度估计方法大部分是在假设噪声为高斯白噪声这一理想环境下进行的理论推导和仿真研究，而在实际色噪声环境下[1-3]，传统的 MIMO 雷达角度估计算法的性能会严重下降，有时会出现目标的错误估计。所以在高斯色噪声环境下，实现 MIMO 雷达目标收发角度的正确估计是一个非常重要的研究方向。

近年来，高阶累积量已经成为阵列信号处理领域中的一个热点问题，在雷达、通信、声纳、电磁学和海洋学等重要领域已得到广泛应用[4-8]。由于高阶累积量对高斯过程具有不敏感特性，在数学形式上有很多好的性质，所以在进行高阶分析中不使用高阶矩，而使用高阶累积量。在阵列信号处理领域中，利用四阶累积量进行目标角度估计时具有二阶统计量所不具备的优点：①高斯过程的四阶累积量恒等于0，也就说明其可以对高斯色噪声的影响进行有效抑制；②利用四阶累积量的角度估计算法使得虚拟阵元数得到增加，实现了阵列孔径的扩展，使得目标的探测性能和角度估计的精度大幅提高，而且可探测出的目标数目增加。

7.2 高阶累积量的基本理论

7.2.1 特征函数

1. 随机变量的特征函数

设 x 为随机变量，根据 x 的概率密度函数 $f(x)$ 可得到其特征函数的定义表达式为

$$\Phi(w) = \int_{-\infty}^{\infty} f(x)\mathrm{e}^{\mathrm{j}wx}\mathrm{d}x \tag{7.1}$$

由于 $f(x) \geqslant 0$，则 $\Phi(w)$ 在原点处具有最大值，即

$$|\Phi(w)| \leqslant \Phi(0)=1 \tag{7.2}$$

根据概率论中的公式

$$E[p(x)] = \int_{-\infty}^{\infty} p(x) f(x) \mathrm{d}x \tag{7.3}$$

根据式(7.1)和式(7.3),可以得到 $\Phi(w)$ 的常用形式,即

$$\Phi(w)=E[\mathrm{e}^{\mathrm{j}wx}] \tag{7.4}$$

2. 随机矢量的特征函数

根据随机变量 x 和 y 的联合概率密度函数 $f(x,y)$ 可得到其联合特征函数的定义式为

$$\Phi(w_1,w_2) = \int_{-\infty}^{\infty}\int_{-\infty}^{\infty} f(x,y)\mathrm{e}^{\mathrm{j}(w_1x+w_2y)}\mathrm{d}x\mathrm{d}y \tag{7.5}$$

类似于式(7.4)的表示形式,式(7.5)可记为

$$\Phi(w_1,w_2)=E[\mathrm{e}^{\mathrm{j}(w_1x+w_2y)}] \tag{7.6}$$

更一般的,设 $x=[x_1,x_2,\cdots,x_m]$ 为随机矢量,并且 $w=[w_1,w_2,\cdots,w_m]^{\mathrm{T}}$,则 x 的特征函数可定义为

$$\Phi(w_1,w_2,\cdots,w_m)=E[\mathrm{e}^{\mathrm{j}(w_1x_1+w_2x_2+\cdots+w_mx_m)}] \tag{7.7}$$

7.2.2 高阶矩和高阶累积量

1. 定义

设 m 维随机矢量 $\boldsymbol{x}=[x_1,x_2,\cdots,x_m]^{\mathrm{T}}$,对式(7.7)中的 $\Phi(w_1,w_2,\cdots,w_m)$ 求 $r=r_1+r_2+\cdots+r_m$ 阶偏导数

$$\frac{\partial^r\Phi(w_1,w_2,\cdots,w_m)}{\partial w_1^{r_1}\partial w_2^{r_2}\cdots\partial w_m^{r_m}}=\mathrm{j}^rE[x_1^{r_1}x_2^{r_2}\cdots x_m^{r_m}\mathrm{e}^{\mathrm{j}(w_1x_1+w_2x_2+\cdots+w_mx_m)}] \tag{7.8}$$

所以 $\boldsymbol{x}=[x_1,x_2,\cdots,x_m]^{\mathrm{T}}$ 的 r 阶矩 $m_{r_1,r_2,\cdots,r_m}$ 可定义为

$$m_{r_1,r_2,\cdots,r_m}=E[x_1^{r_1}x_2^{r_2}\cdots x_m^{r_m}]=(-\mathrm{j})^r\left.\frac{\partial^r\Phi(w_1,w_2,\cdots,w_m)}{\partial w_1^{r_1}\partial w_2^{r_2}\cdots\partial w_m^{r_m}}\right|_{w_1=w_2=\cdots=w_m=0} \tag{7.9}$$

通常,将 $\Phi(w_1,w_2,\cdots,w_m)$ 称为 x 的矩生成函数(也称 x 的第一特征函数)。同理,$\boldsymbol{x}=[x_1,x_2,\cdots,x_m]^{\mathrm{T}}$ 的 r 阶累积量 $c_{r_1,r_2,\cdots,r_m}$ 可定义为

$$\begin{aligned}c_{r_1,r_2,\cdots,r_m}&=(-\mathrm{j})^r\left.\frac{\partial^r\Psi(w_1,w_2,\cdots,w_m)}{\partial w_1^{r_1}\partial w_2^{r_2}\cdots\partial w_m^{r_m}}\right|_{w_1=w_2=\cdots=w_m=0}\\&=(-\mathrm{j})^r\left.\frac{\partial^r\ln[\Phi(w_1,w_2,\cdots,w_m)]}{\partial w_1^{r_1}\partial w_2^{r_2}\cdots\partial w_m^{r_m}}\right|_{w_1=w_2=\cdots=w_m=0}\end{aligned} \tag{7.10}$$

$\boldsymbol{\Psi}(w_1,w_2,\cdots,w_m)$称为$x$的累积量生成函数(也称$x$的第二特征函数)。可证明[9],$\boldsymbol{x}=[x_1,x_2,\cdots,x_m]^{\mathrm{T}}$的$r=r_1+r_2+\cdots+r_m$阶矩和$r$阶累积量可分别定义为$\boldsymbol{\Phi}(w_1,w_2,\cdots,w_m)$和$\boldsymbol{\Psi}(w_1,w_2,\cdots,w_m)$的泰勒级数展开式中各$w^r$项的相应系数。

令$r_1=r_2=\cdots=r_m=1$,便可得到r阶矩和r阶累积量的常用定义式为

$$m_{r_1,r_2,\cdots,r_m}=m_{1,1,\cdots,1}=\mathrm{mom}(x_1,x_2,\cdots,x_m) \tag{7.11}$$

$$c_{r_1,r_2,\cdots,r_m}=c_{1,1,\cdots,1}=\mathrm{cum}(x_1,x_2,\cdots,x_m) \tag{7.12}$$

设$I_x=[1,2,\cdots,m]$为x的下标集合,如果$I\subseteq I_x$,那么将下标为I的子矢量$\boldsymbol{x}_I$记为$\boldsymbol{x}_I=[x_{i1},x_{i2},\cdots,x_{iI}]^{\mathrm{T}}$,$(I\leqslant m;i=1,2,\cdots,q,q\leqslant m)$。如果对$I$进行一种分割,该分割的集合中包含$q$个元素,那么$U_{p=1}^{q}I_p=I$表示非空且非相交集合$I_p$的所有无序组合,$\sum\limits_{U_{p=1}^{q}I_p=I}$表示对集合$I$的所有可能分割进行求和运算。同时将$x_I$的高阶矩记为$\mathrm{mom}(I_x)$,高阶累积量记为$\mathrm{cum}(I_x)$,那么两者之间存在的转换关系为

$$\mathrm{cum}(x_1,x_2,\cdots,x_m)=\sum_{U_{p=1}^{q}I_p=I}(-1)^{q-1}(q-1)!\prod_{p=1}^{q}\mathrm{mom}(I_p) \tag{7.13}$$

$$\mathrm{mom}(x_1,x_2,\cdots,x_m)=\sum_{U_{p=1}^{q}I_p=I}\left[\prod_{p=1}^{q}\mathrm{cum}(I_p)\right] \tag{7.14}$$

2. 高斯过程的高阶矩和高阶累积量

设m维的高斯随机向量$\boldsymbol{x}=[x_1,x_2,\cdots,x_m]^{\mathrm{T}}$,$x$的均值向量$\boldsymbol{a}=[a_1,a_2,\cdots,a_m]^{\mathrm{T}}$,则其协方差矩阵为

$$\boldsymbol{R}=\begin{bmatrix} r_{11} & r_{12} & \cdots & r_{1m} \\ r_{21} & r_{22} & \cdots & r_{2m} \\ \vdots & \vdots & & \vdots \\ r_{m1} & r_{m2} & \cdots & r_{mm} \end{bmatrix} \tag{7.15}$$

式中:$\boldsymbol{R}$是非负定的。$|a_i|<\infty$,同时

$$r_{ij}=E[(x_i-a_i)(x_j-a_j)](i,j=1,2,\cdots,m) \tag{7.16}$$

因为x的联合概率密度函数为

$$f(x)=\frac{1}{(2\pi)^{\frac{1}{2}}|R|^{\frac{1}{2}}}\mathrm{e}^{-\frac{1}{2}(\boldsymbol{x}-\boldsymbol{a})^{\mathrm{T}}\boldsymbol{R}^{-1}(\boldsymbol{x}-\boldsymbol{a})} \tag{7.17}$$

则其矩生成函数为

$$\boldsymbol{\Phi}(w)=\exp\left(\mathrm{j}\boldsymbol{a}^{\mathrm{T}}\boldsymbol{w}-\frac{1}{2}\boldsymbol{w}^{\mathrm{T}}\boldsymbol{R}\boldsymbol{w}\right) \tag{7.18}$$

式中:$\boldsymbol{w}=[w_1,w_2,\cdots,w_m]^{\mathrm{T}}$。

x 的累积量生成函数为

$$\begin{aligned}\Psi(w) &= \ln[\boldsymbol{\Phi}(\boldsymbol{w})] = \mathrm{j}\boldsymbol{a}^{\mathrm{T}}\boldsymbol{w} - \frac{1}{2}\boldsymbol{w}^{\mathrm{T}}\boldsymbol{R}\boldsymbol{w} \\ &= \mathrm{j}\sum_{i=1}^{m} a_i w_i - \frac{1}{2}\sum_{i=1}^{m}\sum_{j=1}^{m} r_{ij} w_i w_j \end{aligned} \tag{7.19}$$

由式(7.10)可知，$\boldsymbol{x} = [x_1, x_2, \cdots, x_m]^{\mathrm{T}}$ 的 $r = r_1 + r_2 + \cdots + r_m$ 阶累积量为

$$c_{r_1, r_2, \cdots, r_m} = (-\mathrm{j})^r \left.\frac{\partial^r \boldsymbol{\Psi}(\boldsymbol{w})}{\partial w_1^{r_1} \partial w_2^{r_2} \cdots \partial w_m^{r_m}}\right|_{w_1 = w_2 = \cdots = w_m = 0} \tag{7.20}$$

其 r 阶累积量计算方式如下：

（1）当 $r=1$ 时，即 $r_1, r_2, \cdots, r_m$ 中仅有某一个值为 1（假设 $r_i = 1$），而其他值均为 0，则有

$$c_{0\cdots010\cdots0} = (-\mathrm{j})\left.\frac{\partial \boldsymbol{\Psi}(\boldsymbol{w})}{\partial w_1}\right|_{w_1 = w_2 = \cdots = w_m = 0} = a_i = E[x_i] \tag{7.21}$$

（2）当 $r=2$ 时，分两种情况进行计算。

① $r_1, r_2, \cdots, r_m$ 中仅有 $r_i = 2$，其他值均为 0，则有

$$c_{0\cdots020\cdots0} = (-\mathrm{j})^2 \left.\frac{\partial^2 \boldsymbol{\Psi}(\boldsymbol{w})}{\partial w_i^2}\right|_{w_1 = w_2 = \cdots = w_m = 0} = r_{ij} = E[(x_i - a_i)^2] \tag{7.22}$$

② $r_1, r_2, \cdots, r_m$ 中只有 r_i 和 $r_j (i \neq j)$ 为 1，其他值为 0，则有

$$c_{0\cdots010\cdots010\cdots0} = (-\mathrm{j})^2 \left.\frac{\partial^2 \boldsymbol{\Psi}(\boldsymbol{w})}{\partial w_i \partial w_j}\right|_{w_1 = w_2 = \cdots = w_m = 0} = r_{ij} = E[(x_i - a_i)(x_j - a_j)] (i \neq j) \tag{7.23}$$

（3）当 $r \geqslant 3$ 时，因为 $\boldsymbol{\Psi}(\boldsymbol{w})$ 仅仅是关于自变量 $w_i (i = 1, 2, \cdots, m)$ 的二次函数，所以其关于自变量的三阶以及大于三阶的偏导数都恒为 0，即

$$c_{r_1, r_2, \cdots, r_m} \equiv 0 (r \geqslant 3) \tag{7.24}$$

根据以上分析，可以得到如下关于高斯过程的相应结论：

（1）高阶的累积量（阶次 $k > 2$）恒等于 0。

（2）阶次 $R > 2$ 的矩相比于二阶矩，不会提供更多的信息。

（3）对于非高斯过程，至少会存在某个阶次 $k > 2$ 的累积量不为零。

7.2.3 高阶累积量的性质

根据前面所论述的内容，推导出在后面常用的如下关于高阶累积量的六条重要性质：

（1）设 $\boldsymbol{x} = [x_1, x_2, \cdots, x_m]^{\mathrm{T}}$ 为 m 维随机矢量，$\boldsymbol{\lambda}_i (i = 1, 2, \cdots, m)$ 为 m 维的常数序列，那么有

$$\mathrm{cum}(\boldsymbol{\lambda}_1 x_1, \boldsymbol{\lambda}_2 x_2, \cdots, \boldsymbol{\lambda}_m x_m) = \left(\prod_{i=1}^{m} \boldsymbol{\lambda}_i\right) \mathrm{cum}(x_1, x_2, \cdots, x_m) \tag{7.25}$$

（2）其关于变量是相对称的，即

$$\mathrm{cum}(x_1,x_2,\cdots,x_m)=\mathrm{cum}(x_{i_1},x_{i_2},\cdots,x_{i_m})\tag{7.26}$$

式中：$(i_1,i_2,\cdots,i_m)$为$(1,2,\cdots,m)$的任意一种排列方式。

（3）其关于变量具有可加性，即

$$\mathrm{cum}(y_0+z_0,x_1,x_2,\cdots,x_m)=\mathrm{cum}(y_0,x_1,x_2,\cdots,x_m)+\mathrm{cum}(z_0,x_1,x_2,\cdots,x_m)\tag{7.27}$$

（4）如果α为常数，那么有

$$\mathrm{cum}(x_1+\alpha,x_2,\cdots,x_m)=\mathrm{cum}(x_1,x_2,\cdots,x_m)\tag{7.28}$$

（5）如果$\boldsymbol{x}=[x_1,x_2,\cdots,x_m]^{\mathrm{T}}$和$\boldsymbol{y}=[y_1,y_2,\cdots,y_m]^{\mathrm{T}}$两两相互独立，那么有

$$\mathrm{cum}(x_1+y_1,x_2+y_2,\cdots,x_m+y_m)=\mathrm{cum}(x_1,x_2,\cdots,x_m)+\mathrm{cum}(y_1,y_2,\cdots,y_m)\tag{7.29}$$

（6）如果$\boldsymbol{x}=[x_1,x_2,\cdots,x_m]^{\mathrm{T}}$中的某个子集和它的补集相互独立，那么有

$$\mathrm{cum}(x_1,x_2,\cdots,x_m)=0\tag{7.30}$$

7.2.4 四阶累积量

设M维零均值复平稳随机向量$\boldsymbol{X}=[x_1,x_2,\cdots,x_M]^{\mathrm{T}}$，其四阶累积量可以有$2^4$种不同的定义形式，对于不同的问题可以采用不同的表达式。下面给出一种常用的公式表达式：

$$\begin{aligned}c_{4x}(m_1,m_2,m_3,m_4)&=\mathrm{cum}(x_{m_1}^*,x_{m_2},x_{m_3},x_{m_4}^*)\\&=E[x_{m_1}^*,x_{m_2},x_{m_3},x_{m_4}^*]-E[x_{m_1}^*,x_{m_3}]E[x_{m_2},x_{m_4}^*]-\\&\quad E[x_{m_1}^*,x_{m_2}]E[x_{m_3},x_{m_4}^*]-E[x_{m_2},x_{m_3}]E[x_{m_1}^*,x_{m_4}^*]\end{aligned}\tag{7.31}$$

式中：$E[x_{m_1}^*,x_{m_2},x_{m_3},x_{m_4}^*]$为$x$的四阶矩；$E[x_ix_j]$为$x$的二阶矩。

在实际的应用中，式(7.31)中关于四阶矩和二阶矩的计算通常采用以下两个式子替代：

$$E[\boldsymbol{x}_{m_1}^*,\boldsymbol{x}_{m_2},\boldsymbol{x}_{m_3},\boldsymbol{x}_{m_4}^*]=\frac{1}{L}\sum_{t=1}^{L}\boldsymbol{x}_{m_1}^*(t)\boldsymbol{x}_{m_2}(t)\boldsymbol{x}_{m_3}(t)\boldsymbol{x}_{m_4}^*(t)\tag{7.32}$$

$$E[\boldsymbol{x}_{m_1}\boldsymbol{x}_{m_2}]=\frac{1}{L}\sum_{t=1}^{L}\boldsymbol{x}_{m_1}(t)\boldsymbol{x}_{m_2}(t)\tag{7.33}$$

7.3 基于四阶累积量的MIMO雷达参数估计方法

7.3.1 信号模型

发射阵列的阵元数为M和接收阵列的阵元数为N的双基地MIMO雷达系统如图7.1所示。

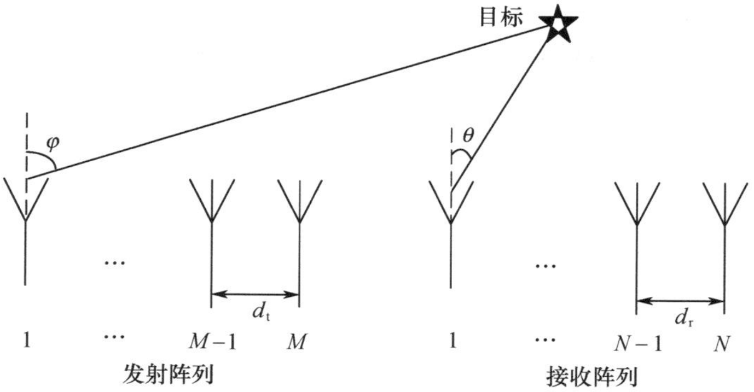

图 7.1　双基地 MIMO 雷达系统的结构简化

图中发射阵列和接收阵列均采用 ULA,发射阵元间距和接收阵元间距分别为 d_t 和 d_r,在发射端的所有发射阵元均同时发射具有正交特性的波形信号。若空间中存在 P 个目标,那么经过 M 个匹配滤波器进行滤波处理后,接收阵列在 T 个周期内接收到的目标回波信号可表示为

$$\boldsymbol{Z}(t)=\boldsymbol{C}(\theta,\varphi)\boldsymbol{S}(t)+\tilde{\boldsymbol{N}}(t) \tag{7.34}$$

式中:$\boldsymbol{Z}(t)$ 为 $MN\times1$ 维的输出数据矩阵,$C(\theta,\varphi)$ 为 $MN\times P$ 维的联合导向矢量矩阵,$\boldsymbol{C}(\theta,\varphi)=[c(\theta_1,\varphi_1),c(\theta_2,\varphi_2),\cdots,c(\theta_P,\varphi_P)]$,其中 $c(\theta_p,\varphi_p)=a(\theta_p)\otimes b(\varphi_p)(p=1,2,\cdots,P)$;$\boldsymbol{S}(t)$ 为 $P\times T$ 维的 P 个目标散射回来的信号;$\tilde{\boldsymbol{N}}(t)$ 为 $MN\times P$ 维的高斯色噪声矩阵。

根据二阶复 AR 模型建立,其各项系数 $\beta=[1\ \ -1\ 0.2]$,那么在接收端第 m 个采样点处的噪声矢量 $\tilde{\boldsymbol{N}}(m)\in C^{MN\times1}$ 为

$$\tilde{N}_i(m)=\tilde{N}_{i-1}(m)-0.2\tilde{N}_{i-2}(m)+W_i(m) \tag{7.35}$$

式中:$\tilde{N}_i(m)$ 为 $\tilde{\boldsymbol{N}}(m)\in C^{MN\times1}$ 的第 i 个元素;$W_i(m)$ 为高斯白噪声矢量 $\boldsymbol{W}(m)\in C^{MN\times1}$ 的第 i 个元素。

7.3.2　基于四阶累积量的 MUSIC 算法

7.3.2.1　基本原理

式(7.34)给出了高斯色噪声环境下双基地 MIMO 雷达系统虚拟阵列输出数据矩阵 $\boldsymbol{Z}(t)$,同时根据式(7.31)给出的四阶累积量的定义式,当 m_1、m_2、m_3、m_4 分别从 $1\leqslant m_1$、m_2、m_3、$m_4\leqslant MN$ 范围内取值时,将式(7.31)定义为四阶累积量矩阵 $\boldsymbol{R}_{4z}$的第$[(m_1-1)\cdot MN+m_2]$行、第$[(m_3-1)\cdot MN+m_4]$列上的元

素，即

$$c_{4z}(m_1,m_2,m_3,m_4)=\mathrm{cum}(z_{m_1}^*,z_{m_2},z_{m_3},z_{m_4}^*)$$
$$=\boldsymbol{R}_{4z}((m_1-1)\cdot MN+m_2,(m_3-1)\cdot MN+m_4) \tag{7.36}$$

将式(7.36)进行化简与整理，$\boldsymbol{R}_{4z}$可表示为

$$\boldsymbol{R}_{4z}=\mathrm{E}[(\boldsymbol{Z}\otimes\boldsymbol{Z}^*)(\boldsymbol{Z}\otimes\boldsymbol{Z}^*)^{\mathrm{H}}]-\mathrm{E}[\boldsymbol{Z}\otimes\boldsymbol{Z}^*]\cdot\mathrm{E}[(\boldsymbol{Z}\otimes\boldsymbol{Z}^*)^{\mathrm{H}}]$$
$$-\mathrm{E}[(\boldsymbol{Z}\cdot\boldsymbol{Z}^{\mathrm{H}})\otimes\mathrm{E}[(\boldsymbol{Z}\cdot\boldsymbol{Z}^{\mathrm{H}})^*] \tag{7.37}$$

式中：$\boldsymbol{R}_{4z}$为$(MN)^2\times(MN)^2$维矩阵。

根据克罗内克积的性质，式(7.37)中的$\boldsymbol{Z}\otimes\boldsymbol{Z}^*$可表示为

$$\boldsymbol{Z}\otimes\boldsymbol{Z}^*=(\boldsymbol{CS}+\tilde{\boldsymbol{N}})\otimes(\boldsymbol{CS}+\tilde{\boldsymbol{N}})^*=(\boldsymbol{CS})\otimes(\boldsymbol{CS})^*+\tilde{\boldsymbol{N}}\otimes\tilde{\boldsymbol{N}}^*$$
$$=(\boldsymbol{C}\otimes\boldsymbol{C}^*)(\boldsymbol{S}\otimes\boldsymbol{S}^*)+\tilde{\boldsymbol{N}}\otimes\tilde{\boldsymbol{N}}^* \tag{7.38}$$

将式(7.38)代入式(7.37)中，可得

$$\boldsymbol{R}_{4z}=\{(\boldsymbol{C}\otimes\boldsymbol{C}^*)E[(\boldsymbol{S}\otimes\boldsymbol{S}^*)(\boldsymbol{S}\otimes\boldsymbol{S}^*)^{\mathrm{H}}](\boldsymbol{C}\otimes\boldsymbol{C}^*)^{\mathrm{H}}-$$
$$(\boldsymbol{C}\otimes\boldsymbol{C}^*)E[\boldsymbol{S}\otimes\boldsymbol{S}^*]\cdot E[(\boldsymbol{S}\otimes\boldsymbol{S}^*)^{\mathrm{H}}](\boldsymbol{C}\otimes\boldsymbol{C}^*)^{\mathrm{H}}-$$
$$(\boldsymbol{C}\otimes\boldsymbol{C}^*)E[\boldsymbol{S}\cdot\boldsymbol{S}^{\mathrm{H}}]\otimes E[(\boldsymbol{S}\cdot\boldsymbol{S}^{\mathrm{H}})^*](\boldsymbol{C}\otimes\boldsymbol{C}^*)^{\mathrm{H}}\}+$$
$$\{E[(\tilde{\boldsymbol{N}}\otimes\tilde{\boldsymbol{N}}^*)(\tilde{\boldsymbol{N}}\otimes\tilde{\boldsymbol{N}}^*)^{\mathrm{H}}]-E[\tilde{\boldsymbol{N}}\otimes\tilde{\boldsymbol{N}}^*]\cdot E[(\tilde{\boldsymbol{N}}\otimes\tilde{\boldsymbol{N}}^*)^{\mathrm{H}}]-$$
$$E[\tilde{\boldsymbol{N}}\cdot\tilde{\boldsymbol{N}}^{\mathrm{H}}]\otimes E[(\tilde{\boldsymbol{N}}\cdot\tilde{\boldsymbol{N}}^{\mathrm{H}})^*]\}$$
$$=\boldsymbol{C}\cdot\boldsymbol{C}_{4S}\cdot\boldsymbol{C}^{\mathrm{H}}+\boldsymbol{C}_{4\tilde{N}} \tag{7.39}$$

式中

$$\boldsymbol{C}=\boldsymbol{C}\otimes\boldsymbol{C}^*$$

$$\boldsymbol{C}_{4S}=E[(\boldsymbol{S}\otimes\boldsymbol{S}^*)(\boldsymbol{S}\otimes\boldsymbol{S}^*)^{\mathrm{H}}]-E[\boldsymbol{S}\otimes\boldsymbol{S}^*]\cdot$$
$$E[(\boldsymbol{S}\otimes\boldsymbol{S}^*)^{\mathrm{H}}]-E[\boldsymbol{S}\cdot\boldsymbol{S}^{\mathrm{H}}]\otimes E[(\boldsymbol{S}\cdot\boldsymbol{S}^{\mathrm{H}})^*]$$

$$\boldsymbol{C}_{4\tilde{N}}=E[(\tilde{\boldsymbol{N}}\otimes\tilde{\boldsymbol{N}}^*)(\tilde{\boldsymbol{N}}\otimes\tilde{\boldsymbol{N}}^*)^{\mathrm{H}}]-E[\tilde{\boldsymbol{N}}\otimes\tilde{\boldsymbol{N}}^*]\cdot$$
$$E[(\tilde{\boldsymbol{N}}\otimes\tilde{\boldsymbol{N}}^*)^{\mathrm{H}}]-E[(\tilde{\boldsymbol{N}}\cdot\tilde{\boldsymbol{N}}^{\mathrm{H}}]\otimes E[(\tilde{\boldsymbol{N}}\cdot\tilde{\boldsymbol{N}}^{\mathrm{H}})^*]$$

由高斯过程四阶累积量的相关结论可知，理论上高斯色噪声的四阶累积量矩阵$\boldsymbol{C}_{4\tilde{N}}\equiv 0$，也就证明利用四阶累积量可以对高斯色噪声的影响进行有效抑制。但由于实际中有限数据运算精度或者噪声有时会偏离高斯的问题，$\boldsymbol{C}_{4\tilde{N}}$通常是不恒等于0的小量。在$P<MN$且目标的发射角$\varphi_p$、接收角$\theta_p(p=1,2,\cdots,P)$分别互不相等时，联合导向矢量矩阵$\boldsymbol{C}$才是列满秩的，即$\mathrm{rank}(\boldsymbol{C})=P$，根据克罗内克积的性质可知

$$\mathrm{rank}(\boldsymbol{C})=\mathrm{rank}(\boldsymbol{C}\otimes\boldsymbol{C}^*)=P^2 \tag{7.40}$$

根据 P 个目标的相互独立性可知

$$\operatorname{rank}(\mathbb{C}\cdot \boldsymbol{C}_{4S}\cdot \mathbb{C}^{\mathrm{H}})=P^2 \tag{7.41}$$

对式(7.39)中的 $\boldsymbol{R}_{4z}$ 进行特征值分解，由大到小排列这 $(MN)^2$ 个特征值，并记 $\boldsymbol{\Sigma}_{\mathrm{S}}$ 和 $\boldsymbol{\Sigma}_{\mathrm{N}}$ 分别是由 P^2 个较大特征值和其余 $M^2N^2-P^2$ 个小特征值构成的对角矩阵，$\boldsymbol{U}_{\mathrm{S}}=[u_1\ u_2\cdots\ u_{P2}]$ 和 $\boldsymbol{U}_{\mathrm{N}}=[u_{P2+1}\ u_{P2+2}\cdots\ u_{(MN)2}]$ 分别是由与其相对应的特征矢量所组成的信号子空间和噪声子空间，则有

$$\begin{aligned}\boldsymbol{R}_{4z} &= \boldsymbol{U\Sigma U}^{\mathrm{H}} = \sum_{i=1}^{P^2}\lambda_i\boldsymbol{u}_i\boldsymbol{u}_i^{\mathrm{H}} + \sum_{i=P^2+1}^{(MN)^2}\lambda_j\boldsymbol{u}_j\boldsymbol{u}_j^{\mathrm{H}}\\ &= [\boldsymbol{U}_{\mathrm{S}}\quad \boldsymbol{U}_{\mathrm{N}}]\begin{bmatrix}\boldsymbol{\Sigma}_{\mathrm{S}} & \\ & \boldsymbol{\Sigma}_{\mathrm{N}}\end{bmatrix}[\boldsymbol{U}_{\mathrm{S}}\quad \boldsymbol{U}_{\mathrm{N}}]^{\mathrm{H}}\\ &= \boldsymbol{U}_S\boldsymbol{\Sigma}_S\boldsymbol{U}_S^{\mathrm{H}} + \boldsymbol{U}_N\boldsymbol{\Sigma}_{\mathrm{N}}\boldsymbol{U}_N^{\mathrm{H}}\end{aligned} \tag{7.42}$$

该算法的二维空间谱函数为

$$P_{\mathrm{CUM\_MUSIC}}(\theta,\varphi)=\frac{1}{\|[c(\theta,\varphi)\otimes c^*(\theta,\varphi)]^{\mathrm{H}}U_{\mathrm{N}}\|^2} \tag{7.43}$$

通过对 $P_{\mathrm{CUM\_MUSIC}}(\theta,\varphi)$ 进行二维谱峰搜索，得到的 P 个最大峰值所对应的收发角度估计值即为相应目标的波离方向角(DOD)和波达方向角(DOA)，且这两个参数能够自动配对。

7.3.2.2　仿真实验与分析

考虑如图 7.1 所示的双基地 MIMO 雷达系统，令发射阵元数 $M=4$ 和接收阵元数 $N=4$，采样拍数 $T=500$。

仿真实验一： 假设空间中存在三个互不相关的目标，各个目标相对于接收阵列的波达方向角(DOA)和相对于发射阵列的波离方向角(DOD)分别为 $(\theta_1,\varphi_1)=(10°,-20°)$，$(\theta_2,\varphi_2)=(-5°,-10°)$，$(\theta_3,\varphi_3)=(-20°,10°)$，且三个目标的信噪比均为 SNR = 5dB，仿真结果如图 7.3 和图 7.4 所示。

图 7.3 和图 7.4 分别为利用两种算法进行双基地 MIMO 雷达联合收发角度估计的空间谱图和等高线图。从图 7.3 和图 7.4 可以看出，传统 MUSIC 算法无法正确估计出目标的发射角和接收角，无法实现多个目标的正确定位；而利用基于四阶累积量的 MUSIC 算法获得的谱峰非常准确和尖锐，说明该算法可很好地抑制高斯色噪声的影响，获得更高的角度分辨能力，从而利用该算法可以正确估计出双基地 MIMO 雷达的发射角和接收角角度，且发射角和接收角可实现自动配对，并且对收发阵列的阵元数没有特殊要求。

仿真实验二： 假设空间中存在三个互不相关的目标，其目标角度的参数设置同仿真实验一，且三个目标的信噪比均相等。发射角和接收角估计的均方根误差为

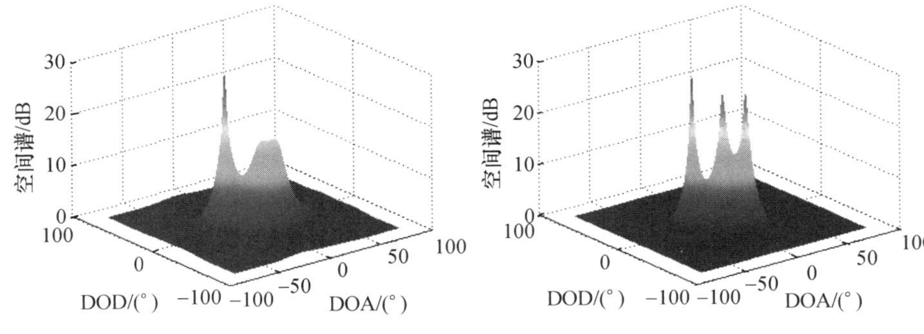

(a) MUSIC算法　　(b) 基于四阶累积量的MUSIC算法

图 7.2　空间谱图

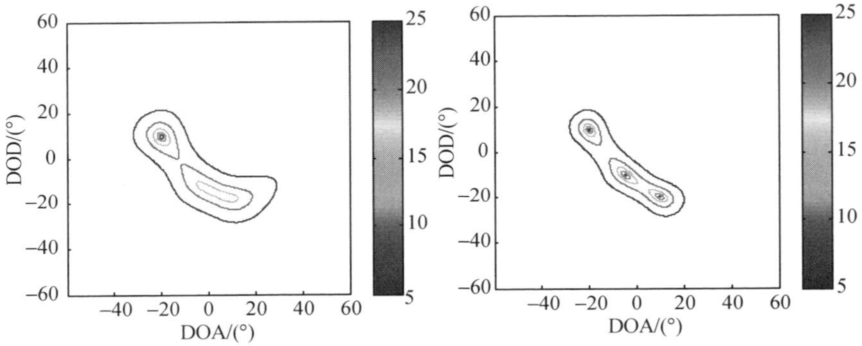

(a) MUSIC算法　　(b) 基于四阶累积量的MUSIC算法

图 7.3　等高线图

$$\text{RMSE} = \frac{1}{PM}\sum_{m=1}^{M}\sqrt{\sum_{p=1}^{P}(\hat{\psi}_{mp} - \psi_p)^2} \tag{7.44}$$

式中：ψ_p 为第 p 个目标的发射角/接收角的真实值；$\hat{\psi}_{mp}$ 为第 m 次蒙特卡洛仿真实验的第 p 个目标的发射角/接收角的估计值；P 和 M 分别为目标数和蒙特卡洛仿真实验次数。

图 7.4 给出利用两种算法对空间中的多目标进行联合收发角度估计时的发射角和接收角的均方根误差随 SNR 的变化关系仿真图，仿真结果是通过 50 次的蒙特卡洛仿真实验获得的。从图 7.4 可以看出，利用两种算法对不同目标进行联合收发角估计时的发射角和接收角的均方根误差均随着信噪比的增加而减少；同时可看出，基于四阶累积量的算法性能明显优于传统 MUSIC 算法，特别是在低信噪比的情况下，可以更好地抑制高斯色噪声的影响，获得更好的角度估计性能。

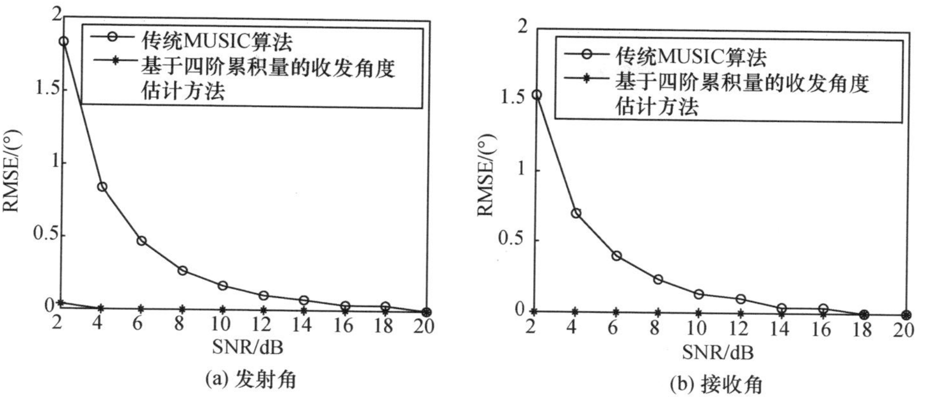

(a) 发射角　　(b) 接收角

图 7.4　多目标的 RMSE 随 SNR 的变化关系仿真图

7.3.3　基于四阶累积量的 PM 算法

基于四阶累积量的 MUSIC 算法需要进行二维空间谱搜索，而且其角度估计的精度与搜索间隔有直接关系，因此若想获得较高的方位角估计精度，运算量就会很大；同时该算法中进行的累积量矩阵的估计求解和对其进行特征值分解的计算，特别是在采样拍数很大时，其运算量也很会大，不利于实际应用。本节给出了一种基于四阶累积量的 PM 算法，其在双基地 MIMO 雷达中进行收发角估计的基本原理如下所述。

7.3.3.1　基本原理

式(7.34)给出了在高斯色噪声环境下双基地 MIMO 雷达系统虚拟阵列输出数据矩阵：

$$Z(t)=[z_1,z_2,\cdots,z_M,z_{M+1},z_{M+2},\cdots,z_{2M},\cdots,z_{(N-1)M+1},z_{(N-1)M+2},\cdots,z_{NM}]^{\mathrm{T}}$$

将 $\boldsymbol{Z}(t)$ 进行有限次的初等行变换，得到一个等价的新数据矩阵 $\boldsymbol{Z}_{\mathrm{t}}(t)$，两者之间的等价关系为

$$\begin{aligned}\boldsymbol{Z}_{\mathrm{t}}(t)&=\boldsymbol{JZ}(t)=\boldsymbol{JC}(\theta,\varphi)\boldsymbol{S}(t)+\boldsymbol{J}\tilde{\boldsymbol{N}}(t)\\&=\boldsymbol{C}_{\mathrm{t}}(\theta,\varphi)\boldsymbol{S}(t)+\boldsymbol{N}\tilde{\boldsymbol{N}}_{\mathrm{t}}(t)\end{aligned}\tag{7.45}$$

式中：$\boldsymbol{J}$ 为 $MN\times MN$ 维的转换矩阵；对应的有限次初等行变换操作为

$$\boldsymbol{C}_{\mathrm{t}}(\theta,\varphi)=\boldsymbol{JC}(\theta,\varphi)=[\tilde{c}(\theta_1,\varphi_1),\tilde{c}(\theta_2,\varphi_2),\cdots,\tilde{c}(\theta_P,\varphi_P)]\tag{7.46}$$

式中

$$\tilde{c}(\theta_i,\varphi_i)=a(\theta_i)\otimes b(\varphi_i),\ \tilde{\boldsymbol{N}}_{\mathrm{t}}(t)=\boldsymbol{J}\tilde{\boldsymbol{N}}(t)$$

分别取 $\boldsymbol{Z}(t)$ 的前 $M(N-1)$ 行和后 $M(N-1)$ 行的数据，记为 $\boldsymbol{Z}_1(t)$ 和

$\boldsymbol{Z}_2(t)$，可分别表示为

$$\begin{cases}\boldsymbol{Z}_1(t)=\boldsymbol{C}_1(\theta,\varphi)\boldsymbol{S}+\tilde{\boldsymbol{N}}_1\\ \boldsymbol{Z}_2(t)=\boldsymbol{C}_2(\theta,\varphi)\boldsymbol{S}+\tilde{\boldsymbol{N}}_2\end{cases}\tag{7.47}$$

相似地，分别取对调操作后得到的数据矩阵 $\tilde{\boldsymbol{Y}}$ 的前 $N(M-1)$ 行和后 $N(M-1)$ 行的数据，记为 $\boldsymbol{Z}_{t1}(t)$ 和 $\boldsymbol{Z}_{t2}(t)$，可分别表示为

$$\begin{cases}\boldsymbol{Z}_{t1}(t)=\boldsymbol{C}_{t1}(\theta,\varphi)\boldsymbol{S}+\tilde{\boldsymbol{N}}_{t1}\\ \boldsymbol{Z}_{t2}(t)=\boldsymbol{C}_{t2}(\theta,\varphi)\boldsymbol{S}+\tilde{\boldsymbol{N}}_{t2}\end{cases}\tag{7.48}$$

根据虚拟阵列输出数据的联合导向矢量矩阵 $\boldsymbol{C}_1(\theta,\varphi)$、$\boldsymbol{C}_2(\theta,\varphi)$ 和 $\boldsymbol{C}_{t1}(\theta,\varphi)$、$\boldsymbol{C}_{t2}(\theta,\varphi)$ 的矩阵结构可以看出

$$\boldsymbol{C}_2(\theta,\varphi)=\boldsymbol{C}_1(\theta,\varphi)\boldsymbol{\Phi}_r\tag{7.49}$$

$$\boldsymbol{C}_{t2}(\theta,\varphi)=\boldsymbol{C}_{t1}(\theta,\varphi)\boldsymbol{\Phi}_t\tag{7.50}$$

式中

$$\boldsymbol{\Phi}_r=\mathrm{diag}[\mathrm{e}^{-\mathrm{j}2\pi d_r\sin\theta_1/\lambda},\mathrm{e}^{-\mathrm{j}2\pi d_r\sin\theta_2/\lambda},\cdots,\mathrm{e}^{-\mathrm{j}2\pi d_r\sin\theta_P/\lambda}]\tag{7.51}$$

$$\boldsymbol{\Phi}_t=\mathrm{diag}[\mathrm{e}^{-\mathrm{j}2\pi d_t\sin\varphi_1/\lambda},\mathrm{e}^{-\mathrm{j}2\pi d_t\sin\varphi_2/\lambda},\cdots,\mathrm{e}^{-\mathrm{j}2\pi d_t\sin\theta_P/\lambda}]\tag{7.52}$$

从以上两个式子可以看出，对角矩阵 $\boldsymbol{\Phi}_r$ 和 $\boldsymbol{\Phi}_t$ 分别包含了目标相对接收阵列的接收角和相对发射阵列的发射角的全部信息，因此对目标收发角的求解问题最后归结于对矩阵 $\boldsymbol{\Phi}_r$ 和 $\boldsymbol{\Phi}_t$ 的求解问题。

式(7.47)和式(7.48)中的数据矩阵可进一步表示为

$$\begin{cases}z_{1_i}=\sum\limits_{p=1}^{P}c_{1_i}(\theta_p,\varphi_p)s_p+\tilde{n}_{1_i}\\ z_{2_i}=\sum\limits_{p=1}^{P}c_{1_i}(\theta_p,\varphi_p)\mathrm{e}^{-\mathrm{j}2\pi d_r\sin\theta_p/\lambda}s_p+\tilde{n}_{2_i}\end{cases}\tag{7.53}$$

$$\begin{cases}z_{t1_i}=\sum\limits_{p=1}^{P}c_{t1_i}(\theta_p,\varphi_p)s_p+\tilde{n}_{t1_i}\\ z_{t2_i}=\sum\limits_{p=1}^{P}c_{t1_i}(\theta_p,\varphi_p)\mathrm{e}^{-\mathrm{j}2\pi d_t\sin\varphi_p/\lambda}s_p+\tilde{n}_{t2_i}\end{cases}\tag{7.54}$$

式中：$c_{1_i}(\theta_p,\varphi_p)$、$c_{t1_i}(\theta_p,\varphi_p)$ 分别为 $\boldsymbol{C}_1(\theta,\varphi)$、$\boldsymbol{C}_{t1}(\theta,\varphi)$ 的第 i 行第 p 列的元素；$\boldsymbol{S}(t)=[s_1,s_2,\cdots,s_P]$，$\tilde{\boldsymbol{N}}(t)=[\tilde{n}_1,\tilde{n}_2,\cdots,\tilde{n}_P]$。

根据式(7.31)，分别定义如下四阶累积量矩阵：

$$\begin{cases}\boldsymbol{R}_{r1}=\mathrm{cum}(z_{1_1}^*,z_1,z_{1_1},z_1^*)\\ \boldsymbol{R}_{r2}=\mathrm{cum}(z_{1_1}^*,z_2,z_{1_1},z_1^*)\end{cases}\tag{7.55}$$

$$\begin{cases} \boldsymbol{R}_{t1} = \text{cum}(z_{t1_1}^*, z_{t1}, z_{t1_1}, z_{t1}^*) \\ \boldsymbol{R}_{t2} = \text{cum}(z_{t1_1}^*, z_{t2}, z_{t1_1}, z_{t1}^*) \end{cases} \tag{7.56}$$

将式(7.55)中 $\boldsymbol{R}_{r1}$ 的第 i 行第 j 列的元素进一步展开,可得

$$\begin{aligned} \boldsymbol{R}_{r1}(i,j) &= \text{cum}(z_{1_1}^*, z_1, z_{1_1}, z_1^*) \\ &= \text{cum}\Big\{ \sum_{p_1=1}^{P} (s_{p_1}^* + \tilde{n}_{1_1}^*), \sum_{p_2=1}^{P} [c_{1_i}(\theta_{p_2}, \varphi_{p_2}) s_{p_2} + \tilde{n}_{1_i}], \\ &\quad \sum_{p_3=1}^{P} (s_{p_3} + \tilde{n}_{1_1}), \sum_{p_4=1}^{P} [c_{1_j}^*(\theta_{p_4}, \varphi_{p_4}) s_{p_4}^* + \tilde{n}_{1_j}^*] \Big\} \\ &= \sum_{p_1=1}^{P}\sum_{p_2=1}^{P}\sum_{p_3=1}^{P}\sum_{p_4=1}^{P} c_{1_i}(\theta_{p_2}, \varphi_{p_2}) \text{cum}(s_{p_1}^*, s_{p_2}, s_{p_3}, s_{p_4}^*) c_{1_j}^*(\theta_{p_4}, \varphi_{p_4}) + \\ &\quad \text{cum}(\tilde{n}_{1_1}^*, \tilde{n}_{1_i}, \tilde{n}_{1_1}, \tilde{n}_{1_j}^*) \end{aligned} \tag{7.57}$$

根据高斯过程的高阶累积量的相关结论可知,理论上高斯色噪声的四阶累积量是恒等于 0 的,即 $\text{cum}(\tilde{n}_{1_1}^*, \tilde{n}_{1_i}, \tilde{n}_{1_1}, \tilde{n}_{1_j}^*) \equiv 0$,因此利用四阶累积量可以对高斯色噪声的影响进行有效抑制。又由于 P 个目标互不相关,则有

$$\text{cum}(s_{p_1}^*, s_{p_2}, s_{p_3}, s_{p_4}^*) = \begin{cases} \gamma_{4s_p} & (p_1 = p_2 = p_3 = p_4 = p) \\ 0 & (\text{其他}) \end{cases} \tag{7.58}$$

将式(7.58)代入式(7.57)中,可得

$$\boldsymbol{R}_1(i,j) = \text{cum}(z_{1_1}^*, z_1, z_{1_1}, z_1^*) = \sum_{p=1}^{P} c_{1_i}(\theta_p, \varphi_p) \gamma_{4s_p} c_{1_j}^*(\theta_p, \varphi_p) \tag{7.59}$$

相似的,式(7.55)中的 $\boldsymbol{R}_2$ 的第 i 行第 j 列的元素可展开为

$$\begin{aligned} \boldsymbol{R}_2(i,j) &= \text{cum}(z_{1_1}^*, z_1, z_{1_1}, z_{2_j}^*) \\ &= \sum_{p=1}^{P} c_{1_i}(\theta_p, \varphi_p) \exp(-\text{j}2\pi d_r \sin\theta_p / \lambda) \gamma_{4s_p} c_{1_j}^*(\theta_p, \varphi_p) \end{aligned} \tag{7.60}$$

最后将其整理为如下矩阵的形式:

$$\begin{cases} \boldsymbol{R}_{r1} = \boldsymbol{C}_1 \boldsymbol{R}_{4s} \boldsymbol{C}_1^{\mathrm{H}} \\ \boldsymbol{R}_{r2} = \boldsymbol{C}_1 \boldsymbol{\Phi}_r \boldsymbol{R}_{4s} \boldsymbol{C}_1^{\mathrm{H}} \end{cases} \tag{7.61}$$

$$\begin{cases} \boldsymbol{R}_{t1} = \boldsymbol{C}_{t1} \boldsymbol{R}_{4s} \boldsymbol{C}_{t1}^{\mathrm{H}} \\ \boldsymbol{R}_{t2} = \boldsymbol{C}_{t1} \boldsymbol{\Phi}_t \boldsymbol{R}_{4s} \boldsymbol{C}_{t1}^{\mathrm{H}} \end{cases} \tag{7.62}$$

为了进行接收角的估计,首先构造如下矩阵 $\boldsymbol{R}_r$:

$$\boldsymbol{R}_r = \begin{bmatrix} \boldsymbol{R}_{r1} \\ \boldsymbol{R}_{r2} \end{bmatrix} = \begin{bmatrix} \boldsymbol{C}_1 \\ \boldsymbol{C}_1 \boldsymbol{\Phi}_r \end{bmatrix} \boldsymbol{R}_{4s} \boldsymbol{C}_1^{\mathrm{H}} = \boldsymbol{B}_r \boldsymbol{R}_{4s} \boldsymbol{C}_1^{\mathrm{H}} = \begin{bmatrix} \boldsymbol{B}_{r1} \\ \boldsymbol{B}_{r2} \end{bmatrix} \boldsymbol{R}_{4s} \boldsymbol{C}_1^{\mathrm{H}} \tag{7.63}$$

式中：$\boldsymbol{B}_{\mathrm{r}}=\begin{bmatrix}\boldsymbol{C}_1\\ \boldsymbol{C}_1\boldsymbol{\Phi}_{\mathrm{r}}\end{bmatrix}$；$\boldsymbol{B}_{\mathrm{r1}}$、$\boldsymbol{B}_{\mathrm{r2}}$分别为 $\boldsymbol{B}_{\mathrm{r}}$ 的前 P 行和后$(2M(N-1)-P)\times P$ 行的行矢量构成的矩阵。

那么存在一个$(2M(N-1)-P)\times P$ 维的矩阵 $\boldsymbol{G}_{\mathrm{r}}^{\mathrm{H}}$，使得下式成立

$$\boldsymbol{B}_{\mathrm{r2}}=\boldsymbol{G}_{\mathrm{r}}^{\mathrm{H}}\boldsymbol{B}_{\mathrm{r1}} \tag{7.64}$$

矩阵 $\boldsymbol{G}_{\mathrm{r}}^{\mathrm{H}}$ 称为传播算子。然后分别将矩阵 $\boldsymbol{R}_{x\mathrm{r}}$和 $\boldsymbol{R}_{y\mathrm{r}}$记为矩阵 $\boldsymbol{R}_{\mathrm{r}}$的前 P 行和后 $2M(N-1)-P$ 行的行矢量构成的矩阵，则有 $\boldsymbol{R}_{y\mathrm{r}}=\boldsymbol{G}_{\mathrm{r}}^{\mathrm{H}}\boldsymbol{R}_{x\mathrm{r}}$。可以根据构造的如下代价函数估计得到矩阵 $\boldsymbol{G}_{\mathrm{r}}^{\mathrm{H}}$：

$$J(\boldsymbol{G}_{\mathrm{r}}^{\mathrm{H}})=\operatorname{argmin}\|\boldsymbol{R}_{y\mathrm{r}}-\boldsymbol{G}_{\mathrm{r}}^{\mathrm{H}}\boldsymbol{R}_{x\mathrm{r}}\|^2 \tag{7.65}$$

通过求解式(7.65)可以得到

$$\boldsymbol{G}_{\mathrm{r}}^{\mathrm{H}}=\boldsymbol{R}_{y\mathrm{r}}\boldsymbol{R}_{x\mathrm{r}}^{\mathrm{H}}(\boldsymbol{R}_{x\mathrm{r}}\boldsymbol{R}_{x\mathrm{r}}^{\mathrm{H}})^{-1} \tag{7.66}$$

令 $\boldsymbol{V}_{\mathrm{r}}=\begin{bmatrix}\boldsymbol{I}_P\\ \boldsymbol{G}_{\mathrm{r}}^{\mathrm{H}}\end{bmatrix}$（$\boldsymbol{I}_P$ 为 P 阶的单位矩阵），那么有

$$\boldsymbol{V}_{\mathrm{r}}\boldsymbol{B}_{\mathrm{r1}}=\begin{bmatrix}\boldsymbol{I}_P\\ \boldsymbol{G}_{\mathrm{r}}^{\mathrm{H}}\end{bmatrix}\boldsymbol{B}_{\mathrm{r1}}=\begin{bmatrix}\boldsymbol{B}_{\mathrm{r1}}\\ \boldsymbol{B}_{\mathrm{r2}}\end{bmatrix}=\boldsymbol{B}_{\mathrm{r}}=\begin{bmatrix}\boldsymbol{C}_1\\ \boldsymbol{C}_1\boldsymbol{\Phi}_{\mathrm{r}}\end{bmatrix} \tag{7.67}$$

由式(7.67)可知，矩阵 $\boldsymbol{V}_{\mathrm{r}}$ 可张成为信号子空间，将矩阵 $\boldsymbol{V}_{\mathrm{r}}$ 按行平均分为两个矩阵，$\boldsymbol{V}_{\mathrm{r1}}$ 和 $\boldsymbol{V}_{\mathrm{r2}}$分别为其前 $M(N-1)$行和后 $M(N-1)$行的行矢量构成的矩阵，并且有 $\boldsymbol{V}_{\mathrm{r1}}$ 和 $\boldsymbol{B}_{\mathrm{r1}}=\boldsymbol{C}_1$ 和 $\boldsymbol{V}_{\mathrm{r2}}\boldsymbol{B}_{\mathrm{r1}}=\boldsymbol{C}_1\boldsymbol{\Phi}_{\mathrm{r}}$，那么可知

$$\boldsymbol{V}_{\mathrm{r2}}\boldsymbol{V}_{\mathrm{r1}}^{\dagger}\boldsymbol{C}_1=\boldsymbol{\Psi}_{\mathrm{r}}\boldsymbol{C}_1=\boldsymbol{C}_1\boldsymbol{\Phi}_{\mathrm{r}} \tag{7.68}$$

式中：$\boldsymbol{V}_{\mathrm{r1}}^{\dagger}=(\boldsymbol{V}_{\mathrm{r1}}^{1}\boldsymbol{V}_{\mathrm{r1}}^{\mathrm{H}})^{-1}\boldsymbol{V}_{\mathrm{r1}}^{\mathrm{H}}$；$\boldsymbol{\Psi}_{\mathrm{r}}=\boldsymbol{V}_{\mathrm{r2}}^{\dagger}\boldsymbol{V}_{\mathrm{r1}}^{\dagger}$。

由式(7.68)可以看出，对矩阵 $\boldsymbol{\Psi}_{\mathrm{r}}$ 进行特征值分解后得到的 P 个较大特征值 $\boldsymbol{\kappa}'_p(p=1,2,\cdots,P)$分别就是 $\boldsymbol{\Phi}_{\mathrm{r}}$ 在主对角线上的元素估计值，其包含了接收方向的全部信息，与其相对应的特征矢量是 $\boldsymbol{C}_1$ 的各列矢量。因此第 p 个目标的接收角为

$$\hat{\theta}_p=-\arcsin(\lambda\arg(\boldsymbol{\kappa}'_p)/2\pi d_{\mathrm{r}}) \tag{7.69}$$

同理，对数据矩阵 $\boldsymbol{Z}_{\mathrm{t1}}(t)$和 $\boldsymbol{Z}_{\mathrm{t2}}(t)$做相同的处理，则有

$$\boldsymbol{G}_{\mathrm{t}}^{\mathrm{H}}=\boldsymbol{R}_{y\mathrm{t}}\boldsymbol{R}_{x\mathrm{t}}^{\mathrm{H}}(\boldsymbol{R}_{x\mathrm{t}}\boldsymbol{R}_{x\mathrm{t}}^{\mathrm{H}})^{-1} \tag{7.70}$$

$G_{\mathrm{t}}^{\mathrm{H}}$ 为$(2M(N-1)-P)\times P$ 维的传播算子，矩阵 $\boldsymbol{R}_{x\mathrm{t}}$和 $\boldsymbol{R}_{y\mathrm{t}}$分别为矩阵

$$\boldsymbol{R}_{\mathrm{t}}=\begin{bmatrix}\boldsymbol{R}_{\mathrm{t1}}\\ \boldsymbol{R}_{\mathrm{t2}}\end{bmatrix}=\begin{bmatrix}\boldsymbol{C}_{\mathrm{t1}}\\ \boldsymbol{C}_{\mathrm{t1}}\boldsymbol{\Phi}_{\mathrm{t}}\end{bmatrix}\boldsymbol{R}_{4\mathrm{s}}\boldsymbol{C}_{\mathrm{t1}}^{\mathrm{H}}=\boldsymbol{B}_{\mathrm{t}}\boldsymbol{R}_{4\mathrm{s}}\boldsymbol{C}_{\mathrm{t1}}^{\mathrm{H}}$$

的前 P 行和后 $2M(N-1)-P$ 行构成的矩阵，那么有

$$\boldsymbol{\Psi}_{\mathrm{t}}\boldsymbol{C}_{\mathrm{t1}}=\boldsymbol{C}_{\mathrm{t1}}\boldsymbol{\Phi}_{\mathrm{t}} \tag{7.71}$$

对式(7.71)中的 $\boldsymbol{\Psi}_{\mathrm{t}}$ 进行特征值分解后，得到的 P 个较大特征值 $\gamma'_p(p=1,$

$2,\cdots,P$)分别就是矩阵 $\boldsymbol{\Phi}_{\mathrm{t}}$ 在主对角线上的元素估计值,包含发射方向的全部信息,与其相对应的特征矢量分别是 $\boldsymbol{C}_{\mathrm{t1}}$ 的各列矢量。因此第 p 个目标的发射角为

$$\hat{\varphi}_p = -\arcsin(\lambda \arg(\gamma'_p)/2\pi d_{\mathrm{t}}) \tag{7.72}$$

从而实现了目标收发角度的正确估计,理论上对 $\boldsymbol{\Psi}_{\mathrm{r}}$ 和 $\boldsymbol{\Psi}_{\mathrm{t}}$ 进行特征值分解,得到的 P 个大特征值应该是满足一一相互对应的关系。但在实际的求解计算中,由于这两个特征值分解相互独立,使得到的特征矢量的排序有可能不同,所以得到的特征值也不一定满足一一相互对应的关系。由分析可以看出,矩阵 $\boldsymbol{C}_1$ 和 $\boldsymbol{C}_{\mathrm{t1}}$ 存在以下关系:

$$\boldsymbol{JC} = \boldsymbol{J}\begin{bmatrix} \boldsymbol{C}_1 \\ \text{后 } M \text{ 行} \end{bmatrix} = \boldsymbol{C}_{\mathrm{t}} = \begin{bmatrix} \boldsymbol{C}_{\mathrm{t1}} \\ \text{后 } M \text{ 行} \end{bmatrix} \tag{7.73}$$

将矩阵 $\boldsymbol{\Psi}_{\mathrm{r}}$ 进行特征值分解后得到的 P 个较大特征值组成的对角阵记为 $\overline{\boldsymbol{\Phi}}_{\mathrm{r}}$,将其对应的特征矢量组成的矩阵记作 $\overline{\boldsymbol{C}}_1$,其满足

$$\boldsymbol{\Psi}_{\mathrm{r}}\overline{\boldsymbol{C}}_1 = \overline{\boldsymbol{C}}_1\overline{\boldsymbol{\Phi}}_{\mathrm{r}} \tag{7.74}$$

根据信号的联合导向矢量矩阵 $\boldsymbol{C}$ 的矩阵结构可知,设矩阵

$$\boldsymbol{C}' = \begin{bmatrix} \overline{\boldsymbol{C}}_1 \\ \overline{\boldsymbol{C}} \end{bmatrix} \tag{7.75}$$

式中:$\overline{\boldsymbol{C}}$ 为 $\overline{\boldsymbol{C}}' = \overline{\boldsymbol{C}}_1\overline{\boldsymbol{\Phi}}_{\mathrm{r}}$ 的后 M 行矢量。

对 $\boldsymbol{C}'$进行行对调操作,可得

$$\boldsymbol{JC}' = \boldsymbol{J}\begin{bmatrix} \overline{\boldsymbol{C}}_1 \\ \overline{\boldsymbol{C}} \end{bmatrix} = \boldsymbol{C}'_{\mathrm{t}} = \begin{bmatrix} \boldsymbol{C}_{\mathrm{t1}} \\ \text{后 } N \text{ 行} \end{bmatrix} \tag{7.76}$$

因为矩阵 $\overline{\boldsymbol{C}}_1$ 的各列矢量是 $\boldsymbol{\Psi}_{\mathrm{r}}$ 的特征矢量,并依据式(7.73)中 $\boldsymbol{C}_1$ 和 $\boldsymbol{C}_{\mathrm{t1}}$ 的对应关系可知,$\overline{\boldsymbol{C}}_{\mathrm{t1}}$的各列矢量也为 $\boldsymbol{\Psi}_{\mathrm{t}}$ 的特征矢量,那么有 $\boldsymbol{\Psi}_{\mathrm{t}}\overline{\boldsymbol{C}}_{\mathrm{t1}} = \overline{\boldsymbol{C}}_{t1}\overline{\boldsymbol{\Phi}}_{\mathrm{t}}$,其中 $\overline{\boldsymbol{\Phi}}_{\mathrm{t}}$ 为对角矩阵,该矩阵在对角线上的元素值即为 $\boldsymbol{\Psi}_{\mathrm{t}}$ 进行特征值分解后得到的 P 个大特征值,其为 $\boldsymbol{\Phi}_{\mathrm{t}}$ 在对角线上的元素估计值。由矩阵、矩阵进行特征值分解后得到的特征值与特征矢量三者之间的关系可知,两个对角矩阵 $\boldsymbol{\Phi}_{\mathrm{r}}$ 和 $\boldsymbol{\Phi}_{\mathrm{t}}$ 中位于相同位置上的对角线元素值,能够反映出同一目标相对于接收阵列的波达方向角和相对于发射阵列的波离方向角的全部信息,所以在对角矩阵 $\overline{\boldsymbol{\Phi}}_{\mathrm{r}}$ 和 $\overline{\boldsymbol{\Phi}}_{\mathrm{t}}$ 中位于相同位置上的对角线元素值,也反映出同一目标相对于接收阵列的波达方向角和相对于发射阵列的波离方向角的全部信息,从而有效解决了目标发射角和接收角自动配对的问题。

但实际求解上,只需知道 $\overline{\boldsymbol{\Phi}}_{\mathrm{t}}$ 在对角线上的元素值即可,所以为了降低运算复杂度,假设 $\overline{\boldsymbol{C}}_{\mathrm{t1}}$ 中的第 $p(p=1,2,\cdots,P)$ 个列矢量记为 $\overline{\boldsymbol{C}}_{\mathrm{t1}p}$,$\overline{\boldsymbol{C}}_{\mathrm{t1}p} = [\overline{C}_{\mathrm{t1}p}^{(1)}, \overline{C}_{\mathrm{t1}p}^{(2)}, \cdots, \overline{C}_{\mathrm{t1}p}^{(N(M-1))}]^{\mathrm{T}}$,$\boldsymbol{\Psi}_{\mathrm{t}}\overline{\boldsymbol{C}}_{\mathrm{t1}p} = [\overline{W}_{\mathrm{t1}p}^{(1)}, \overline{W}_{\mathrm{t1}p}^{(2)}, \cdots, \overline{W}_{\mathrm{t1}p}^{(N(M-1))}]^{\mathrm{T}}$ 则对角阵 $\overline{\boldsymbol{\Phi}}_{\mathrm{t}}$ 在对角线上的第 p 个元素值 $\mu_{\mathrm{t}p}$可表示为

$$\mu_{tp} = \frac{1}{N(M-1)} \sum_{i=1}^{N(M-1)} \frac{\overline{W}_{t1p}^{(i)}}{\overline{C}_{t1p}^{(i)}} \tag{7.77}$$

同时设μ_{tp}为$\overline{\Phi}_t$的第p个对角元素值，则第p个目标相对接收阵列的波达方向角(DOA)和相对发射阵列的波离方向角(DOD)的估计值分别为

$$\hat{\theta} = \arcsin\left(-\lambda \frac{\arg(\mu_{rp})}{2\pi d_r}\right) \tag{7.78}$$

$$\hat{\varphi} = \arcsin\left(-\lambda \frac{\arg(\mu_{tp})}{2\pi d_t}\right) \tag{7.79}$$

7.3.3.2　仿真实验与分析

仿真实验一： 考虑如图7.1所示的双基地MIMO雷达系统，令发射阵元数$M=6$和接收阵元数$N=8$，采样拍数$T=500$，$\tilde{\boldsymbol{N}}(t)$为高斯色噪声矩阵。

设空间中存在四个互不相关的目标，各个目标相对于接收阵列的波达方向角(DOA)和相对于发射阵列的波离方向角(DOD)分别为$(\theta_1,\varphi_1)=(-35°,-10°)$，$(\theta_2,\varphi_2)=(-15°,-40°)$，$(\theta_3,\varphi_3)=(0°,40°)$，$(\theta_4,\varphi_4)=(20°,20°)$，且四个目标的信噪比SNR = 10dB，独立进行200次的蒙特卡洛仿真实验。仿真结果如图7.5所示。

图7.5为利用基于四阶累积量的PM算法对空间中四个互不相关的目标进行DOD和DOA估计的星座图。从图7.5可知，利用基于四阶累积量算法可以对空间中的多目标进行正确定位，且DOA和DOD这两个参数能够自动配对估计。

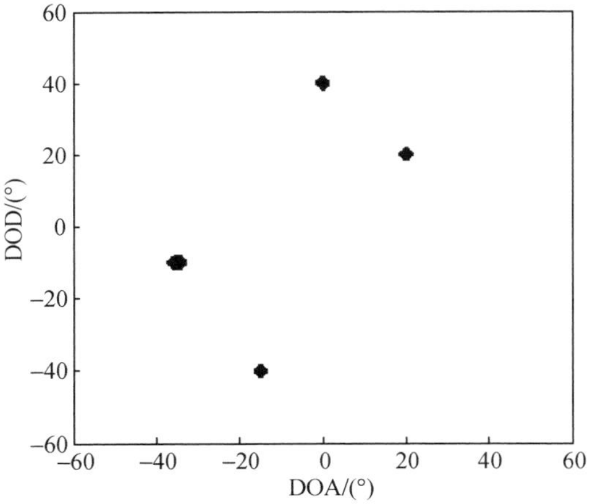

图7.5　基于四阶累积量的PM算法的收发角度估计星座图

多目标的方位角估计的均方根误差为

$$\mathrm{RMSE}=\frac{1}{PL}\sum_{l=1}^{L}\sqrt{\sum_{p=1}^{P}((\hat{\varphi}_{lp}-\varphi_p)^2+(\hat{\theta}_{lp}-\varphi_p)^2)} \tag{7.80}$$

式中:φ_p、θ_p 分别为第 p 个目标的发射角和接收角的真实值;$\hat{\varphi}_{li}$ 和 $\hat{\theta}_{li}$ 分别为第 l 次蒙特卡洛仿真实验的第 p 个目标的发射角和接收角的估计值;P 和 L 分别为目标数和蒙特卡洛仿真实验的次数。

仿真实验二:与基于四阶累积量的联合角度估计算法进行性能对比,设发射阵元数 $M=8$,接收阵元数 $N=2$,信噪比从 5dB 变化到 40dB,间隔为 5dB,其他仿真参数同仿真实验一,独立进行 200 次的蒙特卡洛仿真实验。仿真结果如图 7.6 所示。

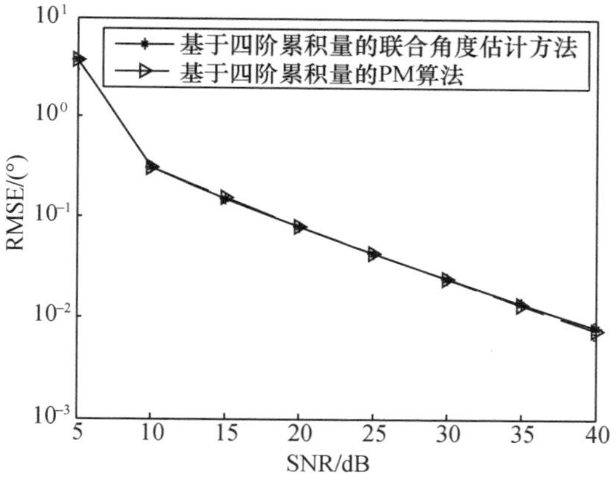

图 7.6　多个目标的角度估计均方根误差随 SNR 的变化关系仿真图

从图 7.6 可以看出,基于四阶累积量的 PM 算法和基于四阶累积量的联合角度估计算法的角度估计性能相近,但基于四阶累积量的 PM 算法不需要进行谱峰搜索和相应累积量矩阵的特征值分解计算,大大降低了该算法的运算复杂度,而且基于四阶累积量的 PM 算法对发射或接收阵元的个数没有特殊的要求,更具有实用性。

仿真实验三:四个互不相关目标的角度参数设置同仿真实验一,且各目标的信噪比均为 SNR =5dB,采样拍数从 100 变化到 500,间隔为 100,独立进行 200 次的蒙特卡洛仿真实验,其他仿真参数的设置同仿真实验二。仿真结果如图 7.7 所示。

从图 7.7 可以看出,在相同信噪比的情况下,随着采样拍数 T 的增加,两种算法的均方根误差均呈下降的趋势,并且在采样拍数较低时,基于四阶累积量的 PM 算法的 RMSE 明显小于基于四阶累积量的联合角度估计算法,说明其在低

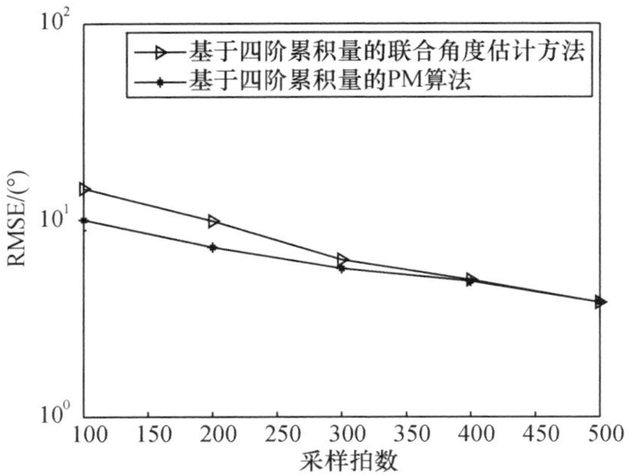

图 7.7　多目标的角度估计均方根误差随采样拍数 T 的变化关系仿真图

采样拍数的情况下仍然可以很好地抑制高斯色噪声的影响。

7.3.4　基于四阶累积量的相干信号角度估计方法

7.3.4.1　基本原理

由高斯色噪声情况下双基地 MIMO 雷达虚拟阵列接收到的数据模型可知,两个虚拟发射阵列的输出数据分别为

$$\boldsymbol{Y}(t)=\boldsymbol{A}(\theta)\boldsymbol{S}(t)+\boldsymbol{N}_1(t) \tag{7.81}$$

$$\boldsymbol{Z}(t)=\boldsymbol{A}(\theta)\boldsymbol{\Phi}_{\mathrm{t}}\boldsymbol{S}(t)+\boldsymbol{N}_2(t) \tag{7.82}$$

式中:$\boldsymbol{A}(\theta)=[\boldsymbol{a}(\theta_1),\boldsymbol{a}(\theta_2),\cdots,\boldsymbol{a}(\theta_P)]$,其中 $\boldsymbol{a}(\theta_p)$ 为 $N\times1$ 维的接收导向矢量,$\boldsymbol{a}(\theta_p)=[1,\mathrm{e}^{-\mathrm{j}(2\pi/\lambda)d_{\mathrm{r}}\sin\theta_p},\cdots,\mathrm{e}^{-\mathrm{j}(2\pi/\lambda)(N-1)d_{\mathrm{r}}\sin\theta_p}]^{\mathrm{T}}(p=1,2,\cdots,P)$;$\boldsymbol{\Phi}_{\mathrm{t}}$ 为包含所有发射方向信息的旋转对角阵,$\boldsymbol{\Phi}_{\mathrm{t}}=\mathrm{diag}[\mathrm{e}^{-\mathrm{j}2\pi d_{\mathrm{t}}\sin\varphi_1/\lambda},\mathrm{e}^{-\mathrm{j}2\pi d_{\mathrm{t}}\sin\varphi_2/\lambda},\cdots,\mathrm{e}^{-\mathrm{j}2\pi d_{\mathrm{t}}\sin\varphi_P/\lambda}]$,$\lambda$ 为载波波长;$\boldsymbol{Y}(t)=[y_1(t),y_2(t),\cdots,y_N(t)]^{\mathrm{T}}$,$\boldsymbol{Z}(t)=[z_1(t),z_2(t),\cdots,z_N(t)]^{\mathrm{T}}$。

将 $Y(t)$ 和 $Z(t)$ 分别分割成 $K=N-L+1$ 个子阵列,即

$$\boldsymbol{Y}^i(t)=[y_i(t),y_{i+1}(t),\cdots,y_{i+L-1}(t)]^{\mathrm{T}}(i=1,2,\cdots,K) \tag{7.83}$$

$$\boldsymbol{Z}^i(t)=[z_i(t),z_{i+1}(t),\cdots,z_{i+L-1}(t)]^{\mathrm{T}}(i=1,2,\cdots,K) \tag{7.84}$$

式中:L 为各个平滑子阵列中的阵元数。

进一步整理,式(7.83)和式(7.84)可以表示成矩阵形式,即

$$\boldsymbol{Y}^i(t)=\boldsymbol{A}_L\boldsymbol{D}^{i-1}\boldsymbol{S}(t)+\boldsymbol{N}_{1L}(t)=\boldsymbol{C}_Y^i\boldsymbol{S}(t)+\boldsymbol{N}_{1L}(t) \tag{7.85}$$

$$\boldsymbol{Z}^i(t)=\boldsymbol{A}_L\boldsymbol{\Phi}_{\mathrm{t}}\boldsymbol{D}^{i-1}\boldsymbol{S}(t)+\boldsymbol{N}_{2L}(t)=\boldsymbol{C}_Z^i\boldsymbol{S}(t)+\boldsymbol{N}_{2L}(t) \tag{7.86}$$

式中：$\boldsymbol{A}_L$ 为 $A(\theta)$ 的前 L 行的矢量组成的矩阵；$\boldsymbol{D}=\mathrm{diag}[\mathrm{e}^{-\mathrm{j}\frac{2\pi}{\lambda}d_r\sin\theta_1},\mathrm{e}^{-\mathrm{j}\frac{2\pi}{\lambda}d_r\sin\theta_2},\cdots,\mathrm{e}^{-\mathrm{j}\frac{2\pi}{\lambda}d_r\sin\theta_P}]$。

根据高阶累积量的定义与性质，分别定义两个 $L\times L$ 维的四阶累积量矩阵 $\boldsymbol{C}_1^i$ 和 $\boldsymbol{C}_2^i(i=1,2,\cdots,K)$，两个矩阵的第 m 行和第 n 列的元素分别为

$$\boldsymbol{C}_1^i(m,n)=\mathrm{cum}\{Y_1^{1*}(t),Y_m^i(t),Y_1^1(t),Y_n^{i*}(t)\} \tag{7.87}$$

$$\boldsymbol{C}_2^i(m,n)=\mathrm{cum}\{Y_1^{1*}(t),Z_m^i(t),Y_1^1(t),Y_n^{i*}(t)\} \tag{7.88}$$

式中：$Y_m^i(t)$、$Y_m^i(t)$ 分别为 $Y^i(t)$、$Z^i(t)$ 的第 m 个元素。

由高斯过程的高阶累积量的相关结论可知，高斯色噪声的四阶累积量恒等于 0，将以上两式进一步整理，可表示为

$$\boldsymbol{C}_1^i=\boldsymbol{C}_Y^i\boldsymbol{C}_{4\mathrm{s}}(\boldsymbol{C}_Y^i)^{\mathrm{H}} \tag{7.89}$$

$$\boldsymbol{C}_2^i=\boldsymbol{C}_Z^i\boldsymbol{C}_{4\mathrm{s}}(\boldsymbol{C}_Y^i)^{\mathrm{H}} \tag{7.90}$$

式中

$$C_{4\mathrm{s}}=\mathrm{diag}[\gamma_{4\mathrm{s}_1}|c_1(1)|^2,\gamma_{4\mathrm{s}_2}|c_2(1)|^2,\cdots,\gamma_{4\mathrm{s}_P}|c_P(1)|^2]$$

其中：$\gamma_{4\mathrm{s}_P}=\mathrm{cum}(s_p^*,s_p,s_p,s_p^*)(p=1,2,\cdots,P)$；$c_P(1)$ 为 $\boldsymbol{C}_Y^1$ 的第 1 行第 P 列的元素。

分别对式(7.89)和式(7.90)中的两个累积量矩阵进行前向空间平滑处理(FSS)，得到如下两个平滑后的四阶累积量矩阵：

$$\boldsymbol{C}_1=\frac{1}{K}\sum_{i=1}^{K}\boldsymbol{C}_1^i=\frac{1}{K}\sum_{i=1}^{K}\boldsymbol{C}_Y^i\boldsymbol{C}_{4\mathrm{s}}(\boldsymbol{C}_Y^i)^{\mathrm{H}}=\boldsymbol{A}_L\boldsymbol{C}\boldsymbol{A}_L^{\mathrm{H}} \tag{7.91}$$

$$\boldsymbol{C}_2=\frac{1}{K}\sum_{i=1}^{K}\boldsymbol{C}_2^i=\frac{1}{K}\sum_{i=1}^{K}\boldsymbol{C}_Z^i\boldsymbol{C}_{4\mathrm{s}}(\boldsymbol{C}_Y^i)^{\mathrm{H}}=\boldsymbol{A}_L\boldsymbol{\Phi}_{\mathrm{t}}\boldsymbol{C}\boldsymbol{A}_L^{\mathrm{H}} \tag{7.92}$$

式中

$$\boldsymbol{C}=\frac{1}{K}\sum_{i=1}^{K}\boldsymbol{D}^{i-1}\boldsymbol{C}_{4\mathrm{s}}(\boldsymbol{D}^{i-1})^{\mathrm{H}}$$

可以证明，当且仅当空间中的目标数 P 小于平滑子阵列的阵元数 L，同时目标数 P 小于或等于平滑数 K 时，才能使得平滑后的两个四阶累积量矩阵 $\boldsymbol{C}_1$ 和 $\boldsymbol{C}_2$ 是满秩的，从而实现了相干目标的解相干处理。

对 $\boldsymbol{C}_1$ 进行特征值分解，并将分解后得到的特征值按照由小到大的顺序进行排列，其中由 $L-P$ 个小特征值对应的特征矢量构成的矩阵即为噪声子空间，记为 $\boldsymbol{U}_{\mathrm{n}}$，则其空间谱函数为

$$P(\theta)=\frac{1}{\boldsymbol{A}_L^{\mathrm{H}}\boldsymbol{U}_{\mathrm{n}}\boldsymbol{U}_{\mathrm{n}}^{\mathrm{H}}\boldsymbol{A}_L} \tag{7.93}$$

根据式(7.93)中谱峰的位置,即可正确估计出目标的接收角。再由式(7.91)和式(7.92)可得

$$\boldsymbol{C}_2(\boldsymbol{C}_1)^{\dagger}\boldsymbol{A}_L=\boldsymbol{A}_L\boldsymbol{\Phi}_{\mathrm{t}} \tag{7.94}$$

式中:$(\boldsymbol{C}_1)^{\dagger}$ 表示矩阵 $\boldsymbol{C}_1$ 的伪逆运算,并且 $(\boldsymbol{C}_1)^{\dagger}=\sum\limits_{p=1}^{P}\alpha_p v_p v_p^{\mathrm{H}}$, α_p 和 v_p 分别为 $\boldsymbol{C}_1$ 进行特征值分解后得到的 P 个较大特征值及其对应的特征矢量。

根据式(7.93)估计出的目标的波达方向角 $\hat{\theta}_p(p=1,2,\cdots,P)$ 可以得到 $\hat{A}_L$,将其代入式(7.94),可得

$$\hat{\boldsymbol{\Phi}}_{\mathrm{t}}=\hat{\boldsymbol{A}}_L^{\dagger}\boldsymbol{C}_2(\boldsymbol{C}_1)^{\dagger}\hat{\boldsymbol{A}}_L \tag{7.95}$$

式中:$\hat{\boldsymbol{A}}_L^{\dagger}$ 为 $\boldsymbol{A}_L$ 的伪逆运算,并且 $\hat{\boldsymbol{A}}_L^{\dagger}=(\hat{\boldsymbol{A}}_L^{\mathrm{H}}\hat{\boldsymbol{A}}_L)^{-1}\hat{\boldsymbol{A}}_L^{\mathrm{H}}$。

那么相应的发射角为

$$\hat{\varphi}_p=-\arcsin(\lambda\arg\hat{\beta}_p/2\pi d_{\mathrm{t}}) \tag{7.96}$$

式中:$\hat{\beta}_p$ 为 $\hat{\boldsymbol{\Phi}}_{\mathrm{t}}$ 在主对角线上的第 p 个元素;arg(·)表示求一个复数的相角。

7.3.4.2 仿真实验与分析

仿真实验一:考虑如图7.1所示的双基地MIMO雷达系统,发射阵元数 $M=2$,接收阵元数 $N=8$,采样拍数 $T=250$,$\tilde{\boldsymbol{N}}(t)$ 为高斯色噪声矩阵。假设空间中存在三个相干目标,各个相干目标相对于接收阵列的波达方向角(DOA)和相对于发射阵列的波离方向角(DOD)分别为 $(\theta_1,\varphi_1)=(10°,20°)$,$(\theta_2,\varphi_2)=(25°,-20°)$,$(\theta_3,\varphi_3)=(-25°,0°)$,且三个相干目标的信噪比SNR=10dB。仿真结果如图7.8和图7.9所示。

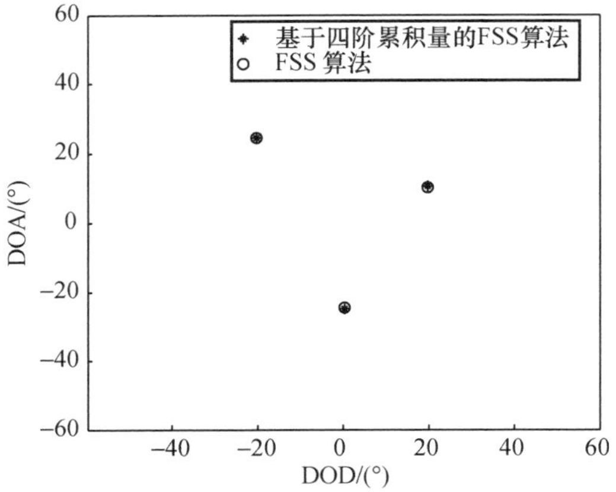

图7.8 高斯白噪声情况下两种算法的收发角度估计星座图

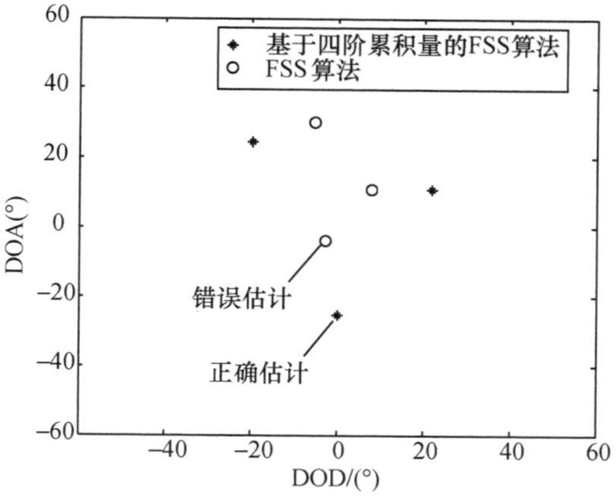

图 7.9 高斯色噪声情况下两种算法的收发角度估计星座图

图 7.8 和图 7.9 分别为在高斯白噪声和高斯色噪声的情况下，利用两种算法对空间中三个相干目标进行收发角度估计的星座图。从图 7.8 可知，在高斯白噪声的情况下，两种算法均可实现对多个目标进行正确定位；而在高斯色噪声的情况下，前向空间平滑算法无法正确估计出相干目标的位置，可知该算法在高斯色噪声的情况下失效了，而利用基于四阶累积量算法仍然可以正确估计出多个相干目标的位置，且发射角和接收角这能够自动配对。

仿真实验二：仿真参数同仿真实验一，信噪比从 5dB 变化到 35dB，仿真间隔为 5dB，独立进行 100 次蒙特卡洛仿真实验。仿真结果如图 7.10 所示。

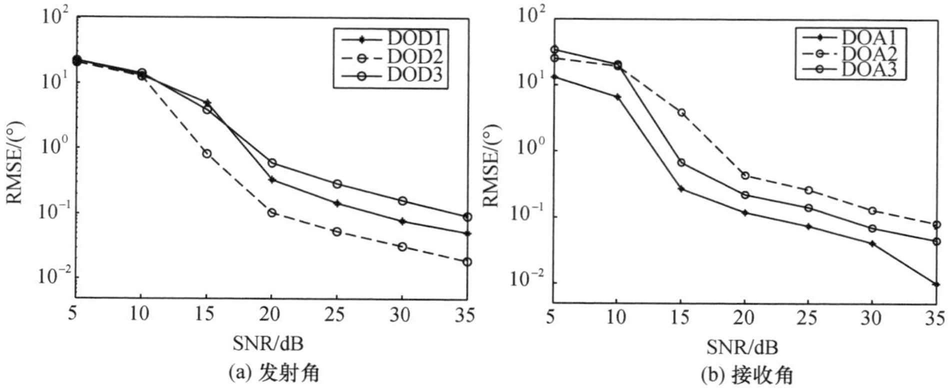

图 7.10 各目标方位角估计的 RMSE 随 SNR 的变化关系仿真图

图 7.10 分别为利用基于四阶累积量算法进行 100 次蒙特卡洛仿真实验估计的发射角和接收角的均方根误差随信噪比的变化关系仿真图。从图 7.10 可

以看出,随着信噪比的增加,发射角和接收角估计的均方根误差均呈递减的趋势,其角度估计性能更好。

7.4 小　结

本章主要研究在高斯色噪声的环境下,通过利用四阶累积量的盲高斯特性来实现双基地 MIMO 雷达目标发射角和接收角的正确估计的问题。针对在高斯色噪声的环境下,分析一种基于四阶累积量的 MUSIC 算法,并且通过仿真实验验证了该算法可对高斯色噪声的影响进行有效抑制,从而正确估计出目标的波离方向角和波达方向角,并且对收发阵列的阵元数没有特殊要求。但由于该算法需要进行二维空间谱搜索,而且其角度估计的精度与搜索间隔有直接关系、若想获得较高的方位角估计精度,其运算量就会很大,因此又给出了一种基于四阶累积量的 PM 算法,该算法可以避免进行二维谱峰搜索和累积量矩阵的特征值分解,而且可以实现收发角度的自动配对,降低了运算复杂度,通过仿真实验说明了该算法的角度估计性能。

针对高斯色噪声环境下存在相干信号的情况时,给出了一种基于四阶累积量的 FSS 算法。首先对接收阵列接收到的输出数据进行子阵划分,然后利用前向空间平滑算法实现解相干处理,最后实现了多个相干目标发射角和接收角的正确估计,且发射角和接收角能够自动配对。通过仿真结果可以看出,该方法可有效抑制高斯色噪声的影响,实现多个相干信号源的正确估计,同时避免了二维谱峰搜索,使得该算法的运算复杂度得以降低。

参考文献

[1] Chen J, Gu H, Su W. A new method for joint DOD and DOA estimation in bistatic MIMO radar[J]. Signal Processing, 2010, 90(2): 714 – 718.

[2] Qiang W, Kon M. UN – Music and UN – CLE: an application of generalized correlation analysis to the estimation of the direction of arrival of signal in unknown correlated noise[J]. IEEE Transactions on Signal Processing, 1994, 42(9): 2331 – 2343.

[3] 符渭波,苏涛,赵永波,等. 空间色噪声环境下双基地 MIMO 雷达角度和多普勒频率联合估计方法[J]. 电子与信息学报, 2011, 33(12): 2358 – 2362.

[4] 魏平, 肖先赐, 李乐民. 基于四阶累积量特征分解的空间谱估计测向方法[J]. 电子科学学刊, 1995, 17(3): 243 – 249.

[5] 丁齐,魏平,肖先赐. 基于四阶累积量的 DOA 估计方法及其分析[J]. 电子学报, 1999, 27(3): 25 – 28.

[6] 丁齐, 肖先赐. 基于四阶累积量的子空间测向方法研究[J]. 电子科技大学学报, 1998, 27(1): 33 – 38.

[7] 丁齐,肖先赐．一种稳健的四阶累积量 ESPRIT 测向方法研究[J]．电子科学学刊, 1998, 20(6): 750 - 755.
[8] 张小飞,汪飞,徐大专,等．阵列信号处理的理论和应用[M]．北京:国防工业出版社, 2010.
[9] 张贤达．时间序列分析——高阶统计量方法[M]．北京:清华大学出版社, 1996.

第 8 章 MIMO 雷达分布式目标参数估计

8.1 引 言

在阵列信号处理算法中,很多算法都是基于点目标假设,这种假设在远场目标、信号传播路径较为简单的情况下是合理的,但是在实际情况下,目标反射的雷达回波信号通常具有相当复杂的空间分布特征。例如:在无线通信系统中,移动通信终端可能处在任意位置,基站发射的信号会在建筑物之间叠加合成,信号源具有空间分布特性;低仰角雷达目标跟踪系统中海面反射的回波信号源、对流层或电离层无线电传播中的散射信号源以及被动式雷达和声纳系统的部分探测目标等。点目标虽然作为合理的数学近似可以简化算法和分析的复杂性,但是在对这类信源目标进行参数估计时,信源的空间分布特性是必须要考虑的,点目标假设的信号模型已经远远不能准确描述阵列的观测数据,会导致高精度的目标估计算法性能恶化,甚至得到错误的估计值。

本章首先给出分布式目标的信号模型,在此基础上给出广义二维 MUSIC 算法和广义 ESPRIT 算法,并把这两种算法推广到非圆信号中。

8.2 分布式目标的信号模型

分布式目标信号有多种分类方式,S. Valaee 等人提出了一种分类方法[2],相干分布式信源,不同方向的接收信号都是来自于同一个信号的相位延迟或是幅度的变化;非相干分布式信源,来自于不同方向的信源不相关。

单基地 MIMO 雷达相干分布式目标信号模型如图 8.1 所示。发射阵列和接收阵列均为均匀线阵(ULA),分别包含 M 个和 N 个阵元,发射阵元间距和接收阵元间距分别为 d_t、d_r。各个发射阵元同时发射相互正交的信号。

考虑远场空间中存在 q 个相关分布式目标,第 i 个目标的角度参数 $\boldsymbol{\eta}_i(\theta_i,\phi_i,\sigma_{\theta_i},\sigma_{\phi_i})(i=1,2,\cdots,q)$,其中,$\phi_i$、$\theta_i$ 分别为第 i 个相干分布式目标的中心波

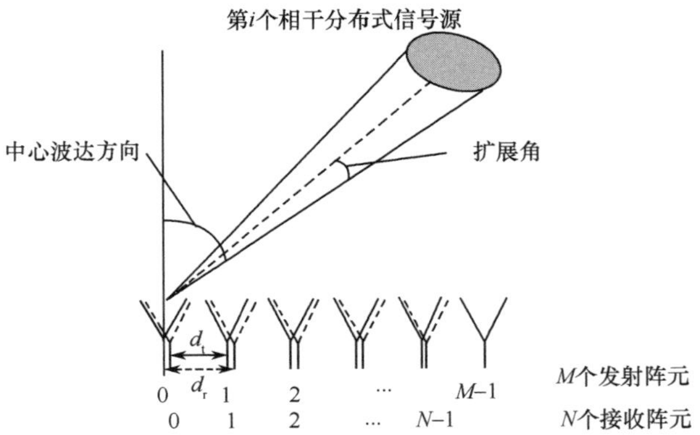

图 8.1 单基地 MIMO 雷达分布式目标信号模型

离方向和中心波达方向，σ_{ϕ_i}、σ_{θ_i}分别为对应的扩展角。对于单基地 MIMO 雷达，由于发射阵列和接收阵列共置，因此有 $\phi_i=\theta_i$，$\sigma_{\theta_i}=\sigma_{\phi_i}$，那么单基地分布式目标的角度参数可以简化为 $\boldsymbol{\eta}_i=(\theta_i,\sigma_{\theta_i})$。

在上述假设下，单基地 MIMO 雷达系统的接收阵列接收到的回波信号可以表示为

$$\boldsymbol{X}(t,\tau)=\sum_{i=1}^{q}\beta_i(\tau)\int_{-\pi/2}^{\pi/2}\boldsymbol{a}_{\mathrm{r}}(\vartheta)\boldsymbol{a}_{\mathrm{t}}^{\mathrm{T}}(\vartheta)\boldsymbol{S}_i(\vartheta,t,\boldsymbol{\eta}_i)\mathrm{d}\vartheta+\boldsymbol{N}(t,\tau) \tag{8.1}$$

式中：t 为在一个雷达脉冲周期内的时间（快时间）；τ 为脉冲数（慢时间）；$\boldsymbol{a}_r(\vartheta)$ 为接收导向矢量，$\boldsymbol{a}_{\mathrm{r}}(\vartheta)=[1,\exp(\mathrm{j}2\pi(d_{\mathrm{r}}/\lambda)\sin\vartheta,\cdots,\exp(\mathrm{j}2\pi(N-1)(d_{\mathrm{r}}/\lambda)\sin\vartheta)]^{\mathrm{T}}$，$\lambda$ 为波长；$\boldsymbol{a}_{\mathrm{t}}(\vartheta)$ 为发射导向矢量，$\boldsymbol{a}_{\mathrm{t}}(\vartheta)=[1,\exp(\mathrm{j}2\pi(d_{\mathrm{t}}/\lambda)\sin\vartheta),\cdots,\exp(\mathrm{j}2\pi(M-1)d_{\mathrm{t}}/\lambda)\cdot\sin\vartheta]^{\mathrm{T}}$；$\beta_i(\tau)$ 为第 i 个目标的反射系数；$\boldsymbol{S}_i(\vartheta,t,\boldsymbol{\eta}_i)$ 为角信号密度函数；$\boldsymbol{N}(t,\tau)$ 为满足零均值、方差为 σ_{n}^2 加性高斯白噪声矩阵。

接收阵列接收信号的自相关矩阵为

$$\boldsymbol{R}_{xx}=E\{\boldsymbol{X}(t)\boldsymbol{X}^{\mathrm{H}}(t)\}=\boldsymbol{R}_{\mathrm{ss}}(\eta)+\boldsymbol{R}_{\mathrm{nn}} \tag{8.2}$$

式中：$\boldsymbol{R}_{\mathrm{nn}}$ 为噪声的自相关矩阵；$\boldsymbol{R}_{\mathrm{ss}}(\eta)$ 为除去噪声后的相关矩阵，且有

$$\boldsymbol{R}_{\mathrm{ss}}(\eta)=\sum_{i=1}^{q}\sum_{j=1}^{q}\int_{-\pi/2}^{\pi/2}\int_{-\pi/2}^{\pi/2}\boldsymbol{a}_{\mathrm{r}}(\vartheta)\boldsymbol{a}_{\mathrm{t}}^{\mathrm{T}}(\vartheta)\kappa_{ij}(\vartheta,\vartheta',\boldsymbol{\eta}_i,\boldsymbol{\eta}_j)\boldsymbol{a}_t^{*}(\vartheta)\boldsymbol{a}_{\mathrm{r}}^{\mathrm{H}}(\vartheta)\mathrm{d}\vartheta\mathrm{d}\vartheta' \tag{8.3}$$

式中：$\kappa_{ij}(\theta,\theta',\eta_i,\eta_j)$ 为角度互相关核函数，且有

$$\kappa_{ij}(\vartheta,\vartheta',\boldsymbol{\eta}_i,\boldsymbol{\eta}_j)=E\{\boldsymbol{S}_i(\vartheta,t,\boldsymbol{\eta}_i)\boldsymbol{S}_j^{*}(\vartheta',t,\eta_j)\}$$

角信号密度函数的性质决定了该信源的相干性，按照信号的相干程度，可以将其划分为相干分布式目标和非相干分布式目标信号。

8.2.1 非相干分布式目标信号模型

在一些情况下，例如信号源散射的电磁波穿越大气层，在不同的高度被反射回来，这些信号具有不相关相位。还有类似的情况是信号从不同部分的粗糙表面反射回来，这类信号的角度自相关核函数具有如下形式：

$$\kappa(\vartheta,\vartheta',\boldsymbol{\eta})=\kappa(\vartheta,\boldsymbol{\eta})\delta(\vartheta-\vartheta') \tag{8.4}$$

式中：$\delta(\vartheta-\vartheta')$为狄拉克δ函数，即$\vartheta=\vartheta'$时，$\delta(\vartheta-\vartheta')=+\infty$；$\kappa(\vartheta,\boldsymbol{\eta})$为分布式信源功率密度函数，通常建模为以$\theta$中心对称单峰共轭对称函数。

具有上述角自相关核函数的分布式信源称为非相干信源。

假设各非相干信源之间相互独立，将式(8.4)代入式(8.3)，接收阵列的信号相关矩阵为

$$\boldsymbol{R}_{\mathrm{ss}}=\sum_{i=1}^{q}\int_{-\pi/2}^{\pi/2}\kappa_i(\vartheta,\eta)\boldsymbol{a}_{\mathrm{r}}(\vartheta)\boldsymbol{a}_{\mathrm{t}}^{\mathrm{H}}(\vartheta)\boldsymbol{a}_{\mathrm{t}}^{*}(\vartheta)\boldsymbol{a}_{\mathrm{r}}^{\mathrm{H}}(\vartheta)\mathrm{d}\vartheta \tag{8.5}$$

可以看到，即使非相干分布式信源的数目为1，信号相关矩阵仍是满秩的。这时，基于子空间分解的波达方向估计算法性能严重退化。

8.2.2 相干分布式目标信号模型

考查相干分布式信号，其来自于不同方向的信号可以认为是某一特定方位信号分量的延迟或是幅度加权值，那么对应的角度互相关核函数为

$$\kappa_{ij}(\vartheta,\vartheta',\eta_i,\eta_j)=\kappa(\vartheta,\eta_i)\delta_{ij} \tag{8.6}$$

式中：δ_{ij}为克罗内克δ函数，当$i=j$时，$\delta_{ij}=1$。

角信号密度函数为

$$\boldsymbol{S}_i(\vartheta,t,\eta_i)=\boldsymbol{S}(t)\rho_i(\vartheta,\eta_i) \tag{8.7}$$

式中：$\boldsymbol{S}(t)$为t时刻发射阵列向外发射的信号，$\boldsymbol{S}(t)=[s_1(t),s_2(t),\cdots,s_M(t)]^{\mathrm{T}}$；$\rho_i(\vartheta,\eta_i)$为确定性角信号分布函数。

式(8.1)可以重写为

$$\boldsymbol{X}(t,\tau)=\sum_{i=1}^{q}\beta_i(\tau)\int_{-\pi/2}^{\pi/2}\boldsymbol{a}_{\mathrm{r}}(\vartheta)\boldsymbol{a}_{\mathrm{t}}^{\mathrm{T}}(\vartheta)\rho_i(\vartheta,\eta_i)\mathrm{d}\vartheta\boldsymbol{S}(t)+\boldsymbol{N}(t,\tau) \tag{8.8}$$

令

$\boldsymbol{a}(\eta_i)=\int_{-\pi/2}^{\pi/2}\boldsymbol{a}_{\mathrm{r}}(\vartheta)\boldsymbol{a}_{\mathrm{t}}^{\mathrm{T}}(\vartheta)\rho_i(\vartheta,\eta_i)\mathrm{d}\vartheta$，则式(8.8)可简化为

$$\boldsymbol{X}(t,\tau)=\sum_{i=1}^{q}\beta_i(\tau)a(\eta_i)S(t)+N(t,\tau) \tag{8.9}$$

因为发射信号相互正交,则有下式成立:

$$\boldsymbol{R}_{ss}=\frac{1}{T}\boldsymbol{S}(t)\boldsymbol{S}^{\mathrm{H}}(t)=\boldsymbol{I}_M \tag{8.10}$$

式中:$\boldsymbol{R}_{ss}$为信号相关矩阵;$\boldsymbol{I}_M$ 为 $M\times M$ 维单位对角矩阵。

在阵列接收端,需要利用匹配滤波对接收到的回波信号进行匹配滤波,如图 8.2 所示。匹配滤波器的输出数据为

$$\widetilde{\boldsymbol{Y}}=\boldsymbol{X}(t,\tau)\boldsymbol{S}^{\mathrm{H}}(t) \tag{8.11}$$

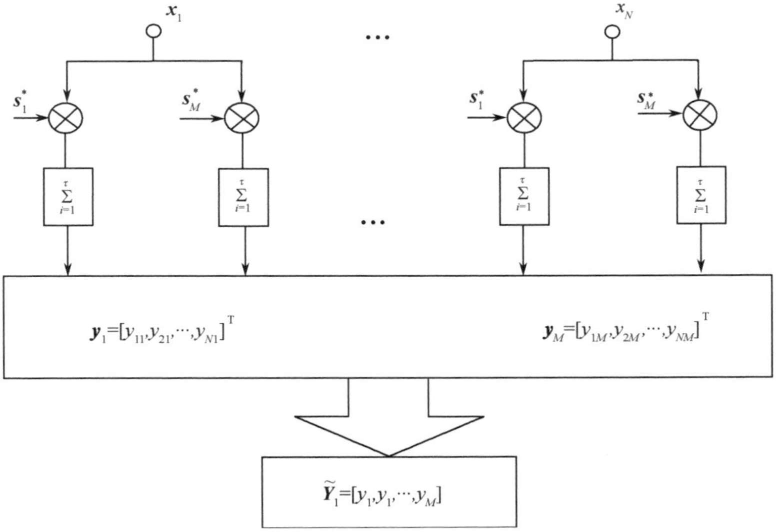

图 8.2 单基地 MIMO 雷达接收阵列匹配滤波

将式(8.11)的输出矩阵进行向量化操作,可得

$$\begin{aligned}\boldsymbol{y}&=\mathrm{vec}(\widetilde{\boldsymbol{Y}})=\mathrm{vec}(\boldsymbol{X}\boldsymbol{S}^{\mathrm{H}})\\&=\mathrm{vec}\left(\sum_{i=1}^{q}\beta_i(\tau)\boldsymbol{a}(\eta_i)\right)+\mathrm{vec}(\boldsymbol{N}(t,\tau)\boldsymbol{S}^{\mathrm{H}})\\&=\sum_{i=1}^{q}\beta_i(\tau)\mathrm{vec}(\boldsymbol{a}(\eta_i))+\widetilde{\boldsymbol{n}}(\tau)\\&=\sum_{i=1}^{q}\beta_i(\tau)\boldsymbol{b}(\eta_i)+\widetilde{\boldsymbol{n}}(\tau)\end{aligned} \tag{8.12}$$

式中:vec(·)为矢量化操作符;$\boldsymbol{b}(\eta_i)$为 MIMO 雷达分布式目标广义导向矢量,$\boldsymbol{b}(\eta_i)=\int_{-\pi/2}^{\pi/2}[\boldsymbol{a}_{\mathrm{r}}(\vartheta)\otimes\boldsymbol{a}_{\mathrm{t}}(\vartheta)]\rho_i(\vartheta,\eta_i)\mathrm{d}\vartheta$;$\widetilde{\boldsymbol{n}}(\tau)$为匹配滤波之后的噪声。

将经匹配滤波后的输出数据改写为矩阵形式：

$$\boldsymbol{Y}=\boldsymbol{B}(\boldsymbol{\eta})\boldsymbol{\beta}+\widetilde{\boldsymbol{N}} \tag{8.13}$$

假设经过 P 个雷达脉冲的采样，则在式(8.13)中，$\boldsymbol{y}$ 为接收数据矩阵，$\boldsymbol{Y}=[\boldsymbol{Y}_1,\boldsymbol{Y}_2,\cdots,\boldsymbol{Y}_P]$，$\boldsymbol{Y}_P$ 为在第 p 个脉冲重复周期的接收数据($p=1,\cdots,P$)；$\boldsymbol{B}(\eta)$ 为 q 个相干分布式目标的广义导向矢量矩阵，$\boldsymbol{B}(\eta)=[\boldsymbol{b}(\eta_1),\boldsymbol{b}(\eta_2),\cdots,\boldsymbol{b}(\eta_q)]$；$\widetilde{N}$ 为噪声矩阵，$\widetilde{\boldsymbol{N}}=[\widetilde{\boldsymbol{n}}_1,\widetilde{\boldsymbol{n}}_2,\cdots,\widetilde{\boldsymbol{n}}_P]$；$\boldsymbol{\beta}$ 为反射系数矩阵，且体形式如下：

$$\boldsymbol{\beta}=\begin{pmatrix}\beta_{11} & \beta_{12} & \cdots & \beta_{1P}\\ \beta_{21} & \beta_{22} & \cdots & \beta_{2P}\\ \vdots & \vdots & & \vdots\\ \beta_{q1} & \beta_{q2} & \cdots & \beta_{qP}\end{pmatrix} \tag{8.14}$$

8.3 广义二维 DMUSIC 算法

对于相干分布式目标角度估计问题，各国学者已进行了大量的研究，提出了很多种方法，如 DSPE 算法、DISPARE 算法等。这类算法统称为多重信号分类算法。通过对接收矩阵进行特征分解，将数据划分成信号子空间和噪声子空间，并利用两者的正交性估计分布式目标的中心波达方向角和扩展角。这种基于特征子空间的算法分辨力高、估计精确、性能稳定。然而这类算法需要已知角信号分布形式，并且为了能够同时估计出中心波达方向角和扩展角，需要进行二维角度搜索，会带来了较大的计算量。除了多重信号分类算法外，还有旋转不变子空间算法，如广义 ESPRIT 算法。这类算法通过利用阵列各子阵的信号子空间之间的旋转不变特性，得到分布式目标的中心波达方向角。该类算法无需进行二维谱峰搜索，计算复杂度较低，具有更好的可实现性；但是估计性能低于前一类算法。本节主要介绍广义二维 MUSIC 算法(DSPE 算法)和广义 ESPRIT 算法。

DSPE 算法是点目标 MUSIC 算法推广到分布式目标中的改进算法，因此称为广义二维 MUSIC 算法。该算法利用信号子空间和噪声子空间相互正交的特性，对波达方向和扩展角进行二维谱峰搜索，以此得到估计结果。该算法既可对相干分布式目标进行估计，也可对非相干分布式目标进行估计。在单基地 MIMO 雷达相干分布式目标的角度估计问题中，这种算法同样适用。

由式(8.13)求取接收数据协方差矩阵：

$$\boldsymbol{R}=\mathrm{E}[\boldsymbol{Y}\boldsymbol{Y}^{\mathrm{H}}]=\boldsymbol{B}(\eta)\mathrm{E}[\boldsymbol{\beta}\boldsymbol{\beta}^{\mathrm{H}}]\boldsymbol{B}^{\mathrm{H}}(\eta)+\sigma_{\mathrm{N}}^{2}\boldsymbol{I}_{MN} \tag{8.15}$$

式中

$$\mathrm{E}[\boldsymbol{\beta}\boldsymbol{\beta}^{\mathrm{H}}]=\frac{1}{P}\boldsymbol{\beta}\boldsymbol{\beta}^{\mathrm{H}}$$

对接收数据协方差矩阵 $\boldsymbol{R}$ 进行特征值分解,可得

$$\boldsymbol{R}=\boldsymbol{U}_{\mathrm{S}}\boldsymbol{\Sigma}_{\mathrm{S}}\boldsymbol{U}_{\mathrm{S}}^{\mathrm{H}}+\boldsymbol{U}_{\mathrm{N}}\boldsymbol{\Sigma}_{\mathrm{N}}\boldsymbol{U}_{\mathrm{N}}^{\mathrm{H}} \tag{8.16}$$

式中:$\boldsymbol{U}_s$ 为信号子空间,即 q 个大特征值对应的特征矢量组成矩阵;$\boldsymbol{U}_N$ 为噪声子空间,即 $MN-q$ 个小特征值对应的特征矢量组成矩阵。

利用特征值分解得到的信号子空间与噪声子空间具有如下性质:

(1) 信号子空间与接收阵列对应的导向矢量构成的空间为同一空间。

(2) 信号子空间与噪声子空间相互正交。

由此,可以知道接收阵列对应的导向矢量也与噪声子空间相互正交,即

$$\boldsymbol{B}^{\mathrm{H}}(\boldsymbol{\eta})\boldsymbol{U}_{\mathrm{N}}=\boldsymbol{0} \tag{8.17}$$

在求取接收数据协方差矩阵时,由于接收数据是有限长度的,因此协方差矩阵一般是通过最大似然估计得到的,即

$$\hat{\boldsymbol{R}}_{YY}=\frac{1}{P}\sum_{p=1}^{P}\boldsymbol{Y}_p\boldsymbol{Y}_p^{\mathrm{H}} \tag{8.18}$$

对$\hat{\boldsymbol{R}}_{YY}$进行特征值分解,得到噪声子空间 $\hat{\boldsymbol{U}}_{\mathrm{N}}$。由于计算误差和噪声的存在,式(8.17)并不是严格等于0 的,而是接近于0 的小量。所以,对于单基地 MIMO 雷达相干分布式目标的中心波达方向角和扩展角的估计需要通过最小值搜索来实现:

$$\boldsymbol{\eta}_{\mathrm{DSPE}}=\arg\min_{\eta}\boldsymbol{B}^{\mathrm{H}}(\boldsymbol{\eta})\hat{\boldsymbol{U}}_{\mathrm{N}}\hat{\boldsymbol{U}}_{\mathrm{N}}^{\mathrm{H}}\boldsymbol{B}(\boldsymbol{\eta}) \tag{8.19}$$

则 DSPE 算法的谱搜索公式为

$$P_{\mathrm{DSPE}}=\frac{1}{\boldsymbol{b}^{\mathrm{H}}(\boldsymbol{\eta})\hat{\boldsymbol{U}}_{\mathrm{N}}\hat{\boldsymbol{U}}_{\mathrm{N}}^{\mathrm{H}}\boldsymbol{b}(\boldsymbol{\eta})} \tag{8.20}$$

对式(8.20)进行二维谱峰搜索,得到 q 个谱峰,每个谱峰对应一个相干分布式目标的中心波达方向角和扩展角。由上述分析可知,广义导向矢量 $\boldsymbol{B}(\boldsymbol{\eta})$ 与分布式目标的确定性角信号分布函数有关,只有在已知分布式目标的确定性角信号分布函数的情况下,才能正确估计分布式目标的角度参数。

DSPE 算法在单基地 MIMO 雷达相干分布式目标估计问题中的应用步骤如下:

(1) 对接收数据进行匹配滤波,得到匹配滤波后的接收数据矩阵 $\boldsymbol{Y}$。

(2) 利用最大似然估计求取接收数据协方差矩阵 $\hat{\boldsymbol{R}}_{YY}$。

(3) 对协方差矩阵 $\hat{\boldsymbol{R}}_{YY}$进行特征值分解。

(4) 根据协方差矩阵的大特征值数目判断出目标数 q,得到 $MN-q$ 个小特征值对应的特征矢量组成的噪声子空间 $\hat{\boldsymbol{U}}_{\mathrm{N}}$。

(5) 按照式(8.20)写出谱函数并进行二维谱峰搜索,得到 q 个极大值点,对应的两个角度参数就是信号的中心波达方向角和对应的扩展角。

至此,利用广义二维 MUSIC 算法估计单基地 MIMO 雷达分布式目标角度参数就完成了。在单基地 MIMO 雷达中,由于产生了 MN 个虚拟阵元,与常规阵列雷达相比,该算法的有效孔径得到了极大扩展,从而提高了分布式目标角度参数的分辨率与估计精度;但是二维谱峰搜索带来了巨大的计算量,制约了该算法在实际工程中应用。

8.4 广义 ESPRIT 算法

ESPRIT 算法利用信号子空间的旋转不变性对点目标进行角度参数估计。该算法的基本思想是将接收阵列分解为两个子阵,两子阵阵元数相同,且两子阵中每个对应的阵元之间都相差一个固定的相移,因此两个子阵的入射信号之间均相差一个固定的因子,称为旋转不变因子。通过寻找两个相差旋转因子的子阵,并求取旋转因子就可以得到所求的波达方向。该算法不需要进行角度的谱峰搜索,因此计算量明显降低。然而,对于相干分布式目标的角度估计问题,由于目标导向矢量发生了改变,不再是标准的范德蒙德矩阵,因此两个子阵的信号子空间不再满足原来简单的旋转不变特性,传统 ESPRIT 算法不再适用。

为了解决这一问题,利用旋转不变因子的思想,本节给出针对相干分布式目标的广义 ESPRIT 算法。广义 ESPRIT 算法利用相干分布式目标的导向矢量之间存在的阿达马积旋转不变特性,可以正确估计出分布式目标的中心波达方向。这种算法与 ESPRIT 算法一样具有计算量小的特点,但是估计精度没有 DSPE 算法高。下面推导单基地 MIMO 雷达分布式目标具有的阿达马积旋转不变性。

8.4.1 相干分布式目标参数估计

8.4.1.1 阿达马积旋转不变特性

式(8.12)中广义导向矢量为

$$\boldsymbol{b}(\boldsymbol{\eta}_i) = \int_{-\pi/2}^{\pi/2} [\boldsymbol{a}_{\mathrm{r}}(\vartheta) \otimes \boldsymbol{a}_{\mathrm{t}}(\vartheta)] \rho_i(\vartheta, \boldsymbol{\eta}_i) \mathrm{d}\vartheta \tag{8.21}$$

对于任意积分值 ϑ 可以写为 $\vartheta = \theta + \tilde{\theta}$,其中 $\tilde{\theta}$ 是相对于中心波达方向 θ 的扩展角。在扩展角度较小的情况下,利用正弦函数小角度代换性质可得

$$\sin\tilde{\theta} \approx \tilde{\theta}, \cos\tilde{\theta} \approx 1$$

则

$$\sin\vartheta = \sin(\theta + \tilde{\theta}) = \sin\theta + \tilde{\theta}\cos\theta$$

那么 MIMO 雷达导向矢量表达式可以改写为

$$\boldsymbol{a}_{\mathrm{r}}(\vartheta) = \boldsymbol{a}_{\mathrm{r}}(\theta) \odot \tilde{\boldsymbol{a}}_{\mathrm{r}}(\theta, \tilde{\theta}) \tag{8.22}$$

式中

$$\boldsymbol{a}_{\mathrm{r}}(\theta) = [1, \exp(-\mathrm{j}2\pi(d_{\mathrm{r}}/\lambda)\sin\theta), \cdots, \exp(\mathrm{j}2\pi(N-1)(d_{\mathrm{r}}/\lambda)\sin\theta)]^{\mathrm{T}},$$

$$\tilde{\boldsymbol{a}}_{\mathrm{r}}(\theta, \tilde{\theta}) = [1, \exp(-\mathrm{j}2\pi(d_{\mathrm{r}}/\lambda)\tilde{\theta}\cos\theta), \cdots, \exp(\mathrm{j}2\pi(N-1)(d_{\mathrm{r}}/\lambda)\tilde{\theta}\cos\theta)]^{\mathrm{T}}$$

将式(8.22)代入广义导向矢量 $\boldsymbol{b}(\eta)$ 中,可得

$$\boldsymbol{b}(\eta) = \int_{-\pi/2}^{\pi/2} [\boldsymbol{a}_{\mathrm{r}}(\theta) \odot \tilde{\boldsymbol{a}}_{\mathrm{r}}(\theta, \tilde{\theta})) \otimes (\boldsymbol{a}_{\mathrm{r}}(\theta) \odot \tilde{\boldsymbol{a}}_{\mathrm{r}}(\theta, \tilde{\theta})] \rho(\tilde{\theta}, \eta) \mathrm{d}\tilde{\theta} \tag{8.23}$$

利用阿达马积与克罗内克积的性质:

$$(A \odot B) \otimes (C \odot D) = (A \otimes C) \odot (B \otimes D)$$

式(8.23)可以重新表述为

$$\begin{aligned} \boldsymbol{b}(\eta) &= [\boldsymbol{a}_{\mathrm{r}}(\theta) \otimes \boldsymbol{a}_{\mathrm{t}}(\theta)] \odot \int_{-\pi/2}^{\pi/2} [\tilde{\boldsymbol{a}}_{\mathrm{r}}(\theta, \tilde{\theta}) \otimes \tilde{\boldsymbol{a}}_{\mathrm{t}}(\theta, \tilde{\theta})] \rho(\tilde{\theta}, \eta) \mathrm{d}\tilde{\theta} \\ &= [\boldsymbol{a}_{\mathrm{r}}(\theta) \otimes \boldsymbol{a}_{\mathrm{t}}(\theta)] \odot \boldsymbol{h} \end{aligned} \tag{8.24}$$

式中

$$\boldsymbol{h} = \int_{-\pi/2}^{\pi/2} [\tilde{\boldsymbol{a}}_{\mathrm{r}}(\theta, \tilde{\theta}) \otimes \tilde{\boldsymbol{a}}_{\mathrm{t}}(\theta, \tilde{\theta})] g(\tilde{\theta}, \eta) \mathrm{d}\tilde{\theta}$$

即可得到单基地 MIMO 雷达相干分布式目标广义导向矢量的一种新的近似表达形式,将其表示为点目标的导向矢量和一个具有特定向量 $\boldsymbol{h}$ 的阿达马积的形式。比较常见的分布式目标的确定性角分布函数一般有高斯分布或均匀分布,它们都是对称分布,因此向量 $\boldsymbol{h}$ 是与 $g(\tilde{\theta}, \eta)$ 有关的实向量。

分别取 $\boldsymbol{a}_{\mathrm{r}}(\theta)$ 和 $\tilde{\boldsymbol{a}}_{\mathrm{r}}(\theta, \tilde{\theta})$ 的前 $N-1$ 行和后 $N-1$ 行,分别记为 $\boldsymbol{a}_{\mathrm{r1}}(\theta)$、$\boldsymbol{a}_{\mathrm{r2}}(\theta)$ 和 $\tilde{\boldsymbol{a}}_{\mathrm{r1}}(\theta, \tilde{\theta})$、$\tilde{\boldsymbol{a}}_{\mathrm{r2}}(\theta, \tilde{\theta})$。可得到广义导向矢量的两个子阵为

$$\boldsymbol{b}_{\mathrm{r1}}(\eta) = [\boldsymbol{a}_{\mathrm{r1}}(\theta) \otimes \boldsymbol{a}_{\mathrm{t}}(\theta)] \odot \boldsymbol{h}_{\mathrm{r1}} \tag{8.25}$$

$$\boldsymbol{b}_{\mathrm{r2}}(\eta) = [\boldsymbol{\alpha}_{\mathrm{r2}}(\theta) \otimes \boldsymbol{a}_{\mathrm{t}}(\theta)] \odot \boldsymbol{h}_{\mathrm{r2}} \tag{8.26}$$

式中

$$\boldsymbol{h}_{\mathrm{r1}} = \int_{-\pi/2}^{\pi/2} [\tilde{\boldsymbol{a}}_{\mathrm{r1}}(\theta, \tilde{\theta}) \otimes \tilde{\boldsymbol{a}}_{\mathrm{t}}(\theta, \tilde{\theta})] \rho(\tilde{\theta}, \eta) \mathrm{d}\tilde{\theta}$$

$$\boldsymbol{h}_{\mathrm{r2}} = \int_{-\pi/2}^{\pi/2} [\tilde{\boldsymbol{a}}_{\mathrm{r2}}(\theta, \tilde{\theta}) \otimes \tilde{\boldsymbol{a}}_{\mathrm{t}}(\theta, \tilde{\theta})] \rho(\tilde{\theta}, \eta) \mathrm{d}\tilde{\theta}$$

显然,两个广义导向矢量子阵满足如下阿达马积旋转不变性:

$$\boldsymbol{b}_{\mathrm{r1}}(\boldsymbol{\eta})\odot\boldsymbol{b}_{\mathrm{r2}}^{*}(\boldsymbol{\eta})=\exp(\mathrm{j}4\pi d_{\mathrm{r}}/\lambda\sin\theta)[\boldsymbol{b}_{\mathrm{r1}}^{*}(\boldsymbol{\eta})\odot\boldsymbol{b}_{\mathrm{r2}}(\boldsymbol{\eta})] \tag{8.27}$$

下面利用推导出的分布式目标阿达马积旋转不变特性,以及子空间方法计算相干分布式目标的中心波达方向。

8.4.1.2 阿达马积旋转不变子空间算法

与广义 MUSIC 算法类似,利用极大似然估计求取接收数据的协方差矩阵,进行特征值分解,得到 q 个大特征值对应的特征矢量组成的信号子空间 $\boldsymbol{U}_{\mathrm{s}}$。取 $\boldsymbol{U}_{\mathrm{s}}$ 的前 $M(N-1)$ 行和后 $M(N-1)$ 行,分别记为 $\boldsymbol{U}_{\mathrm{r1}}$ 和 $\boldsymbol{U}_{\mathrm{r2}}$。

根据信号子空间理论,$\boldsymbol{b}_{\mathrm{r1}}(\boldsymbol{\eta})$、$\boldsymbol{b}_{\mathrm{r2}}(\boldsymbol{\eta})$ 与 $\boldsymbol{U}_{\mathrm{r1}}$、$\boldsymbol{U}_{\mathrm{r2}}$ 之间满足

$$\boldsymbol{b}_{\mathrm{r1}}(\boldsymbol{\eta})=\boldsymbol{U}_{\mathrm{r1}}\boldsymbol{f}_{i} \tag{8.28}$$

$$\boldsymbol{b}_{\mathrm{r2}}(\boldsymbol{\eta})=\boldsymbol{U}_{\mathrm{r2}}\boldsymbol{f}_{i} \tag{8.29}$$

式中:$\boldsymbol{f}_i$ 为 $q\times1$ 维列矢量。

将式(8.28)、(8.29)代入式(8.27)可得

$$\boldsymbol{U}_{\mathrm{r1}}(k,:)=\boldsymbol{f}_{i}\boldsymbol{f}_{i}^{\mathrm{H}}\boldsymbol{U}_{\mathrm{r2}}^{\mathrm{H}}(k,:)=\exp(\mathrm{j}4\pi d_{\mathrm{r}}/\lambda\sin\theta_{i})\boldsymbol{U}_{\mathrm{r2}}(k,:)\boldsymbol{f}_{i}\boldsymbol{f}_{i}^{\mathrm{H}}\boldsymbol{U}_{\mathrm{r1}}^{\mathrm{H}}(k,:)$$
$$(k=1,2,\cdots,M(N-1)) \tag{8.30}$$

式中:$\boldsymbol{U}_{\mathrm{r1}}(k,:)$、$\boldsymbol{U}_{\mathrm{r2}}(k,:)$ 分别为 $\boldsymbol{U}_{\mathrm{r1}}$ 和 $\boldsymbol{U}_{\mathrm{r2}}$ 的第 k 行。利用矩阵矢量化的性质 $\mathrm{vec}(ABC)=(C^{\mathrm{T}}\otimes A)\cdot\mathrm{vec}(B)$ 分别对式(8.30)的两边进行变形,可得

$$\mathrm{vec}(\boldsymbol{U}_{\mathrm{r1}}(k,:)(\boldsymbol{f}_{i}\boldsymbol{f}_{i}^{\mathrm{H}})\boldsymbol{U}_{\mathrm{r2}}^{\mathrm{H}}(k,:))=(\boldsymbol{U}_{\mathrm{r2}}^{*}(k,:)\otimes\boldsymbol{U}_{\mathrm{r1}}(k,:))\cdot\mathrm{vec}(\boldsymbol{f}_{i}\boldsymbol{f}_{i}^{\mathrm{H}})\cdot \tag{8.31}$$

$$\mathrm{vec}(\exp(\mathrm{j}4\pi d_{\mathrm{r}}/\lambda\sin\theta_{i})\boldsymbol{U}_{\mathrm{r2}}(k,:)(\boldsymbol{f}_{i}\boldsymbol{f}_{i}^{\mathrm{H}})\boldsymbol{U}_{\mathrm{r1}}^{\mathrm{H}}(k,:))$$
$$=\exp(\mathrm{j}4\pi d_{\mathrm{r}}/\lambda\sin\theta_{i})(\boldsymbol{U}_{\mathrm{r1}}^{*}(k,:)\otimes\boldsymbol{U}_{\mathrm{r2}}(k,:))\cdot\mathrm{vec}(\boldsymbol{f}_{i}\boldsymbol{f}_{i}^{\mathrm{H}}) \tag{8.32}$$

记 $\boldsymbol{P}_{\mathrm{r1}}=\boldsymbol{U}_{\mathrm{r2}}^{*}(k,:)\otimes\boldsymbol{U}_{\mathrm{r1}}(k,:)$,$\boldsymbol{P}_{\mathrm{r2}}=\boldsymbol{U}_{\mathrm{r1}}^{*}(k,:)\otimes\boldsymbol{U}_{\mathrm{r2}}(k,:)^{*}$,$\boldsymbol{v}_{i}=\mathrm{vec}(\boldsymbol{f}_{i}\boldsymbol{f}_{i}^{\mathrm{H}})$,则式(8.30)两边可表示为

$$\boldsymbol{P}_{\mathrm{r1}}\boldsymbol{v}_{i}=\exp(\mathrm{j}4\pi d_{\mathrm{r}}/\lambda\sin\theta_{i})\boldsymbol{P}_{\mathrm{r2}}\boldsymbol{v}_{i}\quad(i=1,2,\cdots,q) \tag{8.33}$$

对式(8.33)两边同时左乘 $\boldsymbol{P}_{\mathrm{r2}}^{\mathrm{H}}$,可得

$$\boldsymbol{P}_{\mathrm{r2}}^{\mathrm{H}}\boldsymbol{P}_{\mathrm{r1}}\boldsymbol{v}_{i}=\exp(\mathrm{j}4\pi d_{\mathrm{r}}/\lambda\sin\theta_{i})\boldsymbol{P}_{\mathrm{r2}}^{\mathrm{H}}\boldsymbol{P}_{\mathrm{r2}}\boldsymbol{v}_{i}\quad(i=1,2,\cdots,q) \tag{8.34}$$

显然,$\exp(\mathrm{j}2\pi d_{\mathrm{r}}/\lambda\sin\theta_{i})$ 和 $\boldsymbol{v}_i$ 分别为矩阵束($\boldsymbol{P}_{\mathrm{r2}}^{\mathrm{H}}\boldsymbol{P}_{\mathrm{r1}}$,$\boldsymbol{P}_{\mathrm{r2}}^{\mathrm{H}}\boldsymbol{P}_{\mathrm{r2}}$)的广义特征值和对应的广义特征矢量。因此,对矩阵束($\boldsymbol{P}_{\mathrm{r2}}^{\mathrm{H}}\boldsymbol{P}_{\mathrm{r1}}$,$\boldsymbol{P}_{\mathrm{r2}}^{\mathrm{H}}\boldsymbol{P}_{\mathrm{r2}}$)进行广义特征值分解,从中去除 q 对相同的特征值,选取剩下的 q 个广义特征值 $\hat{\lambda}_{\mathrm{r1}}$,$\hat{\lambda}_{\mathrm{r}q}$,…,$\hat{\lambda}_{\mathrm{r}q}$,可以估计出对应的 q 个相干分布式目标的中心波达方向角,即

$$\hat{\theta}_{i}=\arcsin[\arg(\hat{\lambda}_{\mathrm{r}i})/(4\pi d_{\mathrm{r}}/\lambda\sin\theta_{i})]\quad(i=1,2,\cdots,q) \tag{8.35}$$

由于广义 ESPRIT 算法只能估计出中心波达方向的一个角度参数，因此在得到 q 个中心波达方向的估计值之后，仍需要通过 DSPE 算法的一维角度搜索对每一个中心波达方向所对应的扩展角度进行最大值搜索。将式（8.35）所估计的第 i 个相干分布式目标的中心波达方向 $\hat{\theta}_i$ 代入到广义 MUSIC 谱函数中，即式（8.20）中，通过一维谱峰搜索，其最大值所对应的角度就是 $\hat{\theta}_i$ 对应的扩展角度的估计值，即

$$\hat{\sigma}_{\theta_i}=\arg\max_{\sigma_\theta}\frac{1}{\boldsymbol{b}^{\mathrm{H}}(\theta_i,\sigma_\theta)\hat{\boldsymbol{U}}_{\mathrm{N}}\hat{\boldsymbol{U}}_{\mathrm{N}}^{\mathrm{H}}\boldsymbol{b}(\theta_i,\sigma_\theta)}\quad(i=1,2,\cdots,q)\tag{8.36}$$

通过以上推导，可得单基地 MIMO 雷达相干分布式目标的广义 ESPRIT 角度估计算法步骤：

（1）对接收数据进行匹配滤波，根据式（8.13）得到匹配滤波后的接收数据矩阵 $\boldsymbol{Y}$。

（2）对 $\boldsymbol{Y}$ 进行特征值分解，得到信号子空间 $\boldsymbol{U}_{\mathrm{s}}$。

（3）对 $\boldsymbol{U}_{\mathrm{s}}$ 进行重构，得到信号子空间的两个子阵 $\boldsymbol{U}_{\mathrm{r1}}$ 和 $\boldsymbol{U}_{\mathrm{r2}}$。

（4）由 $\boldsymbol{U}_{\mathrm{r1}}$、$\boldsymbol{U}_{\mathrm{r2}}$ 构造出矩阵 $\boldsymbol{P}_{\mathrm{r1}}$、$\boldsymbol{P}_{\mathrm{r2}}$。

（5）对矩阵束（$\boldsymbol{P}_{\mathrm{r2}}^{\mathrm{H}}\boldsymbol{P}_{\mathrm{r1}}$，$\boldsymbol{P}_{\mathrm{r2}}^{\mathrm{H}}\boldsymbol{P}_{\mathrm{r2}}$）进行广义特征值分解，再去掉 q 对相同的特征值对后，由剩下的 q 个特征值估计得到中心波达方向的估计值 $\hat{\theta}$。

8.4.2　非相干分布式目标角度估计

对于非相干分布式信源，考虑多径、散射环境下的分布式信源。由于式（8.4）不再成立，相干分布式信源模型不再适用对分布式目标的参数进行估计，需要建立新的模型。考虑双基地 MIMO 雷达系统，存在 P 个非相干分布式目标，假设有 M 个发射阵列、N 个接收阵列，则接收阵列接收到的信号可以表示为

$$\boldsymbol{X}(t,\tau)=\sum_{p=1}^{P}\sum_{n=1}^{N_p}\alpha_{p,n}(\tau)\boldsymbol{a}_r(\theta_p+\tilde{\theta}_{p,n})\boldsymbol{a}_t^{\mathrm{T}}(\phi_p+\tilde{\phi}_{p,n})\boldsymbol{S}(t)+\boldsymbol{W}(t,\tau)\tag{8.37}$$

式中：t 为快时间，即在一个脉冲周期内的第 t 个采样数；τ 为慢时间，即雷达脉冲数；N_p 为第 p 个分布式目标存在的电磁波传输数目；$\alpha_{p,n}(\tau)=\gamma_{p,n}\mathrm{e}^{\mathrm{j}2\pi f_{dp}\tau}$，$\gamma_{p,n}$ 为第 p 个分布式目标的第 n 条传播路径增益因子，f_{dp} 为第 p 个目标的多普勒频率。假设路径增益在一个脉冲周期内是常数，但在不同脉冲期间内独立变化。$\boldsymbol{a}_r$、$\boldsymbol{a}_t$ 分别为接收阵列与发射阵列的响应矩阵，$\boldsymbol{a}_r(\theta)=[1,\mathrm{e}^{-\mathrm{j}\pi\sin\theta},\cdots,\mathrm{e}^{-\mathrm{j}\pi(N-1)\sin\theta}]^{\mathrm{T}}$，$\boldsymbol{a}_t=[1,\mathrm{e}^{-\mathrm{j}\pi\sin\phi},\cdots,\mathrm{e}^{-\mathrm{j}\pi(M-1)\sin\phi}]^{\mathrm{T}}$；$\theta_p$、$\phi_p$ 为第 p 个分布式目标的实值中心波达方向与波离方向；$\tilde{\theta}_{p,n}$、$\tilde{\phi}_{p,n}$，为对应的零均值、方差为 σ_θ，σ_ϕ；$\boldsymbol{S}(t)$ 为发

射阵列发射的基带信号，$\boldsymbol{S}(t)=[s_1(t),\cdots,s_M(t)]^{\mathrm{T}}$；$\boldsymbol{W}(t,\tau)$为加性噪声矢量。

利用匹配滤波器对接收信号进行匹配滤波，充分利用发射波束的正交性，则匹配滤波器的输出为

$$\overline{\boldsymbol{X}}(\tau)=\sum_{p=1}^{P}\mathrm{e}^{\mathrm{j}2\pi f_{\mathrm{d}p}\tau}\sum_{n=1}^{N_p}\gamma_{p,n}(\tau)\boldsymbol{a}_{\mathrm{r}}(\theta_p+\tilde{\theta}_{p,n})\boldsymbol{a}_{\mathrm{t}}^{\mathrm{T}}(\phi_p+\tilde{\phi}_{p,n})+\overline{\boldsymbol{W}}(\tau) \tag{8.38}$$

式中：$\overline{\boldsymbol{W}}(\tau)$为进行匹配滤波之后的噪声矩阵。

对式(8.38)的进行矢量化操作，将按列堆栈起来，得到$MN\times1$的矢量：

$$\boldsymbol{y}(\tau)=\sum_{p=1}^{P}\mathrm{e}^{\mathrm{j}2\pi f_{\mathrm{d}p}\tau}\sum_{n=1}^{N_p}\gamma_{p,n}\boldsymbol{a}_{\mathrm{t}}(\phi_p+\tilde{\theta}_{p,n})\otimes\boldsymbol{a}_{\mathrm{r}}(\theta_p+\tilde{\theta}_{p,n})+\boldsymbol{n}(\tau) \tag{8.39}$$

令阵列流型矢量为

$$\boldsymbol{b}(\phi_p,\theta_p,\tilde{\phi}_{p,n},\tilde{\theta}_{p,n})=\boldsymbol{a}_{\mathrm{t}}(\phi_p+\tilde{\phi}_{p,n})\otimes\boldsymbol{a}_{\mathrm{r}}(\theta_p+\tilde{\theta}_{p,n})$$

则式(8.39)可以简化为

$$\boldsymbol{y}(\tau)=\sum_{p=1}^{P}\mathrm{e}^{\mathrm{j}2\pi f_{\mathrm{d}p}\tau}\sum_{n=1}^{N_p}\gamma_{p,n}\boldsymbol{b}(\phi_p+\tilde{\phi}_{p,n},\theta_p+\tilde{\theta}_{p,n})+\boldsymbol{n}(\tau) \tag{8.40}$$

做如下假设：

(1) 噪声矢量$\boldsymbol{n}(\tau)$($\tau=1,2,\cdots,L$)由独立同分布的复值零均值高斯白噪声组成，其协方差矩阵为

$$E\{\boldsymbol{n}(\tau)\boldsymbol{n}^{\mathrm{H}}(\tau)\}=\sigma_{\mathrm{n}}^2\boldsymbol{I}_{MN}\delta(t-\hat{\tau}) \tag{8.41}$$

(2) 随机角度偏差为独立同分布均值为零高斯实值随机变量，且不同路径下、不同目标的角度偏差互不相关，其方差为

$$E\{\tilde{\phi}_{p,n}\tilde{\phi}_{\hat{p},\hat{n}}\}=\sigma_{\phi}^2\delta(p-\hat{p})\delta(n-\hat{n})\quad(p=1,2,\cdots,P;n=1,2,\cdots,N_p)$$

$$E\{\tilde{\theta}_{p,n}\tilde{\theta}_{\hat{p},\hat{n}}\}=\sigma_{\theta}^2\delta(p-\hat{p})\delta(n-\hat{n})\quad(p=1,2,\cdots,P;n=1,2,\cdots,N_p)$$

(3) 路径增益为独立同分布的零均值随机变量，协方差矩阵为

$$E\{\gamma_{p,n}\gamma_{\tilde{p},\tilde{n}}\}=\frac{\sigma_{\gamma p}^2}{N_p}\delta(p-\tilde{p})\delta(n-\tilde{n})$$

(4) 发射信号与噪声、路径增益之间互不相关。

将阵列响应矩阵$\boldsymbol{b}(\phi_p+\tilde{\phi}_{p,n},\theta_p+\tilde{\theta}_{p,n})$在$(\phi_p,\theta_p)$处进行一阶泰勒展开：

$$\boldsymbol{b}(\phi_p+\tilde{\phi}_{p,n},\theta_p+\tilde{\theta}_{p,n})\approx\boldsymbol{b}(\phi_p,\theta_p)+\frac{\partial\boldsymbol{b}(\phi_p,\theta_p)}{\partial\phi_p}\tilde{\phi}_{p,n}+\frac{\partial\boldsymbol{b}(\phi_p,\theta_p)}{\partial\phi_p}\tilde{\phi}_{p,n} \tag{8.42}$$

将式(8.42)代入式(8.40),可得

$$\boldsymbol{y}(\tau) \approx \sum_{p=1}^{P} \mathrm{e}^{\mathrm{j}2\pi f_{\mathrm{d}p}\tau}\left[\boldsymbol{b}(\phi_p,\theta_p)c_{p,1} + \frac{\partial \boldsymbol{b}(\phi_p,\theta_p)}{\partial \phi_p}c_{p,2} + \frac{\partial \boldsymbol{b}(\phi_p,\theta_p)}{\partial \theta_p}c_{p,3}\right] + \boldsymbol{n}(\tau) \tag{8.43}$$

式中

$$c_{p,1}(\tau) = s_p(\tau)\sum_{n=1}^{N_p}\gamma_{p,n}(\tau),c_{p,2}(\tau) = s_p(\tau)\sum_{n=1}^{N_p}\gamma_{p,n}(\tau)\tilde{\phi}_{p,n},c_{p,3}(\tau)$$
$$= s_p(\tau)\sum_{n=1}^{N_p}\gamma_{p,n}(\tau)\tilde{\theta}_{p,n}$$

则式(8.43)可重写为

$$\boldsymbol{y}(\tau) \approx \boldsymbol{B}c(\tau) + \boldsymbol{n}(\tau) \tag{8.44}$$

式中

$$\boldsymbol{B} = \Big[\boldsymbol{b}(\phi_1,\theta_1),\boldsymbol{b}(\phi_2,\theta_2,\cdots,\boldsymbol{b}(\phi_P,\theta_P)$$
$$\frac{\partial \boldsymbol{b}(\phi_1,\theta_1)}{\partial \phi_1},\frac{\partial \boldsymbol{b}(\phi_2,\theta_2)}{\partial \phi_2},\cdots,\frac{\partial \boldsymbol{b}(\phi_P,\theta_P)}{\partial \phi_P}$$
$$\frac{\partial \boldsymbol{b}(\phi_1,\theta_1)}{\partial \theta_1},\frac{\partial \boldsymbol{b}(\phi_2,\theta_2)}{\partial \theta_2},\cdots,\frac{\partial \boldsymbol{b}(\phi_P,\theta_P)}{\partial \theta_P}\Big]^{\mathrm{T}} \in \mathbb{C}^{MN\times 3P} \tag{8.45}$$

$$\boldsymbol{c} = [c_{1,1}(\tau),c_{2,1}(\tau),\cdots,c_{P,1}(\tau),c_{2,1}(\tau),c_{2,2}(\tau),\cdots,\tau_{P,2}(\tau)$$
$$c_{1,3}(\tau),c_{2,3}(\tau),\cdots,c_{P,3}(\tau)]^{\mathrm{T}} \in \mathbb{C}^{3P\times 1} \tag{8.46}$$

由于假设(2)、(3)、(4)的存在,因此 $c_{p,1}(\tau)$、$c_{p,2}(\tau)$ 与 $c_{p,3}(\tau)$ 的方差为

$$E\{c_{p,1}(\tau)c_{p,1}^{*}(\tau)\} = S_p\sigma_{\gamma_p}^2 \tag{8.47}$$

$$E\{c_{p,2}(\tau)c_{p,2}^{*}(\tau)\} = S_p\sigma_{\gamma_p}^2\sigma_{\theta_p}^2 \tag{8.48}$$

$$E\{c_{p,3}(\tau)c_{p,3}^{*}(\tau)\} = S_p\sigma_{\gamma_p}^2\sigma_{\phi_p}^2 \tag{8.49}$$

$c_{p,1}(\tau)$、$c_{p,2}(\tau)$ 与 $c_{p,3}(\tau)$ 的协方差为

$$E\{c_{p,l}(\tau)c_{\tilde{p},\tilde{l}}^{*}(\tau)\} = 0(\forall p\neq\tilde{p},l\neq\tilde{l}) \tag{8.50}$$

利用式(8.44)计算接收信号的协方差矩阵:

$$\boldsymbol{R}_y = E\{\boldsymbol{y}(\tau)\boldsymbol{y}^{\mathrm{H}}(\tau)\} = \frac{1}{L}\sum_{\tau=1}^{L}\boldsymbol{y}(\tau)\boldsymbol{y}^{\mathrm{H}}(\tau) \tag{8.51}$$

根据假设(4)与式(8.50),协方差矩阵 $\boldsymbol{R}_y$ 可以表示为

$$\boldsymbol{R}_y \approx \boldsymbol{B}\boldsymbol{\Lambda}_{\mathrm{c}}\boldsymbol{B}^{\mathrm{H}} + \sigma_{\mathrm{n}}^2\boldsymbol{I}_{MN} \tag{8.52}$$

对式(8.52)进行特征值分解,协方差矩阵 $\boldsymbol{R}_y$ 可重写为

$$
\begin{aligned}
\boldsymbol{R}_y &\approx [\boldsymbol{E}_s, \boldsymbol{E}_n]\begin{bmatrix} \boldsymbol{\Sigma}_s & \boldsymbol{0}_{3P\times(MN-3P)} \\ \boldsymbol{0}_{(MN-3P)\times 3P} & \sigma_n^2 \boldsymbol{I}_{MN-3P} \end{bmatrix}[\boldsymbol{E}_s, \boldsymbol{E}_n]^H \\
&= \boldsymbol{E}_s \boldsymbol{\Sigma}_s \boldsymbol{E}_s^H + \sigma_n^2 \boldsymbol{E}_n \boldsymbol{E}_n^H
\end{aligned} \tag{8.53}
$$

式中：$\boldsymbol{E}_s$ 为包含 $3P$ 个大特征值所对应的特征矢量的信号子空间，$\boldsymbol{E}_s \in \mathbb{C}^{MN\times 3P}$；$\boldsymbol{E}_n$ 为 $MN-3P$ 个小特征值对应的特征矢量所组成的噪声子空间，$\boldsymbol{E}_n \in \mathbb{C}^{MN\times(MN-3P)}$；$\boldsymbol{\Sigma}_s = \mathrm{diag}\{S_1\sigma_{\gamma_1}^2, \cdots, S_P\sigma_{\gamma_P}^2, S_1\sigma_{\gamma_1}^2\sigma_{\phi_1}^2, \cdots, S_P\sigma_{\gamma_P}^2\sigma_{\phi_P}^2, S_1\sigma_{\gamma_1}^2\sigma_{\theta_1}^2, \cdots, S_P\sigma_{\gamma_P}^2\sigma_{\theta_P}^2\}$

考虑到 $[\boldsymbol{E}_s, \boldsymbol{E}_n] \in \mathbb{C}^{MN\times MN}$ 为酉矩阵，满足 $\boldsymbol{I}_{MN} = [\boldsymbol{E}_s, \boldsymbol{E}_n][\boldsymbol{E}_s, \boldsymbol{E}_n]^H = \boldsymbol{E}_s\boldsymbol{E}_s^H + \boldsymbol{E}_n\boldsymbol{E}_n^H$

所以有 $\boldsymbol{E}_n\boldsymbol{E}_n^H = \boldsymbol{I}_{MN} - \boldsymbol{E}_s\boldsymbol{E}_s^H$

将上式代入式(8.53)，可得

$$
\boldsymbol{R}_y \approx \boldsymbol{E}_s \widetilde{\boldsymbol{\Sigma}}_s \boldsymbol{E}_s^H + \sigma_n^2 \boldsymbol{I}_{MN} \tag{8.54}
$$

式中

$$
\widetilde{\boldsymbol{\Sigma}}_s = \boldsymbol{\Sigma}_s - \sigma_n^2 \boldsymbol{I}_{MN} \in \mathbb{C}^{3P\times 3P}
$$

比较式(8.52)与式(8.54)可得

$$
\boldsymbol{B}\boldsymbol{\Lambda}_c\boldsymbol{B}^H \approx \boldsymbol{E}_s\boldsymbol{\Sigma}_s\boldsymbol{E}_s^H \tag{8.55}
$$

于是

$$
\boldsymbol{B} = \boldsymbol{E}_s\boldsymbol{T} \tag{8.56}
$$

式中：$\boldsymbol{T}$ 为满秩矩阵。

考虑 ESPRIT 算法，即利用阵列旋转不变特性求解分布式目标中心波达方向角。

令 $\boldsymbol{B}_1$ 为阵列流型矩阵 $\boldsymbol{B}$ 的前 $N(M-1)$ 行，$\boldsymbol{B}_2$ 为矩阵 $\boldsymbol{B}$ 的后 $N(M-1)$ 行。根据阵列流型矩阵 $\boldsymbol{B}$ 的结构，可得

$$
\boldsymbol{B}_2 = \boldsymbol{B}_1\boldsymbol{\Phi}_r \tag{8.57}
$$

式中

$$
\boldsymbol{\Phi}_r = \begin{bmatrix} \boldsymbol{\Psi}_r & \boldsymbol{0}_{P\times P} & \boldsymbol{0}_{P\times P} \\ \boldsymbol{0}_{P\times P} & \boldsymbol{\Psi}_r & \boldsymbol{0}_{P\times P} \\ \boldsymbol{0}_{P\times P} & \boldsymbol{0}_{P\times P} & \boldsymbol{\Psi}_r \end{bmatrix} \tag{8.58}
$$

其中

$$
\boldsymbol{\Psi}_r = \mathrm{diag}\{\exp(-\mathrm{j}\pi\sin\theta_1), \exp(-\mathrm{j}\pi\sin\theta_2), \cdots, \exp(-\mathrm{j}\pi\sin\theta_P)\} \tag{8.59}
$$

容易得到

$$\boldsymbol{E}_{s2}\boldsymbol{T}=\boldsymbol{E}_{s1}\boldsymbol{T}\boldsymbol{\Phi}_{r} \tag{8.60}$$

$$\boldsymbol{E}_{s2}=\boldsymbol{E}_{s1}\boldsymbol{T}\boldsymbol{\Phi}_{r}\boldsymbol{T}^{-1}=\boldsymbol{E}_{s1}\boldsymbol{\Pi}_{r} \tag{8.61}$$

式中：$\boldsymbol{E}_{s1}$、$\boldsymbol{E}_{s2}$分别为信号子空间 $\boldsymbol{E}_{s}$ 的前 $N(M-1)$ 行与后 $N(M-1)$ 行；$\boldsymbol{T}\boldsymbol{\Phi}_{r}\boldsymbol{T}^{-1}=\boldsymbol{\Pi}_{r}$，显然 $\boldsymbol{\Phi}_{r}$ 可以由 $\boldsymbol{\Pi}_{r}$ 特征分解得到。

利用总体最小二乘准则可以求得 $\boldsymbol{\Pi}_{r}$ 解。

$$[\boldsymbol{E}_{s1},\boldsymbol{E}_{s2}]^{H}[\boldsymbol{E}_{s1},\boldsymbol{E}_{s2}]=\boldsymbol{E}_{x}\boldsymbol{\Gamma}\boldsymbol{E}_{x}^{H} \tag{8.62}$$

$\boldsymbol{E}_{x}$ 为$[\boldsymbol{E}_{s1},\boldsymbol{E}_{s2}]^{H}[\boldsymbol{E}_{s1},\boldsymbol{E}_{s2}]$的特征矢量组成的矩阵，$\boldsymbol{E}_{x}\in\mathbb{C}^{6P\times 6P}$，将 $\boldsymbol{E}_{x}$ 均匀地分为四块，即

$$\boldsymbol{E}_{x}=\begin{bmatrix}\boldsymbol{E}_{x11} & \boldsymbol{E}_{x12}\\ \boldsymbol{E}_{x21} & \boldsymbol{E}_{x22}\end{bmatrix}$$

则 $\boldsymbol{\Pi}_{r}$ 解为

$$\boldsymbol{\Pi}_{r}=-\boldsymbol{E}_{x12}\boldsymbol{E}_{x22}^{-1} \tag{8.63}$$

对 $\boldsymbol{\Pi}_{r}$进行特征值分解，由于特征值中含有相同的特征矢量，存在冗余元素，可以选择剔除冗余特征值的方法，得到所需要求取的特征矢量，计算出中心波达方向角：

$$\theta_{p}=\mathrm{a\ sin}(\mathrm{angle}(\lambda_{p})/\pi) \tag{8.64}$$

式中：λ_{p} 为 $\boldsymbol{\Phi}_{r}$ 的第 p 个不重复的奇异值。

接下来计算中心波离方向角。引入转换矩阵 $\boldsymbol{J}$，存在如下关系：

$$\boldsymbol{J}\boldsymbol{B}=\boldsymbol{H} \tag{8.65}$$

式中

$$\begin{aligned}\boldsymbol{H}=\Big[&\boldsymbol{h}(\phi_{1},\theta_{1}),\boldsymbol{h}(\phi_{2},\theta_{2}),\cdots,\boldsymbol{h}(\phi_{P},\theta_{P})\cdot\\&\frac{\partial\boldsymbol{h}(\phi_{1},\theta_{1})}{\partial\phi_{1}},\frac{\partial\boldsymbol{h}(\phi_{2},\theta_{2})}{\partial\phi_{2}},\cdots,\frac{\partial\boldsymbol{h}(\phi_{P},\theta_{P})}{\partial\phi_{P}}\cdot\\&\frac{\partial\boldsymbol{h}(\phi_{1},\theta_{1})}{\partial\theta_{1}},\frac{\partial\boldsymbol{h}(\phi_{2},\theta_{2})}{\partial\theta_{2}},\cdots,\frac{\partial\boldsymbol{h}(\phi_{P},\theta_{P})}{\partial\theta_{P}}\Big]^{T}\in\mathbb{C}^{MN\times 3P}\end{aligned} \tag{8.66}$$

$$\boldsymbol{h}(\phi,\theta)=\boldsymbol{a}_{r}(\phi_{p})\otimes\boldsymbol{a}_{t}(\theta_{p}) \tag{8.67}$$

交换阵具有如下形式：

$$\boldsymbol{J}=\sum_{n=1}^{N}\sum_{m=1}^{M}\boldsymbol{e}_{n,m}^{N\times M}\otimes\boldsymbol{e}_{m,n}^{M\times N} \tag{8.68}$$

式中：$\boldsymbol{e}_{n,m}^{N\times M}$为第$(n,m)$个元素为 1、其他元素为 0 的 $N\times M$ 维矩阵。

此时有下式成立:

$$\hat{\boldsymbol{y}}(\tau) = \boldsymbol{J}\boldsymbol{y}(\tau) \approx \boldsymbol{H}\boldsymbol{c}(\tau) + \hat{\boldsymbol{n}}(\tau) \tag{8.69}$$

式中:$\hat{\boldsymbol{n}}(\tau) = \boldsymbol{J}\boldsymbol{n}(\tau)$。

求取中心波离方向角的方法同求取中心波达方向角的方法类似,利用式(8.69)求取接收信号的协方差矩阵:

$$\hat{\boldsymbol{R}}_{\hat{y}} = \mathrm{E}\{\hat{\boldsymbol{y}}(\tau)\hat{\boldsymbol{y}}^{\mathrm{H}}(\tau)\} = \frac{1}{L}\sum_{\tau=1}^{L}\hat{\boldsymbol{y}}(\tau)\hat{\boldsymbol{y}}^{\mathrm{H}}(\tau) \tag{8.70}$$

对接收信号的协方差矩阵进行特征值分解,得到 $3P$ 个大特征值对应特征矢量组成的信号子空间 $\hat{\boldsymbol{E}}_{\mathrm{s}}$,以及 $MN-3P$ 个小特征值对应特征矢量所组成的噪声子空间 $\hat{\boldsymbol{E}}_{\mathrm{n}}$:

$$\begin{aligned}\hat{\boldsymbol{R}}_{y} &\approx [\hat{\boldsymbol{E}}_{\mathrm{s}},\hat{\boldsymbol{E}}_{\mathrm{n}}]\begin{bmatrix}\boldsymbol{\Sigma}_{\mathrm{s}} & \boldsymbol{0}_{3P\times(MN-3P)}\\ \boldsymbol{0}_{(MN-3P)\times 3P} & \sigma_{\mathrm{n}}^{2}\boldsymbol{I}_{MN-3P}\end{bmatrix}[\hat{\boldsymbol{E}}_{\mathrm{s}},\hat{\boldsymbol{E}}_{\mathrm{n}}]^{\mathrm{H}}\\ &= \hat{\boldsymbol{E}}_{\mathrm{s}}\boldsymbol{\Sigma}_{\mathrm{s}}\hat{\boldsymbol{E}}_{\mathrm{s}}^{\mathrm{H}} + \sigma_{\mathrm{n}}^{2}\hat{\boldsymbol{E}}_{\mathrm{n}}\hat{\boldsymbol{E}}_{\mathrm{n}}^{\mathrm{H}}\end{aligned}$$

与式(8.54)类似,容易得到

$$\hat{\boldsymbol{R}}_{y} = \hat{\boldsymbol{E}}_{\mathrm{s}}\widetilde{\boldsymbol{\Sigma}}_{\mathrm{s}}\hat{\boldsymbol{E}}_{\mathrm{s}}^{\mathrm{H}} + \sigma_{\mathrm{n}}^{2}\boldsymbol{I}_{MN} \tag{8.71}$$

注意

$$\hat{\boldsymbol{R}}_{y} \approx \boldsymbol{J}\boldsymbol{B}\boldsymbol{\Lambda}_{\mathrm{c}}\boldsymbol{B}^{\mathrm{H}}\boldsymbol{J}^{\mathrm{H}} + \sigma_{\mathrm{n}}^{2}\boldsymbol{I}_{MN} = \boldsymbol{H}\boldsymbol{\Lambda}_{\mathrm{c}}\boldsymbol{H}^{\mathrm{H}} + \sigma_{\mathrm{n}}^{2}\boldsymbol{I}_{MN} \tag{8.72}$$

因此,可得

$$\boldsymbol{H}\boldsymbol{\Lambda}_{\mathrm{c}}\boldsymbol{H}^{\mathrm{H}} \approx \hat{\boldsymbol{E}}_{\mathrm{s}}\widetilde{\boldsymbol{\Sigma}}_{\mathrm{s}}\hat{\boldsymbol{E}}_{\mathrm{s}}^{\mathrm{H}} \tag{8.73}$$

以及

$$\boldsymbol{H} = \hat{\boldsymbol{E}}_{\mathrm{s}}\boldsymbol{T} \tag{8.74}$$

因此有下式成立:

$$\hat{\boldsymbol{E}}_{\mathrm{s}} = \boldsymbol{J}\boldsymbol{E}_{\mathrm{s}} \tag{8.75}$$

利用式(8.75)可以减少一次求协方差矩阵并进行特征值分解的麻烦。

类似地,将信号子空间进行分块,$\hat{\boldsymbol{E}}_{\mathrm{s1}}$ 与 $\hat{\boldsymbol{E}}_{\mathrm{s2}}$ 分别为信号子空间 $\hat{\boldsymbol{E}}_{\mathrm{s}}$ 的前 $M(N-1)$ 行与后 $M(N-1)$ 行。

$\boldsymbol{H}$ 的前 $M(N-1)$ 行 $\boldsymbol{H}_1$ 与后 $M(N-1)$ 行 $\boldsymbol{H}_2$ 满足

$$\boldsymbol{H}_2 = \boldsymbol{H}_1\boldsymbol{\Phi}_{\mathrm{t}} \tag{8.76}$$

式中

$$\boldsymbol{\Phi}_{\mathrm{t}} = \begin{bmatrix}\boldsymbol{\Psi}_{\mathrm{t}} & \boldsymbol{0}_{P\times P} & \boldsymbol{0}_{P\times P}\\ \boldsymbol{0}_{P\times P} & \boldsymbol{\Psi}_{\mathrm{t}} & \boldsymbol{0}_{P\times P}\\ \boldsymbol{0}_{P\times P} & \boldsymbol{0}_{P\times P} & \boldsymbol{\Psi}_{\mathrm{t}}\end{bmatrix} \tag{8.77}$$

其中

$$\boldsymbol{\Psi}_{\mathrm{t}}=\mathrm{diag}\{\exp(-\mathrm{j}\pi\sin\phi_1),\exp(-\mathrm{j}\pi\sin\phi_2),\cdots,\exp(-\mathrm{j}\pi\sin\phi_P)\}$$

同样容易得

$$\hat{\boldsymbol{E}}_{\mathrm{s2}}=\hat{\boldsymbol{E}}_{\mathrm{s1}}\boldsymbol{T}\boldsymbol{\Phi}_{\mathrm{t}}\boldsymbol{T}^{-1}=\hat{\boldsymbol{E}}_{\mathrm{s1}}\boldsymbol{\Pi}_{\mathrm{t}} \tag{8.78}$$

式中：$\boldsymbol{T}\boldsymbol{\Phi}_{\mathrm{t}}\boldsymbol{T}^{-1}=\boldsymbol{\Pi}_{\mathrm{t}}$，显然 $\boldsymbol{\Phi}_{\mathrm{t}}$ 可以由 $\boldsymbol{\Pi}_{\mathrm{t}}$ 特征分解得到。

利用总体最小二乘准则可以求得 $\boldsymbol{\Pi}_{\mathrm{t}}$ 解。接下来对 $\boldsymbol{\Pi}_{\mathrm{t}}$ 进行特征值分解即可得到 $\boldsymbol{\Phi}_{\mathrm{t}}$ 并求得中心波离方向角：

$$\phi_p=\mathrm{a}\ \sin(\mathrm{angle}(\hat{\lambda}_p)/\pi) \tag{8.79}$$

式中：$\hat{\lambda}_p$ 为 $\boldsymbol{\Phi}_{\mathrm{t}}$ 的第 p 个不重复的特征值。

8.5 非圆分布式目标参数估计方法

根据信号的统计特性进行分类，可以将信号分为圆信号和非圆信号。当信号满足旋转不变特性时，该信号就称为圆信号；反之，称为非圆信号。本节从信号的一阶矩和二阶矩出发分析信号的非圆特性。

对信号 s 进行任意相位的旋转，旋转后的信号为 $s\mathrm{e}^{\mathrm{j}\varphi}$，如果旋转前后的信号满足

$$E\{s\mathrm{e}^{\mathrm{j}\varphi}\}=E\{s\} \tag{8.80}$$

$$E\{s\mathrm{e}^{\mathrm{j}\varphi}(s\mathrm{e}^{\mathrm{j}\varphi})^*\}=E\{ss^*\} \tag{8.81}$$

$$E\{s\mathrm{e}^{\mathrm{j}\varphi}\cdot s\mathrm{e}^{\mathrm{j}\varphi}\}=E(s^2) \tag{8.82}$$

则称 s 为圆信号；反之，称为非圆信号。

考虑零均值非常值信号，显然有 $E\{s\}=0$，因此式(8.80)与式(8.81)成立。假设式(8.82)成立，显然有 $E\{s^2\}=0$，又因为 $E\{ss^*\}=0$，则可以得如下结论：

(1) $E\{s^2\}=0\Leftrightarrow s$ 为圆信号；

(2) $E\{s^2\}\neq 0\Leftrightarrow s$ 为非圆信号。

传统角度估计算法通常只利用了 $E\{ss^*\}$ 中的信息。如果利用非圆信号的特性，则能够同时利用 $E\{s^2\}$ 和 $E\{ss^*\}$ 中的信息，这样就可以提高对数据的利用率。

对任意信号 s，有以下关系式：

$$E\{s^2\}=\rho\mathrm{e}^{\mathrm{j}\varphi}E\{ss^*\}=\rho\mathrm{e}^{\mathrm{j}\varphi}\sigma_{\mathrm{s}}^2 \tag{8.83}$$

式中：ϕ 为非圆相位；ρ 为非圆率，$0\leqslant\rho\leqslant 1$，显然，当 $\rho=0$ 时，信号是圆的，当 $0<\rho\leqslant 1$ 时，信号是非圆的。

对一个信号矢量 $\boldsymbol{s}$，其中信号是相互独立的，其协方差矩阵和伪协方差矩阵为

$$\boldsymbol{R}_{\mathrm{s}}\triangleq E\{\boldsymbol{s}\boldsymbol{s}^{\mathrm{H}}\}=\mathrm{diag}\{\sigma_{\mathrm{s1}}^2,\sigma_{\mathrm{s2}}^2,\cdots,\sigma_{\mathrm{s}D}^2\} \tag{8.84}$$

$$\boldsymbol{R}_{\mathrm{s}} \triangleq E\{\boldsymbol{s}\boldsymbol{s}^{\mathrm{T}}\} = \operatorname{diag}\{\rho_1 \mathrm{e}^{\mathrm{j}\varphi_1}\sigma_{\mathrm{s}1}^2, \rho_2 \mathrm{e}^{\mathrm{j}\varphi_2}\sigma_{\mathrm{s}2}^2, \cdots, \rho_D \mathrm{e}^{\mathrm{j}\varphi_D}\sigma_{\mathrm{s}D}^2\} = \boldsymbol{K\Phi R}_{\mathrm{s}} \tag{8.85}$$

式中：$\sigma_{\mathrm{s}1}^2, \sigma_{\mathrm{s}2}^2, \cdots, \sigma_{\mathrm{s}D}^2$分别对应各个信号的功率；$\boldsymbol{K} = \operatorname{diag}\{\rho_1, \rho_2, \cdots, \rho_D\}$；$\boldsymbol{\Phi} = \operatorname{diag}\{\mathrm{e}^{\mathrm{j}\phi_1}, \mathrm{e}^{\mathrm{j}\phi_2}, \cdots, \mathrm{e}^{\mathrm{j}\varphi_D}\}$。

考虑单基地 MIMO 雷达，发射阵列和接收阵列都为均匀线阵，且所有天线都是全方向的。发射阵列的阵元数为 M，接收阵列的阵元数为 N，发射阵元间距为 d_{t}，接收阵元间距为 d_{r}，其中发射阵列的 M 个阵元同时向外发射 M 个相互正交的非圆信号。假设空间中有 q 个相干分布式目标，由于是单基地 MIMO 雷达，其中心波达方向和中心波离方向对应相等，这时，第 i 个目标的角度参数可以表示成 $\boldsymbol{\eta}_i = (\theta_i, \sigma_{\theta_i})$，其中 θ_i 和 σ_{θ_i}分别为中心波达方向角和扩展角，则第 i 个相干分布式目标的回波信号在接收阵列处的接收数据可以表示为

$$\boldsymbol{X}(l,p) = \sum_{i=1}^{q}\beta_{ip}\boldsymbol{a}(\boldsymbol{\eta}_i)\begin{bmatrix} s_1(l,p) \\ s_2(l,p) \\ \vdots \\ s_{M_{\mathrm{t}}}(l,p) \end{bmatrix} + \boldsymbol{N}(l,p) \tag{8.86}$$

式中：β_{ip}为第 i 个相干分布式目标在第 p 个脉冲重复周期的反射系数；$\boldsymbol{N}(l,p)$为零均值高斯白噪声矩阵；$s_m(l,p)$为 BPSK 调制的第 m 个发射阵元的发射信号，l 和 p 分别代表快时间和慢时间。$\boldsymbol{a}(\boldsymbol{\eta}_i)$为广义联合导向矢量，

$$\boldsymbol{a}(\boldsymbol{\eta}_i) = \int_{-\pi/2}^{\pi/2}\boldsymbol{a}_{\mathrm{r}}(\varphi)\boldsymbol{a}_{\mathrm{t}}^{\mathrm{T}}(\varphi)g_i(\varphi,\boldsymbol{\eta}_i)\mathrm{d}\varphi$$

其中：

$$\begin{aligned}\boldsymbol{a}_{\mathrm{r}}(\varphi) = [&1, \exp(\mathrm{j}2\pi(d_{\mathrm{r}}/\lambda)\sin\varphi), \exp(\mathrm{j}4\pi(d_{\mathrm{r}}/\lambda)\sin\varphi), \cdots, \\ &\exp(\mathrm{j}2\pi(N-1)(d_{\mathrm{r}}/\lambda)\sin\varphi]^{\mathrm{T}}\end{aligned}$$

$$\begin{aligned}\boldsymbol{a}_{\mathrm{t}}(\varphi) = [&1, \exp(\mathrm{j}2\pi(d_{\mathrm{t}}/\lambda)\sin\varphi), \exp(\mathrm{j}4\pi(d_{\mathrm{t}}/\lambda)\sin\varphi), \cdots, \\ &\exp(\mathrm{j}2\pi(M-1)(d_{\mathrm{t}}/\lambda)\sin\varphi]^{\mathrm{T}}\end{aligned}$$

经匹配滤波后，第 m 个发射波形在第 p 个发射脉冲下的匹配滤波器输出为

$$\boldsymbol{y}_m(p) = \sum_{i=1}^{q}\beta_{ip}\boldsymbol{a}(\boldsymbol{\eta}_i)\mathrm{e}^{j\alpha_i}r_m(p)\begin{bmatrix} 0 \\ \vdots \\ 0 \\ 1 \\ 0 \\ \vdots \\ 0 \end{bmatrix} + \boldsymbol{n}_m(p) \tag{8.87}$$

式中：$e^{j\alpha_i}$为第 i 个目标反射信号的旋转相位；$r_m(p)$为由第 m 个发射阵元发射的非圆信号，并满足 $r_m(p)=r_m^*(p)$；$n_m(p)$为第 m 个发射波束经匹配滤波后的噪声矢量，$\boldsymbol{n}_m(p)=\boldsymbol{N}(l,p)\times s_m^*(l,p)$。

式(8.87)可以表示为矩阵形式：

$$\boldsymbol{y}_m(p)=\boldsymbol{A}_m\boldsymbol{\Lambda}\boldsymbol{r}_m(t)+\boldsymbol{n}_m(t) \tag{8.88}$$

式中：$\boldsymbol{\Lambda}=\mathrm{diag}\{e^{j\alpha_1},e^{j\alpha_2},\cdots,e^{j\alpha_q}\}$；$\boldsymbol{A}_m(\boldsymbol{\eta})$为广义导向矢量且有

$$\boldsymbol{A}_m(\boldsymbol{\eta})=[\boldsymbol{a}_m(\boldsymbol{\eta}_1),\boldsymbol{a}_m(\boldsymbol{\eta}_2),\cdots,\boldsymbol{a}_m(\boldsymbol{\eta}_q)]$$

其中：$a_m(\boldsymbol{\eta}_i)$为第 i 个目标的第 m 个发射阵元的发射信号在接收阵列处的联合导向矢量，且有

$$\boldsymbol{a}_m(\boldsymbol{\eta}_i)=\int_{-\pi/2}^{\pi/2}\boldsymbol{a}_r(\varphi)a_m(\varphi)\cdot g_i(\varphi,\boldsymbol{\eta}_i)\mathrm{d}\varphi$$

其中：$a_m(\varphi)$为 $\boldsymbol{a}_t(\varphi)$的第 m 个元素。

将 M 个匹配滤波器匹配滤波之后的数据矢量化处理，得到 $MN\times1$ 维的接收数据：

$$\begin{aligned}\boldsymbol{Y}(p)&=[\boldsymbol{y}_1^{\mathrm{T}}(p),\boldsymbol{y}_2^{\mathrm{T}}(p),\cdots,\boldsymbol{y}_M^{\mathrm{T}}(p)]^{\mathrm{T}}\\&=\boldsymbol{B}(\boldsymbol{\eta})\boldsymbol{\Lambda}\boldsymbol{S}(p)+\boldsymbol{N}(p)\end{aligned} \tag{8.89}$$

式中：$\boldsymbol{N}(p)$为噪声矩阵$\boldsymbol{N}(p)=[\boldsymbol{n}_1^{\mathrm{T}}(p),\boldsymbol{n}_{\mathrm{M}}^{\mathrm{T}}(p),\cdots,\boldsymbol{n}_{\mathrm{M}}^{\mathrm{T}}(p)]^{\mathrm{T}}$；$\boldsymbol{B}(\boldsymbol{\eta})$为 $MN\times q$ 维广义导向矢量，且有

$$\boldsymbol{B}(\boldsymbol{\eta})=[\boldsymbol{b}(\boldsymbol{\eta}_1),\boldsymbol{b}(\boldsymbol{\eta}_2),\cdots,\boldsymbol{b}(\boldsymbol{\eta}_q)]$$

其中

$$\boldsymbol{b}(\boldsymbol{\eta})=\int_{-\pi/2}^{\pi/2}[\boldsymbol{a}_r(\varphi)\otimes\boldsymbol{a}_t(\varphi)]g(\varphi,\boldsymbol{\eta})\mathrm{d}\varphi;$$

为了充分利用信号的非圆特性，将接收数据矩阵扩展为

$$\boldsymbol{Z}(p)=\begin{bmatrix}\boldsymbol{\Gamma}_{MN}\boldsymbol{Y}^*(p)\\\boldsymbol{Y}(p)\end{bmatrix}=\begin{bmatrix}\boldsymbol{\Gamma}_{MN}\boldsymbol{B}^*(\boldsymbol{\eta})\boldsymbol{\Lambda}^*\boldsymbol{S}^*(p)\\\boldsymbol{B}(\boldsymbol{\eta})\boldsymbol{\Lambda}\boldsymbol{S}(p)\end{bmatrix}+\begin{bmatrix}\boldsymbol{\Gamma}_{MN}\boldsymbol{N}^*(p)\\\boldsymbol{N}(p)\end{bmatrix} \tag{8.90}$$

式中：$\boldsymbol{\Gamma}_{MN}$为数 $MN\times MN$ 维置换矩阵，即反对角线上的元素为 1，其余元素为 0。

由于 $\boldsymbol{S}(p)$是非圆信号，则 $\boldsymbol{S}(p)=\boldsymbol{S}^*(p)$成立。式(8.90)可改写为

$$\boldsymbol{Z}(p)=\begin{bmatrix}\boldsymbol{\Gamma}_{MN}\boldsymbol{B}^*(\boldsymbol{\eta})\boldsymbol{\Lambda}^*\\\boldsymbol{B}(\boldsymbol{\eta})\boldsymbol{\Lambda}\end{bmatrix}\boldsymbol{S}(p)+\begin{bmatrix}\boldsymbol{\Gamma}_{MN}\boldsymbol{N}^*(p)\\\boldsymbol{N}(p)\end{bmatrix} \tag{8.91}$$

可以看到，数据扩展矩阵 $Z(p)$的虚拟元素数为 $2MN$ 个，是传统 MIMO 雷达虚拟阵元数个数的 2 倍。

8.5.1　广义 NC－MUSIC 算法

利用信号子空间与噪声子空间正交的性质构造空间谱函数，进行谱峰搜索

得到分布式目标的角度估计参数。

假设接收到 P 个脉冲,利用最大似然估计得到接收数据的协方差矩阵为

$$\boldsymbol{R}_{zz} = \frac{1}{P}\sum_{p=1}^{P}\boldsymbol{Z}(p)\boldsymbol{Z}^{\mathrm{H}}(p) \tag{8.92}$$

对协方差矩阵进行特征值分解,得到噪声子空间 $\boldsymbol{U}_N$,即 $2MN-q$ 个最小特征值对应的特征矢量组成的矩阵。

由于信号子空间与噪声子空间相互正交,所以下式成立:

$$\boldsymbol{b}^{\mathrm{H}}(\eta)\boldsymbol{U}_{\mathrm{N}} = 0 \tag{8.93}$$

因此,需要将使用非圆信号的分布式目标数据模型的广义导向矢量代入到广义MUSIC算法的空间谱函数中,此处的广义导向矢量为

$$\begin{bmatrix} \boldsymbol{\Gamma}_{MN}\boldsymbol{b}^{*}(\eta)\mathrm{e}^{-\mathrm{j}\alpha} \\ \boldsymbol{b}(\eta)\mathrm{e}^{\mathrm{j}\alpha} \end{bmatrix} \tag{8.94}$$

那么,空间谱函数为

$$\eta = \arg\min_{\eta}\begin{bmatrix} \boldsymbol{\Gamma}_{MN}\boldsymbol{b}^{*}(\eta)\mathrm{e}^{-\mathrm{j}\alpha} \\ \boldsymbol{b}(\eta)\mathrm{e}^{\mathrm{j}\alpha} \end{bmatrix}^{\mathrm{T}}\boldsymbol{U}_{\mathrm{N}}\boldsymbol{U}_{\mathrm{N}}^{\mathrm{H}}\begin{bmatrix} \boldsymbol{\Gamma}_{MN}\boldsymbol{b}^{*}(\eta)\mathrm{e}^{-\mathrm{j}\alpha} \\ \boldsymbol{b}(\eta)\mathrm{e}^{\mathrm{j}\alpha} \end{bmatrix} \tag{8.95}$$

对式(8.95)进行二维谱峰搜索,可以得到 q 个谱峰,每个谱峰对应着一个相干分布式目标的中心波达方向和扩展角。可以看到,本算法需要预先知道分布式目标的确定性角信号函数,否则无法给出谱函数。

8.5.2 广义 NC-ESPRIT 算法

考虑到广义 NC-MUSIC 算法需要已知确定性角信号函数,而基于阿达马积旋转不变算法的广义 ESPRIT 算法不需要,本节利用非圆信号的角度估计算法仍然能够利用阿达马积旋转不变性来进行分布式目标角度参数估计。

导向矢量为

$$\boldsymbol{b}(\eta) = \int_{-\pi/2}^{\pi/2}[\boldsymbol{a}_r(\varphi)\otimes\boldsymbol{a}_{\mathrm{t}}(\varphi)]g(\varphi,\eta)\mathrm{d}\varphi$$

对于任意积分值 φ 均可写作 $\varphi=\phi+\tilde{\phi}$,$\phi$ 为中心波达方向,$\tilde{\phi}$ 为相对于中心波达方向的扩展角。假设扩展角较小,利用正余弦函数的小角度代换的特性,可以得到 $\sin\tilde{\phi}=\tilde{\phi}$ 和 $\cos\tilde{\phi}\approx 1$,那么有 $\sin(\phi+\tilde{\phi})=\sin\phi+\tilde{\phi}\cos\phi$。利用克罗内克积的性质,可以将广义导向矢量 $\boldsymbol{b}(\eta)$ 写为

$$\begin{aligned}\boldsymbol{b}(\eta) &= [\boldsymbol{a}_{\mathrm{r}}(\phi)\otimes\boldsymbol{a}_{\mathrm{t}}(\phi)]\odot\int_{-\pi/2}^{\pi/2}[\tilde{\boldsymbol{a}}_{\mathrm{r}}(\phi,\tilde{\phi})\otimes\tilde{\boldsymbol{a}}_{\mathrm{t}}(\phi,\tilde{\phi})]\rho(\tilde{\phi},\eta)\mathrm{d}\tilde{\phi} \\ &= [\boldsymbol{a}_{\mathrm{r}}(\phi)\otimes\boldsymbol{a}_{\mathrm{t}}(\phi)]\odot\boldsymbol{h}\end{aligned} \tag{8.96}$$

式中

$$h = \int_{-\pi/2}^{\pi/2} [\tilde{a}_r(\phi,\tilde{\phi}) \otimes \tilde{a}_t(\phi,\tilde{\phi})]\rho(\tilde{\phi},\eta)\mathrm{d}\tilde{\phi}$$

利用最大似然估计求得接收数据的扩展协方差矩阵形式为

$$\begin{aligned} \boldsymbol{R}_{\mathrm{NC}} &= \frac{1}{P}\sum_{p=1}^{P}\mathbf{Z}(p)\mathbf{Z}^{\mathrm{H}}(p) \\ &= \begin{bmatrix} \boldsymbol{\Gamma}_{MN}\boldsymbol{B}^*(\eta)\boldsymbol{\Lambda}^* \\ \boldsymbol{B}(\eta)\boldsymbol{\Lambda} \end{bmatrix} \boldsymbol{R}_{\mathrm{ss}} \begin{bmatrix} \boldsymbol{\Gamma}_{MN}\boldsymbol{B}^*(\eta)\boldsymbol{\Lambda}^* \\ \boldsymbol{B}(\eta)\boldsymbol{\Lambda} \end{bmatrix}^{\mathrm{H}} + \sigma_{\mathrm{n}}^2\boldsymbol{I}_{2MN} \end{aligned} \tag{8.97}$$

式中：$\boldsymbol{R}_{\mathrm{ss}} = \frac{1}{P}\sum_{p=1}^{P}\boldsymbol{S}(p)\boldsymbol{S}^{\mathrm{H}}(p)$；$\boldsymbol{I}_{2MN}$为 $2MN$ 维单位对角阵；σ_{n}^2 为噪声协方差。

对式(8.97)进行特征值分解，可得

$$\boldsymbol{R}_{\mathrm{NC}} = \boldsymbol{U}_{\mathrm{s}}\boldsymbol{\Sigma}_{\mathrm{s}}\boldsymbol{U}_{\mathrm{s}}^{\mathrm{H}} + \boldsymbol{U}_{\mathrm{N}}\boldsymbol{\Sigma}_{\mathrm{N}}\boldsymbol{U}_{\mathrm{N}}^{\mathrm{H}} \tag{8.98}$$

式中：$\boldsymbol{\Sigma}_{\mathrm{s}}$ 为 $q\times q$ 维对角阵，其对角线元素对应于 $\boldsymbol{R}_{\mathrm{NC}}$的 q 个最大特征值；$\boldsymbol{U}_{\mathrm{s}}$ 为最大的 q 个大特征值对应的特征向量组成的一个 $2MN\times q$ 维矩阵，即信号子空间；$\boldsymbol{\Sigma}_{\mathrm{N}}$ 为$(2MN-q)\times(2MN-q)$维对角矩阵，对角线上的元素为 $\boldsymbol{R}_{zz}$的 $2MN-q$ 个最小特征值；$\boldsymbol{U}_{\mathrm{N}}$ 为 $2MN-q$ 个最小特征值对应的特征矢量组成的一个 $2MN\times(2MN-q)$维矩阵，即噪声子空间。可以得知，扩展数据矩阵不但能够扩展数据空间，而且能够保持信号子空间的维数不变。

扩展后的广义导向矢量为

$$\boldsymbol{c}(\eta,\alpha) = \begin{bmatrix} \boldsymbol{\Gamma}_{MN}\boldsymbol{b}^*(\eta)\mathrm{e}^{-\mathrm{j}\alpha} \\ \boldsymbol{b}(\eta)\mathrm{e}^{\mathrm{j}\alpha} \end{bmatrix} = \begin{bmatrix} \boldsymbol{c}_1(\eta,\alpha) \\ \boldsymbol{c}_2(\eta,\alpha) \end{bmatrix} \tag{8.99}$$

式中

$$\boldsymbol{c}_1(\eta,\alpha) = \boldsymbol{\Gamma}_{MN}\boldsymbol{b}^*(\eta)\mathrm{e}^{-\mathrm{j}\alpha},\ \boldsymbol{c}_2(\eta,\alpha) = \boldsymbol{b}(\eta)\mathrm{e}^{\mathrm{j}\alpha}$$

由 $\boldsymbol{c}_1$ 和 $\boldsymbol{c}_2$ 的前 $N(M-1)$行组成的 $\boldsymbol{c}_1$ 和 $\boldsymbol{c}_2$ 的子向量分别为

$$\boldsymbol{c}_{11}(\eta,\alpha) = \boldsymbol{\Pi}_1\boldsymbol{c}_1(\eta,\alpha),\ \boldsymbol{c}_{21}(\eta,\alpha) = \boldsymbol{\Pi}_1\boldsymbol{c}_2(\eta,\alpha)$$

式中：$\boldsymbol{\Pi}_1$ 为选择矩阵，$\boldsymbol{\Pi}_1 = [\boldsymbol{I}_{N(M-1)} \quad \mathbf{0}_{N(M-1)\times N}]$

其中：$\boldsymbol{I}_{N(M-1)}$为 $N(M-1)\times N(M-1)$维单位对角阵。由 $\boldsymbol{c}_1$ 和 $\boldsymbol{c}_2$ 的前 $N(M-1)$行组成的 $\boldsymbol{c}_1$ 和 $\boldsymbol{c}_2$ 的子向量分别为

$$\boldsymbol{c}_{12}(\eta,\alpha) = \mathbf{\Pi}_2\boldsymbol{c}_1(\eta,\alpha),\ \boldsymbol{c}_{22}(\eta,\alpha) = \mathbf{\Pi}_2\boldsymbol{c}_2(\eta,\alpha)$$

式中，$\boldsymbol{\Pi}_2$ 为选择矩阵，$\boldsymbol{\Pi}_2 = [\mathbf{0}_{N(M-1)\times N} \quad \boldsymbol{I}_{N(M-1)}]$。

根据式(8.99)中联合导向矢量的结构，存在阿达马积旋转不变关系：

$$\begin{bmatrix} \boldsymbol{c}_{11}(\eta,\alpha) \\ \boldsymbol{c}_{21}(\eta,\alpha) \end{bmatrix} \odot \begin{bmatrix} \boldsymbol{c}_{12}(\eta,\alpha) \\ \boldsymbol{c}_{22}(\eta,\alpha) \end{bmatrix}^* = \begin{bmatrix} \boldsymbol{c}_{11}(\eta,\alpha) \\ \boldsymbol{c}_{21}(\eta,\alpha) \end{bmatrix}^* \odot \begin{bmatrix} \boldsymbol{c}_{12}(\eta,\alpha) \\ \boldsymbol{c}_{22}(\eta,\alpha) \end{bmatrix} \mathrm{e}^{\mathrm{j}2\pi(d_{\mathrm{r}}/\lambda)\sin\phi} \tag{8.100}$$

依照上述旋转不变关系对信号子空间进行构造，分别取 $\boldsymbol{U}_{\mathrm{s}}$ 的前 $2M(N-1)$ 行和后 $2M(N-1)$ 行。根据信号子空间理论，可得

$$\begin{bmatrix}\boldsymbol{c}_{11}(\eta_i,\alpha_i)\\ \boldsymbol{c}_{21}(\eta_i,\alpha_i)\end{bmatrix}=\boldsymbol{U}_{\mathrm{s1}}\boldsymbol{f}_i \tag{8.101}$$

$$\begin{bmatrix}\boldsymbol{c}_{12}(\boldsymbol{\eta}_i,\alpha_i)\\ \boldsymbol{c}_{22}(\boldsymbol{\eta}_i,\alpha_i)\end{bmatrix}=\boldsymbol{U}_{\mathrm{s2}}\boldsymbol{f}_i \tag{8.102}$$

式中：$\boldsymbol{f}$ 为列矢量。

将式(8.101)和式(8.102)代入式(8.100)，可得

$$\boldsymbol{U}_{\mathrm{s1}}(k,:)\boldsymbol{f}_i\boldsymbol{f}_i^{\mathrm{H}}\boldsymbol{U}_{\mathrm{s2}}^{\mathrm{H}}(k,:)=\exp(\mathrm{j}2\pi d_{\mathrm{r}}/\lambda\sin\phi)\boldsymbol{U}_{\mathrm{s2}}(k,:)\boldsymbol{f}\boldsymbol{f}_i^{\mathrm{H}}\boldsymbol{U}_{\mathrm{s1}}^{\mathrm{H}}(k,:) \tag{8.103}$$

式中：$\boldsymbol{U}_{\mathrm{s1}}(k,:)$、$\boldsymbol{U}_{\mathrm{s2}}(k,:)$分别为 $\boldsymbol{U}_{\mathrm{s1}}$、$\boldsymbol{U}_{\mathrm{s2}}$的第 k 行。

利用矩阵矢量化分别对式(8.103)两边进行变形，可得

$$\mathrm{vec}\,(\boldsymbol{U}_{\mathrm{s1}}(k,:)\boldsymbol{f}_i\boldsymbol{f}_i^{\mathrm{H}}\boldsymbol{U}_{\mathrm{s2}}^{\mathrm{H}}(k,:))=\boldsymbol{U}_{\mathrm{s2}}^{*}(k,:)\otimes\boldsymbol{U}_{\mathrm{s1}}(k,:)\cdot\mathrm{vec}(\boldsymbol{f}_i\boldsymbol{f}_i^{\mathrm{H}})\cdot$$

$$\mathrm{vec}(\exp(\mathrm{j}2\pi d_{\mathrm{r}}/\lambda\sin\phi_i)\boldsymbol{U}_{\mathrm{s2}}(k,:)\boldsymbol{f}_i\boldsymbol{f}_i^{\mathrm{H}}\boldsymbol{U}_{\mathrm{s1}}^{\mathrm{H}}(k,:)) \tag{8.104}$$

$$=\exp(\mathrm{j}2\pi d_{\mathrm{r}}/\lambda\sin\phi_i)(\boldsymbol{U}_{\mathrm{s1}}^{*}(k,:)\otimes\boldsymbol{U}_{\mathrm{s2}}(k,:))\cdot\mathrm{vec}(\boldsymbol{f}_i\boldsymbol{f}_i^{\mathrm{H}}) \tag{8.105}$$

记

$$\boldsymbol{P}_{\mathrm{s1}}=\boldsymbol{U}_{\mathrm{s2}}^{*}(k,:)\otimes\boldsymbol{U}_{\mathrm{s1}}(k,:),\boldsymbol{P}_{\mathrm{s2}}=\boldsymbol{U}_{\mathrm{s1}}^{*}(k,:)\otimes\boldsymbol{U}_{\mathrm{s2}}(k,:),\boldsymbol{v}_i=\mathrm{vec}(\boldsymbol{f}_i\boldsymbol{f}_i^{\mathrm{H}})$$

则式(8.103)可以表示为

$$\boldsymbol{P}_{\mathrm{s1}}\boldsymbol{v}_i=\exp(\mathrm{j}2\pi d_{\mathrm{r}}/\lambda\sin\phi_i)\boldsymbol{P}_{\mathrm{s2}}\boldsymbol{v}_i\quad(i=1,2,\cdots,q) \tag{8.106}$$

式(8.106)左乘 $\boldsymbol{P}_{\mathrm{s2}}^{\mathrm{H}}$，可得非圆信号中矩阵束等式关系为

$$\boldsymbol{P}_{\mathrm{s2}}^{\mathrm{H}}\boldsymbol{P}_{\mathrm{s1}}v_i=\exp(\mathrm{j}2\pi d_{\mathrm{r}}/\lambda\sin\phi_i)\boldsymbol{P}_{\mathrm{s2}}^{\mathrm{H}}\boldsymbol{P}_{\mathrm{s2}}v_i\quad(i=1,2,\cdots,q) \tag{8.107}$$

可以看到，$\exp(\mathrm{j}2\pi d_{\mathrm{r}}/\lambda\sin\phi_i)$和 $\boldsymbol{v}_i$ 分别为矩阵束($\boldsymbol{P}_{\mathrm{s2}}^{\mathrm{H}}\boldsymbol{P}_{\mathrm{s1}},\boldsymbol{P}_{\mathrm{s2}}^{\mathrm{H}}\boldsymbol{P}_{\mathrm{s2}}$)的广义特征值和对应的广义特征矢量。这样，对矩阵束($\boldsymbol{P}_{\mathrm{s2}}^{\mathrm{H}}\boldsymbol{P}_{\mathrm{s1}},\boldsymbol{P}_{\mathrm{s2}}^{\mathrm{H}}\boldsymbol{P}_{\mathrm{s2}}$)进行广义特征值分解，除去 q 对相同的特征值，选取剩下的 q 个广义特征值 $\hat{\zeta}_1,\hat{\zeta}_2,\cdots,\hat{\zeta}_q$，可以估计出对应的 q 个相干分布式目标的中心波达方向角：

$$\phi_i=\arcsin\left(\frac{\arg(\hat{\xi}_i)\lambda}{2\pi d_{\mathrm{r}}}\right)\quad(i=1,2,\cdots,q) \tag{8.108}$$

在得到 q 个中心波达方向角的估计值之后，通过一维谱峰搜索求取每一个中心波达方向角所对应的扩展角。将式(8.108)所求得的第 i 个相干分布式目

标的中心波达方向 ϕ_i 代入 DSPE 算法的二维谱搜索公式中，通过一维搜索，其最大值所对应的角度值就是 ϕ_i 对应的扩展角估计值 σ_{ϕ_i}：

$$\sigma_{\phi_i}=\arg\max_{\sigma_\phi}\frac{1}{\boldsymbol{c}^{\mathrm{H}}(\phi_i,\sigma_\phi,\alpha)\boldsymbol{U}_{\mathrm{N}}\boldsymbol{U}_{\mathrm{N}}^{\mathrm{H}}\boldsymbol{c}(\phi_i,\sigma_\phi,\alpha)}\quad(i=1,2,\cdots,q)\tag{8.109}$$

根据上述的推导过程，可得基于非圆信号的单基地 MIMO 雷达相干分布式目标的角度估计算法步骤如下：

（1）将经匹配滤波之后的接收数据利用非圆信号的特性进行扩展，得到扩展矩阵式(8.91)。

（2）利用最大似然估计求得接收数据的协方差矩阵 $\boldsymbol{R}_{\mathrm{s}}$，并对协方差矩阵进行特征值分解，得到信号子空间 $\boldsymbol{U}_{\mathrm{s}}$。

（3）利用式(8.107)构造阿达马积旋转不变方程。

（4）由式(8.108)计算 q 个相干分布式目标的中心波达方向。

将中心波达方向角代入式(8.109)中，通过一维谱峰搜索得到各个中心波达方向对应的扩展角度估计值。

8.6　仿真实验与分析

1. 验证广义 MUSIC 算法的参数估计性能

仿真实验一：发射阵列和接收阵列都是包含 4 个阵元的均匀线阵，且阵元间隔都是半波长，即 $d_{\mathrm{t}}=d_{\mathrm{r}}=\lambda/2$。假设存在 3 个相干分布式目标，3 个目标的中心波达方向分别为(30°,5°,−20°)，对应的扩展角为(3°,4°,2°)。不失一般性，在本章所有的算法仿真中都假设分布式目标的角信号分布密度函数服从高斯分布。脉冲数均为 200，在信噪比分别为 0dB、10dB、20dB 三种情况下利用广义 MUSIC 算法进行二维空间谱搜索，得到空间谱如图 8.3 ~ 图 8.5 所示。

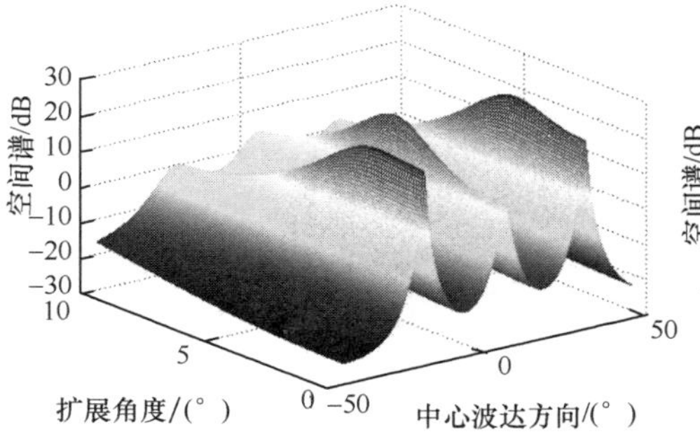

图 8.3　SNR = 0dB 时二维谱峰搜索效果图

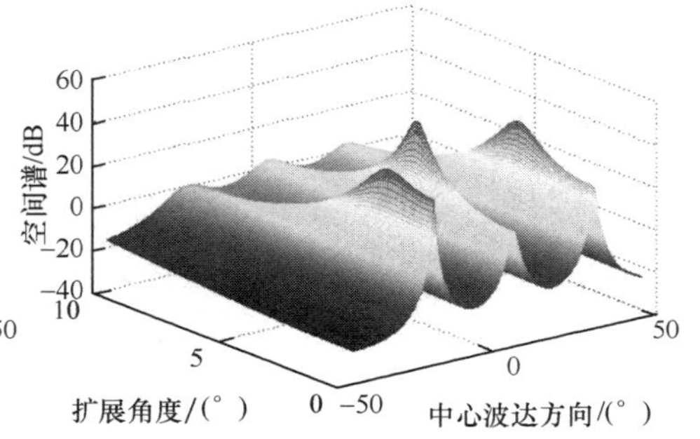

图 8.4　SNR = 10dB 二维谱峰搜索效果图

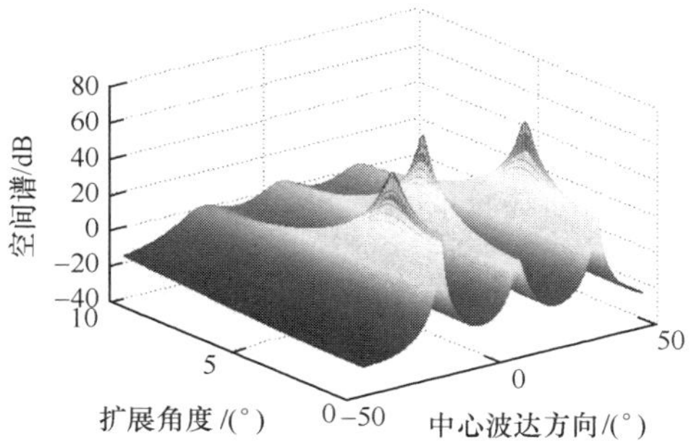

图 8.5　SNR = 20dB 二维谱峰搜索效果图

可以看到,随着信噪比的提高,广义 MUSIC 算法的谱峰变得越来越尖锐,即估计精度得到提高。

仿真实验二:为了进一步分析广义 MUSIC 算法性能,定义均方根误差为

$$\text{RMSE} = \frac{1}{P}\sum_{p=1}^{P}\sqrt{\text{E}(\hat{\theta}_p - \theta_p)^2} \tag{8.110}$$

式中:$\hat{\theta}_p$ 为第 p 个中心波达方向角度估计值。

下面对比在不同阵元数的情况下,广义 MUSIC 算法的均方根误差变化情况。

假设空间中存在一个目标,角度参数 $\boldsymbol{\eta} = (20°,4°)$。信噪比从 −10 ~ 20dB 每隔 5dB 变化。

从图 8.6 可以看到,随着阵元数的增加,均方根误差逐渐降低。这是由于在阵元数提高时,接收阵列的虚拟阵元数能够大幅提升,能够扩大虚拟阵列孔径,因而能够提高算法估计精度。

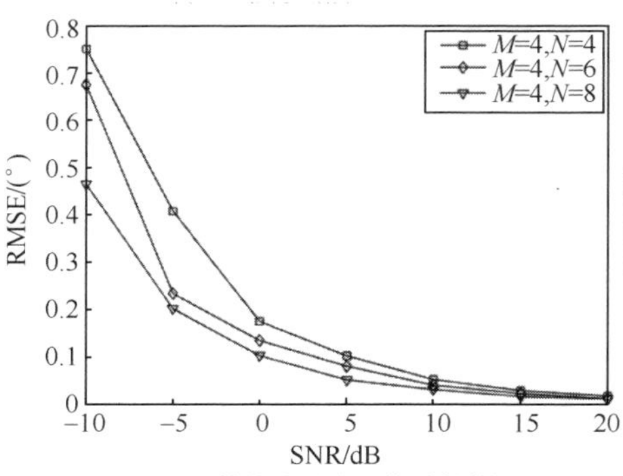

(a) 接收阵列阵元数逐渐增加

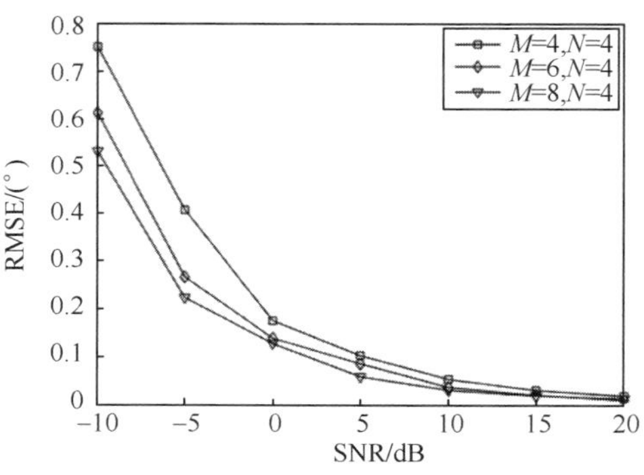

(b) 发射阵列阵元数逐渐增加

图 8.6　广义 MUSIC 算法中心波达方向均方根误差随信噪比变化

2. 验证广义 ESPRIT 算法的参数估计性能

发射阵列和接收阵列都是包含 4 个阵元的均匀线阵，且阵元间隔都为 $\lambda/2$，即 $d_t = d_r = \lambda/2$。假设存在 3 个相干分布式目标，3 个目标的中心波达方向为（25°，5°，－10°），对应的扩展角为（3°，4，°2°）。实验信噪比分别为 10dB、20dB，分别进行 50 次蒙特卡洛实验，得到相干分布式目标中心波达方向的星座图，如图 8.7 所示。

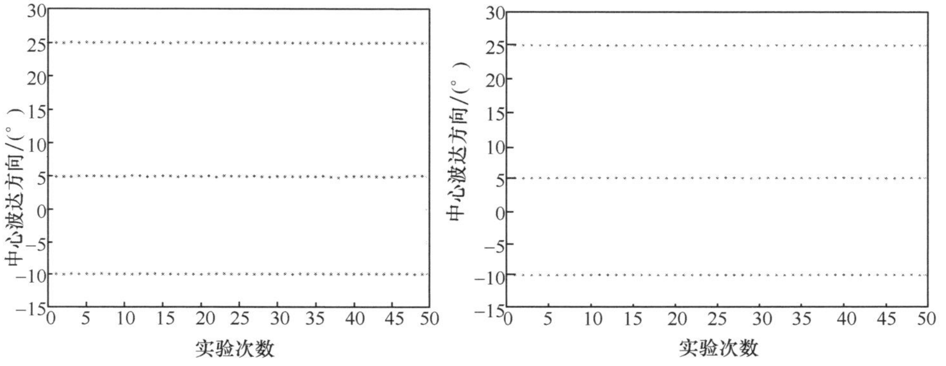

(a) SNR=10dB　　(b) SNR=20dB

图 8.7　广义 ESPRIT 相干分布式目标参数估计算法星座图

按照式（8.110）定义均方根误差，假设存在 3 个相干分布式目标，角度参数分别为 $\eta_1 = (-10°, 3°)$，$\eta_2 = (5°, 4°)$，$\eta_3 = (25°, 2°)$。信噪比在 $-5 \sim 25$dB 范围内间隔 5dB 变化，分别进行 100 次蒙特卡罗实验，如图 8.8 所示。

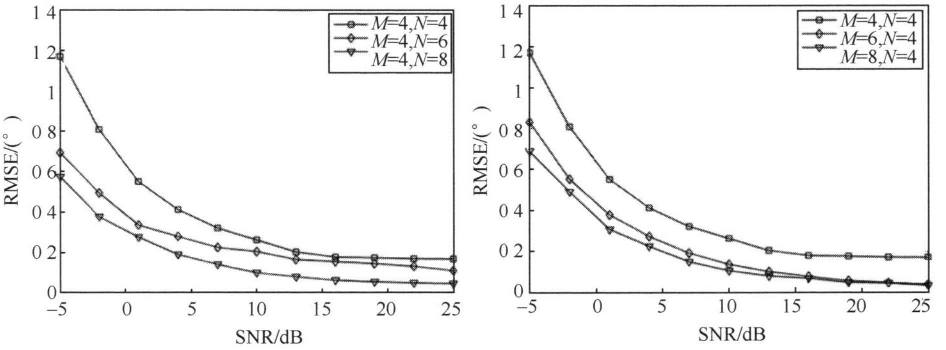

(a) 接收阵列阵元数逐渐增加　　(b) 发射阵列阵元数逐渐增加

图 8.8　广义 ESPRIT 算法相干目标中心波达方向均方根误差随信噪比变化

可以看到，广义 ESPRIT 算法同广义 MUSIC 算法一样，在阵元数增多的情况下均方根误差降低，这同样是阵列孔径增加导致分辨力提升的原因。

从图 8.9 中可以看到，广义 MUSIC 算法在估计精度上要好于广义 ESPRIT 算法。但是，由于 MUSIC 算法需要进行谱峰搜索，使得该算法的计算量过于庞大，这就大大降低了广义 MUSIC 算法的工程实际应用价值。

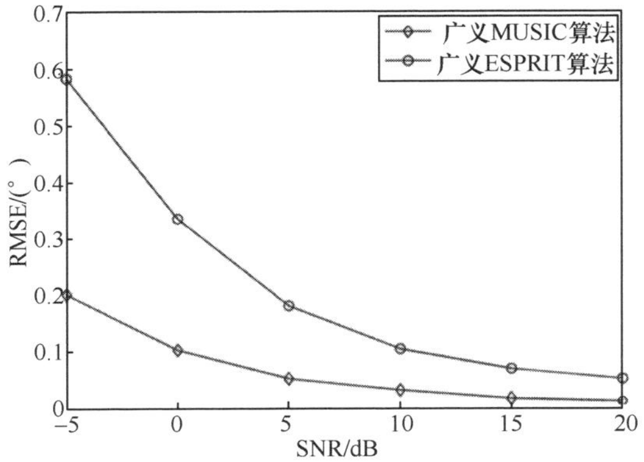

图 8.9　相干分布式目标广义 MUSIC 算法与广义 ESPRIT 算法性能对比

3. 验证广义非相干分布式目标角度估计算法的参数估计性能

发射阵列和接收阵列都是包含 4 个阵元的均匀线阵，且阵元间隔都为 $\lambda/2$，即 $d_t = d_r = \lambda/2$。假设存在 3 个非相干分布式目标，3 个目标的中心波达方向假设为(25°，15°，−10°)，对应的扩展角为(3°，4，2°)，中心波离方向假设为(−10°，25°，15°)，对应的扩展角为(1°，3°，4°)。且假设 $N_1 = 50$，$N_2 = 50$，$N_3 = 50$，信噪比分别为 0dB、20dB，分别进行 50 次蒙特卡罗实验，得到非相干分布式目标角度参数的星座图，如图 8−10 和图 8−11。

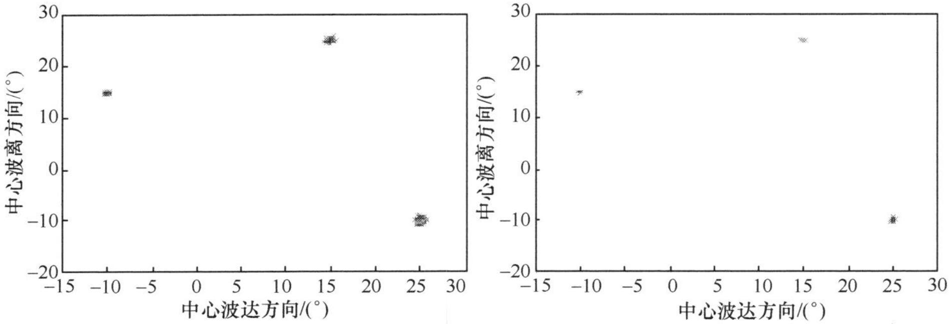

(a) SNR=0dB　　(b) SNR=20dB

图 8.10　双基地 MIMO 雷达非相干分布式目标星座图

4. 验证广义 NC−MUSIC 算法的参数估计性能

发射阵列和接收阵列都是包含 4 个阵元的均匀线阵，且阵元间隔都为 $\lambda/2$，即 $d_t = d_r = \lambda/2$。与前面所述不同的是，前面使用了相互正交的发射信号，此处

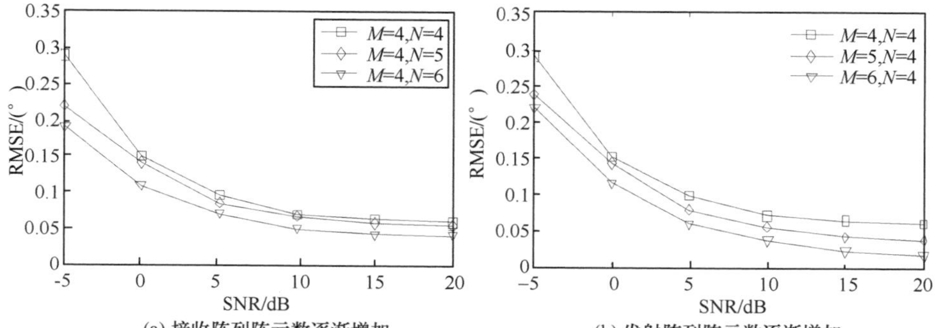

(a) 接收阵列阵元数逐渐增加　　(b) 发射阵列阵元数逐渐增加

图 8.11　双基地 MIMO 雷达非相干分布式目标角度估计算法性能

使用相互正交的非圆信号。假设空间中存在 3 个相干分布式目标,目标角度参数分别为 $\eta_1=(30°,3°)$,$\eta_2=(5°,3°)$,$\eta_3=(-20°,2°)$,接收信号脉冲数为 200,在信噪比为 0dB、10dB、20dB 情况下得到广义 NC-MUSIC 算法空间谱,如图 8.12~图 8.14 所示。

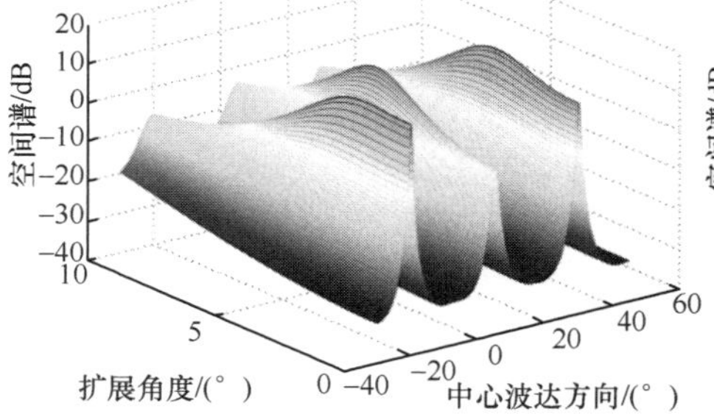

图 8.12　0dB 时二维谱峰搜索效果图

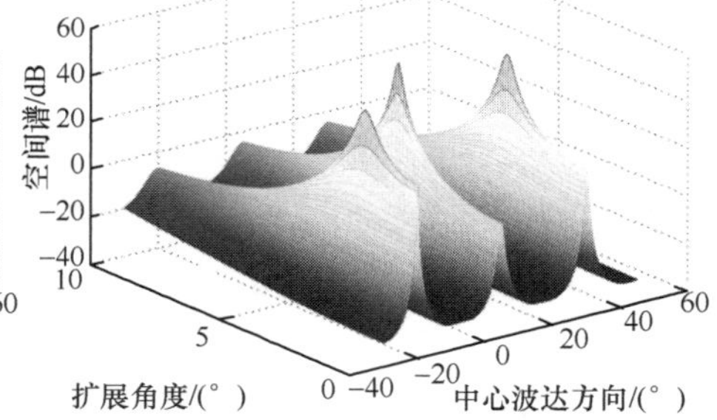

图 8.13　10dB 时二维谱峰搜索效果图

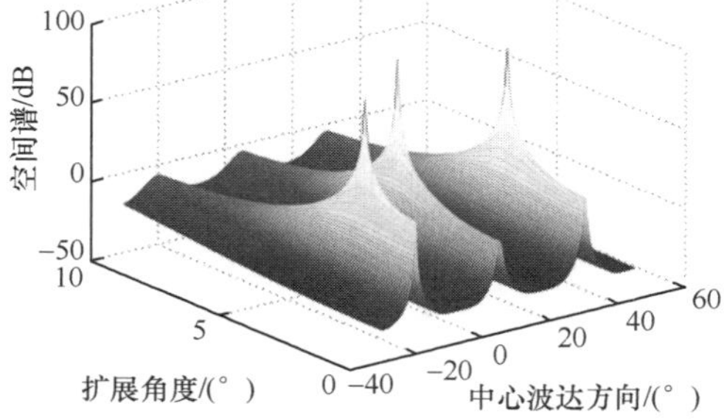

图 8.14　20dB 时二维谱峰搜索效果图

同样以式(8－110)定义均方根误差，假设存在一个相干分布式目标，角度参数 $\eta=(20°,2°)$，信噪比从－10～20dB 每间隔 5dB 变化，每个信噪比下进行 50 次蒙特卡罗实验，计算广义 NC－MUSIC 算法的均方根误差，结果如图 8.15所示。

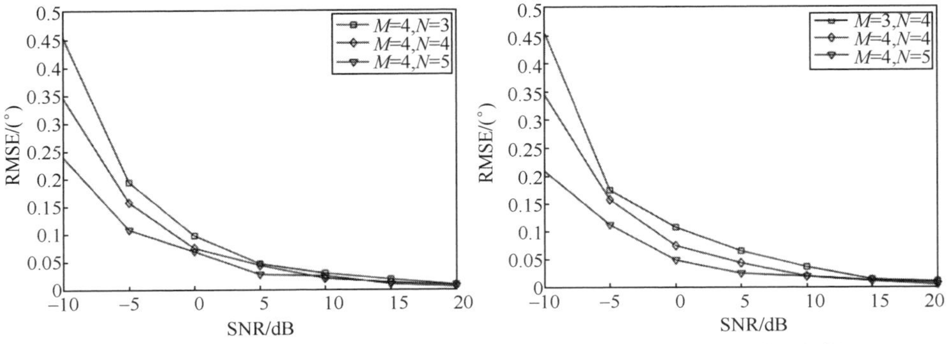

(a) 接收阵列阵元数逐渐增加　(b) 发射阵列阵元数逐渐增加

图 8.15　广义 NC－MUSIC 算法中心波达方向均方根误差随信噪比变化

5. 验证广义 NC－ESPRIT 算法的参数估计性能

发射阵列和接收阵列包含 6 个发射阵元、8 个接收阵元，发射和接收阵列都是均匀线阵，且阵元间隔都为 $\lambda/2$，即 $d_t=d_r=\lambda/2$。假设空间中存在 2 个相干分布式目标，目标角度参数分别为 $\eta_1=(15°,4°)$，$\eta_2=(-20°,2°)$，接收信号脉冲数为200，信噪比分别为0dB、20dB，在每个信噪比下进行50 次蒙特卡罗实验，得到星座图如图 8.16 所示。

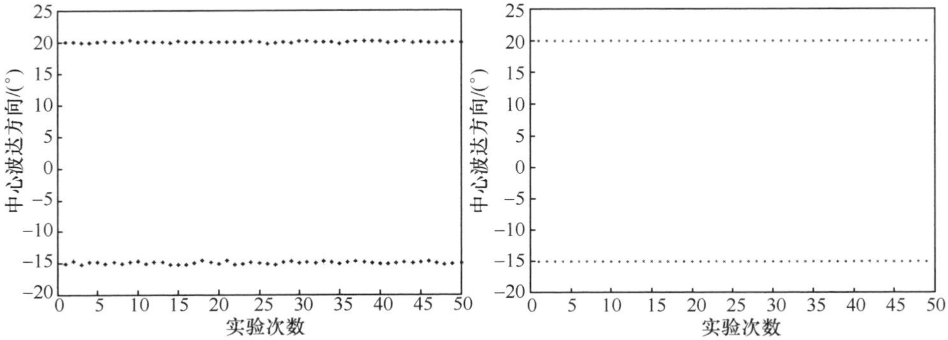

(a) SNR=0dB　(b) SNR=20dB

图 8.16　广义 NC－ESPRIT 算法星座图

假设存在 2 个相干分布式目标，角度参数分别为 $\eta_1=(-20°,4°)$，$\eta_2=(15°,2°)$。信噪比在－5～25dB 范围内间隔 5dB 变化，分别进行 100 次蒙特卡罗实验,得到结果如图 8.17 所示。

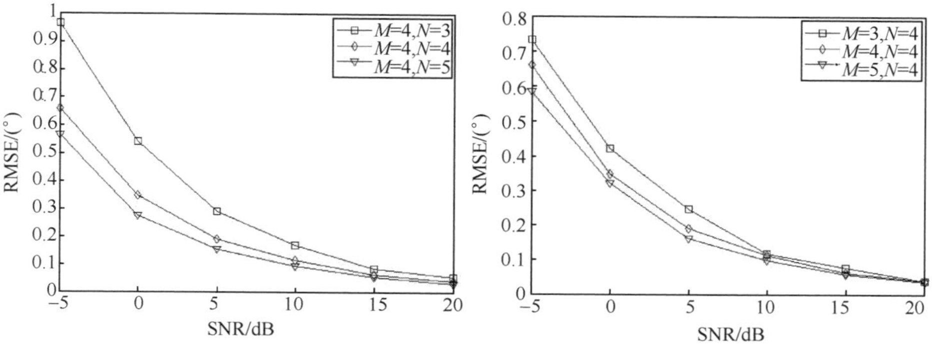

(a) 接收阵列阵元数逐渐增加　　(b) 发射阵列阵元数逐渐增加

图 8.17　广义 NC－ESPRIT 算法中心波达方向均方根误差随信噪比变化

广义 MUSIC 算法与广义 NC－MUSIC 算法的性能对比如图 8.18 所示。由于利用了非圆信号伪协方差矩阵提供的信息,使得虚拟阵列孔径得到了扩展,进而提高了估计精度。假设发射阵列和接收阵列均包含有 4 个阵元,各阵元都是设置在均匀线阵上,且阵元间隔都为 $\lambda/2$。假设空间中存在 1 个相干分布式目标,角度参数 $\eta=(20°,4°)$,信噪比在 $-5\sim20$dB 范围内变化。

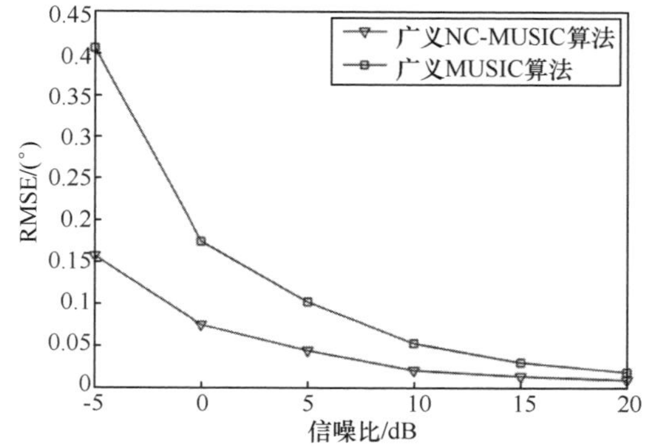

图 8.18　广义 NC－MUSIC 算法与广义 MUSIC 算法性能对比

给出广义 ESPRIT 算法与广义 NC－ESPRIT 算法的性能对比如图 8.19 所示。假设发射阵列和接收阵列均包含有 4 个阵元,各阵元都是设置在均匀线阵上,且阵元间隔都为 $\lambda/2$。假设空间中存在 1 个相干分布式目标,角度参数分别设置为 $\eta_1=(-10°,3°)$,$\eta_2=(5°,4°)$,$\eta_3=(25°,2°)$,信噪比在 $-5\sim20$dB 范围内变化。

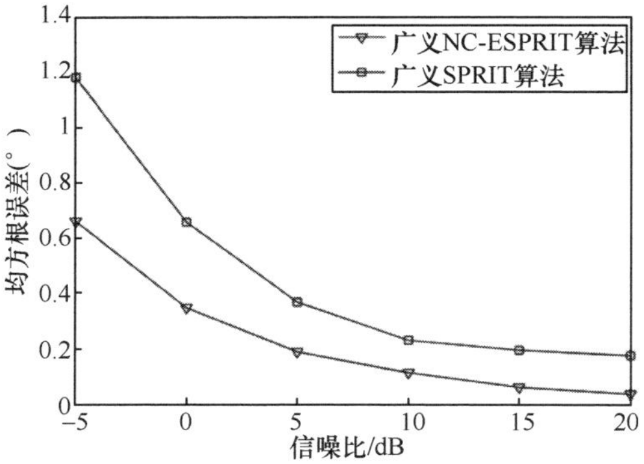

图 8.19　广义 NC－ESPRIT 算法与广义 ESPRIT 算法性能对比

8.7　小　　结

本章介绍了针对单基地 MIMO 雷达相干分布式目标的角度参数估计算法。首先介绍了两种典型子空间算法 MUSIC 和 ESPRIT 在分布式目标上的扩展算法,即广义 MUSIC 和广义 ESPRIT 算法;然后利用非圆信号给出了基于非圆信号的广义 MUSIC 算法和广义 ESPRIT 算法。通过仿真验证,基于非圆信号的相干分布式目标角度估计算法具有相对于传统角度估计算法更好的估计性能。

参考文献

[1] Jantti T P. The influence of the extended source on the theoretical Performance of MUSIC and ESPRIT method: narrow－band sources[C]. Proc. Of ICASSP, San Francisco, 1992, 3(II):429－432.

[2] Valaee S, Champagne B, Kabal P. Parametric localization of distributed sources [J]. IEEE Trans. Signal Processing, 1995, 43(9): 2144－2153.

[3] Shabazpanahi S, Valaee S, Bastani M H. Distributed source localization using ESPRIT algorithm [J]. IEEE Trans. Signal Processing, 2001, 49(10): 2169－2178.

[4] Tabrikian. Hagit Messer. Robust localization of scattered sources [J]. IEEE Trans. 2000: 453－457.

[5] 王冠男. 单基地 MIMO 雷达相干分布式目标角度估计方法[D]. 哈尔滨:哈尔滨工程大学,2013.

[6] 郑植. 分布式信源低复杂度参数估计算法研究[D]. 成都:电子科技大学, 2011.

[7] Shahbazpanahi S, Valaee S, Gershman A B. A Covariance Fitting Approach to Parametric Localization of Multiple Incoherently Distributed Sources [J]. IEEE Trans. Signal Processing, 2004, 52(3):592－600.

[8] Zoubir A, Wang Y D, Charge P. Efficient Subspace – Based Estimator for Localization of Multiple Incoherently Distributed Sources [J]. IEEE Trans. Signal Processing, 2008, 56(2): 532 – 542.

[9] Hu A Z, Lv T J, Gao H, et al. An ESPRIT – Based Approach for 2 – D Localization of Incoherently Distributed Sources in Massive MIMO Systems [J]. IEEE Transactions on Signal Processing, 2014, 56(2): 996 – 1011.

第9章 基于张量分解的MIMO雷达参数估计

9.1 引　言

目前,针对MIMO雷达中的参数估计问题,大多数的参数估计方法都是基于矩阵运算空间,如MUSIC算法[1,2]、ESPRIT算法[3,4]和矩阵束的方法[5]。针对具有多维结构信息的接收数据,这些基于矩阵运算的参数估计方法不考虑接收信号的多维结构特性,统一将接收信号按照某一种方式进行堆栈处理,获得矩阵形式的接收数据模型,然后采用基于矩阵分析的参数估计方法。然而,文献[6-8]指出,利用接收信号本身的多维结构可提高目标的参数估计性能,尤其是在低采样、低信噪比的条件下。

本章主要考虑MIMO雷达接收信号的多维结构特性,首先建立MIMO雷达的张量信号模型,分析MIMO雷达多维结构特性,介绍基于高阶奇异值分解的参数估计方法[9];然后针对空域高斯色噪声背景,分析通过匹配滤波器后高斯色噪声的特性,介绍一种基于高阶互协方差张量分解的参数估计方法[10]。

9.2 MIMO雷达的张量信号模型

双基地MIMO雷达系统由M个发射阵元和N个接收阵元组成,发射阵列和接收阵列的阵元间距分别为d_t和d_r,且发射阵列和接收阵列都为均匀等距的线阵。发射端利用M个发射阵元发射M个相互正交的窄带波形$\boldsymbol{H}=[\boldsymbol{h}_1,\boldsymbol{h}_2,\cdots,\boldsymbol{h}_M]^{\mathrm{T}}$,其中$\boldsymbol{h}_m$为$K\times 1$第$m$个发射阵元发射的波形,即满足

$$\boldsymbol{h}_i\boldsymbol{h}_j^{\mathrm{H}}=\begin{cases}1 & (i=j)\\ 0 & (i\neq j)\end{cases} \tag{9.1}$$

假设存在P个远场相互独立的目标,其中第p个目标相对于发射阵列和接收阵列的发射角与接收角分别为φ_p、θ_p($p=1,2,\cdots,P$),那么接收端接收的信号

可表示为[1,2]

$$\overline{\boldsymbol{X}}(l) = \sum_{p=1}^{P} \alpha_p \mathrm{e}^{\mathrm{j}2\pi f_p(l)} \boldsymbol{a}_{\mathrm{r}}(\theta_p) \boldsymbol{a}_{\mathrm{t}}^{\mathrm{T}}(\varphi_p) \boldsymbol{H} + \boldsymbol{W}(l) \quad (l = 1,2,\cdots,L) \tag{9.2}$$

式中：$\boldsymbol{a}_{\mathrm{r}}(\theta_p)$为接收导向矢量，$\boldsymbol{a}_{\mathrm{r}}(\theta_p) = [1, \mathrm{e}^{\mathrm{j}(2\pi/\lambda)d_{\mathrm{r}}\sin\theta_p}, \cdots, \mathrm{e}^{\mathrm{j}(2\pi/\lambda)(N-1)d_{\mathrm{r}}\sin\theta_p}]^{\mathrm{T}}$ λ 为信号的波长；$\boldsymbol{a}_{\mathrm{t}}(\varphi_p)$ 为发射导向矢量，$\boldsymbol{a}_{\mathrm{t}}(\varphi_p) = [1, \mathrm{e}^{\mathrm{j}(2\pi/\lambda)d_{\mathrm{t}}\sin\varphi_p}, \cdots, \mathrm{e}^{\mathrm{j}(2\pi/\lambda)(M-1)d_{\mathrm{t}}\sin\varphi_p}]^{\mathrm{T}}$；$\alpha_p(t)$和$f_p(l)$分别为第 p 个目标的散射系数和多普勒频率，$(p=1,2,\cdots,P)$；$\boldsymbol{W}(l)$为零均值且方差为$\boldsymbol{\sigma}^2\boldsymbol{I}_{\mathrm{N}}$的高斯白噪声。

利用发射波形的正交特性，对式(9.2)进行匹配滤波，则有

$$\boldsymbol{X}(l) = \sum_{p=1}^{P} \alpha_p \mathrm{e}^{\mathrm{j}2\pi f_p(l)} \boldsymbol{a}_{\mathrm{r}}(\theta_p) \boldsymbol{a}_{\mathrm{t}}^{\mathrm{T}}(\varphi_p) + \frac{1}{K}\boldsymbol{W}(l)\boldsymbol{H} \quad (l = 1,2,\cdots,L) \tag{9.3}$$

将式(9.3)写成矩阵，即

$$\boldsymbol{X}(l) = \boldsymbol{A}_{\mathrm{r}}\boldsymbol{D}_{\mathrm{s}}(l)\boldsymbol{A}_{\mathrm{t}} + \overline{\boldsymbol{W}}(l) \quad (l=1,2,\cdots,L) \tag{9.4}$$

式中：$\boldsymbol{A}_{\mathrm{r}}$、$\boldsymbol{A}_{\mathrm{t}}$ 分别为接收导向矩阵和发射导向矩阵，$\boldsymbol{A}_r = [\boldsymbol{a}_{\mathrm{r}}(\theta_1), \cdots, \boldsymbol{a}_{\mathrm{r}}(\theta_P)]$，$\boldsymbol{A}_{\mathrm{t}} = [\boldsymbol{a}_{\mathrm{t}}(\theta_1), \cdots, \boldsymbol{a}_{\mathrm{t}}(\theta_P)]$；$\boldsymbol{D}_s(l) = \mathrm{diag}(d(l))$，其中 $d(l) = [\alpha_1 \mathrm{e}^{\mathrm{j}2\pi f_1(l)}, \cdots, \alpha_P \mathrm{e}^{\mathrm{j}2\pi f_P(l)}]$；$\overline{\boldsymbol{W}}(l)$为匹配滤波后的噪声矩阵。

由式(9.4)可知，每一个脉冲(这里称为快拍数)的接收数据为一个矩阵，那么根据张量的定义可知，多个脉冲数的接收数据可以形成一个三阶张量数据 $\boldsymbol{\mathcal{X}} \in \mathbb{C}^{M\times N\times L}$。根据张量展开的定义可知，三阶张量数据 $\boldsymbol{\mathcal{X}}$ 的模 3 展开满足

$$[\boldsymbol{\mathcal{X}}]_{(3)}^{\mathrm{T}} = \boldsymbol{AS} + \boldsymbol{N} \tag{9.5}$$

式中：$\boldsymbol{A} = \boldsymbol{A}_t \odot A_r$，其中$\odot$表示 Katri - Rao 乘积；$\boldsymbol{S}$ 为信号矩阵，$\boldsymbol{S} = [d(1)^{\mathrm{T}}, d(2)^{\mathrm{T}}, \cdots, d(L)^{\mathrm{T}}]$；$\boldsymbol{N}$ 为噪声矩阵，$\boldsymbol{N} = [\mathrm{vec}(\overline{\boldsymbol{W}}(1)), \mathrm{vec}(\overline{\boldsymbol{W}}(2)), \cdots, \mathrm{vec}(\overline{\boldsymbol{W}}(L))]$。

9.3　基于高阶奇异值分解的 MIMO 雷达参数估计

9.3.1　匹配滤波器多维结构特性分析

根据 9.2 节中的分析，通过匹配滤波后，一个快拍的接收数据为一个矩阵，从而多个快拍的数据可利用张量 $\boldsymbol{\mathcal{X}} \in \mathbb{C}^{M\times N\times L}$表示。图 9.1 形象地描述 3 阶张量 $\boldsymbol{\mathcal{X}}$，将张量 $\boldsymbol{\mathcal{X}}$ 进行不同模展开获得的矩阵 $[\boldsymbol{\mathcal{X}}]_{(1)}$、$[\boldsymbol{\mathcal{X}}]_{(2)}$、$[\boldsymbol{\mathcal{X}}]_{(3)}$ 分别看作这个立方体沿发射方向、接收方向和快拍方向的切片组成，即

$$
\begin{cases}
[\boldsymbol{\mathcal{X}}]_{(1)} = \boldsymbol{A}_{\mathrm{t}}(\boldsymbol{A}_{\mathrm{r}} \odot \boldsymbol{S}^{\mathrm{T}})^{\mathrm{T}} + \boldsymbol{N}_1 \\
[\boldsymbol{\mathcal{X}}]_{(2)} = \boldsymbol{A}_{\mathrm{r}}(\boldsymbol{A}_{\mathrm{t}} \odot \boldsymbol{S}^{\mathrm{T}})^{\mathrm{T}} + \boldsymbol{N}_2 \\
[\boldsymbol{\mathcal{X}}]_{(3)} = \boldsymbol{S}^{\mathrm{T}}(\boldsymbol{A}_{\mathrm{t}} \odot \boldsymbol{A}_{\mathrm{r}})^{\mathrm{T}} + \boldsymbol{N}_3
\end{cases}
\tag{9.6}
$$

式中：$\boldsymbol{N}_1$，$\boldsymbol{N}_2$和$\boldsymbol{N}_3$为噪声矩阵。

由式(9.6)可知，模展开后的矩阵信号模型$[\boldsymbol{\mathcal{X}}]_{(1)}$，$[\boldsymbol{\mathcal{X}}]_{(2)}$和$[\boldsymbol{\mathcal{X}}]_{(3)}$是等价的，它们是对同一个信号模型的不同表示方法。通过以上分析可知，通过匹配滤波器处理后，接收信号可看成具有发射方向、接收方向、快拍数方向的三维结构，用张量数据描述接收信号可直接利用这些多维结构，而传统的基于矩阵代数运算的方法忽略了这些多维结构。

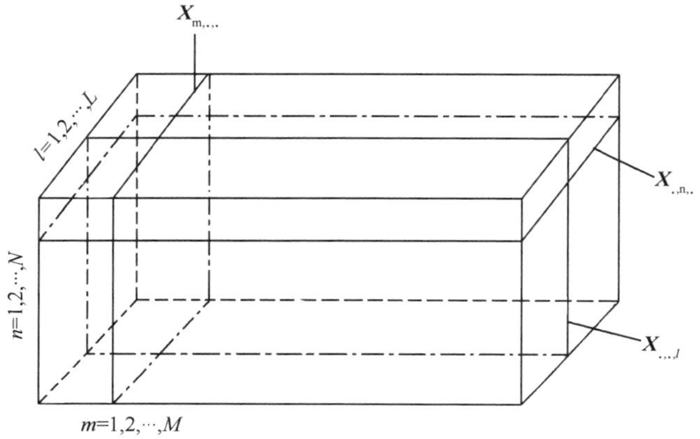

图9.1　接收数据的张量模型

9.3.2　基于高阶奇异值分解的子空间估计

本节主要介绍基于张量信号模型$\boldsymbol{\mathcal{X}} \in \mathbb{C}^{M \times N \times L}$的子空间估计和参数估计方法[9]。首先对三阶张量$\boldsymbol{\mathcal{X}}$进行高阶奇异值分解(HOSVD)，即

$$
\boldsymbol{\mathcal{X}} = \mathcal{S} \times_1 \boldsymbol{U}_1 \times_2 \boldsymbol{U}_2 \times_3 \boldsymbol{U}_3 \tag{9.7}
$$

式中：$\mathcal{S}$为核张量，$\boldsymbol{U}_i$为张量$\boldsymbol{\mathcal{X}}$的模i展开矩阵的左奇异值矩阵($i=1,2,3$)。

定义如下张量子空间：

$$
\boldsymbol{U} = \mathcal{S}_{\mathrm{s}} \times_1 \boldsymbol{U}_{1\mathrm{s}} \times_2 \boldsymbol{U}_{2\mathrm{s}} \tag{9.8}
$$

式中：$\mathcal{S}_{\mathrm{s}}$为核张量的信号分量；$\boldsymbol{U}_{i\mathrm{s}}$为由$\boldsymbol{U}_i$中$P$个主奇异值对应的左特征矢量构成的矩阵($i=1,2,3$)。

根据HOSVD的性质，子核张量$\mathcal{S}_{\mathrm{s}}$为

$$
\mathcal{S}_{\mathrm{s}} = \boldsymbol{\mathcal{X}} \times_1 \boldsymbol{U}_{1\mathrm{s}}^{\mathrm{H}} \times_2 \boldsymbol{U}_{2\mathrm{s}}^{\mathrm{H}} \times_3 \boldsymbol{U}_{3\mathrm{s}}^{\mathrm{H}} \tag{9.9}
$$

将式(9.9)代入式(9.8),可得

$$\boldsymbol{U}=\boldsymbol{X}\times_1(\boldsymbol{U}_{1s}\boldsymbol{U}_{1s}^{\mathrm{H}})\times_2(\boldsymbol{U}_{2s}\boldsymbol{U}_{2s}^{\mathrm{H}})\times_3\boldsymbol{U}_{3s}^{\mathrm{H}} \tag{9.10}$$

利用张量模展开的定义,将式(9.10)进行展开,则信号子空间可表示为

$$\boldsymbol{U}_s=[\boldsymbol{U}]_{(3)}^{\mathrm{T}}=(\boldsymbol{U}_{1s}\boldsymbol{U}_{1s}^{\mathrm{H}})\otimes(\boldsymbol{U}_{2s}\boldsymbol{U}_{2s}^{\mathrm{H}})[\boldsymbol{X}]_{(3)}^{\mathrm{T}}\boldsymbol{U}_{3s}^{*} \tag{9.11}$$

式(9.11)的信号子空间为通过高阶奇异值分解获得的。下面将讨论通过高阶奇异值分解获得的信号子空间和对式(9.5)进行特征值获得的信号子空间之间的关系。首先对式(9.5)进行奇异值分解:

$$[\boldsymbol{X}]_{(3)}^{\mathrm{T}}\approx\overline{\boldsymbol{U}}_s\overline{\boldsymbol{\Lambda}}_s\overline{\boldsymbol{V}}_s^{\mathrm{H}} \tag{9.12}$$

式中:$\overline{\boldsymbol{U}}_s$为由 P 个主奇异值对应的左特征矢量组成的矩阵;$\overline{\boldsymbol{V}}_s$为由 P 个主奇异值对应的右特征矢量组成的矩阵;$\overline{\boldsymbol{\Lambda}}_s$为由 P 个主奇异值组成的对角矩阵。

为了更加清楚地描述式(9.11)中的信号子空间 $\boldsymbol{U}_s$和式(9.12)中的信号子空间$\overline{\boldsymbol{U}}_s$的关系,令 $\boldsymbol{\Lambda}_s$ 为对张量 $\boldsymbol{X}$ 模 3 展开$[\boldsymbol{X}]_{(3)}$的最大的 P 个奇异值组成的对角矩阵,将式(9.11)改写为

$$\boldsymbol{U}_s=[\boldsymbol{U}]_{(3)}^{\mathrm{T}}=(\boldsymbol{U}_{1s}\boldsymbol{U}_{1s}^{\mathrm{H}})\otimes(\boldsymbol{U}_{2s}\boldsymbol{U}_{2s}^{\mathrm{H}})[\boldsymbol{X}]_{(3)}^{\mathrm{T}}\boldsymbol{U}_{3s}^{*}\boldsymbol{\Lambda}_s^{-1} \tag{9.13}$$

该操作并没有改变式(9.11)和式(9.13)的结构特性,即式(9.11)和式(9.13)张成同样的空间。同时根据模 3 展开的奇异值分解和式(9.12)的关系,则有 $\boldsymbol{U}_{3s}^{*}=\boldsymbol{V}_s,\boldsymbol{\Lambda}_s=\overline{\boldsymbol{\Lambda}}$。将式(9.12)代入式(9.13),可得

$$\begin{aligned}\boldsymbol{U}_s&=[\boldsymbol{U}]_{(3)}^{\mathrm{T}}=(\boldsymbol{U}_{1s}\boldsymbol{U}_{1s}^{\mathrm{H}})\otimes(\boldsymbol{U}_{2s}\boldsymbol{U}_{2s}^{\mathrm{H}})\overline{\boldsymbol{U}}_s\overline{\boldsymbol{\Lambda}}_s\overline{\boldsymbol{V}}_s^{\mathrm{H}}\boldsymbol{U}_{3s}^{*}\boldsymbol{\Lambda}_s^{-1}\\&=(\boldsymbol{U}_{1s}\boldsymbol{U}_{1s}^{\mathrm{H}})\otimes(\boldsymbol{U}_{2s}\boldsymbol{U}_{2s}^{\mathrm{H}})\overline{\boldsymbol{U}}_s\end{aligned} \tag{9.14}$$

由式(9.14)可知,信号子空间为 $\boldsymbol{U}_s$等价于信号子空间$\overline{\boldsymbol{U}}_s$在$(\boldsymbol{U}_{1s}\boldsymbol{U}_{1s}^{\mathrm{H}})$张成的空间和$(\boldsymbol{U}_{2s}\boldsymbol{U}_{2s}^{\mathrm{H}})$张成的空间的克罗内克积上的投影。利用张量模展开的特性容易得知,$\boldsymbol{U}_{1s}$、$\boldsymbol{U}_{2s}$分别和发射导向矩阵与接收导向矩阵张成相同的空间。根据子空间的性质容易得知,在没有噪声的条件下,如目标的数量 $P\geqslant\max(M,N)$,则 $\boldsymbol{U}_{1s}\boldsymbol{U}_{1s}^{\mathrm{H}}$和 $\boldsymbol{U}_{2s}\boldsymbol{U}_{2s}^{\mathrm{H}}$均为单位矩阵,即通过高阶奇异值分解和奇异值分解获得的信号子空间是一样的。但在其他的条件下,通过高阶奇异值分解和奇异值分解分别获得的信号子空间是不同的,$\boldsymbol{U}_s$比$\overline{\boldsymbol{U}}_s$具有更高的估计精度,这是由于高阶奇异值分解分别对张量的三个模展开矩阵进行奇异值分解,充分利用了数据的多维结构特性,而传统的奇异值展开却忽略了这样的特性。因此高阶奇异值分解利用不同的模展开矩阵分别抑制噪声,因而获得更高精度的信号子空间。

9.3.3　基于高阶协方差张量分解的子空间估计

9.3.2 节介绍了张量直接对接收数据进行高阶奇异值分解获得信号子空间的方法,注意到当发射和接收阵元数满足 $MN>L$ 时,对直接张量数据进行高阶奇异

值分解的运算效率高。然而当 $MN<L$,特别是 $L\gg MN$ 时,直接对张量数据进行分解往往涉及比较大的运算复杂度,因此本节介绍将传统的协方差矩阵分解的概念推广到张量空间中。定义张量数据 $\boldsymbol{\mathcal{X}}\in\mathbb{C}^{M\times N\times L}$的协方差张量$\mathcal{R}\in\mathbb{C}^{M\times N\times M\times N}$:

$$\mathcal{R}=\frac{1}{L}\sum_{l=1}^{L}x_{m,n,l}x_{i,j,l}^{*}\quad(m,i=1,2,\cdots,M;n,j=1,2,\cdots,N)\tag{9.15}$$

式中:$x_{m,n,l}$为张量 $\boldsymbol{X}$ 的第(m,n,l)个元素。

根据协方差张量的结构,很容易得到协方差张量 $\mathcal{R}$ 为厄米特(Hermitian)张量,即满足 $\mathcal{R}=\mathcal{R}^{*}$。对协方差张量 $\mathcal{R}$ 进行高阶奇异值分解,则有

$$\mathcal{R}=\mathcal{S}\times_1\boldsymbol{U}_1\times_2\boldsymbol{U}_2\times_3\boldsymbol{U}_3\times_4\boldsymbol{U}_4\tag{9.16}$$

式中:$\mathcal{S}$ 为核张量,$\boldsymbol{U}_i$为协方差张量 $\mathcal{R}$ 的模 i 展开矩阵的左奇异值矩阵($i=1,2,3,4$)。

定义子协方差张量为

$$\mathcal{R}_{\mathrm{s}}=\mathcal{S}_{\mathrm{s}}\times_1\boldsymbol{U}_{1\mathrm{s}}\times_2\boldsymbol{U}_{2\mathrm{s}}\times_3\boldsymbol{U}_{3\mathrm{s}}\times_4\boldsymbol{U}_{4\mathrm{s}}\tag{9.17}$$

式中:$\mathcal{S}_{\mathrm{s}}$为核张量 $\mathcal{S}$ 的信号分量,$\boldsymbol{U}_{i\mathrm{s}}$由 $\boldsymbol{U}_i$中与 P 个主奇异值对应的左特征矢量构成($i=1,2,3,4$)。将核张量信号分量

$$\mathcal{S}_{\mathrm{s}}=\mathcal{R}\times_1\boldsymbol{U}_{1\mathrm{s}}^{\mathrm{H}}\times_2\boldsymbol{U}_{2\mathrm{s}}^{\mathrm{H}}\times_3\boldsymbol{U}_{3\mathrm{s}}^{\mathrm{H}}\times_4\boldsymbol{U}_{4\mathrm{s}}^{\mathrm{H}}$$

代入式(9.17),可得

$$\mathcal{R}_{\mathrm{s}}=\mathcal{R}\times_1\boldsymbol{U}_{1\mathrm{s}}\boldsymbol{U}_{1\mathrm{s}}^{\mathrm{H}}\times_2\boldsymbol{U}_{2\mathrm{s}}\boldsymbol{U}_{2\mathrm{s}}^{\mathrm{H}}\times_3\boldsymbol{U}_{3\mathrm{s}}\boldsymbol{U}_{3\mathrm{s}}^{\mathrm{H}}\times_4\boldsymbol{U}_{4\mathrm{s}}\boldsymbol{U}_{4\mathrm{s}}^{\mathrm{H}}\tag{9.18}$$

式(9.18)为协方差张量的估计信号子空间。为了能够从式(9.18)构造出矩阵形式的信号子空间,这里考察协方差张量 $\mathcal{R}$ 和协方差矩阵 $\boldsymbol{R}=1/L([\boldsymbol{X}]_{(3)}^{\mathrm{T}}[\boldsymbol{X}]_{(3)}^{*})$之间的关系。由协方差张量 $\mathcal{R}$ 可知,协方差矩阵 $\boldsymbol{R}$ 可由协方差张量 $\mathcal{R}$ 构造:

$$\boldsymbol{R}=\begin{bmatrix}
r_{1,1,1,1} & \cdots & r_{1,1,1,N} & r_{1,1,2,1} & \cdots & r_{1,1,2,N} & \cdots & r_{1,1,M,1} & \cdots & r_{1,1,M,N}\\
\vdots & \vdots & \vdots & \vdots & \vdots & \vdots & \vdots & \vdots & \vdots & \vdots\\
r_{1,N,1,1} & \cdots & r_{1,N,1,N} & r_{1,N,2,1} & \cdots & r_{1,N,2,N} & \cdots & r_{1,N,M,1} & \cdots & r_{1,N,M,N}\\
r_{2,1,1,1} & \cdots & r_{2,1,1,N} & r_{2,1,2,1} & \cdots & r_{2,1,2,N} & \cdots & r_{2,1,M,1} & \cdots & r_{2,1,M,N}\\
\vdots & \vdots & \vdots & \vdots & \vdots & \vdots & \vdots & \vdots & \vdots & \vdots\\
r_{2,N,1,1} & \cdots & r_{2,N,1,N} & r_{2,N,2,1} & \cdots & r_{2,N,2,N} & \cdots & r_{2,N,M,1} & \cdots & r_{2,N,M,N}\\
\vdots & \vdots & \vdots & \vdots & \vdots & \vdots & \vdots & \vdots & \vdots & \vdots\\
r_{M,1,1,1} & \cdots & r_{M,1,1,N} & r_{M,1,2,1} & \cdots & r_{M,1,2,N} & \cdots & r_{M,1,M,1} & \cdots & r_{M,1,M,N}\\
\vdots & \vdots & \vdots & \vdots & \vdots & \vdots & \vdots & \vdots & \vdots & \\
r_{M,N,1,1} & \cdots & r_{M,N,1,N} & r_{M,N,2,1} & \cdots & r_{M,N,2,N} & \cdots & r_{M,N,M,1} & \cdots & r_{M,N,M,N}
\end{bmatrix}\tag{9.19}$$

式中：$r_{i,j,m,n}$为张量 $\mathcal{R}$ 的第(i,j,n,m)个元素$(i,m=1,2,\cdots,M.j,n=1,2,\cdots,N)$。由式(9.19)可知，协方差矩阵 $\boldsymbol{R}$ 的列矢量由协方差张量 $\mathcal{R}$ 的前两个下标依次变化构成，且第 2 个下标快变。类似的，其行矢量由协方差张量 $\mathcal{R}$ 的后两个下标依次变化构成，且第 2 个下标快变。因此对协方差张量的估计子空间张量 $\mathcal{R}_{\mathrm{s}}$做相似的变换，则有

$$\boldsymbol{R}_{\mathrm{s}}=[(\boldsymbol{U}_{1\mathrm{s}}\boldsymbol{U}_{1\mathrm{s}}^{\mathrm{H}})\otimes(\boldsymbol{U}_{2\mathrm{s}}\boldsymbol{U}_{2\mathrm{s}}^{\mathrm{H}})]\boldsymbol{R}[(\boldsymbol{U}_{3\mathrm{s}}\boldsymbol{U}_{3\mathrm{s}}^{\mathrm{H}})\otimes(\boldsymbol{U}_{4\mathrm{s}}\boldsymbol{U}_{4\mathrm{s}}^{\mathrm{H}})]^{*} \tag{9.20}$$

由于协方差张量 $\mathcal{R}$ 具有厄米特特性，因此有 $\boldsymbol{U}_{1\mathrm{s}}=\boldsymbol{U}_{3\mathrm{s}}^{*}$和 $\boldsymbol{U}_{2\mathrm{s}}=\boldsymbol{U}_{4\mathrm{s}}^{*}$。对式(9.20)进行特征值分解，则有

$$\boldsymbol{R}_{\mathrm{s}}\approx[(\boldsymbol{U}_{1\mathrm{s}}\boldsymbol{U}_{1\mathrm{s}}^{\mathrm{H}})\otimes(\boldsymbol{U}_{2\mathrm{s}}\boldsymbol{U}_{2\mathrm{s}}^{\mathrm{H}})\overline{\boldsymbol{U}}_{\mathrm{s}}]\boldsymbol{\Sigma}_{\mathrm{s}}[(\boldsymbol{U}_{3\mathrm{s}}\boldsymbol{U}_{3\mathrm{s}}^{\mathrm{H}})\otimes(\boldsymbol{U}_{4\mathrm{s}}\boldsymbol{U}_{4\mathrm{s}}^{\mathrm{H}})^{T}\overline{\boldsymbol{U}}_{\mathrm{s}}]^{\mathrm{H}} \tag{9.21}$$

式中：$\overline{\boldsymbol{U}}_{\mathrm{s}}$为矩阵 $\boldsymbol{R}$ 的 P 个大特征值对应的特征矢量组成的矩阵；$\boldsymbol{\Sigma}_{\mathrm{s}}$为矩阵 $\boldsymbol{R}$ 的 P 个大特征值组成的对角矩阵。

由式(9.21)可知，通过特征值分解，令 P 个大特征值对应的特征矢量组成的矩阵为估计信号子空间 $\boldsymbol{U}_{\mathrm{s}}$，即

$$\boldsymbol{U}_{\mathrm{s}}=(\boldsymbol{U}_{1\mathrm{s}}\boldsymbol{U}_{1\mathrm{s}}^{\mathrm{H}})\otimes(\boldsymbol{U}_{2\mathrm{s}}\boldsymbol{U}_{2\mathrm{s}}^{\mathrm{H}})\overline{\boldsymbol{U}}_{\mathrm{s}} \tag{9.22}$$

由式(9.22)可知，通过协方差张量 $\mathcal{R}$ 进行高阶奇异值分解构造的信号子空间和通过对张量数据进行高阶奇异值分解构造的信号子空间是等价的。因此，它们均可用来实现对目标的发射角和接收角联合估计。

9.3.4　参数联合估计

9.3.4.1　高阶奇异值分解的二维 MUSIC 算法

根据式(9.11)或式(9.22)构造的信号子空间 $\boldsymbol{U}_{\mathrm{s}}$，即信号子空间估计是利用高阶奇异值分解代替传统的奇异值分解或特征值分解而获得，根据二维MUSIC算法的基本原理，则目标的发射角和接收角可由下式的二维联合空间谱搜索获得：

$$P_{\mathrm{MUSIC}}=\frac{1}{[\boldsymbol{a}_{\mathrm{t}}(\varphi)\otimes\boldsymbol{a}_{\mathrm{r}}(\varphi)]^{\mathrm{H}}\boldsymbol{R}_{\mathrm{N}}[\boldsymbol{a}_{\mathrm{t}}(\varphi)\otimes\boldsymbol{a}_{\mathrm{r}}(\varphi)]} \tag{9.23}$$

式中

$$\boldsymbol{R}_{\mathrm{N}}=\boldsymbol{I}_{MN}-\boldsymbol{U}_{\mathrm{so}}\boldsymbol{U}_{\mathrm{so}}^{\mathrm{H}}$$

其中：$\boldsymbol{U}_{\mathrm{so}}$为 $\boldsymbol{U}_{\mathrm{s}}$的正交基。

9.3.4.2　高阶奇异值分解的 ESPRIT 算法

首先利用高阶奇异值分解获得的信号子空间代替奇异值分解或特征值分解

获得的信号子空间，然后利用 ESPRIT 算法则可以得到目标的发射角和接收角。即只是信号子空间的替换，而其他的操作不变。

9.3.5 仿真实验与分析

双基地 MIMO 雷达系统分别由发射阵元 $M=6$ 和接收阵元 $N=8$ 组成，阵元间距为 $d_r=d_t=\lambda/2$，发射阵列发射相互正交的阿达马编码信号，且每个重复周期内的相位编码数 $L=128$。假设空中存在 $P=3$ 个不相关的目标，目标的发射角和接收角分别为 $(\varphi_1,\theta_1)=(30°,-30°)$，$(\varphi_2,\theta_2)=(-40°,0°)$ 和 $(\varphi_3,\theta_3)=(10°,50°)$。

仿真实验一：MIMO 雷达接收数据的快拍数 $Q=200$，信噪比为 0dB。图 9.2 为基于高阶奇异值分解的二维空间谱。从图中可知，基于高阶奇异值分解的空间谱具有很高的尖峰，因此具有很好的分辨力，且目标的发射角和接收角自动配对。

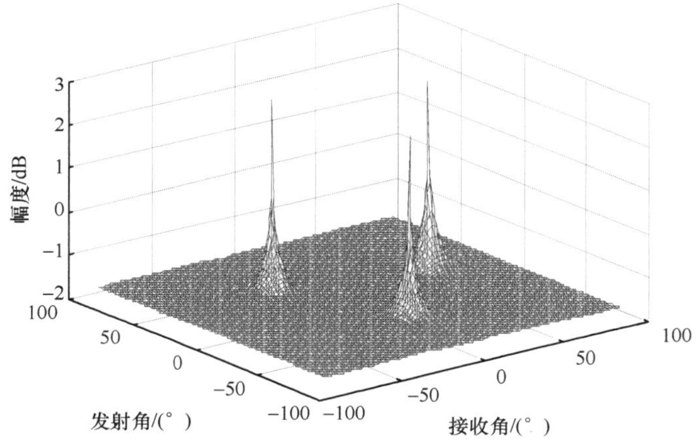

图 9.2 二维空间谱

仿真实验二：MIMO 雷达接收数据的快拍数 $Q=200$，经过 200 次蒙特卡罗实验。图 9.3 为基于高阶奇异值分解的 MUSIC 算法和传统特征值分解的 MUSIC 算法的均方根误差与信噪比的关系。从图中可知，HOSVD－MUSIC 算法比传统的 MUSIC 具有更好的角度估计性能。传统的特征值分解没有考虑 MIMO 雷达的匹配滤波器的多维结构，即接收信号的多维结构特性；而高阶奇异值分解利用接收信号的多维结构特性，改善了信号子空间的估计精度，从而提高了角度估计精度。

仿真实验三：MIMO 雷达接收数据的快拍数 $Q=100$，经过 200 次蒙特卡罗实验。图 9.4 为基于高阶奇异值分解的 ESPRIT 算法和传统特征值分解的 ES-

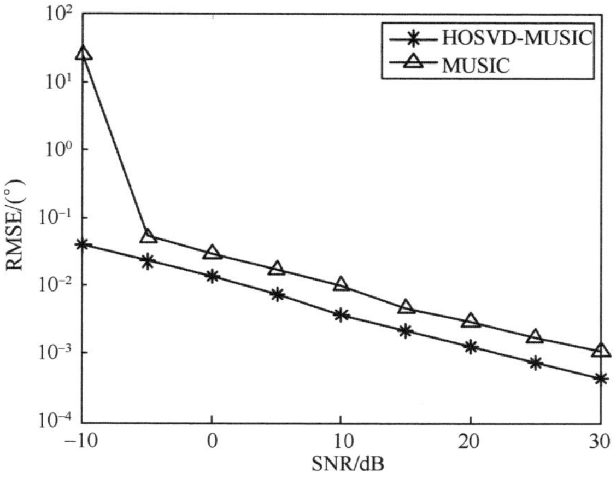

图 9.3　均方根误差与信噪比的关系

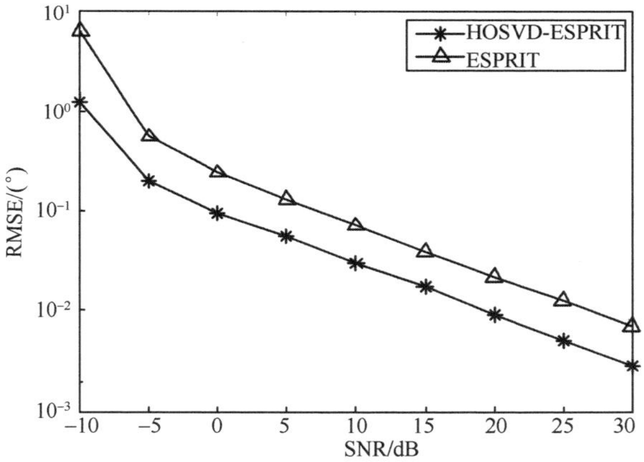

图 9.4　均方根误差与信噪比的关系

PRIT 算法的均方根误差与信噪比的关系。从图中可知,随着信噪比的增加,HOSVD – ESPRIT 和 ESPRIT 算法的估计性能得到提高;但 HOSVD – ESPRIT 始终具有比 ESPRIT 更加优越的角度估计性能,这是由于 HOSVD – ESPRIT 利用 MIMO 雷达的多维结构特性改善了信号子空间的估计精度。

仿真实验四:MIMO 雷达发射的快拍数 $Q = 100$,经过 200 次蒙特卡罗实验。图 9.5 为基于高阶奇异值分解的 ESPRIT 算法和传统特征值分解的 ESPRIT 算法的均方根误差与快拍数的关系。从图中可知,随着快拍数的增加,HOSVD – ESPRIT 和 ESPRIT 算法的估计性能得到提高,HOSVD – ESPRIT 始终具有比 ESPRIT 更加优越的角度估计性能,这是由于 HOSVD – ESPRIT 利用 MIMO 雷达的多维结构特性改善了信号子空间的估计精度。

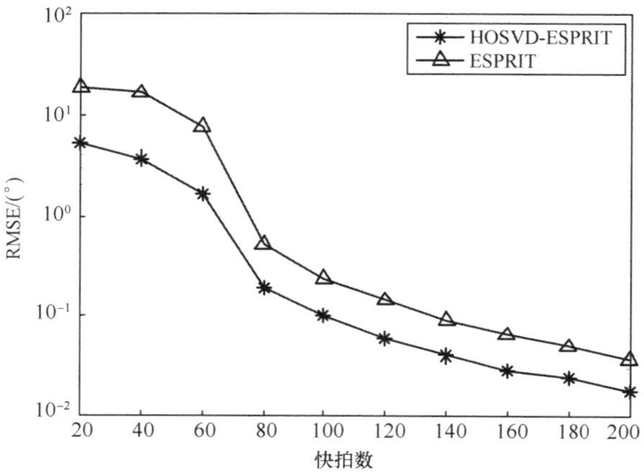

图 9.5　均方根误差与快拍数的关系

9.4　基于实值高阶奇异值分解的参数估计

9.4.1　Centro - Hermitian 张量和张量实值变换

定义 9.1　对于任一张量 $\mathcal{X}$ 为 Centro - Hermitian 张量，满足

$$\mathcal{X} = \mathcal{X}^* \times_1 \Pi_{K_1} \times_2 \Pi_{K_2} \cdots \times_N \Pi_{K_N} \tag{9.24}$$

式中：Π_K 为 $K \times K$ 维反对角置换矩阵。

定义 9.2　对于任一张量 $\mathcal{X}$，其前后向空间平滑均值为

$$\mathcal{Z} = [\mathcal{X} \perp_N (\mathcal{X}^* \times_1 \Pi_{K_1} \times_2 \Pi_{K_2} \cdots \times_N \Pi_{K_N})] \tag{9.25}$$

式中：$[\mathcal{X} \perp_N \mathcal{Y}]$ 表示张量 $\mathcal{X}$ 和 $\mathcal{Y}$ 沿着第 N 模连接。

定理 9.1　对于任一张量 $\mathcal{X}$，它的前后向空间平滑均值张量 Z 为 Centro - Hermitian 张量。

证明：根据 Centro - Hermitian 张量的定义，则有

$$\begin{aligned}
&\mathcal{Z}^* \times_1 \Pi_{K_1} \times_2 \Pi_{K_2} \cdots \times_N \Pi_{K_N} \\
&= [\mathcal{X}^* \times_1 \Pi_{K_1} \times_2 \Pi_{K_2} \cdots \times_N \Pi_{K_N} \perp_N (\mathcal{X} \times_1 \Pi_{K_1} \Pi_{K_1} \times_2 \Pi_{K_2} \Pi_{K_2} \cdots \times_N \Pi_{K_N} \Pi_{K_N})] \\
&= [\mathcal{X} \perp_N (\mathcal{X}^* \times_1 \Pi_{K_1} \times_2 \Pi_{K_2} \cdots \times_N \Pi_{K_N})] = \mathcal{Z}
\end{aligned} \tag{9.26}$$

即定理 9.1 的证。

定理 9.2　对于任一 Centro - Hermitian 张量 $\mathcal{X}$，可通过如下 Unitary 变换获得一个实值张量 $\mathcal{Y}$，即

$$\mathcal{Y} = \mathcal{X} \times_1 \boldsymbol{U}_{K1}^{\mathrm{H}} \times_2 \boldsymbol{U}_{KN}^{\mathrm{H}} \cdots \times_N \boldsymbol{U}_{KN}^{\mathrm{H}} \tag{9.27}$$

式中：$\boldsymbol{U}_K$为 $K\times K$ 维酉矩阵。

当 $K=2J$ 为偶数时，$\boldsymbol{U}_K$为

$$\boldsymbol{U}_K=\frac{1}{\sqrt{2}}\begin{bmatrix}\boldsymbol{I}_J & \mathrm{j}\boldsymbol{I}_J\\ \boldsymbol{\Pi}_J & -\mathrm{j}\boldsymbol{\Pi}_J\end{bmatrix}\tag{9.28}$$

当 $K=2J+1$ 为奇数时，$\boldsymbol{U}_K$为

$$\boldsymbol{U}_K=\frac{1}{\sqrt{2}}\begin{bmatrix}\boldsymbol{I}_J & 0 & \mathrm{j}\boldsymbol{I}_J\\ \bar{\boldsymbol{0}} & \sqrt{2} & \bar{\boldsymbol{0}}\\ \boldsymbol{\Pi}_J & 0 & -\mathrm{j}\boldsymbol{\Pi}_J\end{bmatrix}\tag{9.29}$$

证明：由于张量 $\mathcal{X}$满足 Centro－Hermitian 特性，则有

$$\begin{aligned}\mathcal{Y}^* &=\mathcal{X}^*\times_1\boldsymbol{U}_{K1}^{\mathrm{T}}\times_2\boldsymbol{U}_{K2}^{\mathrm{T}}\cdots\times_N\boldsymbol{U}_{KN}^{\mathrm{T}}\\ &=(\mathcal{X}\times_1\boldsymbol{\Pi}_{K_1}\times_2\boldsymbol{\Pi}_{K_2}\cdots\times_N\boldsymbol{\Pi}_{K_N})\times\\ &\quad{}_1\boldsymbol{U}_{K1}^{\mathrm{T}}\times_2\boldsymbol{U}_{KN}^{\mathrm{T}}\cdots\times_N\boldsymbol{U}_{KN}^{\mathrm{T}}\\ &=\mathcal{X}\times_1\boldsymbol{U}_{K1}^{\mathrm{T}}\boldsymbol{\Pi}_{K_1}\times_2\boldsymbol{U}_{K2}^{\mathrm{T}}\boldsymbol{\Pi}_{K_2}\cdots\times_N\boldsymbol{U}_{KN}^{\mathrm{T}}\boldsymbol{\Pi}_{K_N}\end{aligned}\tag{9.30}$$

根据式(9.28)和式(9.29)中 Unitary 矩阵的结构，则有

$$\boldsymbol{U}_K=\boldsymbol{\Pi}_K\boldsymbol{U}_K^*\Rightarrow\boldsymbol{U}_K^{\mathrm{T}}=\boldsymbol{U}_K^{\mathrm{H}}\boldsymbol{\Pi}_K\Rightarrow\boldsymbol{U}_K^{\mathrm{T}}\boldsymbol{\Pi}_K=\boldsymbol{U}_K^{\mathrm{H}}\tag{9.31}$$

将式(9.31)代入式(9.30)中，可得

$$\mathcal{Y}^*=\mathcal{X}\times_1\boldsymbol{U}_{K1}^{\mathrm{H}}\times_2\boldsymbol{U}_{K2}^{\mathrm{H}}K_2\cdots\times_N\boldsymbol{U}_{KN}^{\mathrm{H}}=\mathcal{Y}\tag{9.32}$$

由式(9.32)可知，通过 Unitary 变换得到的张量 $\mathcal{Y}$是实值张量，即定理 9.2 得证。

9.4.2　基于高阶奇异值分解的 UESPRIT 算法

根据 9.4.1 节的定义和定理，对接收张量数据 $\mathcal{X}$进行如下前后向空间平滑均值扩展[6]：

$$\mathcal{Z}=[\mathcal{X}\perp_N(\mathcal{X}^*\times_1\boldsymbol{\Pi}_M\times_2\boldsymbol{\Pi}_N\times_3\boldsymbol{\Pi}_L)]\tag{9.33}$$

对扩展后的张量数据 $\mathcal{Z}$进行如下 Unitary 变换，得到实值张量数据 $\mathcal{Y}$，即

$$\mathcal{Y}=\mathcal{Z}\times_1\boldsymbol{U}_M^{\mathrm{H}}\times_2\boldsymbol{U}_N^{\mathrm{H}}\cdots\times_N\boldsymbol{U}_{2L}^{\mathrm{H}}\tag{9.34}$$

对实值张量进行高阶奇异值分解，即

$$\mathcal{Y}=\mathcal{S}\times_1\boldsymbol{U}_1\times_2\boldsymbol{U}_2\times_3\boldsymbol{U}_3\tag{9.35}$$

式中：$\mathcal{S}$为核张量；$\boldsymbol{U}_i$为张量 $\mathcal{X}$的模 i 展开矩阵的左奇异值矩阵($i=1,2,3$)。对式(9.35)做与式(9.8)～式(9.11)相同的推导，得到估计实值信号子空间为

$$\boldsymbol{U}_{rs}=(\boldsymbol{U}_{1s}\boldsymbol{U}_{1s}^{H})\otimes(\boldsymbol{U}_{2s}\boldsymbol{U}_{2s}^{H})[\boldsymbol{\mathcal{Y}}]_{(3)}^{T}\boldsymbol{U}_{3s}^{*} \tag{9.36}$$

根据式(9.36)所得到的实值信号子空间代替传统的奇异值分解或特征值分解获得的实值子空间进行目标参数估计,由于利用高阶奇异值分解充分利用了信号的多维结构信息,提高了子空间的估计精度,从而改善目标的参数估计。相对于9.4.1节的复值高阶奇异值分解,基于实值高阶奇异值分解的信号子空间估计:一方面,增加了模3展开所对应的采样拍数,在低拍条件具有更好的稳健性;另一方面,由于实值运算具有更低的运算复杂度,提高了算法的实时特性。

9.4.3 仿真实验与分析

双基地MIMO雷达系统分别由发射阵元 $M=6$ 和接收阵元 $N=8$ 组成,阵元间距为 $d_r=d_t=\lambda/2$,发射阵列发射相互正交的阿达马编码信号,且每个重复周期内的相位编码数 $L=128$。假设空中存在 $P=3$ 个不相关的目标,目标的发射角和接收角分别为 $(\varphi_1,\theta_1)=(30°,-30°)$,$(\varphi_2,\theta_2)=(-40°,0°)$ 和 $(\varphi_3,\theta_3)=(10°,50°)$。

仿真实验一: MIMO雷达接收数据的快拍数 $Q=100$,仿真结果为经过200次蒙特卡罗仿真实验获得。图9.6为HOSVD-UESPRIT和HOSVD-ESPRIT的均方根误差和信噪比的关系。从图中可知,随着信噪比的变化,两种算法的角度估计估计性能随着信噪比的增大而改善,且在整个信噪比区间,HOSVD-UESPRIT算法的参数估计性能优于HOSVD-ESPRIT算法,这是由于在HOSVD-UESPRIT算法中利用了前后向空间平滑技术,使得信号子空间的估计精度得到提高,从而改善了角度的参数估计性能。

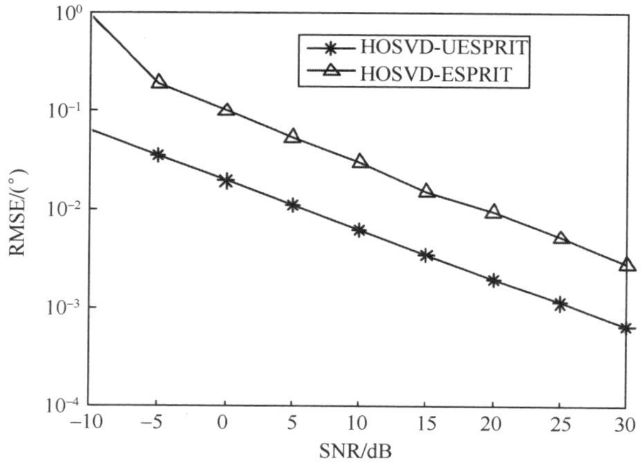

图9.6 均方根误差与信噪比的关系

仿真实验二:MIMO 雷达接收数据的信噪比为 0dB,仿真结果为经过 200 次蒙特卡罗仿真实验获得。图 9.7 为 HOSVD – UESPRIT 和 HOSVD – ESPRIT 的均方根误差与采样拍数的关系。从图中可知,随着快拍数的增加,HOSVD – UESPRIT 和 HOSVD – ESPRIT 的估计性能均得到一定程度的改善。同时注意到,HOSVD – UESPRIT 算法在低快拍数时的角度估计性能明显优越于 HOSVD – ESPRIT 算法,但在高采样拍数时,它们的参数估计性能趋向于一致。这是由于在低快拍数时,HOSVD – UESPRIT 所采样的前后向空间平滑技术使快拍数变成原来接收数据的快拍数的 2 倍,从而改善了参数估计性能。但在高快拍数时,接收数据的统计特性趋向平稳,即快拍数的变化对于子空间估计精度的改善不再那么明显,因此参数估计性能趋于一致。

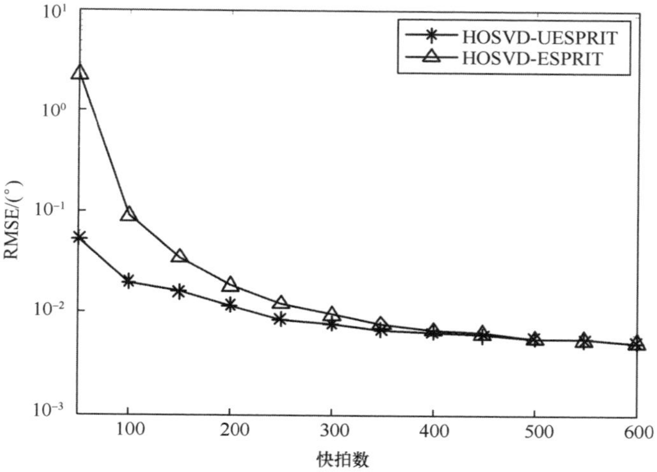

图 9.7　均方根误差与快拍数的关系

9.5　色噪声背景下基于高阶奇异值分解的参数估计

以上算法中均假设系统接收信号的背景噪声为高斯白噪声,但在实际中很多时候背景噪声为高斯色噪声,从而导致以上算法估计性能急骤下降甚至失效。本节考虑在背景噪声为高斯色噪声的情况下,利用高阶奇异值分解实现目标的发射角和接收角估计问题[10]。

9.5.1　色噪声背景下的 MIMO 雷达张量信号模型

考虑一个窄带信号双基地 MIMO 雷达系统,参数如下:

(1) M 个发射阵元,$m=1,2,\cdots,M$;

（2）N 个接收阵元，$n=1,2,\cdots,N$；

（3）发射阵列和接收阵列均为均匀线阵，收发阵元间距均为 $\lambda/2$；

（4）空间存在有 P 个不相关的目标，$p=1,2,\cdots,P$；

（5）$\boldsymbol{S}=[\boldsymbol{s}_1,\boldsymbol{s}_2,\cdots,\boldsymbol{s}_M]^{\mathrm{T}}\in\mathbb{C}^{M\times K}$ 为 M 个窄带发射波形，K 为每个脉冲周期的采样个数；

（6）$\{\beta_p\}_{p=1}^{P}$ 为反射系数；

（7）$\{\varphi_p\}_{p=1}^{P}$ 和 $\{\theta_p\}_{p=1}^{P}$ 分别表示一般情况下发射阵列和接收阵列的发射角和接收角。

空间所有目标均为远场的点目标。假设相干处理区间包含 L 个脉冲，那么第 l 个脉冲周期接收阵列接收信号为

$$\boldsymbol{X}_l=\boldsymbol{B}\boldsymbol{\Sigma}_l\boldsymbol{A}\boldsymbol{S}+\boldsymbol{W}_l\quad(l=1,2,\cdots,L)\tag{9.37}$$

式中：$\boldsymbol{B}$、$\boldsymbol{A}$ 分别为接收导向矩阵和发射导向矩阵，$\boldsymbol{B}=[\boldsymbol{b}(\theta_1),\cdots,\boldsymbol{b}(\theta_P)]\in\mathbb{C}^{N\times P}$，$\boldsymbol{A}=[\boldsymbol{a}(\varphi_1),\cdots,\boldsymbol{a}(\varphi_P)]\in\mathbb{C}^{M\times P}$；$b(\theta_p)$、$a(\varphi_p)$ 分别为第 p 个目标的接收导向矢量和发射导向矢量，$\boldsymbol{b}(\theta_p)=[1,\mathrm{e}^{\mathrm{j}\pi\sin\theta_p},\cdots,\mathrm{e}^{\mathrm{j}\pi(N-1)\sin\theta_p}]^{\mathrm{T}}\in\mathbb{C}^{N\times 1}$，$\boldsymbol{a}(\varphi_p)=[1,\mathrm{e}^{\mathrm{j}\pi\sin\varphi_p},\cdots,\mathrm{e}^{\mathrm{j}\pi(M-1)\sin\varphi_p}]^{\mathrm{T}}\in\mathbb{C}^{M\times 1}$；$\boldsymbol{\Sigma}_l=\mathrm{diag}(\boldsymbol{c}_l)$，其中 $\boldsymbol{c}_l=[\beta_1\mathrm{e}^{\mathrm{j}2\pi f_{\mathrm{d}1}lT_{\mathrm{r}}},\cdots,\beta_P\mathrm{e}^{\mathrm{j}2\pi f_{\mathrm{d}P}lT_{\mathrm{r}}}]$，$f_{\mathrm{d}p}$ 为第 p 个目标的多普勒频率，T_{r} 为脉冲重复间隔；$\mathbf{W}_l\in\mathbb{C}^{N\times K}$ 为噪声矩阵，$\mathbf{W}_l$ 的列向量相互独立，且均为零均值、协方差矩阵 $\hat{\boldsymbol{Q}}$ 未知的高斯随机向量。

与传统的相控阵雷达不同，MIMO 雷达发射相互正交的波形，即

$$(1/K)\boldsymbol{s}_m\boldsymbol{s}_m^{\mathrm{H}}=1,\boldsymbol{s}_i\boldsymbol{s}_j^{\mathrm{H}}=0(i,j=1,2,\cdots,M,i\neq j)$$

然后，接收信号由相应的 M 个发射信号进行匹配滤波处理。对于第 l 个脉冲周期，经第 m 个发射波形匹配滤波后的输出为

$$\boldsymbol{Y}_{l,m}=\boldsymbol{B}\boldsymbol{D}_m\boldsymbol{c}_l^{\mathrm{T}}+\boldsymbol{N}_{l,m}\quad(l=1,2,\cdots,L)\tag{9.38}$$

式中：$\boldsymbol{Y}_{l,m}=(1/L)\boldsymbol{X}_l\boldsymbol{s}_m^{\mathrm{H}}\in\mathbb{C}^{N\times 1}$；$\boldsymbol{D}_m=\mathrm{diag}([a_m(\varphi_1),\cdots,a_m(\varphi_P)])$，$a_m(\varphi_p)$ 为导向矢量 $\boldsymbol{a}(\varphi)$ 的第 m 个元素；$\boldsymbol{N}_{l,m}$ 为经第 m 个发射波形匹配滤波后的噪声矢量，$\boldsymbol{N}_{l,m}=(1/L)\boldsymbol{W}_l\boldsymbol{s}_m^{\mathrm{H}}\in\mathbb{C}^{N\times 1}$，各矢量间相互独立，其分布为协方差矩阵 $\hat{\boldsymbol{Q}}$ 未知的零均值高斯分布，满足 $\mathrm{E}[\boldsymbol{N}_{l,i}\boldsymbol{N}_{l,i}^{\mathrm{H}}]=0(i,j=1,2,\cdots,M;i\neq j)$。

9.5.2 基于高阶互协方差张量分解的参数估计

将 M 个发射天线分为两个子阵，第一个子阵包含发射阵列的前 M_1 个天线，第二个子阵包含剩余的 $M_2=M-M_1$ 个天线。然后分别用前 M_1 个发射波形和后 M_2 个发射波形对接收信号进行匹配，则有

$$\begin{aligned} \boldsymbol{Y}_l^1 &= [\boldsymbol{Y}_{l,1},\cdots,\boldsymbol{Y}_{l,M_1}] = \boldsymbol{B\Sigma}_l\boldsymbol{A}_1 + \boldsymbol{N}_l^1 \quad (l=1,2,\cdots,L) \\ \boldsymbol{Y}_l^2 &= [\boldsymbol{Y}_{l,M_1+1},\cdots,\boldsymbol{Y}_{l,M}] = \boldsymbol{B\Sigma}_l\boldsymbol{A}_2 + \boldsymbol{N}_l^2 \quad (l=1,2,\cdots,L) \end{aligned} \tag{9.39}$$

式中：

$$\boldsymbol{A}_1 = [\boldsymbol{a}^1(\varphi_1),\cdots,\boldsymbol{a}^1(\varphi_p)],\quad \boldsymbol{A}_2 = [\boldsymbol{a}^2(\varphi_1),\cdots,\boldsymbol{a}^2(\varphi_p)]$$

$$\boldsymbol{a}^1(\varphi_p) = [\boldsymbol{a}_1(\varphi_p),\cdots,\boldsymbol{a}_{M_1}(\varphi_p)]^{\mathrm{T}},\boldsymbol{a}^2(\varphi_p) = [a_{M_1+1}(\varphi_p),\cdots,a_M(\varphi_p)]^{\mathrm{T}}$$

将每个脉冲的匹配滤波输出堆栈成一个向量，则有

$$\begin{aligned} \overline{\boldsymbol{Y}} &= [\mathrm{vec}(\boldsymbol{Y}_1^1),\cdots,\mathrm{vec}(\boldsymbol{Y}_L^1)] = \boldsymbol{D}_1\boldsymbol{G} + \boldsymbol{N}_1 \\ \overline{\boldsymbol{Y}} &= [\mathrm{vec}(\boldsymbol{Y}_1^2),\cdots,\mathrm{vec}(\boldsymbol{Y}_L^2)] = \boldsymbol{D}_2\boldsymbol{G} + \boldsymbol{N}_2 \end{aligned} \tag{9.40}$$

式中：

$$\boldsymbol{D}_1 = \boldsymbol{A}_1 \odot \boldsymbol{B},\boldsymbol{D}_2 = \boldsymbol{A}_2 \odot \boldsymbol{B},\boldsymbol{G} = [\boldsymbol{c}_1^{\mathrm{T}},\cdots,\boldsymbol{c}_L^{\mathrm{T}}],$$

$$\boldsymbol{N}_1 = [\mathrm{vec}(\boldsymbol{N}_1^1),\cdots,\mathrm{vec}(\boldsymbol{N}_L^1)],\boldsymbol{N}_2 = [\mathrm{vec}(\boldsymbol{N}_1^2),\cdots,\mathrm{vec}(\boldsymbol{N}_L^2)]$$

在文献[3]的子空间方法中，互协方差矩阵 $\boldsymbol{R}_{21} = \mathrm{E}[\overline{\boldsymbol{Y}}_1\ \overline{\boldsymbol{Y}}_2^{\mathrm{H}}]$ 用来消除空间色噪声，信号子空间由截断的奇异值分解获得，发射角和接收角由 ESPRIT 算法估计。由式(9.40)可知，这种子空间方法需要将匹配滤波输出堆栈到一个矩阵中，忽略了经匹配滤波后接收信号固有的多维结构特性。这里将考虑接收信号固有的多维结构特性，介绍一种针对存在空间色噪声时双基地 MIMO 雷达的基于张量的子空间方法。

根据张量的概念可知，匹配滤波输出 $\overline{\boldsymbol{Y}}_1^{\mathrm{T}}$ 和 $\overline{\boldsymbol{Y}}_2^{\mathrm{T}}$ 分别是张量 $\mathcal{Y}_1 \in \mathbb{C}^{N\times M_1\times L}$ 和 $\mathcal{Y}_2 \in \mathbb{C}^{N\times M_2\times L}$ 的模 3 式展开矩阵。因此可以由 $\overline{\boldsymbol{Y}}$、$\overline{\boldsymbol{Y}}_2$ 得到测量张量 $\mathcal{Y}_1$、$\mathcal{Y}_2$：

$$[\mathcal{Y}_1]_{(3)}^{\mathrm{T}} = \overline{\boldsymbol{Y}}_1,\quad [\mathcal{Y}_2]_{(3)}^{\mathrm{T}} = \overline{\boldsymbol{Y}}_2 \tag{9.41}$$

4 阶协方差张量 $\mathcal{R}_{21} \in \mathbb{C}^{N\times M_2\times N\times M_1}$ 为

$$\mathcal{R}_{21} = \frac{1}{L}\mathcal{Y}_2 \cdot \mathcal{Y}_1^* \tag{9.42}$$

式中

$$[\mathcal{R}_{21}]_{n,q,i,j} = 1/L\sum_{l=1}^{I}[\mathcal{Y}_2]_{n,q,l}[\mathcal{Y}_1]_{i,j,l}^*$$

$$(n,i = 1,2,\cdots,N;q = 1,2,\cdots,M_2;j = 1,2,\cdots,M_1)。$$

根据空域色噪声的特性 $\mathrm{E}[\boldsymbol{N}_{l,i}\boldsymbol{N}_{l,i}^{\mathrm{H}}] = 0(i,j=1,2,\cdots,M,i\neq j)$，则有空间色噪声矩阵 $\boldsymbol{N}_l^1$ 和 $\boldsymbol{N}_l^2$ 满足 $\mathrm{E}[(\boldsymbol{N}_l^1)^{\mathrm{H}}\boldsymbol{N}_l^2] = 0(l=1,2,\cdots,L)$。因此在式(9.42)中，互协方差张量 $\mathcal{R}_{21}$ 中空域色噪声的影响得到消除，即通过构造互协方差张量 $\mathcal{R}_{21}$ 达到了消除空域色噪声的目的。对互协方差张量 $\mathcal{R}_{21}$ 进行 HOSVD 为[6]

$$\mathcal{R}_{21} = \mathcal{S} \times_1 \boldsymbol{U}_1 \times_2 \boldsymbol{U}_2 \times_3 \boldsymbol{U}_3 \times_4 \boldsymbol{U}_4 \tag{9.43}$$

式中：$\boldsymbol{S}$ 为核张量，$\mathcal{S}=\mathcal{R}_{21}\times_1\boldsymbol{U}_1^{\mathrm{H}}\times_2\boldsymbol{U}_2^{\mathrm{H}}\times_3\boldsymbol{U}_3^{\mathrm{H}}\times_4\boldsymbol{U}_4^{\mathrm{H}}\in\mathbb{C}^{N\times M_2\times N\times M_1}$，核张量满足正交特性；$\boldsymbol{U}_1,\boldsymbol{U}_3\in\mathbb{C}^{N\times N}$，$\boldsymbol{U}_2\in\mathbb{C}^{M_2\times M_2}$，$\boldsymbol{U}_4\in\mathbb{C}^{M_1\times M_1}$均为酉矩阵。

由于 $\mathcal{R}_{21}$是秩为 P 的张量，因此可由截断的 HOSVD 来估计互协方差子空间张量，即

$$\mathcal{F}_{\mathrm{s}}=\mathcal{S}_{\mathrm{s}}\times_1\boldsymbol{U}_{1\mathrm{s}}\times_2\boldsymbol{U}_{2\mathrm{s}}\times_3\boldsymbol{U}_{3\mathrm{s}}\times_4\boldsymbol{U}_{4\mathrm{s}} \tag{9.44}$$

式中：$\boldsymbol{U}_{i\mathrm{s}}$包含 $\boldsymbol{U}_i$的前 P 个主奇异矢量（$i=1,2,3,4$）；$\mathcal{S}_{\mathrm{s}}$为降维的核张量，$\mathcal{S}_{\mathrm{s}}=\mathcal{R}_{21}\times_1\boldsymbol{U}_{1\mathrm{s}}^{\mathrm{H}}\times_2\boldsymbol{U}_{2\mathrm{s}}^{\mathrm{H}}\times_3\boldsymbol{U}_{3\mathrm{s}}^{\mathrm{H}}\times_4\boldsymbol{U}_{4\mathrm{s}}^{\mathrm{H}}\in\mathbb{C}^{N\times M_2\times N\times M_1}$。

为了得到 $\boldsymbol{U}_{i\mathrm{s}}$（$i=1,2,3,4$），$M_1$、$M_2$、$N$ 和 L 必须满足：$M_1\geqslant P$，$M_2\geqslant P$，$N\geqslant P$，$L\geqslant P$。将 $\mathcal{S}_{\mathrm{s}}$代入式(9.44)，可得

$$\mathcal{F}_{\mathrm{s}}=\mathcal{R}_{21}\times_1(\boldsymbol{U}_{1\mathrm{s}}\boldsymbol{U}_{1\mathrm{s}}^{\mathrm{H}})\times_2(\boldsymbol{U}_{2\mathrm{s}}\boldsymbol{U}_{2\mathrm{s}}^{\mathrm{H}})\times_3(\boldsymbol{U}_{3\mathrm{s}}\boldsymbol{U}_{3\mathrm{s}}^{\mathrm{H}})\times_4(\boldsymbol{U}_{4\mathrm{s}}\boldsymbol{U}_{4\mathrm{s}}^{\mathrm{H}}) \tag{9.45}$$

根据式(9.45)的互协方差张量子空间构造信号子空间，首先需要知道互协方差张量 $\mathcal{R}_{21}$和互协方差矩阵 $\boldsymbol{R}_{21}$之间的关系，即

$$\boldsymbol{R}_{21}=\begin{bmatrix}
[\mathcal{R}_{21}]_{1,1,1,1} & [\mathcal{R}_{21}]_{1,1,1,2} & \cdots & [\mathcal{R}_{21}]_{1,1,1,M_1} & [\mathcal{R}_{21}]_{1,1,2,1} & \cdots & [\mathcal{R}_{21}]_{1,1,N,M_1} \\
[\mathcal{R}_{21}]_{1,2,1,1} & [\mathcal{R}_{21}]_{1,2,1,2} & \cdots & [\mathcal{R}_{21}]_{1,2,1,M_1} & [\mathcal{R}_{21}]_{1,2,2,1} & \cdots & [\mathcal{R}_{21}]_{1,2,N,M_1} \\
\vdots & \vdots & \vdots & \vdots & \vdots & \vdots & \vdots \\
[\mathcal{R}_{21}]_{1,M_2,1,1} & [\mathcal{R}_{21}]_{1,M_2,1,2} & \cdots & [\mathcal{R}_{21}]_{1,M_2,1,M_1} & [\mathcal{R}_{21}]_{1,M_2,2,1} & \cdots & [\mathcal{R}_{21}]_{1,M_2,N,M_1} \\
[\mathcal{R}_{21}]_{2,1,1,1} & [\mathcal{R}_{21}]_{2,1,1,2} & \cdots & [\mathcal{R}_{21}]_{1,1,1,M_1} & [\mathcal{R}_{21}]_{2,1,2,1} & \cdots & [\mathcal{R}_{21}]_{2,1,N,M_1} \\
[\mathcal{R}_{21}]_{2,2,1,1} & [\mathcal{R}_{21}]_{2,2,1,2} & \cdots & [\mathcal{R}_{21}]_{2,2,1,M_1} & [\mathcal{R}_{21}]_{2,2,2,1} & \cdots & [\mathcal{R}_{21}]_{2,2,N,M_1} \\
\vdots & \vdots & \vdots & \vdots & \vdots & \vdots & \vdots \\
[\mathcal{R}_{21}]_{N,M_2,1,1} & [\mathcal{R}_{21}]_{N,M_2,1,2} & \cdots & [\mathcal{R}_{21}]_{N,M_2,1,M_1} & [\mathcal{R}_{21}]_{N,M_2,2,1} & \cdots & [\mathcal{R}_{21}]_{N,M_2,N,M_1}
\end{bmatrix} \tag{9.46}$$

根据式(9.46)中的互协方差张量和协方差矩阵之间的关系，由 $\mathcal{F}_{\mathrm{s}}$可以构造一个新的互协方差矩阵$\overline{\boldsymbol{R}}_{21}$，即

$$\overline{\boldsymbol{R}}_{21}=[(\boldsymbol{U}_{1\mathrm{s}}\boldsymbol{U}_{1\mathrm{s}}^{\mathrm{H}})\otimes(\boldsymbol{U}_{2\mathrm{s}}\boldsymbol{U}_{2\mathrm{s}}^{\mathrm{H}})]\boldsymbol{R}_{21}[(\boldsymbol{U}_{3\mathrm{s}}\boldsymbol{U}_{3\mathrm{s}}^{\mathrm{H}})\otimes(\boldsymbol{U}_{4\mathrm{s}}\boldsymbol{U}_{4\mathrm{s}}^{\mathrm{H}})]^* \tag{9.47}$$

在子空间方法中[4]，信号子空间矩阵 $\boldsymbol{U}_{\mathrm{s}}$ 由 $\boldsymbol{R}_{21}$ 的截断 SVD 得到，也就是 $\boldsymbol{R}_{21}\approx\boldsymbol{U}_{\mathrm{s}}\boldsymbol{\Lambda}_{\mathrm{s}}\boldsymbol{V}_{\mathrm{s}}$。将其代入公式(9.47)中，可得

$$\overline{\boldsymbol{R}}_{21}=\{[(\boldsymbol{U}_{1\mathrm{s}}\boldsymbol{U}_{1\mathrm{s}}^{\mathrm{H}})\otimes(\boldsymbol{U}_{2\mathrm{s}}\boldsymbol{U}_{2\mathrm{s}}^{\mathrm{H}})]\boldsymbol{U}_{\mathrm{s}}\}\boldsymbol{\Lambda}_{\mathrm{s}}\{[(\boldsymbol{U}_{3\mathrm{s}}\boldsymbol{U}_{3\mathrm{s}}^{\mathrm{H}})\otimes(U_{4\mathrm{s}}\boldsymbol{U}_{4\mathrm{s}}^{\mathrm{H}})]^{\mathrm{T}}\boldsymbol{V}_{\mathrm{s}}\}^{\mathrm{H}} \tag{9.48}$$

利用$\overline{\boldsymbol{R}}_{21}$的截断的 SVD,可将信号子空间写为

$$\overline{\boldsymbol{U}}_{\mathrm{s}}=[(\boldsymbol{U}_{1\mathrm{s}}\boldsymbol{U}_{1\mathrm{s}}^{\mathrm{H}})\otimes(\boldsymbol{U}_{2\mathrm{s}}\boldsymbol{U}_{2\mathrm{s}}^{\mathrm{H}})]\boldsymbol{U}_{\mathrm{s}} \tag{9.49}$$

由式(9.49)可知,信号子空间$\overline{\boldsymbol{U}}_{\mathrm{s}}$和 U_{s}生成相同的子空间。因此,存在一个非奇异矩阵 $\boldsymbol{T}$ 满足$\overline{\boldsymbol{U}}_{\mathrm{s}}=\boldsymbol{U}_{\mathrm{s}}\boldsymbol{T}$。得到信号子空间$\overline{\boldsymbol{U}}_{\mathrm{s}}$后即可利用 ESPRIT 算法估计发射角和折射角。

为了估计发射角和折射角,将信号子空间$\overline{\boldsymbol{U}}_{\mathrm{s}}$分为 4 个子阵:

$$\overline{\boldsymbol{U}}_{\mathrm{s1}}=\boldsymbol{\Gamma}_1\overline{\boldsymbol{U}}_{\mathrm{s}},\overline{\boldsymbol{U}}_{\mathrm{s2}}=\boldsymbol{\Gamma}_2\overline{\boldsymbol{U}}_{\mathrm{s}},\overline{\boldsymbol{U}}_{\mathrm{s3}}=\boldsymbol{\Gamma}_3\overline{\boldsymbol{U}}_{\mathrm{s}},\overline{\boldsymbol{U}}_{\mathrm{s4}}=\boldsymbol{\Gamma}_4\overline{\boldsymbol{U}}_{\mathrm{s}}$$

式中

$$\boldsymbol{\Gamma}_1=\boldsymbol{J}_{(1)}^{(M_2-1)}\otimes\boldsymbol{I}_N,\boldsymbol{\Gamma}_2=\boldsymbol{J}_{(2)}^{(M_2-1)}\otimes\boldsymbol{I}_N,\boldsymbol{\Gamma}_3=\boldsymbol{I}_{M_2}\otimes\boldsymbol{J}_{(1)}^{(N-1)},$$

$$\boldsymbol{\Gamma}_4=\boldsymbol{I}_{M_2}\otimes\boldsymbol{J}_{(2)}^{(N-1)},\boldsymbol{J}_{(1)}^{(k)}=[\boldsymbol{I}_k\quad \boldsymbol{0}_{k\times1}],\boldsymbol{J}_{(2)}^{(k)}=[\boldsymbol{0}_{k\times1}\quad \boldsymbol{I}_k]$$

可得下面等式:

$$\boldsymbol{\Gamma}_2\overline{\boldsymbol{U}}_{\mathrm{s}}=\boldsymbol{\Gamma}_1\overline{\boldsymbol{U}}_{\mathrm{s}}\boldsymbol{\Psi}_{\mathrm{t}},\quad \boldsymbol{\Gamma}_4\overline{\boldsymbol{U}}_{\mathrm{s}}=\boldsymbol{\Gamma}_3\overline{\boldsymbol{U}}_{\mathrm{s}}\boldsymbol{\Psi}_{\mathrm{r}} \tag{9.50}$$

式中:$\boldsymbol{\Psi}_t=\boldsymbol{T}^{-1}\boldsymbol{\Phi}_{\mathrm{t}}\boldsymbol{T}$, $\boldsymbol{\Psi}_{\mathrm{r}}=\boldsymbol{T}^{-1}\boldsymbol{\Phi}_{\mathrm{r}}\boldsymbol{T}$, $\overline{\boldsymbol{\Phi}}_t=\mathrm{diag}([\mathrm{e}^{\mathrm{j}\pi\sin\varphi_1},\cdots,\mathrm{e}^{\mathrm{j}\pi\sin\varphi_P}])$ 及 $\overline{\boldsymbol{\Phi}}_{\mathrm{r}}=\mathrm{diag}([\mathrm{e}^{\mathrm{j}\pi\sin\theta_1},\cdots,\mathrm{e}^{\mathrm{j}\pi\sin\theta_P}])$包含期望目标的 DOD 和 DOA 信息。利用最小二乘法求解式(9.50)中得到 $\boldsymbol{\Psi}_{\mathrm{t}}$和 $\boldsymbol{\Psi}_{\mathrm{r}}$。令 $\hat{\boldsymbol{\Phi}}_{\mathrm{t}}$和 $\hat{\boldsymbol{T}}$ 表示 $\boldsymbol{\Psi}_t$的特征值矩阵和特征矢量矩阵,则第 p 个目标的发射角为

$$\varphi_p=\arcsin(\arg(\gamma_p^{\mathrm{t}})/\pi)\quad (p=1,2,\cdots,P) \tag{9.51}$$

式中:γ_p^{t}为 $\hat{\boldsymbol{\Phi}}_{\mathrm{t}}$的第 p 个对角元素。

注意到 $\boldsymbol{\Psi}_{\mathrm{t}}$和 $\boldsymbol{\Psi}_{\mathrm{r}}$具有相同的特征矢量矩阵,因此对角矩阵 $\hat{\boldsymbol{\Phi}}_{\mathrm{r}}$可以表示为 $\hat{\boldsymbol{\Phi}}_{\mathrm{r}}=\hat{\boldsymbol{T}}^{-1}\boldsymbol{\Psi}_{\mathrm{r}}\hat{\boldsymbol{T}}$。$\hat{\boldsymbol{\Phi}}_{\mathrm{t}}$和 $\hat{\boldsymbol{\Phi}}_{\mathrm{r}}$中相同位置的对角元素对应相同的目标,也就是说,发射角和接收角可以自动配对。第 p 个目标的接收角为

$$\theta_p=\arcsin(\arg(\gamma_p^{\mathrm{r}})/\pi)\quad (p=1,2,\cdots,P) \tag{9.52}$$

式中:γ_p^{r}为 $\hat{\boldsymbol{\Phi}}_{\mathrm{r}}$的第 p 个对角元素。

9.5.3　仿真实验与分析

双基地 MIMO 雷达系统分别由发射阵元 $M=12$ 和接收阵元 $N=12$ 组成,阵元间距为 $d_{\mathrm{r}}=d_{\mathrm{t}}=\lambda/2$,发射阵列发射相互正交的阿达马编码信号,且每个重复周期内的相位编码数 $L=256$。第一个子阵包含发射阵列的前 $M_1=3$ 个天线,第二个子阵包含剩余的 $M_2=M-M_1=9$ 个天线,色噪声采用文献[11]中的空域色

噪声模型。这里将算法和文献[11]中的算法(记为 Chen 算法)、ESPRIT、HOSVD－ESPRIT 算法比较。假设空中存在 $P=3$ 个不相关的目标,目标的发射角和接收角分别为 $(\varphi_1,\theta_1)=(30°,-30°)$,$(\varphi_2,\theta_2)=(-40°,0°)$ 和 $(\varphi_3,\theta_3)=(10°,50°)$。

仿真实验一:MIMO 雷达接收数据的快拍数 $Q=100$,仿真结果为经过 200 次蒙特卡罗仿真实验获得。图 9.8 为色噪声条件下几种算法的均方根误差和信噪比的关系。从图中可知,在色噪声条件下 Chen 算法具有比 ESPRIT 更好的角度估计性能,这是由于 Chen 算法对空域色噪声具有抑制性能。同时可以看到,这里所提的算法具有最好的参数估计性能。由于 HOSVD－ESPRIT 对空域色噪声没有抑制的特性,参数估计性能在低信噪比时严重恶化。而所提算法具有最好的参数估计性能,是由于同时利用空域噪声的正交特性消除色噪声的影响和 MIMO 雷达的多维结构特性提高了信号子空间的精度,从而大大改善了参数估计性能。

仿真实验二:MIMO 雷达接收数据的快拍数 $Q=100$,仿真结果为经过 200 次蒙特卡罗仿真实验获得。在这里定义当三个目标的发射角和接收角的估计误差均在 0.5°以内,则表示该算法对三个目标识别成功。图 9.9 为几种算法的分辨成功概率与信噪比的关系。从图中可知,随着信噪比的降低,所有的算法的分辨成功概率均在某一个信噪比时开始下降,该信噪比通常称为信噪比阈值。根据图中所示,相对于其他几种算法,所提算法具有最低的信噪比阈值,这是由于所提算法具有良好的色噪声抑制性能和良好的角度分辨力。

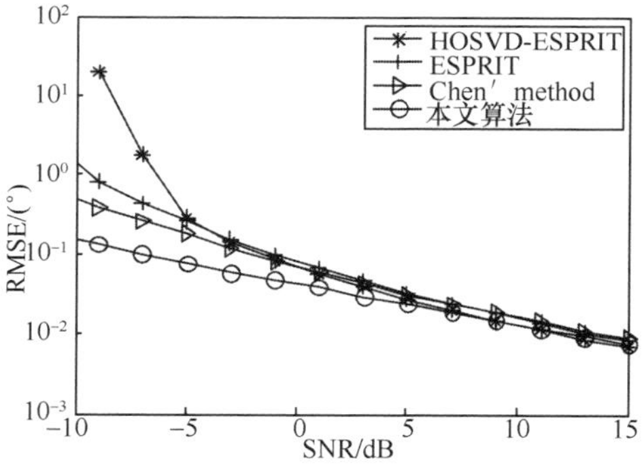

图 9.8　均方根误差与信噪比关系

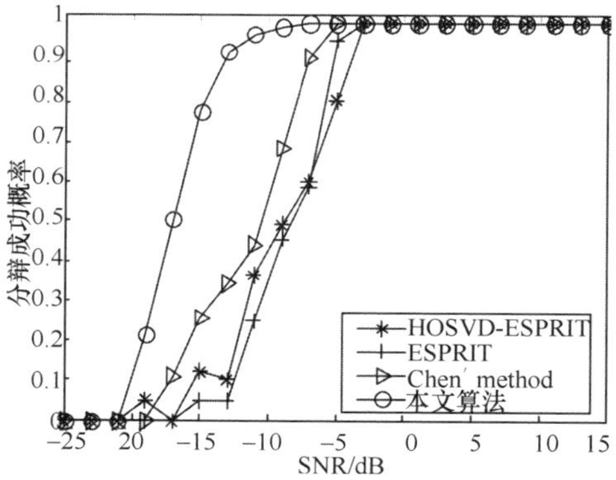

图 9.9　分辨成功概率与信噪比的关系

仿真实验三:MIMO 雷达接收数据的信噪比为 0dB,仿真结果为经过 200 次蒙特卡罗仿真实验获得。图 9.10 为几种的均方根误差与快拍数之间的关系。从图中可知,随着采样拍数的增加,所有的算法角度估计性能均有所改善,且所提的算法具有最好的参数估计性能,尤其是在低快拍数时。

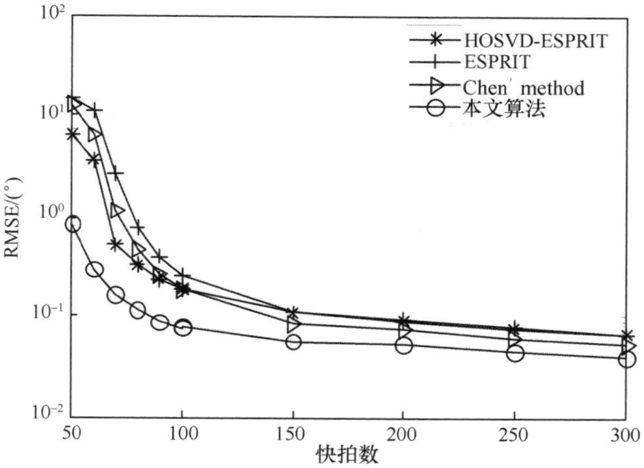

图 9.10　均方根误差与快拍数的关系

9.6　小　　结

本章针对 MIMO 雷达中传统的子空间算法忽略了 MIMO 雷达接收本身所具有的多维结构特性问题，从张量数学角度出发，分别建立了 MIMO 雷达的张量信号模型和色噪声条件下的张量信号模型；然后以高阶奇异值分解为基础，分别介绍了 HOSVD－MUSIC、HOSVD－ESPRIT、HOSVD－UESPRIT 以及色噪声条件下基于高阶奇异值分解的角度估计方法。理论分析与仿真结果表明，这些利用 MIMO 雷达信号多维结构特性的参数估计性能具有更加优越的参数估计性能。

参考文献

[1] Gao X, Zhang X, Feng G, et al. On the MUSIC－derived approaches of angle estimation for bistatic MIMO radar[C]. Wireless Networks and Information Systems, 2009. WNIS09. International Conference on. IEEE, 2009: 343－346.

[2] Zhang X, Xu L, Xu L, et al. Direction of departure (DOD) and direction of arrival (DOA) estimation in MIMO radar with reduced－dimension MUSIC[J]. IEEE Communications Letters, 2010, 14(12): 1161－1163.

[3] Duo F C, Bai X C, Guodong Q. Angle estimation using ESPRIT in MIMO radar[J]. Electronics Letters, 2008, 44(12): 770－771.

[4] Jin C, Hong G, Weimin S. Angle estimation using ESPRIT without pairing in MIMO radar [J]. Electronics Letters, 2008, 44(24): 1422－1423.

[5] 李建峰，张小飞．低快拍下多输入多输出雷达中的角度估计算法[J]．电波科学学报，

2012, 27(3): 452 -457.
[6] Haardt M, Roemer F, Del Galdo G. Higher - order SVD - based subspace estimation to improve the parameter estimation accuracy in multidimensional harmonic retrieval problems[J]. IEEE Transactions on Signal Processing, 2008, 56(7): 3198 -3213.
[7] Cheng Y, Roemer F, Khatib O, et al. Tensor subspace Tracking via Kronecker structured projections (TeTraKron) for time - varying multidimensional harmonic retrieval[J]. EURASIP Journal on Advances in Signal Processing, 2014, 2014(1): 1 -14.
[8] Thakre A, Haardt M, Roemer F, et al. Tensor - based spatial smoothing (TB - SS) using multiple snapshots[J]. IEEE Transactions on Signal Processing, 2010, 58(5): 2715 -2728.
[9] Cheng Y, Yu R, Gu H, et al. Multi - SVD based subspace estimation to improve angle estimation accuracy in bistatic MIMO radar[J]. Signal Processing, 2013, 93(7): 2003 -2009.
[10] Wang X, Wang W, Li X, et al. A Tensor - Based Subspace Approach for Bistatic MIMO Radar in Spatial Colored Noise[J]. Sensors, 2014, 14(3): 3897 -3907.
[11] Chen J, Gu H, Su W. A new method for joint DOD and DOA estimation in bistatic MIMO radar[J]. Signal Processing, 2010, 90(2): 714 -718.

第10章

互耦误差条件下的 MIMO 雷达参数估计

10.1 引　　言

在前面的研究中,大多数的子空间算法都是以理想的发射阵列流型和接收阵列流型为前提的,即发射阵列和接收阵列均不存在任何误差。然而,在实际的工程应用中,由于不可避免各种误差,实际的发射阵列流型和接收流型往往会出现一定程度的偏差或扰动,从而导致子空间算法的估计性能严重恶化,甚至失效[1-5]。因此阵列误差是子空间算法在实际应用中的一个瓶颈问题。

早期针对阵列误差问题主要采取直接对阵列流型进行离散测量与内插[6,7]、存储来实现的,但这些方法往往需要付出较大的代价,且实现的效果不是很理想。因此,后来学者们通过对不同的阵列误差进行建模,阵列误差校正问题逐渐转化成为参数估计问题。目前针对参数类的阵列误差校正主要有有源校正方法[8-11]和自校正方法[12-18]。有源校正方法主要是依靠空间方位已知的辅助信源对阵列的扰动参数进行离线估计,而自校正方法则是通过某种优化函数对空间目标源方位和阵列的扰动参数进行联合估计。这两类方法各自具有优、缺点:有源校正方法无需对空域信号方位进行估计,且运算函数为线性运算,因此运算效率高,在实际中采用较多,但该类方法的估计精度往往依赖于已知辅助信源的方位精确度,当辅助信源出现偏差时,该类算法将会带来较大的误差。自校正方法不需要已知辅助源信息,而且在线实现目标方位估计,因此该校正方法估计精度较高,但如果目标方位参数和扰动参数之间存在耦合,那么目标参数估计精度无法保证。另外,扰动参数和目标方位参数联合估计是多维非线性参数估计,其优化问题往往会带来庞大的运算量。

相对于传统的阵列误差校正问题,MIMO 雷达的阵列误差校正问题更为复杂,这是由于在 MIMO 雷达发射阵列和接收阵列同时存在阵列误差,在接收信号中互相耦合,运算也更为复杂。本章主要考虑互耦误差条件下的目标参数估计问题。首先建立互耦误差条件下的 MIMO 雷达信号模型,分析 MIMO 雷达互耦矩阵的性质；其次介绍几种互耦误差条件下的 MIMO 雷达参数估计方法，如 MUSIC - Like[19] 和 ESPRIT - Like 算法[20]；然后以张量代数理论为基础，分别介绍两种基于张量代数分解的目标参数和误差参数联合估计方法；最后通过仿真实验验证这些算法的有效性。

10.2 互耦误差条件下的 MIMO 雷达信号模型

双基地 MIMO 雷达系统由 M 个发射阵元和 N 个接收阵元组成，发射阵列和接收阵列的阵元间距分别为 d_{t} 和 d_{r}，且发射阵列和接收阵列都为均匀线阵。发射阵列和接收阵列均存在幅相误差，通过对均匀线阵互耦矩阵的建模和计算可知[12-17]，它具有以下这些特性：

（1）不同阵元间的互耦效应程度与阵元间距成反比，阵元间的互耦效应随阵元间距增加而急骤下降，最终近似为 0，即

$$\boldsymbol{Z}_{i,j}=0 \quad (|i-j|)>q) \tag{10.1}$$

式中：$\boldsymbol{Z}_{i,j}$ 为互耦矩阵 $\boldsymbol{Z}$ 中的第 (i,j) 个元素；q 为互耦合矩阵的自由度

（2）根据互易原理，互耦矩阵应为对称矩阵，即

$$\boldsymbol{Z}_{i,j}=\boldsymbol{Z}_{j,i} \tag{10.2}$$

（3）间距相同的阵元对应的互耦系数相同（具有托普利兹特性），即

$$\boldsymbol{Z}_{i,j}=\boldsymbol{Z}_{1,j-i+1} \quad (j>i) \tag{10.3}$$

根据上面所提到的特性，均匀线性阵列的互耦矩阵可以用一带状、对称托普利兹矩阵进行建模，并利用互耦矩阵的第一个元素对互耦矩阵进行归一化处理，即

$$\begin{cases}\boldsymbol{Z}_{i,j}=\boldsymbol{Z}_{1,|j-i|+1}\\ Z_{1,j}=0 \quad (j>q)\\ \boldsymbol{Z}_{1,1}=1\end{cases} \tag{10.4}$$

根据式(10.4)所示，均匀线性阵列的互耦矩阵可由第一行的 q 维矢量 $\boldsymbol{z}$ 唯一表征，即有 $\boldsymbol{z}=\boldsymbol{Z}_{1,i}(i=1,2,\cdots,q)$。因此根据上面分析可知，对于均匀线性阵列的发射阵列和接收阵列，其互耦矩阵分别为

$$\boldsymbol{Z}_{\mathrm{t}}=\mathrm{toeplitz}([z_{\mathrm{t}0},z_{\mathrm{t}1},\cdots,z_{\mathrm{t}(q_{\mathrm{t}}-1)},0,\cdots0]) \tag{10.5}$$

$$\boldsymbol{Z}_{\mathrm{r}}=\mathrm{toeplitz}([z_{\mathrm{r}0},z_{\mathrm{r}1},\cdots,z_{\mathrm{r}(q_{\mathrm{r}}-1)},0,\cdots0]) \tag{10.6}$$

式中：$z_{\mathrm{t}i}$ 为发射阵列互耦系数 $(i=0,1,\cdots,q_{\mathrm{t}}-1)$；$z_{\mathrm{r}j}$ 为接收阵列互耦系数 $(j=0,1,\cdots,q_{\mathrm{r}}-1)$。

MIMO 雷达发射端利用 M 个发射阵元发射 M 个相互正交的窄带波形 $\boldsymbol{H}=[\boldsymbol{h}_1,\boldsymbol{h}_2,\cdots,\boldsymbol{h}_M]^{\mathrm{T}}$,其中 $\boldsymbol{h}_m$ 为第 m 个发射阵元发射的 $K\times 1$ 维波形,即满足

$$\boldsymbol{h}_i\boldsymbol{h}_j^{\mathrm{H}}=\begin{cases}1 & (i=j)\\ 0 & (i\neq j)\end{cases} \tag{10.7}$$

假设存在 P 个远场相互独立的目标,其中第 p 个目标分别相对于发射阵列和接收阵列的发射角与接收角为 φ_p、$\theta_p(p=1,2,\cdots,P)$,那么接收端接收的信号可表示为

$$\overline{\boldsymbol{X}}(l)=\sum_{p=1}^{P}\alpha_p\mathrm{e}^{\mathrm{j}2\pi f_p(l)}Z_{\mathrm{r}}\boldsymbol{a}_{\mathrm{r}}(\theta_p)\boldsymbol{a}_{\mathrm{t}}^{\mathrm{T}}Z_t^{\mathrm{T}}(\varphi_p)\boldsymbol{H}+\boldsymbol{W}(l)\quad(l=1,2,\cdots,L) \tag{10.8}$$

式中:$\boldsymbol{a}_{\mathrm{r}}(\theta_p)$ 为接收导向矢量,$\boldsymbol{a}_{\mathrm{r}}(\theta_p)=[1,\mathrm{e}^{\mathrm{j}(2\pi/\lambda)d_{\mathrm{r}}\sin\theta_p},\cdots,\mathrm{e}^{\mathrm{j}(2\pi/\lambda)(N-1)d_{\mathrm{r}}\sin\theta_p}]^{\mathrm{T}}$,$\boldsymbol{\lambda}$ 为信号的波长;$\boldsymbol{a}_{\mathrm{t}}(\varphi_p)$ 为发射导向矢量,$\boldsymbol{a}_t(\varphi_p)=[1,\mathrm{e}^{\mathrm{j}(2\pi/\lambda)d_{\mathrm{t}}\sin\varphi_p},\cdots,\mathrm{e}^{\mathrm{j}(2\pi/\lambda)(M-1)d_{\mathrm{t}}\sin\varphi_p}]^{\mathrm{T}}$;$\alpha_p(t)$、$f_p(l)$ 分别为第 p 个目标的发射系数和多普勒频率($p=1,2,\cdots,P$);$\boldsymbol{W}(l)$ 为零均值且方差为 $\boldsymbol{\sigma}^2\boldsymbol{I}_{\mathrm{N}}$ 的高斯白噪声。

利用发射波形的正交特性,设置一组匹配滤波器对式(10.8)进行匹配滤波,则有

$$\boldsymbol{X}(l)=\sum_{p=1}^{P}\alpha_p\mathrm{e}^{\mathrm{j}2\pi f_p(l)}Z_{\mathrm{r}}\boldsymbol{a}_{\mathrm{r}}(\theta_p)\boldsymbol{a}_{\mathrm{t}}^{\mathrm{T}}Z_{\mathrm{t}}^{\mathrm{T}}(\varphi_p)+\frac{1}{K}\boldsymbol{W}(l)\boldsymbol{H}(l=1,2,\cdots,L) \tag{10.9}$$

将式(10.9)写成矩阵形式,则有

$$\boldsymbol{X}(l)=Z_{\mathrm{r}}\boldsymbol{A}_{\mathrm{r}}\boldsymbol{D}_{\mathrm{s}}(l)\boldsymbol{A}_{\mathrm{t}}^{\mathrm{T}}Z_{\mathrm{t}}^{\mathrm{T}}+\overline{\boldsymbol{W}}(l)\quad(l=1,2,\cdots,L) \tag{10.10}$$

式中:$\boldsymbol{A}_{\mathrm{r}}$、$\boldsymbol{A}_{\mathrm{t}}$ 分别为接收导向矩阵和发射导向矩阵,$\boldsymbol{A}_r=[\boldsymbol{a}_{\mathrm{r}}(\theta_1),\cdots,\boldsymbol{a}_{\mathrm{r}}(\theta_P)]$,$\boldsymbol{A}_{\mathrm{t}}=[\boldsymbol{a}_{\mathrm{t}}(\theta_1),\cdots,\boldsymbol{a}_{\mathrm{t}}(\theta_P)]$;$\boldsymbol{D}_{\mathrm{s}}(l)=\mathrm{diag}(d(l))$,其中 $d(l)=[\alpha_1\mathrm{e}^{\mathrm{j}2\pi f_1(l)},\cdots,\alpha_P\mathrm{e}^{\mathrm{j}2\pi f_P(l)}]$;$\overline{\boldsymbol{W}}(l)$ 为匹配滤波后的噪声矩阵。

对每个脉冲的接收信号进行列堆栈处理,则 L 个脉冲的接收信号可表示为

$$\begin{aligned}\boldsymbol{Y}&=[\mathrm{vec}(\boldsymbol{X}(1)),\mathrm{vec}(\boldsymbol{X}(2)),\cdots,\mathrm{vec}(\boldsymbol{X}(L))]\\&=[Z_{\mathrm{t}}\otimes Z_{\mathrm{r}}][\boldsymbol{A}_{\mathrm{t}}\odot\boldsymbol{A}_{\mathrm{r}}]\boldsymbol{S}+\boldsymbol{N}\end{aligned} \tag{10.11}$$

式中

$$\boldsymbol{S}=[\boldsymbol{d}^{\mathrm{T}}(1),\boldsymbol{d}^{\mathrm{T}}(2),\cdots,\boldsymbol{d}^{\mathrm{T}}(L)],\boldsymbol{N}=[\mathrm{vec}(\overline{\boldsymbol{W}}(1)),\cdots,\mathrm{vec}(\overline{\boldsymbol{W}}(L))]$$

由式(10.11)可知,在 MIMO 雷达接收信号中,发射阵列和接收阵列的互耦误差均耦合在一起,因此相对于以前的单一阵列误差模型,需要的补偿技术更为复杂。

10.3 互耦误差条件下的MIMO雷达参数估计

由于MIMO雷达中存在互耦误差,线性阵列流型的特性遭到破坏,且互耦系数与目标参数系数之间的互耦,使得传统的子空间算法,如MUSIC类算法[21,22],ESPRIT类算法[23,24]的参数估计性能急骤下降,甚至失效。下面介绍两种互耦误差条件下稳健的参数估计方法[19,20]。

10.3.1 基于MUSIC-Like的参数估计方法

根据式(10.11)的MIMO雷达接收信号模型,接收信号的协方差矩阵为

$$\boldsymbol{R}=1/L\boldsymbol{YY}^{\mathrm{H}} \tag{10.12}$$

对协方差矩阵进行特征值分解,则有

$$\boldsymbol{R}=\boldsymbol{U}_{\mathrm{s}}\boldsymbol{\Lambda}_{\mathrm{s}}\boldsymbol{U}_{\mathrm{s}}^{\mathrm{H}}+\boldsymbol{U}_{\mathrm{n}}\boldsymbol{\Lambda}_{\mathrm{n}}\boldsymbol{U}_{\mathrm{n}}^{\mathrm{H}} \tag{10.13}$$

式中:$\boldsymbol{U}_{\mathrm{s}}$为大特征值对应的特征矢量组成的信号子空间;$\boldsymbol{U}_{n}$为小特征值对应的特征矢量组成的噪声子空间;$\boldsymbol{\Lambda}_{\mathrm{s}}$、$\boldsymbol{\Lambda}_{n}$分别由大特征值和小特征值组成的对角矩阵。

根据信号子空间和噪声子空间的正交特性,可得

$$J_{\mathrm{f}}(\varphi,\theta,\boldsymbol{Z}_{\mathrm{t}},\boldsymbol{Z}_{\mathrm{r}})=[\boldsymbol{Z}_{\mathrm{t}}\boldsymbol{a}_{\mathrm{t}}(\varphi)\otimes\boldsymbol{Z}_{\mathrm{r}}\boldsymbol{a}_{\mathrm{r}}(\theta)]^{\mathrm{H}}\boldsymbol{U}_{n}\boldsymbol{U}_{\mathrm{n}}^{\mathrm{H}}[\boldsymbol{Z}_{\mathrm{t}}\boldsymbol{a}_{\mathrm{t}}(\varphi)\otimes\boldsymbol{Z}_{\mathrm{r}}\boldsymbol{a}_{\mathrm{r}}(\theta)]=0 \tag{10.14}$$

在一般条件下,互耦矩阵的自由度,即非零互耦系数,满足$q_{\mathrm{t}}<M$和$q_{\mathrm{r}}<N$。为了能够推导稳健的参数估计算法,下面首先给出复带状对称托普利兹矩阵的性质。

性质10.1:对于任一$M\times1$的复矢量$\boldsymbol{x}$和一个$M\times M$复带状对称托普利兹矩阵$\boldsymbol{A}$,则有[25]

$$\boldsymbol{Ax}=\boldsymbol{Q}(\boldsymbol{x})\boldsymbol{a} \tag{10.15}$$

式中:$\boldsymbol{a}$为$L\times1$的矢量,且有

$$\boldsymbol{a}=\boldsymbol{A}_{1,i}\quad(i=1,2,\cdots,L) \tag{10.16}$$

$M\times L$矩阵$\boldsymbol{Q}(\boldsymbol{x})$由两个$M\times L$矩阵相加获得,即

$$\boldsymbol{Q}(\boldsymbol{x})=\boldsymbol{W}_1+\boldsymbol{W}_2 \tag{10.17}$$

其中

$$[\boldsymbol{W}_1]_{p,q}=\begin{cases}\boldsymbol{x}_{p+q-1} & (p+q\leqslant M+1)\\ 0 & (其他)\end{cases} \tag{10.18}$$

$$[\boldsymbol{W}_2]_{p,q}=\begin{cases}\boldsymbol{x}_{p-q+1} & (p\geqslant q\geqslant 2)\\ 0 & (\text{其他})\end{cases} \tag{10.19}$$

根据性质 10.1 和互耦矩阵的带状对称托普利兹特性,则有

$$\begin{cases}\boldsymbol{Z}_{\mathrm{t}}\boldsymbol{a}_{\mathrm{t}}(\varphi)=\boldsymbol{T}_{\mathrm{t}}(\varphi)\boldsymbol{z}_{\mathrm{t}}\\ \boldsymbol{Z}_{\mathrm{r}}\boldsymbol{a}_{\mathrm{r}}(\theta)=\boldsymbol{T}_{\mathrm{r}}(\theta)\boldsymbol{z}_{\mathrm{r}}\end{cases} \tag{10.20}$$

式中:$(\boldsymbol{z}_{\mathrm{t}})_i=(\boldsymbol{Z}_{\mathrm{t}})_{1,i}(i=1,2,\cdots,q_{\mathrm{t}})$;$(\boldsymbol{z}_{\mathrm{r}})_i=(\boldsymbol{Z}_{\mathrm{r}})_{1,i}(i=1,2,\cdots,q_{\mathrm{r}})$;$\boldsymbol{T}_{\mathrm{t}}(\varphi)$为$M\times q_{\mathrm{t}}$矩阵,且有

$$\boldsymbol{T}_{\mathrm{t}}(\varphi)=\boldsymbol{T}_{\mathrm{t1}}(\varphi)+\boldsymbol{T}_{\mathrm{t2}}(\varphi) \tag{10.21}$$

其中:$\boldsymbol{T}_{\mathrm{t1}}(\varphi)$和 $\boldsymbol{T}_{\mathrm{t2}}(\varphi)$中的非零元素表示为

$$[\boldsymbol{T}_{\mathrm{t1}}(\varphi)]_{i,j}=(\boldsymbol{a}_{\mathrm{t}}(\varphi))_{i+j-1}\quad(i+j\leqslant M+1) \tag{10.22}$$

$$[\boldsymbol{T}_{\mathrm{t2}}(\varphi)]_{i,j}=(\boldsymbol{a}_{\mathrm{t}}(\varphi))_{i-j+1}\quad(i\geqslant j\geqslant 2) \tag{10.23}$$

类似的,矩阵 $\boldsymbol{T}_{\mathrm{r}}(\theta)$可表示为

$$\boldsymbol{T}_{\mathrm{r}}(\theta)=\boldsymbol{T}_{\mathrm{r1}}(\theta)+\boldsymbol{T}_{\mathrm{r2}}(\theta) \tag{10.24}$$

式中:$\boldsymbol{T}_{\mathrm{r1}}(\theta)$和 $\boldsymbol{T}_{\mathrm{r2}}(\theta)$中的非零元素表示为

$$[\boldsymbol{T}_{\mathrm{r1}}(\theta)]_{i,j}=(\boldsymbol{a}_{\mathrm{r}}(\theta))_{i+j-1}\quad(i+j\leqslant N+1) \tag{10.25}$$

$$[\boldsymbol{T}_{\mathrm{r2}}(\theta)]_{i,j}=(\boldsymbol{a}_{\mathrm{r}}(\theta))_{i-j+1}(i\geqslant j\geqslant 2) \tag{10.26}$$

根据式(10.20),式(10.14)可表示为

$$J_{\mathrm{f}}(\varphi,\theta,\boldsymbol{Z}_{\mathrm{t}},\boldsymbol{Z}_{\mathrm{r}})=(\boldsymbol{z}_{\mathrm{t}}\otimes\boldsymbol{z}_{\mathrm{r}})^{\mathrm{H}}\boldsymbol{Q}(\varphi,\theta)(\boldsymbol{z}_{\mathrm{t}}\otimes\boldsymbol{z}_{\mathrm{r}})=0 \tag{10.27}$$

式中

$$\boldsymbol{Q}(\varphi,\theta)=(\boldsymbol{T}_{\mathrm{t}}(\varphi)\otimes\boldsymbol{T}_{\mathrm{r}}(\varphi))^{\mathrm{H}}\boldsymbol{U}_{\mathrm{n}}\boldsymbol{U}_{\mathrm{n}}^{\mathrm{H}}(\boldsymbol{T}_{\mathrm{t}}(\varphi)\otimes\boldsymbol{T}_{\mathrm{r}}(\varphi)) \tag{10.28}$$

如式(10.27)所示,由于 $\boldsymbol{z}_{\mathrm{t}}\otimes\boldsymbol{z}_{\mathrm{r}}\neq 0$ 和函数 $J_{\mathrm{f}}(\varphi,\theta,\boldsymbol{Z}_{\mathrm{t}},\boldsymbol{Z}_{\mathrm{r}})$为一个秩损的函数,根据文献[25]可知,$\boldsymbol{U}_{\mathrm{n}}\boldsymbol{U}_{\mathrm{n}}^{\mathrm{H}}$的秩为 $MN-P$,$\boldsymbol{T}_{\mathrm{t}}(\varphi)\otimes\boldsymbol{T}_{\mathrm{r}}(\varphi)$的秩为 $q_{\mathrm{t}}q_{\mathrm{r}}$,当$MN-P\geqslant q_{\mathrm{t}}q_{\mathrm{r}}$时,发射-接收阵列流型 $\boldsymbol{Z}_{\mathrm{t}}\boldsymbol{a}_{\mathrm{t}}(\varphi)\otimes\boldsymbol{Z}_{\mathrm{r}}\boldsymbol{a}_{\mathrm{r}}(\theta)$满足不模糊特性。当函数中的角度为真实目标的发射角和接收角时,矩阵 $\boldsymbol{Q}(\varphi,\theta)$出现秩亏损。因此目标的发射和接收角度可由以下函数获得

$$(\varphi,\theta)=\arg\min_{\varphi,\theta}\det\{\boldsymbol{Q}(\varphi,\theta)\} \tag{10.29}$$

式中:det{·}表示求矩阵的行列式。

注意到式(10.29)中通过二维空间谱搜索获得目标的发射角和接收角,导致运算特别复杂。根据克罗内克积的性质,可得

$$\boldsymbol{T}_{\mathrm{t}}(\varphi)\boldsymbol{z}_{\mathrm{t}}\otimes\boldsymbol{T}_{\mathrm{r}}(\theta)\boldsymbol{z}_{\mathrm{r}}=(\boldsymbol{I}_M\otimes\boldsymbol{T}_{\mathrm{r}}(\theta))(\boldsymbol{T}_{\mathrm{t}}(\varphi)\boldsymbol{z}_{\mathrm{t}}\otimes\boldsymbol{z}_{\mathrm{r}})$$

则式(10.14)可表示为

$$J_{\mathrm{f}}(\varphi,\theta,\boldsymbol{Z}_{\mathrm{t}},\boldsymbol{Z}_{\mathrm{r}})=(\boldsymbol{T}_{\mathrm{t}}(\varphi)\boldsymbol{z}_{\mathrm{t}}\otimes\boldsymbol{z}_{\mathrm{r}})^{\mathrm{H}}\boldsymbol{Q}_{\mathrm{r}}(\theta)[(\boldsymbol{T}_{\mathrm{t}}(\varphi)\boldsymbol{z}_{\mathrm{t}}\otimes\boldsymbol{z}_{\mathrm{r}})]=0 \tag{10.30}$$

式中

$$\boldsymbol{Q}_{\mathrm{r}}(\theta)=(\boldsymbol{I}_{\mathrm{M}}\otimes\boldsymbol{T}_{\mathrm{r}}(\theta))^{\mathrm{H}}\boldsymbol{U}_{\mathrm{n}}\boldsymbol{U}_{\mathrm{n}}^{\mathrm{H}}(\boldsymbol{I}_{\mathrm{M}}\otimes\boldsymbol{T}_{\mathrm{r}}(\theta)) \tag{10.31}$$

根据式(10.20)可知,$\boldsymbol{T}_{\mathrm{t}}(\varphi)\boldsymbol{z}_{\mathrm{t}}\otimes\boldsymbol{z}_{\mathrm{r}}\neq 0$,$\boldsymbol{Q}_{\mathrm{r}}(\theta)$为秩亏矩阵。当$MN-P\geqslant Mq_{\mathrm{r}}$时,发射-接收阵列流型$\boldsymbol{Z}_{\mathrm{t}}\boldsymbol{a}_{\mathrm{t}}(\varphi)\otimes\boldsymbol{Z}_{\mathrm{r}}\boldsymbol{a}_{\mathrm{r}}(\theta)$满足不模糊特性。目标的接收角为

$$\theta=\arg\min_{\theta}\det\{\boldsymbol{Q}_{\mathrm{r}}(\theta)\} \tag{10.32}$$

类似的,针对发射角度的估计,定义

$$\boldsymbol{Q}_{\mathrm{t}}(\varphi)=(\boldsymbol{T}_{\mathrm{t}}(\varphi)\otimes\boldsymbol{I}_{\mathrm{N}})^{\mathrm{H}}\boldsymbol{U}_{\mathrm{n}}\boldsymbol{U}_{\mathrm{n}}^{\mathrm{H}}(\boldsymbol{T}_{\mathrm{t}}(\varphi)\otimes\boldsymbol{I}_{\mathrm{N}}) \tag{10.33}$$

当$MN-P\geqslant Nq_t$时,发射-接收阵列流型$\boldsymbol{Z}_{\mathrm{t}}\boldsymbol{a}_{\mathrm{t}}(\varphi)\otimes\boldsymbol{Z}_{\mathrm{r}}\boldsymbol{a}_{\mathrm{r}}(\theta)$满足不模糊特性。目标的发射角为

$$\varphi=\arg\min_{\varphi}\det\{\boldsymbol{Q}_{\mathrm{t}}(\varphi)\} \tag{10.34}$$

通过式(10.32)和式(10.34)分别得到目标的发射角和接收角,但由于两个运算是分开运算的,目标的发射角和接收角无法自动配对。下面介绍一种配对方法。对于任意一个接收角$\theta_p(p=1,2,\cdots,P)$,其对应的发射角为

$$\varphi_p=\arg\min_{j=1,2,\cdots,P}\{|\boldsymbol{Q}(\varphi_j,\theta_p)|\} \tag{10.35}$$

式中:$|\cdot|$表示求数值运算。

根据所获得目标的发射角和接收角,发射阵列和接收阵列的互偶矩阵系数可由下式获得,即

$$\begin{cases}\boldsymbol{z}_{\mathrm{tr}}=\boldsymbol{z}_{\mathrm{t}}\otimes\boldsymbol{z}_{\mathrm{r}}=\boldsymbol{e}_{\min}\left(\dfrac{1}{P}\displaystyle\sum_{p=1}^{P}\boldsymbol{Q}(\varphi_p,\theta_p)\right)\\ \boldsymbol{z}_{\mathrm{tr}}(1)=1\end{cases} \tag{10.36}$$

式中:$\boldsymbol{e}_{\min}(\boldsymbol{\Theta})$表示通过对矩阵$\boldsymbol{\Theta}$进行特征值分解获得的最小特征矢量;$\boldsymbol{z}_{\mathrm{tr}}(1)$表示矢量$\boldsymbol{z}_{\mathrm{tr}}$的第一个元素。

进一步可知,发射阵列和接收阵列的互耦系数可通过一个闭式解获得。定义$\boldsymbol{z}_{\mathrm{tr}}=\boldsymbol{z}_{\mathrm{t}}\otimes\boldsymbol{z}_{\mathrm{r}}=\mathrm{vec}(\boldsymbol{z}_{\mathrm{r}}\boldsymbol{z}_{\mathrm{t}}^{\mathrm{T}})=\mathrm{vec}(\boldsymbol{Z}_{\mathrm{tr}})$,则有

$$\boldsymbol{Z}_{\mathrm{tr}}=\boldsymbol{z}_{\mathrm{r}}\boldsymbol{z}_{\mathrm{t}}^{\mathrm{T}} \tag{10.37}$$

根据文献[25]可知,矩阵$\boldsymbol{Z}_{\mathrm{tr}}$的秩为1。因此对其进行奇异值分解,则有

$$\boldsymbol{Z}_{\mathrm{tr}}=[\boldsymbol{u}_{\mathrm{r}}\quad\boldsymbol{U}_{\mathrm{nn}}]\begin{bmatrix}\boldsymbol{\Xi}&\boldsymbol{0}\\\boldsymbol{0}&\boldsymbol{0}\end{bmatrix}\begin{bmatrix}\boldsymbol{v}_{\mathrm{t}}^{\mathrm{H}}\\\boldsymbol{V}_{\mathrm{t}}^{\mathrm{H}}\end{bmatrix} \tag{10.38}$$

式中：$\boldsymbol{u}_{\mathrm{r}}$、$\boldsymbol{v}_{\mathrm{t}}$分别为最大的奇异值对应的左特征矢量和右特征矢量；$\boldsymbol{U}_{\mathrm{nn}}$、$\boldsymbol{V}_{\mathrm{t}}$分别为剩下的奇异值对应的左特征矢量和右特征矢量；$\boldsymbol{\Xi}$ 为最大奇异值；$\mathbf{0}$ 为零值矢量或矩阵。

发射阵列和接收阵列的互耦系数为

$$\begin{cases}\hat{z}_{\mathrm{t}}=\boldsymbol{v}_{\mathrm{t}}/\boldsymbol{v}_{\mathrm{t}}(1)\\ \hat{z}_{\mathrm{r}}=\boldsymbol{u}_{\mathrm{r}}/\boldsymbol{u}_{\mathrm{r}}(1)\end{cases}\tag{10.39}$$

通过式(10.39)获得的互耦系数可以分别构造出发射阵列的互偶矩阵和接收阵列的互耦矩阵，实现了互耦误差的补偿。

10.3.2 基于 ESPRIT - Like 的参数估计方法

根据均匀线阵互耦矩阵的特殊结构，对于发射阵列，选取前$\bar{q}_{\mathrm{t}}=q_{\mathrm{t}}-1$ 个和后$\bar{q}_{\mathrm{t}}$个阵元作为辅助阵元，中间 $\overline{M}=M-2\bar{q}_{\mathrm{t}}$个阵元作为非辅助阵元；对于接收阵列，选取前$\bar{q}_{\mathrm{r}}=q_{\mathrm{r}}-1$ 个和后$\bar{q}_{\mathrm{r}}$个阵元作为辅助阵元，中间$\overline{N}=N-2\bar{q}_{\mathrm{r}}$个阵元作为非辅助阵元。即在 $MN\times L$ 维的接收数据矩阵 $\boldsymbol{Y}$ 中选取 $\overline{M}\,\overline{N}\times L$ 维的子矩阵$\overline{\boldsymbol{Y}}$对目标的发射角和接收角进行估计，其中 $\overline{M}=M-2\bar{q}_{\mathrm{t}}$和$\overline{N}=N-2\bar{q}_{\mathrm{r}}$。定义两个选择矩阵：

$$\begin{cases}\boldsymbol{P}_{\mathrm{t}}=[\mathbf{0}_{\overline{M}\times\bar{q}_{\mathrm{t}}},\boldsymbol{I}_{\overline{M}\times\overline{M}},\mathbf{0}_{\overline{M}\times\bar{q}_{\mathrm{t}}}]\\ \boldsymbol{P}_{\mathrm{r}}=[\mathbf{0}_{\overline{N}\times\bar{q}_{\mathrm{r}}},\boldsymbol{I}_{\overline{N}\times\overline{N}},\mathbf{0}_{\overline{N}\times\bar{q}_{\mathrm{r}}}]\end{cases}\tag{10.40}$$

利用选择矩阵对接收数据矩阵 $\boldsymbol{Y}$ 进行选取操作，则有

$$\begin{aligned}\overline{\boldsymbol{Y}}&=(\boldsymbol{P}_{\mathrm{t}}\otimes\boldsymbol{P}_{\mathrm{r}})\boldsymbol{Y}=[\boldsymbol{P}_{\mathrm{t}}\boldsymbol{Z}_{\mathrm{t}}\otimes\boldsymbol{P}_{\mathrm{r}}\boldsymbol{Z}_{\mathrm{r}}][\boldsymbol{A}_{\mathrm{t}}\odot\boldsymbol{A}_{\mathrm{r}}]\boldsymbol{S}+(\boldsymbol{P}_{\mathrm{t}}\otimes\boldsymbol{P}_{\mathrm{r}})\boldsymbol{N}\\&=\overline{\boldsymbol{Z}}_{\mathrm{rt}}[\boldsymbol{A}_{\mathrm{t}}\odot\boldsymbol{A}_{\mathrm{r}}]\boldsymbol{S}+\overline{\boldsymbol{N}}\end{aligned}\tag{10.41}$$

式中

$$\overline{\boldsymbol{Z}}_{\mathrm{rt}}=[\boldsymbol{P}_{\mathrm{t}}\boldsymbol{Z}_{\mathrm{t}}\otimes\boldsymbol{P}_{\mathrm{r}}\boldsymbol{Z}_{\mathrm{r}}],\overline{\boldsymbol{N}}=(\boldsymbol{P}_{\mathrm{t}}\otimes\boldsymbol{P}_{\mathrm{r}})\boldsymbol{N}$$

将选择矩阵 $\boldsymbol{P}_{\mathrm{t}}$和发射阵列的互耦矩阵 $\boldsymbol{Z}_{\mathrm{t}}$代入$\overline{\boldsymbol{Z}}_{\mathrm{rt}}$中，则有

$$\overline{\boldsymbol{Z}}_{\mathrm{rt}}=\begin{bmatrix}\overline{\boldsymbol{Z}}_{q_{\mathrm{t}}}&\cdots&\overline{\boldsymbol{Z}}_2&\overline{\boldsymbol{Z}}_1&\overline{\boldsymbol{Z}}_2&\cdots&\overline{\boldsymbol{Z}}_{q_{\mathrm{t}}}&\mathbf{0}&\cdots&\mathbf{0}\\ \mathbf{0}&\overline{\boldsymbol{Z}}_{q_{\mathrm{t}}}&\cdots&\overline{\boldsymbol{Z}}_2&\overline{\boldsymbol{Z}}_1&\overline{\boldsymbol{Z}}_2&\cdots&\overline{\boldsymbol{Z}}_{q_{\mathrm{t}}}&\cdots&\mathbf{0}\\ \vdots&\vdots&\ddots&\vdots&\ddots&\vdots&\ddots&\vdots&\ddots&\vdots\\ \mathbf{0}&\cdots&\mathbf{0}&\overline{\boldsymbol{Z}}_{q_{\mathrm{t}}}&\cdots&\overline{\boldsymbol{Z}}_2&\overline{\boldsymbol{Z}}_1&\overline{\boldsymbol{Z}}_2&\cdots&\overline{\boldsymbol{Z}}_{q_{\mathrm{t}}}\end{bmatrix}\tag{10.42}$$

式中：$\overline{\boldsymbol{Z}}_i=(z_{\mathrm{t}})_i\boldsymbol{P}_{\mathrm{r}}\boldsymbol{Z}_{\mathrm{r}}(i=1,2,\cdots,q_{\mathrm{t}})$为$\overline{N}\times N$ 的矩阵。

式(10.41)中接收数据矩阵$\overline{\boldsymbol{Y}}$的协方差矩阵为

$$\overline{\boldsymbol{R}}=\frac{1}{L}\overline{\boldsymbol{Y}\boldsymbol{Y}^{\mathrm{H}}} \tag{10.43}$$

类似于上述的噪声子空间和信号子空间的求解方法，对协方差矩阵$\overline{\boldsymbol{R}}$进行特征值分解，其大特征值对应的特征矢量组成相应的信号子空间 $\boldsymbol{E}_{\mathrm{s}}$，小特征值对应的特征值矢量组成相应的噪声子空间 $\boldsymbol{E}_{n}$。由于信号子空间与导向矢量存在 $\boldsymbol{E}_{\mathrm{s}}=\overline{\boldsymbol{Z}}_{\mathrm{rt}}[\boldsymbol{A}_{\mathrm{t}}\odot\boldsymbol{A}_{\mathrm{r}}]T$ 的关系，因此下面证明信号子空间 $\boldsymbol{E}_{\mathrm{s}}$不受到互耦误差的影响，即对互耦误差具有良好的稳健性，可以直接结合传统的子空间算法实现目标的发射角和接收角联合估计。定义发射阵列的中间非辅助阵元组成的子阵列的导向矢量：$\bar{\boldsymbol{a}}_{\mathrm{t}}(\varphi)=[1,r_{\mathrm{t}},\cdots,r_{t}^{\overline{M}-1}]^{\mathrm{T}}$，其中 $r_{\mathrm{t}}=\mathrm{e}^{\mathrm{j}(2\pi/\lambda)d_{\mathrm{t}}\sin\varphi_p}$；$\bar{\boldsymbol{a}}_{\mathrm{r}}(\theta)=[1,r_{\mathrm{r}},\cdots,r_{\mathrm{r}}^{\overline{N}-1}]^{\mathrm{T}}$，其中 $r_{\mathrm{r}}=\mathrm{e}^{\mathrm{j}(2\pi/\lambda)d_{\mathrm{r}}\sin\theta_p}$。根据式(10.41)，由非辅助阵元组成的发射－接收导向矢量为$[\boldsymbol{P}_{\mathrm{t}}\boldsymbol{Z}_{\mathrm{t}}\otimes\boldsymbol{P}_{\mathrm{r}}\boldsymbol{Z}_{\mathrm{r}}][\boldsymbol{a}_{\mathrm{t}}(\varphi)\otimes\boldsymbol{a}_{\mathrm{r}}(\theta)]$，且根据互耦矩阵的特殊性，则有

$$\begin{aligned}
&[\boldsymbol{P}_{\mathrm{t}}\boldsymbol{Z}_{\mathrm{t}}\otimes\boldsymbol{P}_{\mathrm{r}}\boldsymbol{Z}_{\mathrm{r}}][\boldsymbol{a}_{\mathrm{t}}(\varphi)\otimes\boldsymbol{a}_{\mathrm{r}}(\theta)]=\boldsymbol{P}_{\mathrm{t}}\boldsymbol{Z}_{\mathrm{t}}\boldsymbol{a}_{\mathrm{t}}(\varphi)\otimes\boldsymbol{P}_{\mathrm{r}}\boldsymbol{Z}_{\mathrm{r}}\boldsymbol{a}_{\mathrm{r}}(\theta)\\
&=\left[\sum_{i=1}^{q_{\mathrm{t}}}((z_{t})_{q_{\mathrm{t}}-i}r_{\mathrm{t}}^{i-1}+(z_{\mathrm{t}})_{i}r_{\mathrm{t}}^{q_{\mathrm{t}}+i-1})-r_{\mathrm{t}}^{q_{\mathrm{t}}-1}\right]\bar{\boldsymbol{a}}_{\mathrm{t}}(\varphi)\otimes\\
&\quad\left[\sum_{i=1}^{q_{\mathrm{r}}}((z_{\mathrm{t}})_{q_{\mathrm{r}}-i}r_{\mathrm{r}}^{i-1}+(z_{\mathrm{r}})_{i}r_{\mathrm{r}}^{q_{\mathrm{r}}+i-1})-r_{\mathrm{r}}^{q_{\mathrm{r}}-1}\right]\bar{\boldsymbol{a}}_{\mathrm{r}}(\theta)\\
&=g(\varphi)\bar{\boldsymbol{a}}_{\mathrm{t}}(\varphi)\otimes g(\theta)\bar{\boldsymbol{a}}_{\mathrm{r}}(\theta)=(g(\varphi)g(\theta))\bar{\boldsymbol{a}}_{\mathrm{t}}(\varphi)\otimes\bar{\boldsymbol{a}}_{\mathrm{r}}(\theta)
\end{aligned} \tag{10.44}$$

式中对于任意 φ 和 θ，$g(\varphi)$和 $g(\theta)$均为标量。因此式(10.44)表明，通过选择操作后的非辅助收发阵列的接收数据并没有受到互耦误差的影响，对应于子空间的旋转不变特性保持不变。因此，可以利用 ESPRIT 算法对目标的参数进行估计，且目标的发射角和接收角自动配对。这里与传统的 ESPRIT 所不同的是，由于利用部分阵元作为辅助阵元，发射阵元数 $\overline{M}$ 和接收阵元数$\overline{N}$并不是原来的 M 和 N，因此最大目标估计数为 $\min\{\overline{N}(\overline{M}-1),\overline{M}(\overline{N}-1)\}$。

根据所估计的 $\varphi_p(p=1,2,\cdots,P)$和 $\theta_p(p=1,2,\cdots,P)$，通过利用信号子空间和噪声子空间的正交性构造代价函数实现对发射阵列和接收阵列的互耦参数的估计。接收数据的协方差矩阵的噪声子空间为 U_{n}，则代价函数为

$$J=\sum_{p=1}^{P}||\boldsymbol{U}_{\mathrm{n}}^{\mathrm{H}}\overline{\boldsymbol{Z}}_{\mathrm{rt}}[\boldsymbol{a}_{\mathrm{t}}(\varphi_p)\otimes\boldsymbol{a}_{\mathrm{r}}(\theta_p)]||^2 \tag{10.45}$$

根据 10.3.1 节发射阵列和接收阵列的互耦矩阵的特殊性，可得

$$\overline{\boldsymbol{Z}}_{\mathrm{rt}}[\boldsymbol{a}_{\mathrm{t}}(\varphi)\otimes\boldsymbol{a}_{\mathrm{r}}(\theta)]=(\boldsymbol{T}_{\mathrm{t}}(\varphi)\otimes\boldsymbol{T}_{\mathrm{r}}(\varphi))(\boldsymbol{z}_{\mathrm{t}}\otimes\boldsymbol{z}_{\mathrm{r}})=\boldsymbol{T}(\varphi,\theta)(\boldsymbol{z}_{\mathrm{t}}\otimes\boldsymbol{z}_{\mathrm{r}}) \tag{10.46}$$

式中

$$\boldsymbol{T}(\varphi,\theta)=\boldsymbol{T}_{\mathrm{t}}(\varphi)\otimes\boldsymbol{T}_{\mathrm{r}}(\varphi)$$

将式(10.46)代入式(10.45)可得

$$J=\sum_{p=1}^{P}\|\boldsymbol{U}_{\mathrm{n}}^{\mathrm{H}}\bar{\boldsymbol{Z}}_{\mathrm{rt}}\boldsymbol{T}(\varphi_p,\theta_p)(\boldsymbol{z}_{\mathrm{t}}\otimes\boldsymbol{z}_{\mathrm{r}})\|^2\Leftrightarrow(\boldsymbol{z}_{\mathrm{t}}\otimes\boldsymbol{z}_{\mathrm{r}})^{\mathrm{H}}\boldsymbol{\Pi}(\boldsymbol{z}_{\mathrm{t}}\otimes\boldsymbol{z}_{\mathrm{r}})\tag{10.47}$$

式中

$$\boldsymbol{\Pi}=\sum_{p=1}^{P}\boldsymbol{T}^{\mathrm{H}}(\varphi_p,\theta_p)\boldsymbol{U}_{\mathrm{n}}\boldsymbol{U}_{\mathrm{n}}^{\mathrm{H}}\boldsymbol{T}(\varphi_p,\theta_p)$$

根据信号子空间和噪声子空间的正交特性,式(10.47)可转化为

$$J=\min_{\tilde{z}}\tilde{\boldsymbol{z}}^{\mathrm{H}}\boldsymbol{\Pi}\tilde{\boldsymbol{z}}\tag{10.48}$$

式中:$\tilde{\boldsymbol{z}}=\boldsymbol{z}_{\mathrm{t}}\otimes\boldsymbol{z}_{\mathrm{r}}$。

根据互耦矩阵的特性 $\tilde{\boldsymbol{z}}(1)=\boldsymbol{z}_{\mathrm{t}}(1)\otimes\boldsymbol{z}_{\mathrm{r}}(1)=1$,则式(10.48)转化为二次线性约束优化问题,即

$$J=\min_{\tilde{z}}\tilde{\boldsymbol{z}}^{\mathrm{H}}\boldsymbol{\Pi}\tilde{\boldsymbol{z}}\quad(\tilde{\boldsymbol{z}}\boldsymbol{w}=1)\tag{10.49}$$

式中:$\boldsymbol{w}=[1,0,\cdots,0]^{\mathrm{T}}$。

利用拉格朗日乘子法对式(10.49)进行求解,可得

$$\tilde{\boldsymbol{z}}=\boldsymbol{\Pi}^{-1}\boldsymbol{w}/(\boldsymbol{w}^{\mathrm{H}}\boldsymbol{\Pi}^{-1}\boldsymbol{w})\tag{10.50}$$

根据 $\tilde{\boldsymbol{z}}=\boldsymbol{z}_{\mathrm{t}}\otimes\boldsymbol{z}_{\mathrm{r}}$ 的结构特性,则发射阵列互耦系数 $\boldsymbol{z}_{\mathrm{t}}$ 和接收阵列的互耦系数 $\boldsymbol{z}_{\mathrm{r}}$ 为

$$\begin{cases}(\boldsymbol{z}_{\mathrm{r}})_i=\tilde{\boldsymbol{z}}_i(i=1,2,\cdots,q_r)\\(\boldsymbol{z}_{\mathrm{t}})_i=\tilde{\boldsymbol{z}}_{iq_{\mathrm{t}}+1}(i=0,2,\cdots,q_t-1)\end{cases}\tag{10.51}$$

根据式(10.51)得到的发射阵列和接收阵列的互耦合系数,然后重构相应的互耦矩阵,实现互偶误差的校正。

10.3.3　仿真实验与分析

通过仿真实验验证 MUSIC - Like 算法和 ESPRIT - Like 算法的有效性。MIMO雷达配置为:发射阵元为 8 个,接收阵元为 10 个,互耦误差参数为参数为

$$\boldsymbol{Z}_t = \text{toeplitz}([1, 0.1174 + j0.0577, 0, \cdots 0]),$$

$$Z_r = \text{toeplitz}([1, -0.01215 - j0.10290, \cdots 0])。$$

发射端发射相互正交的波形，每个匹配滤波区间的相位编码数为256个，接收数据总的快拍数为100。三个目标发射角和接收角分别为$(\varphi_1, \theta_1) = (-50°, -20°)$，$(\varphi_2, \theta_2) = (50°, 20°)$和$(\varphi_3, \theta_3) = (10°, 40°)$。由于互耦参数都是通过获得的发射角和接收角而求解的，因此这里主要考虑算法对于发射角和接收角估计性能。

仿真实验一：图10.1为MUSIC－Like的空间谱，目标的信噪比均为10dB。根据图中所示，MUSIC－Like算法准确地估计出三个目标的发射角和接收角，但发射角和接收角并没有自动配对，因此需要式(10.35)的配对算法进行有效的配对。在互耦条件下，MUSIC－Like算法并没有受到互耦误差的干扰，准确地估计出目标的参数，因此MUSIC－Like算法对互耦误差具有很好的稳健性。同时，与传统的二维空间谱相比，MUSIC－Like算法仅仅需要两个一维空间谱则可以实现二维参数的估计，因此运算效率得到提高。

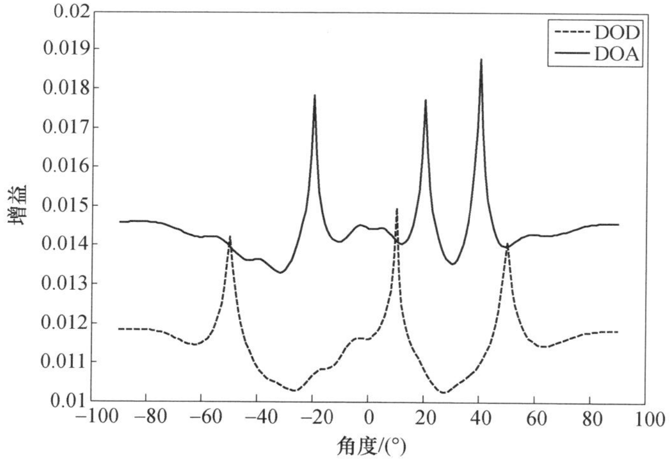

图10.1　MUSIC－Like算法空间谱

仿真实验二：图10.2为MUSIC－like算法和ESPRIT－Like算法的均方根误差和信噪比的关系。从图中可知，随着信噪比的增加，两种算法的参数估计性均得到改善。但在低信噪比时，ESPRIT－Like算法的性能要比MUSIC－Like算法好，这说明ESPRIT－Like算法在低信噪比时对互耦误差具有更好的稳健性。同时MUSIC－Like算法不满足非模糊条件时，会有模糊情况的出现，而ESPRIT－Like不存在参数估计模糊问题。

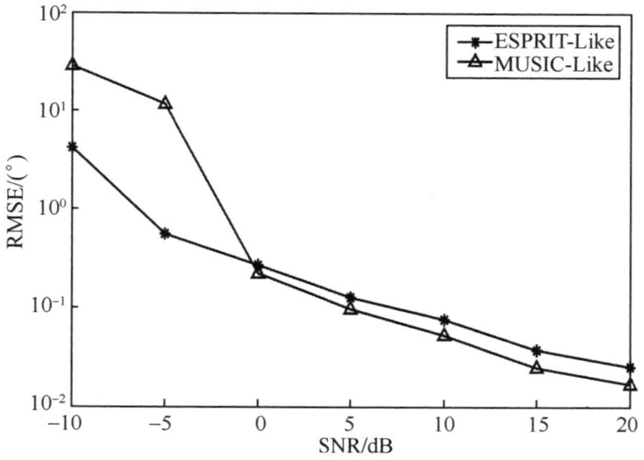

图 10.2　均方根误差与信噪比的关系

10.4　互耦误差条件下基于张量分解的 MIMO 雷达参数估计

10.4.1　基于张量分解的 MIMO 雷达参数联合估计

在 10.3 节中互耦误差条件下考虑 MIMO 雷达参数估计问题，将每个快拍数的接收数据堆栈成一个矢量，多个快拍条件为一个矩阵形式的接收数据，忽略了 MIMO 雷达接收的内在多维结构。这里在互耦条件下考虑 MIMO 雷达接收数据的多维结构，实现对目标的发射角和接收角与互耦参数的联合估计。根据互耦条件下 MIMO 雷达的信号模型，对每个快拍数的 MIMO 雷达接收数据可表示为

$$\boldsymbol{X}(l)=\boldsymbol{Z}_{\mathrm{r}}\boldsymbol{A}_{\mathrm{r}}\boldsymbol{D}_{\mathrm{s}}(l)\boldsymbol{A}_{\mathrm{t}}^{\mathrm{T}}\boldsymbol{Z}_{\mathrm{t}}^{\mathrm{T}}+\overline{\boldsymbol{W}}(l)\quad(l=1,2,\cdots,L)\tag{10.52}$$

根据发射阵列和接收阵列互耦矩阵的特殊结构，定义两个选择矩阵：

$$\begin{cases}\boldsymbol{P}_{\mathrm{t}}=[\boldsymbol{0}_{\overline{M}\times\bar{q}_{\mathrm{t}}},\boldsymbol{I}_{\overline{M}\times\overline{M}},\boldsymbol{0}_{\overline{M}\times\bar{q}_{\mathrm{t}}}]\\ \boldsymbol{P}_{\mathrm{r}}=[\boldsymbol{0}_{\overline{N}\times\bar{q}_{\mathrm{r}}},\boldsymbol{I}_{\overline{N}\times\overline{N}},\boldsymbol{0}_{\overline{N}\times\bar{q}_{\mathrm{r}}}]\end{cases}\tag{10.53}$$

利用选择矩阵对单拍接收数据进行操作，则有

$$\overline{\boldsymbol{X}}(l)=\boldsymbol{P}_{\mathrm{r}}\boldsymbol{Z}_{\mathrm{r}}\boldsymbol{A}_{\mathrm{r}}\boldsymbol{D}_{\mathrm{s}}(l)\boldsymbol{A}_{\mathrm{t}}^{\mathrm{T}}(\boldsymbol{P}_{\mathrm{t}}\boldsymbol{Z}_{\mathrm{t}})^{\mathrm{T}}+\boldsymbol{P}_{\mathrm{r}}\overline{\boldsymbol{W}}(l)\boldsymbol{P}_{\mathrm{r}}^{\mathrm{T}}\quad(l=1,2,\cdots,L)\tag{10.54}$$

根据选择矩阵的特性和(10.3)节的分析可知，式(10.54)中的接收数据不受到互耦误差的影响，即对互耦误差具有稳健性。同时(10.3)节中的 ESPRIT - Like 算法等价于将式(10.54)中每一个快拍数的接收数据堆栈成为一个矢量，然后对目标的发射角和接收角与互耦参数进行联合估计，忽略了 MIMO 雷达接收信号

本身的多维结构特性。这里从张量代数的角度出发,介绍一种基于张量代数分解的发射角、接收角与互耦参数联合估计方法。利用 MIMO 雷达的张量信号模型概念和表示方法,则互耦条件下 MIMO 雷达的张量信号为 $\mathcal{Y}\in^{M\times N\times L}$,且满足

$$[\mathcal{Y}]_{(3)}^{\mathrm{T}}=[\boldsymbol{Z}_{\mathrm{t}}\otimes\boldsymbol{Z}_{\mathrm{r}}][\boldsymbol{A}_{\mathrm{t}}\odot\boldsymbol{A}_{\mathrm{r}}]\boldsymbol{S}+\boldsymbol{N}\tag{10.55}$$

为了得到对于互耦误差稳健的接收数据,将式(10.54)中的矩阵运算扩展到张量运算,则有

$$\hat{\mathcal{Y}}=\mathcal{Y}\times_1\boldsymbol{P}_{\mathrm{t}}\times_2\boldsymbol{P}_{\mathrm{r}}\tag{10.56}$$

通过式(10.56)的操作,子张量数据的每一个沿着快拍数方向的切片数据等价于式(10.54)中的接收数据,因此张量数据对于互耦误差是稳健的。利用式(10.56)中的子张量数据对目标的发射角和接收角进行联合估计。根据基于张量子空间的方法可知,通过酉变换的实数张量分解可以获得更高精度的张量子空间,因此这里采样实域的张量子空间分解方法,则有

$$\overline{\mathcal{Y}}=[\hat{\mathcal{Y}}\perp_N(\hat{\mathcal{Y}}^*\times_1\boldsymbol{\Pi}_{\overline{M}}\times_2\boldsymbol{\Pi}_{\overline{N}}\times_3\boldsymbol{\Pi}_L)]\times_1\boldsymbol{U}_{\overline{M}}^{\mathrm{H}}\times_2\boldsymbol{U}_{\overline{N}}^{\mathrm{H}}\cdots\times_3\boldsymbol{U}_{2L}^{\mathrm{H}}\tag{10.57}$$

对子张量$\overline{\mathcal{Y}}$进行高阶奇异值分解,则有

$$\overline{\mathcal{Y}}=\mathcal{G}\times_1\boldsymbol{E}_1\times_2\boldsymbol{E}_2\times_3\boldsymbol{E}_3\tag{10.58}$$

式中:$\mathcal{G}$为核张量;$\boldsymbol{E}_i$为张量$\overline{\mathcal{Y}}$的模 i 展开矩阵的左奇异值矩阵($i=1,2,3$)。

定义张量子空间:

$$\overline{\mathcal{Y}}_{\mathrm{s}}=\mathcal{G}_{\mathrm{s}}\times_1\boldsymbol{E}_{\mathrm{s}1}\times_2\boldsymbol{E}_{\mathrm{s}2}\tag{10.59}$$

式中:$\mathcal{G}_{\mathrm{s}}$为核张量的子分量,$\boldsymbol{E}_{\mathrm{s}i}$由 $\boldsymbol{U}_i$ 中与 P 个大奇异值对应的左特征矢量构成($i=1,2,3$)。根据高阶奇异值分解的特性,子核张量为

$$\mathcal{G}_{\mathrm{s}}=\overline{\mathcal{Y}}\times_1\boldsymbol{E}_{\mathrm{s}1}^{\mathrm{H}}\times_2\boldsymbol{E}_{\mathrm{s}2}^{\mathrm{H}}\times_3\boldsymbol{E}_{\mathrm{s}3}^{\mathrm{H}}\tag{10.60}$$

将式(10.60)代入式(10.59),可得

$$\overline{\mathcal{Y}}_{\mathrm{s}}=\overline{\mathcal{Y}}\times_1\boldsymbol{E}_{\mathrm{s}1}\boldsymbol{E}_{\mathrm{s}1}^{\mathrm{H}}\times_2\boldsymbol{E}_{\mathrm{s}2}\boldsymbol{E}_{\mathrm{s}2}^{\mathrm{H}}\times_3\boldsymbol{E}_{\mathrm{s}3}^{\mathrm{H}}\tag{10.61}$$

利用张量代数的模展开性质,得到基于高阶奇异值分解的信号子空间为

$$\overline{E}_{\mathrm{s}}=[\overline{\mathcal{Y}}_{\mathrm{s}}]_{(3)}^{\mathrm{T}}=(\boldsymbol{E}_{\mathrm{s}1}\boldsymbol{E}_{\mathrm{s}1}^{\mathrm{H}}\otimes\boldsymbol{E}_{\mathrm{s}2}\boldsymbol{E}_{\mathrm{s}2}^{\mathrm{H}})[\overline{\mathcal{Y}}]_{(3)}^{\mathrm{T}}\boldsymbol{E}_{\mathrm{s}3}^{*}\tag{10.62}$$

根据第 9 章的证明可知,该信号子空间为信号子空间 $\boldsymbol{E}_{\mathrm{s}}$在($\boldsymbol{E}_{\mathrm{s}1}\boldsymbol{E}_{\mathrm{s}1}^{\mathrm{H}}$)张成的空间和($\boldsymbol{E}_{\mathrm{s}2}\boldsymbol{E}_{\mathrm{s}2}^{\mathrm{H}}$)张成的空间的克罗内克积上的投影。因此利用式(10.62)中所示的信号子空间,可以利用 HOSVD - UMUSIC 算法或者 HOSVD - UESPRIT 算法估计出目标的发射角和接收角,且目标的发射角和接收角自动配对。

根据所获得的目标的发射角和接收角,对互耦参数进行估计,代价函数为

$$J=(z_{\mathrm{t}}\otimes z_{\mathrm{r}})^{\mathrm{H}}\boldsymbol{\Pi}(z_{\mathrm{t}}\otimes z_{\mathrm{r}})\tag{10.63}$$

式中

$$\Pi = \sum_{p=1}^{P} \boldsymbol{T}^{\mathrm{H}}(\varphi_p,\theta_p)\boldsymbol{E}_{\mathrm{nn}}\boldsymbol{T}(\varphi_p,\theta_p)$$

其中

$$\boldsymbol{E}_{\mathrm{nn}} = \boldsymbol{I}_{MN} - \overline{\boldsymbol{U}}_{\mathrm{s}}\overline{\boldsymbol{U}}_{\mathrm{s}}^{\mathrm{H}}$$

张量信号子空间$\overline{\boldsymbol{U}}_{\mathrm{s}}$为对张量 $\mathcal{Y}$ 进行高阶奇异值分解获得。将式(10.62)转换成二次约束优化处理，得到发射阵列和接收阵列互耦系数的闭式解，然后重构发射阵列和接收阵列的互耦矩阵。

10.4.2 仿真实验与分析

通过仿真实验验证基于张量分解的目标参数估计算法的有效性。MIMO 雷达配置为：发射阵元为 8 个，接收阵元为 10 个，互耦误差参数为参数为 $\boldsymbol{Z}_{\mathrm{t}} = \mathrm{toeplitz}([1, 0.1174 + \mathrm{j}0.0577, 0, \cdots 0])$，$\boldsymbol{Z}_{\mathrm{r}} = \mathrm{toeplitz}([1, -0.01215 - \mathrm{j}0.10290, \cdots 0])$。发射端发射相互正交的波形，每个匹配滤波区间的相位编码数为 256 个。三个目标发射角和接收角分别为$(\varphi_1,\theta_1) = (-15°, 25°)$，$(\varphi_2,\theta_2) = (0°, 5°)$和$(\varphi_3,\theta_3) = (20°, -20°)$。

仿真实验一：接收数据快拍数为 50。图 10.3 为基于张量分解的 UMUSIC 算法和 ESPRIT 算法（记为张量 - UMUSIC 和张量 - UESPRIT）、MUSIC - Like 和 ESPRIT - Like 算法的角度均方根误差与信噪比关系。由图可知，张量 - UMUSIC 和张量 - UESPRIT 比 MUSIC - Like 和 ESPRIT - Like 算法均具有更好的角度估计性能，这是由于基于张量分解的子空间估计技术考虑了 MIMO 雷达信号本身的多维结构特性，改善了子空间的估计精度。

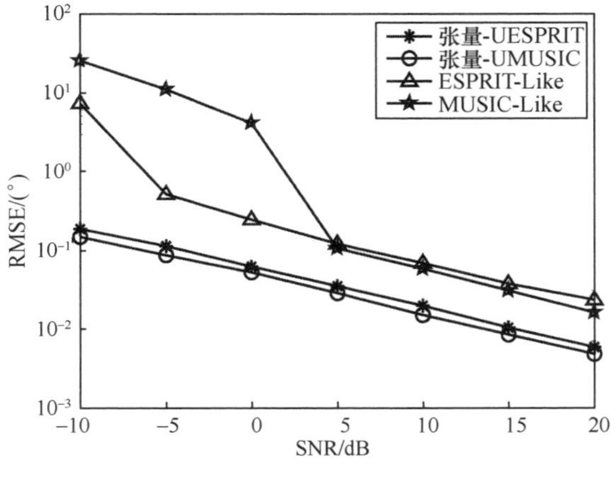

图 10.3 均方根误差与信噪比关系

仿真实验二:接收数据快拍数为50。图10.4为张量-UMUSIC、张量-UESPRIT、MUSIC-Like和ESPRIT-Like算法的分辨成功概率与信噪比关系。由图可知,张量-UMUSIC和张量-UESPRIT比MUSIC-Like和ESPRIT-Like具有更低的信噪比阈值。

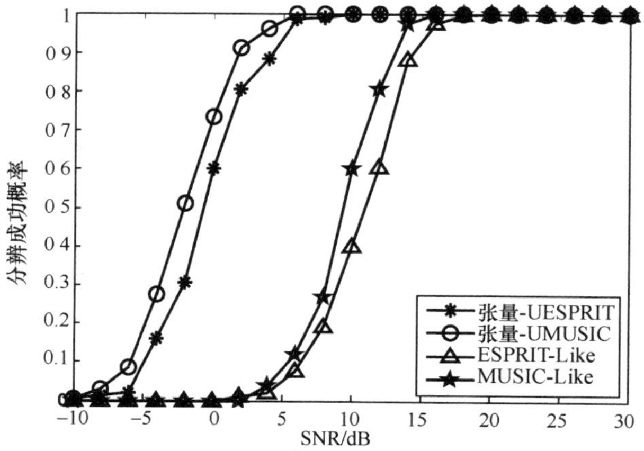

图10.4 分辨成功概率与信噪比关系

仿真实验三:所有目标的信噪比均为5dB。图10.5为张量-UMUSIC、张量-UESPRIT、MUSIC-Like和ESPRIT-Like算法的均方根误差与快拍数关系。由图可知,随着采样拍数的增加,所有算法的估计性能均有所改善,其中张量-UMUSIC和张量-UESPRIT比ESPRIT-Like和MUSIC-Like算法具有更好的参数估计性能,尤其在低信噪比时。

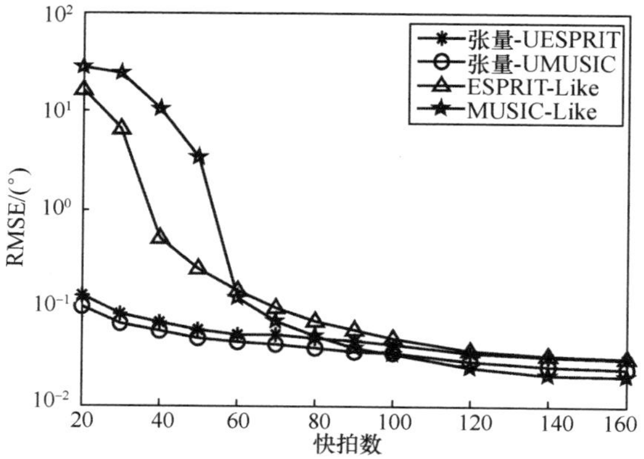

图10.5 均方根误差与快拍数关系

仿真实验四:考虑两个相干目标,采样拍数为50。图10.6为张量-UMUSIC、张量-UESPRIT、MUSIC-Like和ESPRIT-Like算法对两个相干目标的均

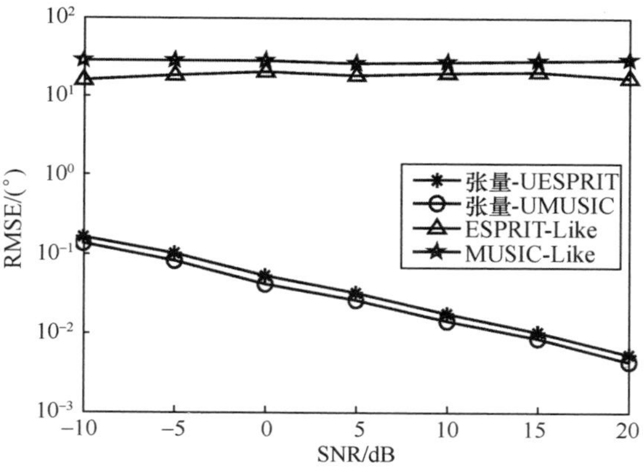

图 10.6　均方根误差与信噪比关系(两个相干目标)

方根误差与信噪比的关系。由图可知,ESPRIT – Like 和 MUSIC – Like 对两个相干目标失效,而张量 – UMUSIC 和张量 – UESPRIT 对两个相干目标有效,且具有良好的参数估计性能。这是由于张量 – UMUSIC 和张量 – UESPRIT 利用了前后向空间平滑技术,因此对两个相干目标有效。

10.5　小　　结

本章考虑互耦条件下的 MIMO 雷达参数估计问题,首先建立了互耦条件下的 MIMO 雷达信号模型,然后分解介绍了 MUSIC – Like 算法、ESPRIT – Like 算法以及基于张量分解的参数估计算法。理论分析与仿真实验表明,这些算法对互耦误差具有很好的稳健性,且具有良好的参数估计性能。

参考文献

[1] Weiss A J, Friedlander B. Effects of modeling errors on the resolution threshold of the MUSIC algorithm[J]. IEEE Transactions on Signal Processing, 1994, 42(6): 1519 – 1526.

[2] Li F, Vaccaro R J. Sensitivity analysis of DOA estimation algorithms to sensor errors[J]. IEEE Transactions on Aerospace and Electronic Systems, 1992, 28(3): 708 – 717.

[3] Paulraj A, Kailath T. Direction of arrival estimation by eigenstructure methods with unknown sensor gain and phase[C]. Acoustics, Speech, and Signal Processing, IEEE International Conference on ICASSP85. 1985, 10: 640 – 643.

[4] Swindlehurst A L, Kailath T. A performance analysis of subspace – based methods in the presence of model error. II. Multidimensional algorithms[J]. IEEE Transactions on Signal Processing, 1993, 41(9): 2882 – 2890.

[5] 韩芳明, 张守宏, 潘复平. 阵列误差对 MUSIC 算法性能的影响与校正[J]. 西安电子科

技大学学报，2003，30(5)：585－589.
[6] Schmidt R O. Multilinear array manifold interpolation[J]. IEEE Transactions on Signal Processing, 1992, 40(4): 857－866.
[7] Weiss A J, Friedlander B. Manifold interpolation for diversely polarised arrays[J]. IEE Proceedings－Radar, Sonar and Navigation, 1994, 141(1): 19－24.
[8] See C M S. Sensor array calibration in the presence of mutual coupling and unknown sensor gains and phases[J]. Electronics Letters, 1994, 30(5): 373－374.
[9] Stavropoulos K V, Manikas A. Array calibration in the presence of unknown sensor characteristics and mutual coupling[J]. EUSIPCO Proceedings, 2000, 3: 1417－1420.
[10] Fistas N, Manikas A. A new general global array calibration method[C]. Acoustics, Speech, and Signal Processing, 1994. ICASSP－94., 1994 IEEE International Conference on. 1994, 4: IV/73－IV/76 vol. 4.
[11] Weiss A J, Friedlander B. Array shape calibration using sources in unknown locations－a maximum likelihood approach[J]. IEEE Transactions on Acoustics, Speech and Signal Processing, 1989, 37(12): 1958－1966.
[12] 胡增辉，朱炬波，何峰，等．互耦条件下均匀线阵DOA盲估计[J]．电子与信息学报，2012，34(2)：382－387.
[13] 吴彪，陈辉，杨春华．基于L型阵列的方位估计及互耦自校正算法研究[J]．电子学报，2010，38(6)：1316－1322.
[14] 王伟，王成鹏，李欣．双基地MIMO雷达多目标定位及互耦参数估计[J]．华中科技大学学报：自然科学版，2012，40(7)：78－83.
[15] Ye Z, Liu C. 2－D DOA estimation in the presence of mutual coupling[J]. IEEE Transactions on Antennas and Propagation, 2008, 56(10): 3150－3158.
[16] Liu A, Liao G, Zeng C, et al. An eigenstructure method for estimating DOA and sensor gain－phase errors[J]. IEEE Transactions on Signal Processing, 2011, 59(12): 5944－5956.
[17] Wallace J W, Jensen M A. Mutual coupling in MIMO wireless systems: A rigorous network theory analysis [J]. IEEE Transactions on Wireless Communications, 2004, 3(4): 1317－1325.
[18] Ding W, Ying W. Robust self－calibration algorithm for multiple subarrays in presence of mutual coupling [J]. Systems Engineering and Electronics, 2011, 33(6): 1204－1211.
[19] Liu X, Liao G. Direction finding and mutual coupling estimation for bistatic MIMO radar [J]. Signal Processing, 2012, 92(2): 517－522.
[20] Zheng Z, Zhang J, Zhang J. Joint DOD and DOA estimation of bistatic MIMO radar in the presence of unknown mutual coupling [J]. Signal Processing, 2012, 92(12):3039－3048.
[21] Gao X, Zhang X, Feng G, et al. On the MUSIC－derived approaches of angle estimation for bistatic MIMO radar[C]. Wireless Networks and Information Systems, 2009. WNIS09. International Conference on. IEEE, 2009: 343－346.
[22] Zhang X, Xu L, Xu L, et al. Direction of departure (DOD) and direction of arrival (DOA)

estimation in MIMO radar with reduced – dimension MUSIC [J]. IEEE Communications Letters, 2010, 14(12): 1161 – 1163.

[23] Duofang C, Baixiao C, Guodong Q. Angle estimation using ESPRIT in MIMO radar [J]. Electronics Letters, 2008, 44(12): 770 – 771.

[24] Jinli C, Hong G, Weimin S. Angle estimation using ESPRIT without pairing in MIMO radar [J]. Electronics Letters, 2008, 44(24): 1422 – 1423.

[25] 张贤达. 矩阵分析与应用[M]. 北京:清华大学出版社,2013.

第 11 章
L 型阵列结构 MIMO 雷达目标参数估计

11.1 引　言

前面讨论的 MIMO 雷达参数估计都是针对均匀线性阵列。然而在实际应用中,均匀线阵只能提供目标与线性阵列法线方向的一维夹角,并不能对目标进行二维或三维空间定位。若将均匀线阵替换为平面阵列(PA),则可以对空间目标进行二维定位。实际上,平面阵列阵元数比均匀线阵阵元数大很多,而 MIMO 雷达所特有的大孔径虚拟阵列会成倍增加阵元数,使得算法的复杂度增大,严重影响雷达系统的实时处理。常见平面阵列有矩形平面阵列、圆形阵列、十字型阵列、L 型阵列等。从阵元利用率角度考虑,L 型阵列具有最大的阵元利用率,且 L 型阵列双臂均为均匀线阵,具有线性阵列数据易于计算的优势。

文献[1]对十字型阵列、圆型阵列、L 型阵列、矩阵阵列等平面阵列的阵元利用率进行详细研究,指出 L 型阵列的阵元利用率最大。文献[2]将 L 型阵列应用于 MIMO 雷达,提出收发分置 L 型阵列的虚拟阵列可以等效为一平面矩形阵列,然后利用二维 MUSIC 算法进行多目标角度估计,并推导出收发分置 L 型阵列 MIMO 雷达的 Cramer - Rao 界(CRB),该算法扩展了 L 型阵列的物理孔径,在不增加成本的基础上提高了雷达系统的估计性能,但是该算法需要二维 MUSIC 空间谱估计,运算量巨大,对雷达系统的实时处理造成严重影响。文献[3]针对 MUSIC 算法运算量大的问题,基于收发分置 L 型阵列的虚拟平面阵列,提出一种联合对角化 DOA 矩阵方法,该算法无需空间谱搜索,在一定程度上减小了运算量。文献[4]将 Capon 算法应用到收发共置 L 型阵列 MIMO 雷达,指出收发共置 L 型阵列 MIMO 雷达的等效虚拟阵列,并对收发分置 L 型阵列的最大可分辨目标数进行研究分析;但是 Capon 算法的估计精度不高且所需运算量巨大。文献[5]针对双基地 L 型阵列 MIMO 雷达目标角度估计问题提出一种基于三线性分解的参数估计算法,可以同时估计目标的发射二维角度和接收二维角度;但是该算法需要迭代运算,算法稳健性有所不足。文献[6]将 ESPRIT 算法应用到双基地 L 型阵列 MIMO 雷达,并研究讨论了双基地 L 型阵列 MIMO 雷达目标角度估计的 CRB;但是该算法没有利用 L 型阵列结构特点,阵元利用率小。

综上所述,针对 L 型阵列 MIMO 雷达 DOA 估计技术,其主要问题是 L 型阵列阵元数比线性阵列阵元数多,目标回波信号数据量巨大,对雷达系统的实时处理是一个很大的挑战。因此,本章针对 L 型阵列 MIMO 雷达系统算法实时性问题,对收发分置和收发共置 L 型阵列低复杂度目标角度估计算法等内容进行分析。

11.2 信号建模

11.2.1 收发分置 L 型阵列 MIMO 雷达信号模型

均匀线阵发射天线阵列与接收天线阵列距离非常近,近似位于同一直线上,只能估计目标与天线阵列之间的一维角度。若使发射天线与接收阵列天线垂直,呈 L 型分布(图 11.1),则可以估计目标与发射阵列之间的夹角和目标与接收阵列之间的夹角,进而通过数学几何关系估计出目标的方位角和俯仰角。

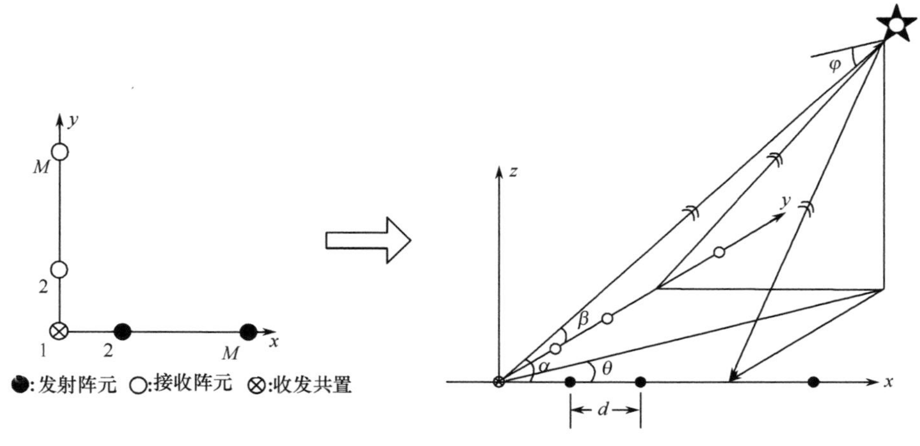

图 11.1　收发分置 L 型阵列 MIMO 雷达的阵列结构模型

目标与位于 x 轴上的发射天线阵列和位于 y 轴上的接收天线阵列之间的夹角 α、β 与方位角、θ 俯仰角 φ 之间满足

$$\begin{cases}\cos\alpha = \cos\theta\cos\varphi \\ \cos\beta = \cos\theta\sin\varphi\end{cases} \quad (\alpha,\beta \in [0° \sim 180°]) \tag{11.1}$$

由式(11.1)可以看出,只要确定 α、β 角度对,就可以准确依据上面的数学几何关系推导出目标的方位角和俯仰角。因此,L 型阵列 MIMO 雷达中(θ,φ)

的估计问题可以转化为(α,β)的估计问题。

L型阵列 MIMO 雷达信号模型与均匀线阵 MIMO 雷达信号模型的区别主要在于阵列结构的不同，即导向矢量的不同。收发分置 L 型阵列 MIMO 雷达的发射导向矢量为

$$\begin{aligned}\boldsymbol{a}_{\mathrm{fx}}(\alpha)&=[1,\exp(-\mathrm{j}2\pi d_{\mathrm{t}}\cos\alpha/\lambda),\cdots,\exp(-\mathrm{j}2\pi d_{\mathrm{t}}(M-1)\cos\alpha/\lambda)]^{\mathrm{T}}\\&=[1,\exp(-\mathrm{j}\mu_1),\cdots,\exp(-\mathrm{j}\mu_{M-1})]^{\mathrm{T}}\end{aligned}\tag{11.2}$$

式中：$\mu_m=2\pi(m-1)d_{\mathrm{t}}\cos\alpha/\lambda(1\leqslant m\leqslant M-1)$；下标 f 表示收发分置 L 型阵列。

接收导向矢量为

$$\begin{aligned}\boldsymbol{a}_{\mathrm{fy}}(\beta)&=[1,\exp(-\mathrm{j}2\pi d_{\mathrm{r}}\cos\beta/\lambda),\cdots,\exp(-\mathrm{j}2\pi d_{\mathrm{t}}(M-1)\cos\beta/\lambda]^{\mathrm{T}}\\&=[1,\exp(-\mathrm{j}\nu_1),\cdots,\exp(-\mathrm{j}\nu_{N-1})]^{\mathrm{T}}\end{aligned}\tag{11.3}$$

式中：$\nu_n=2\pi(n-1)d_{\mathrm{r}}\cos\beta/\lambda(1\leqslant n\leqslant N-1)$。

单快拍采样下收发分置 L 型阵列 MIMO 雷达的目标回波信号为

$$\begin{aligned}\boldsymbol{Z}_{\mathrm{f}}(l)&=(\boldsymbol{a}_{\mathrm{fy}}(\beta_1)\otimes\boldsymbol{a}_{\mathrm{fx}}(\alpha_1),\cdots,\boldsymbol{a}_{\mathrm{fy}}(\beta_k)\otimes\boldsymbol{a}_{\mathrm{fx}}(\alpha_K))\boldsymbol{\kappa}(l)+\boldsymbol{N}_{\mathrm{f}}(l)\\&=(\boldsymbol{b}_{\mathrm{f}}(\alpha_1,\beta_1),\cdots,\boldsymbol{b}_{\mathrm{f}}(\alpha_K,\beta_K))\boldsymbol{\kappa}(l)+\boldsymbol{N}_{\mathrm{f}}(l)\\&=\boldsymbol{B}_{\mathrm{f}}(\alpha,\beta)\boldsymbol{\kappa}(l)+\boldsymbol{N}_{\mathrm{f}}(l)\end{aligned}\tag{11.4}$$

式中：$\boldsymbol{Z}_{\mathrm{f}}(l),\boldsymbol{B}_{\mathrm{f}}(\alpha,\beta),\boldsymbol{N}_{\mathrm{f}}(l)\in\mathbb{C}^{M^2\times 1}$；$\boldsymbol{\kappa}(l)\in\mathbb{C}^{K\times 1}$。

进而可以推导出 L 次快拍下的目标回波信号为

$$\boldsymbol{Z}_{\mathrm{f}}=(\boldsymbol{b}_{\mathrm{f}}(\alpha_1,\beta_1),\cdots,\boldsymbol{b}_{\mathrm{f}}(\alpha_K,\beta_K))\boldsymbol{\kappa}+\boldsymbol{N}_{\mathrm{f}}=\boldsymbol{B}_{\mathrm{f}}(\alpha,\beta)\boldsymbol{\kappa}+\boldsymbol{N}_{\mathrm{f}}\tag{11.5}$$

式中：$(\boldsymbol{Z}_{\mathrm{f}},\boldsymbol{B}_{\mathrm{f}},\boldsymbol{N}_{\mathrm{f}}(l)\in\mathbb{C}^{M^2\times L}$；$\boldsymbol{\kappa}\in\mathbb{C}^{K\times L}$。

11.2.2 收发共置 L 型阵列 MIMO 雷达信号模型

若图 11.1 中所有天线通过双工器作用既可以发射信号也可以接收信号，则此时的天线阵列即为收发共置 L 型阵列 MIMO 雷达的天线阵列模型。此时，收发共置 L 型阵列 MIMO 雷达的发射导向矢量和接收导向矢量的表达式相同，记为

$$\begin{aligned}\boldsymbol{a}_{\mathrm{g}}(\alpha,\beta)&=[\boldsymbol{a}_{gx}^{\mathrm{T}}(\alpha)\ \underline{\boldsymbol{a}}_{gy}^{\mathrm{T}}(\beta)]^{\mathrm{T}}\\&=[\exp(-\mathrm{j}\mu_{M-1}),\cdots,\exp(-\mathrm{j}\mu_1),1,\exp(-\mathrm{j}\nu_1),\cdots,\exp(-\mathrm{j}\nu_{N-1})]^{\mathrm{T}}\end{aligned}\tag{11.6}$$

式中：$\boldsymbol{a}_{gx}(\alpha)=[\exp(-\mathrm{j}\mu_{M-1}),\cdots,\exp(-\mathrm{j}\mu_1),1]^{\mathrm{T}}$；$\boldsymbol{a}_{gy}(\beta)=[1,\exp(-\mathrm{j}\nu_1),\cdots,\exp(-\mathrm{j}\nu_{N-1})]^{\mathrm{T}}$；$\underline{\boldsymbol{a}}_{gy}(\beta)$表示 $\boldsymbol{\alpha}_{gy}(\beta)$后 $N-1$ 个元素；下标 g 表示收发共置 L 型阵列。

可以看到，此时 x 轴上发射导向矢量 $\boldsymbol{a}_{gx}(\alpha)$与收发分置 L 型阵列 MIMO 雷达的发射导向矢量 $\boldsymbol{a}_{fx}(\alpha)$正好呈倒序排列。根据上述收发导向矢量的表达式

可以推导出收发共置 L 型阵列 MIMO 雷达的目标回波信号为

$$\boldsymbol{Z}_{\mathrm{g}}=(\boldsymbol{b}_{\mathrm{g}}(\alpha_1,\beta_1),\cdots,\boldsymbol{b}_{\mathrm{g}}(\alpha_K,\beta_K))\boldsymbol{\kappa}+\boldsymbol{N}_{\mathrm{g}}=\boldsymbol{B}_{\mathrm{g}}(\alpha,\beta)\boldsymbol{\kappa}+\boldsymbol{N}_{\mathrm{g}} \tag{11.7}$$

式中：$\boldsymbol{Z}_{\mathrm{g}},\boldsymbol{B}_{\mathrm{g}},\boldsymbol{N}_{\mathrm{g}}\in C^{(M+N-1)^2\times L}$。

11.2.3　等效虚拟阵列

本节基于 L 型阵列 MIMO 雷达的导向矢量研究探讨其等效虚拟阵列。首先阐述推导出均匀线阵 MIMO 雷达的等效虚拟阵列。根据前面所述，其联合导向矢量 $\boldsymbol{B}(\theta)$ 的任意列 $\boldsymbol{b}(\theta)$ 为

$$\boldsymbol{b}(\theta)=\boldsymbol{a}_{\mathrm{r}}(\theta)\otimes\boldsymbol{a}_{\mathrm{t}}(\theta)\in\mathbb{C}^{MN\times 1} \tag{11.8}$$

由式(11.8)可以看出，$\boldsymbol{b}(\theta)$ 包含 MN 个元素，表示发射天线阵列发射 M 个相互正交的信号，N 个接收阵元经过 M 个匹配滤波器将目标回波中所包含的 M 个发射信号分离，从而形成了 MN 个不相关虚拟通道，即 MN 个虚拟收发阵元对，也就是 MN 个虚拟阵元，如图 11.2 所示。

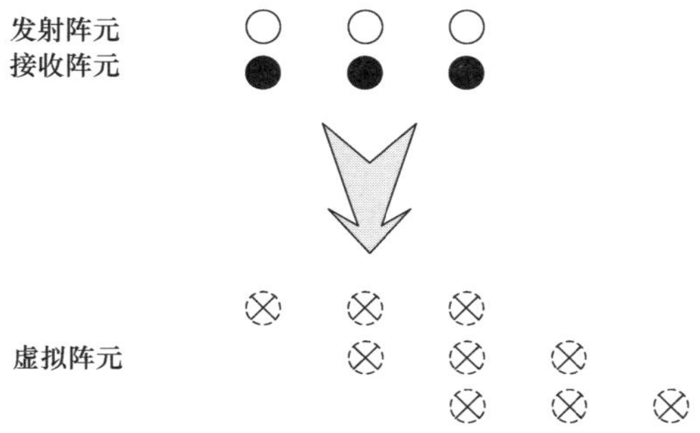

图 11.2　均匀线阵 MIMO 雷达虚拟阵元($M=N=3$)

这些虚拟阵元有些是重叠的，而且由 $\boldsymbol{b}(\theta)$ 的表达式可以看出，实际上 $\boldsymbol{b}(\theta)$ 只有 $M+N-1$ 个互不相等的元素，这些互不相等的元素正好构成 MIMO 雷达的有效阵元：

$$\boldsymbol{g}(\theta)=[1,\exp(-\mathrm{j}2\pi d\sin\theta/\boldsymbol{\lambda}),\cdots,\exp(-\mathrm{j}2\pi(M+N-2)d\sin\theta/\boldsymbol{\lambda}]^{\mathrm{T}} \tag{11.9}$$

从而可知，收发共置的均匀线阵 MIMO 雷达虚拟阵列等价于阵元数为 $M+N-1$ 的均匀线阵。由以上推导可以看出，不同收发阵列 MIMO 雷达的等效虚拟阵列各不相同。对于收发分置 L 型阵列 MIMO 雷达，根据联合导向矢量 $\boldsymbol{b}_{\mathrm{j}}(\alpha,\beta)=\boldsymbol{a}_{\mathrm{fy}}(\beta)\otimes\boldsymbol{a}_{\mathrm{fx}}(\alpha)$ 的特点，可以看出其等效虚拟阵列为平面矩形阵列，如图 11.3 所示。从图 11.3 中可以看出，收发分置 L 型阵列的 MN 个虚拟阵元没有重叠，全都为有效阵元。

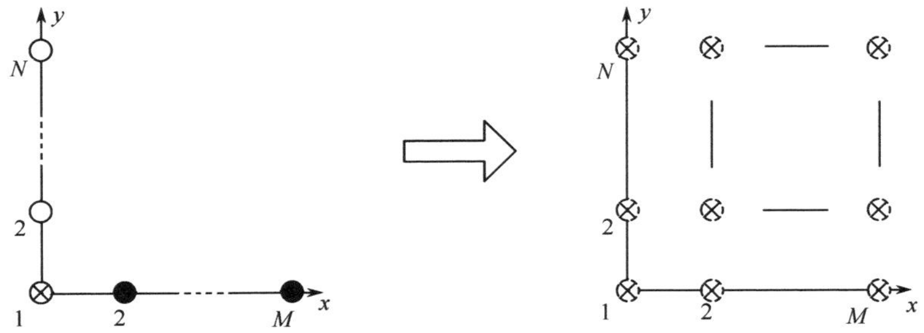

图 11.3　收发分置 L 型阵列 MIMO 雷达的等效虚拟阵列

根据收发共置 L 型阵列 MIMO 雷达联合导向矢量 $\boldsymbol{b}_{\mathrm{g}}(\alpha,\beta)=\boldsymbol{a}_{gy}(\alpha,\beta)\otimes\boldsymbol{a}_{gx}(\alpha,\beta)$ 的特点，可以推导分析出其等效虚拟阵列如图 11.4 所示。从图 11.4 中可以看出，收发共置 L 型阵列 MIMO 雷达的等效虚拟阵列包含两部分：$(M-1)\times(N-1)$ 维矩形阵列和分布在两个坐标轴上的 L 型阵列。从图 11.4 中还可以看出，收发共置 L 型阵列 MIMO 雷达的有效阵元数为

$$V_{\mathrm{g}}=(M-1)(N-1)+(2M-1)+(2N-1)-1=MN+M+N-2 \tag{11.10}$$

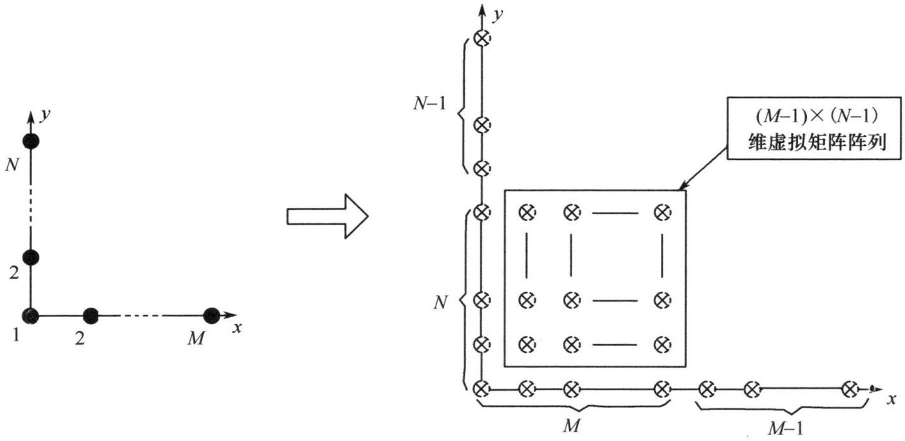

图 11.4　收发共置 L 型阵列 MIMO 雷达等效虚拟阵列

11.2.4　自由度和最大可分辨目标数

雷达的自由度是指目标回波信号方程组中独立方程的数目，这与 MIMO 雷达联合导向矢量有关。对于收发分置 L 型阵列 MIMO 雷达的联合导向矢量 $\boldsymbol{B}_f(\alpha,\beta)$，其列数即为目标个数，若 $\boldsymbol{B}_f(\alpha,\beta)$ 的列数足够大，即目标个数 K 足够大，则

目标回波信号方程式中独立方程的个数由 $\boldsymbol{B}_f(\alpha,\beta)$ 的行秩决定，$\boldsymbol{B}_f(\alpha,\beta)$ 的各列均为互不相关目标的导向矢量，从而 $\boldsymbol{B}_f(\alpha,\beta)$ 的各列相互独立。$\boldsymbol{B}_f(\alpha,\beta)$ 的任意列可以表示为

$$\begin{aligned}\boldsymbol{b}_f(\alpha,\beta) &= \boldsymbol{a}_{fy}(\beta)\otimes\boldsymbol{a}_{fx}(\alpha)\\ &= [1,\exp(-\mathrm{j}\nu_1),\cdots,\exp(-\mathrm{j}\nu_{N-1})]^{\mathrm{T}}\otimes\\ &\quad [1,\exp(-\mathrm{j}\mu_1),\cdots,\exp(-\mathrm{j}\mu_{M-1})]^{\mathrm{T}}\end{aligned} \tag{11.11}$$

从式(11.11)可以看出，$\boldsymbol{b}_f(\alpha,\beta)$ 的各元素互不相同，从而可知 $\boldsymbol{B}_f(\alpha,\beta)$ 的行秩即为 $\boldsymbol{b}_f(\alpha,\beta)$ 的元素个数 MN，从而可知收发分置 L 型阵列 MIMO 雷达的自由度为 MN，与其有效阵元数相等。

收发共置 L 型阵列 MIMO 雷达的联合导向矢量 $\boldsymbol{B}_{\mathrm{g}}(\alpha,\beta)$ 中的任意列可以表示为

$$\begin{aligned}\boldsymbol{b}_{\mathrm{g}}(\alpha,\beta) &= \boldsymbol{a}_{\mathrm{g}}(\alpha,\beta)\otimes\boldsymbol{a}_{\mathrm{g}}(\alpha,\beta)\\ &= \begin{bmatrix}\boldsymbol{a}_{\mathrm{g}x}(\alpha)\\ \underline{\boldsymbol{a}}_{\mathrm{g}y}(\beta)\end{bmatrix}\otimes\begin{bmatrix}\boldsymbol{a}_{\mathrm{g}x}(\alpha)\\ \underline{\boldsymbol{a}}_{\mathrm{g}y}(\beta)\end{bmatrix}\\ &= [\exp(-\mathrm{j}\mu_{M-1}),\cdots,\exp(-\mathrm{j}\mu_1),1,\exp(-\mathrm{j}\nu_1),\cdots,\exp(-\mathrm{j}\nu_{N-1}]^{\mathrm{T}}\otimes\\ &\quad [\exp(-\mathrm{j}\mu_{M-1}),\cdots,\exp(-\mathrm{j}\mu_1),1,\exp(-\mathrm{j}\nu_1),\cdots,\exp(-\mathrm{j}\nu_{N-1})]^{\mathrm{T}}\end{aligned} \tag{11.12}$$

从式(11.12)可以看出，$\boldsymbol{b}_{\mathrm{g}}(\alpha,\beta)$ 互不相等元素个数为 $MN+M+N-2$，即 $\boldsymbol{B}_{\mathrm{g}}(\alpha,\beta)$ 的行秩为 $MN+M+N-2$，也就是说收发共置 L 型阵列 MIMO 雷达的自由度为 $MN+M+N-2$，同样与其有效阵元个数相同。

通过上述理论推导可以看出，不论阵列形式如何变化，MIMO 雷达的自由度始终与其有效阵元个数相同。在传统雷达定位算法中，最大可分辨目标数即为阵元数减 1[7]，应用到 MIMO 雷达中，即为有效阵元数减 1。从而可知，收发分置 L 型阵列 MIMO 雷达的最大可分辨目标数为 $MN-1$，收发共置 L 型阵列 MIMO 雷达的最大可分辨目标数为 $MN+M+N-3$。

11.2.5　Cramer – Rao 界

Cramer – Rao 界是任意无偏估计量方差的理论下限，是一个非常重要的参数估计性能指标。下面详细推导收发分置和收发共置 L 型阵列 MIMO 雷达的 CRB。

由式(11.5)和式(11.7)可以看到，收发分置和收发共置 L 型阵列 MIMO 雷达的目标回波信号都只含有 α、β、κ 三个参数，因此定义参数矢量

$$\boldsymbol{\xi} = [\boldsymbol{\alpha}^{\mathrm{T}},\boldsymbol{\beta}^{\mathrm{T}},\boldsymbol{\kappa}^{\mathrm{T}}]^{\mathrm{T}}$$

式中 $\boldsymbol{\alpha}=[\alpha_1,\alpha_2,\cdots,\alpha_K]$，$\boldsymbol{\beta}=[\beta_1,\beta_2,\cdots,\beta_K]$，$\boldsymbol{\kappa}=[\kappa_1,\kappa_2,\cdots,\kappa_K]$

$\boldsymbol{\xi}$ 的费希尔(Fisher)信息矩阵可以表示为

$$\boldsymbol{F}_{\xi}=\begin{bmatrix}\boldsymbol{F}(\alpha,\alpha) & \boldsymbol{F}(\alpha,\beta) & \boldsymbol{F}(\alpha,\kappa)\\ \boldsymbol{F}(\beta,\alpha) & \boldsymbol{F}(\beta,\beta) & \boldsymbol{F}(\beta,\kappa)\\ \boldsymbol{F}(\kappa,\alpha) & \boldsymbol{F}(\kappa,\beta) & \boldsymbol{F}(\kappa,\kappa)\end{bmatrix} \tag{11.13}$$

各分块矩阵均可表示为

$$\boldsymbol{F}(\boldsymbol{\gamma},\boldsymbol{\eta})=\begin{bmatrix}f(\gamma_1,\eta_1) & f(\gamma_1,\eta_2) & \cdots & f(\gamma_1,\eta_K)\\ f(\gamma_2,\eta_1) & f(\gamma_2,\eta_2) & \cdots & f(\gamma_2,\eta_K)\\ \vdots & \vdots & & \vdots\\ f(\gamma_K,\eta_1) & f(\gamma_K,\eta_2) & \cdots & f(\gamma_K,\eta_K)\end{bmatrix} \tag{11.14}$$

各元素的计算公式为[8,9]

$$f(\gamma_i,\eta_j)=\frac{2}{\sigma_{\mathrm{N}}^2}\mathrm{Re}\left[\frac{\partial \boldsymbol{Z}^{\mathrm{H}}}{\partial\gamma_i}\frac{\partial \boldsymbol{Z}}{\partial\eta_j}\right] \tag{11.15}$$

式中：Re[·]表示取实部，$\boldsymbol{Z}$ 为目标回波信号。

将式(11.15)中的 $\boldsymbol{\gamma}$、$\boldsymbol{\eta}$ 替换为 $\boldsymbol{\alpha}$ 和 $\boldsymbol{\beta}$，可得

$$\begin{aligned}f(\alpha_i,\alpha_j)&=\frac{2}{\sigma_{\mathrm{N}}^2}\mathrm{Re}\left[\frac{\partial \boldsymbol{Z}^{\mathrm{H}}}{\partial\alpha_i}\frac{\partial \boldsymbol{Z}}{\partial\alpha_j}\right]=\frac{2}{\sigma_{\mathrm{N}}^2}\mathrm{Re}\sum_{l=0}^{L-1}\left[\frac{\partial \boldsymbol{Z}^{\mathrm{H}}(l)}{\partial\alpha_i}\frac{\partial \boldsymbol{Z}(l)}{\partial\alpha_j}\right]\\ &=\frac{2}{\sigma_{\mathrm{N}}^2}\mathrm{Re}\sum_{l=0}^{L-1}\left[\kappa_i^*\kappa_j\frac{\partial[\boldsymbol{B}(\alpha_i,\beta_j)\boldsymbol{\kappa}(l)]^{\mathrm{H}}}{\partial\alpha_i}\frac{\partial[\boldsymbol{B}(\alpha_i,\beta_j)\boldsymbol{\kappa}(l)]}{\partial\alpha_j}\right]\\ &=\frac{2}{\sigma_{\mathrm{N}}^2}\mathrm{Re}\sum_{l=0}^{L-1}\left[\kappa_i^*\kappa_j\mathrm{tr}\left(\frac{\partial\boldsymbol{B}(\alpha_i,\beta_j)}{\partial\alpha_j}\boldsymbol{\kappa}(l)\boldsymbol{\kappa}^{\mathrm{H}}(l)\frac{\partial\boldsymbol{B}^{\mathrm{H}}(\alpha_i,\beta_j)}{\partial\alpha_i}\right)\right]\\ &=\frac{2L}{\sigma_{\mathrm{N}}^2}\mathrm{Re}\left[\kappa_i^*\kappa_j\mathrm{tr}\left(\frac{\partial\boldsymbol{B}(\alpha_i,\beta_j)}{\partial\alpha_j}\boldsymbol{R}_{\kappa}\frac{\partial\boldsymbol{B}^{\mathrm{H}}(\alpha_j,\beta_j)}{\partial\alpha_i}\right)\right]\end{aligned} \tag{11.16}$$

同理，可得

$$f(\alpha_i,\beta_j)=\frac{2L}{\sigma_{\mathrm{N}}^2}\mathrm{Re}\left[\kappa_i^*\kappa_j\mathrm{tr}\left(\frac{\partial\boldsymbol{B}(\alpha_i,\beta_j)}{\partial\beta_j}\boldsymbol{R}_{\kappa}\frac{\partial\boldsymbol{B}^{\mathrm{H}}(\alpha_i,\beta_j)}{\partial\alpha_i}\right)\right] \tag{11.17}$$

$$f(\alpha_i,\kappa_j)=\frac{2L}{\sigma_{\mathrm{N}}^2}\mathrm{Re}\left[\kappa_i^*\,\mathrm{tr}\left(\boldsymbol{B}(\alpha_i,\beta_j)\boldsymbol{R}_{\kappa}\frac{\partial\boldsymbol{B}^{\mathrm{H}}(\alpha_i,\beta_j)}{\partial\alpha_i}\right)[1,j]\right] \tag{11.18}$$

$$f(\beta_i,\beta_j)=\frac{2L}{\sigma_{\mathrm{N}}^2}\mathrm{Re}\left[\kappa_i^*\kappa_j\mathrm{tr}\left(\frac{\partial\boldsymbol{B}(\alpha_i,\beta_j)}{\partial\beta_j}\boldsymbol{R}_{\kappa}\frac{\partial\boldsymbol{B}^{\mathrm{H}}(\alpha_i,\beta_j)}{\partial\beta_i}\right)\right] \tag{11.19}$$

$$f(\beta_i,\kappa_j)=\frac{2L}{\sigma_{\mathrm{N}}^2}\mathrm{Re}\left[\kappa_j^*\,\mathrm{tr}\left(\boldsymbol{B}(\alpha_i,\beta_j)\boldsymbol{R}_{\kappa}\frac{\partial\boldsymbol{B}^{\mathrm{H}}(\alpha_i,\beta_j)}{\partial\beta_i}\right)[1,j]\right] \tag{11.20}$$

$$f(\kappa_i,\kappa_j)=\frac{2L}{\sigma_{\mathrm{N}}^2}\mathrm{Re}[[1,\mathrm{j}]^{\mathrm{H}}[1,\mathrm{j}]\mathrm{tr}(\boldsymbol{B}(\alpha_i,\beta_j)\boldsymbol{R}_{\kappa}\boldsymbol{B}^{\mathrm{H}}(\alpha_i,\beta_j))] \tag{11.21}$$

根据矩阵理论相关定理,此时将费希尔信息矩阵分块处理然后求逆,即可得到各待估计参数的 CRB 为其对角线上的元素。因此,有

$$\begin{aligned}\mathrm{CRB}^{-1}(\alpha,\beta)&=\begin{bmatrix}\boldsymbol{F}(\alpha,\alpha) & \boldsymbol{F}(\alpha,\beta)\\ \boldsymbol{F}(\beta,\alpha) & \boldsymbol{F}(\beta,\beta)\end{bmatrix}-\begin{bmatrix}\boldsymbol{F}(\alpha,\kappa)\\ \boldsymbol{F}(\beta,\kappa)\end{bmatrix}\boldsymbol{F}^{-1}(\kappa,\kappa)[\boldsymbol{F}(\kappa,\alpha)\boldsymbol{F}(\kappa,\beta)]\\ &=\begin{bmatrix}\Pi_1 & \Pi_2\\ \Pi_3 & \Pi_4\end{bmatrix}\end{aligned} \tag{11.22}$$

式中

$$\Pi_1=\boldsymbol{F}(\alpha,\alpha)-\boldsymbol{F}(\alpha,\kappa)\boldsymbol{F}^{-1}(\kappa,\kappa)\boldsymbol{F}(\kappa,\alpha) \tag{11.23}$$

$$\Pi_2=\boldsymbol{F}(\alpha,\beta)-\boldsymbol{F}(\alpha,\kappa)\boldsymbol{F}^{-1}(\kappa,\kappa)\boldsymbol{F}(\kappa,\beta) \tag{11.24}$$

$$\Pi_3=\boldsymbol{F}(\beta,\alpha)-\boldsymbol{F}(\beta,\kappa)\boldsymbol{F}^{-1}(\kappa,\kappa)\boldsymbol{F}(\kappa,\alpha) \tag{11.25}$$

$$\Pi_4=\boldsymbol{F}(\beta,\beta)-\boldsymbol{F}(\beta,\kappa)\boldsymbol{F}^{-1}(\kappa,\kappa)\boldsymbol{F}(\kappa,\beta) \tag{11.26}$$

从而可以得到 $\boldsymbol{\alpha}$、$\boldsymbol{\beta}$ 的 CRB 为

$$\mathrm{CRB}(\alpha)=(\Pi_1-\Pi_2\Pi_4^{-1}\Pi_3)^{-1} \tag{11.27}$$

$$\mathrm{CRB}(\beta)=(\Pi_4-\Pi_3\Pi_1^{-1}\Pi_2)^{-1} \tag{11.28}$$

式中:矩阵 CRB($\boldsymbol{\alpha}$)的对角线上的元素就是待估参数 $\boldsymbol{\alpha}=[\alpha_1,\alpha_2,\cdots,\alpha_K]$ 所对应的 CRB;矩阵 CRB($\boldsymbol{\beta}$)的对角线上的元素就是待估参数 $\boldsymbol{\beta}=[\beta_1,\beta_2,\cdots,\beta_K]$ 所对应的 CRB。

将收发分置 L 型阵列 MIMO 雷达目标回波信号 $\boldsymbol{Z}_{\mathrm{f}}$ 和导向矢量 $\boldsymbol{B}_{\mathrm{f}}(\alpha,\beta)$ 代入上述公式,即可得到收发分置 L 型阵列 MIMO 雷达角度估计的 CRB。同理,将收发共置 L 型阵列 MIMO 雷达目标回波信号 $\boldsymbol{Z}_{\mathrm{g}}$ 和导向矢量 $\boldsymbol{B}_{\mathrm{g}}(\alpha,\beta)$ 代入上述公式,即可得到收发共置 L 型阵列 MIMO 雷达角度估计的 CRB。

11.3　收发分置 L 型阵列低复杂度 DOA 估计算法

11.3.1　基于 MUSIC 算法的低复杂度 DOA 估计算法

针对 MUSIC 算法的大运算量问题,本节给出降维 MUSIC 算法,将二维空间谱搜索降为一维空间谱搜索,然后给出无需协方差矩阵特征分解的降维 PM - MUSIC 算法。

11.3.1.1　MUSIC 算法

MUSIC 算法原理已经在前面阐述清楚,本小节基于收发分置 L 型阵列 MI-

MO 雷达,应用 MUSIC 算法原理对目标角度进行估计。首先将目标回波信号 $\boldsymbol{Z}_{\mathrm{f}}$ 的协方差矩阵 $\boldsymbol{R}_{\mathrm{f}}$ 进行特征分解,有

$$\boldsymbol{R}_{\mathrm{f}}=\boldsymbol{U}_{\mathrm{fS}}\boldsymbol{\Lambda}_{\mathrm{fS}}\boldsymbol{U}_{\mathrm{fS}}^{\mathrm{H}}+\sigma_{\mathrm{N}}^{2}\boldsymbol{U}_{\mathrm{fN}}\boldsymbol{U}_{\mathrm{fN}}^{\mathrm{H}} \tag{11.29}$$

式中:$\boldsymbol{U}_{\mathrm{fS}}$ 为 K 个大特征值构成的信号子空间;$\boldsymbol{U}_{\mathrm{fN}}$ 为 $MN-K$ 个小特征值构成的噪声子空间。

此时,根据 MUSIC 算法原理可以直接推导出收发分置 L 型阵列 MIMO 雷达的 MUSIC 空间谱为

$$P_{\mathrm{f-MUSIC}}(\alpha,\beta)=\frac{1}{\boldsymbol{b}_{\mathrm{f}}^{\mathrm{H}}(\alpha,\beta)\boldsymbol{U}_{\mathrm{fN}}\boldsymbol{U}_{\mathrm{fN}}^{\mathrm{H}}\boldsymbol{b}_{\mathrm{f}}(\alpha,\beta)} \tag{11.30}$$

从式(11.30)可以看到,收发分置 L 型阵列 MIMO 雷达的 MUSIC 空间谱是二维空间谱,需要二维空间谱搜索。假设空中存在 3 个不相关目标,目标角度分别为 $(\alpha_1,\beta_1)=(40°,130°)$,$(\alpha_2,\beta_2)=(80°,100°)$,$(\alpha_3,\beta_3)=(140°,80°)$。发射天线阵元发射相互正交的编码信号,收发天线阵元数 $M=N=3$,信噪比SNR=10dB,搜索步长为 0.01°。仿真得到的 MUSIC 空间谱如图 11.5 所示。从图中可以明显看出,MUSIC 算法可以很好地估计出 3 个目标的二维角度信息。

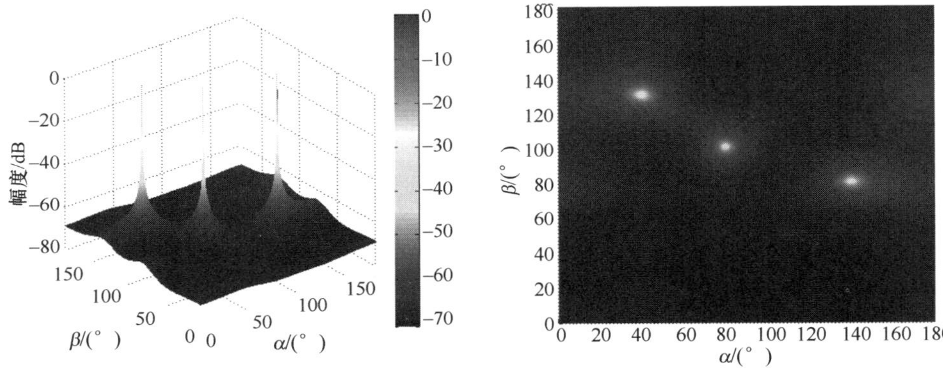

(a) 侧视图　　(b) 俯视图

图 11.5　MUSIC 空间谱估计

11.3.1.2　降维 MUSIC 算法

从收发分置 L 型阵列 MIMO 雷达的信号模型可以看出,目标回波信号中的二维角度是耦合在一起的,所以此时应用 MUSIC 算法需要二维空间谱搜索,而不能直接进行一维空间谱估计。本小节从这个角度给出将二维空间谱搜索降为一维空间谱搜索的降维 MUSIC 算法,该算法首先使得二维角度解耦,将二维空间谱估计问题转化为二次优化问题,再进行一维空间谱估计,这样就大大减小了

运算量。

收发分置 L 型阵列 MIMO 雷达的 MUSIC 空间谱函数为

$$P_{\mathrm{f-MUSIC}}=\frac{1}{\boldsymbol{b}_{\mathrm{f}}^{\mathrm{H}}(\alpha,\beta)\boldsymbol{U}_{\mathrm{fN}}^{\mathrm{H}}\boldsymbol{U}_{\mathrm{fN}}\boldsymbol{b}_{\mathrm{f}}(\alpha,\beta)} \tag{11.31}$$

式中

$$\boldsymbol{b}_{\mathrm{f}}(\alpha,\beta)=\boldsymbol{a}_{y}(\beta)\otimes\boldsymbol{a}_{x}(\alpha)$$

定义

$$\begin{aligned}
\boldsymbol{f}_{\mathrm{f-MUSIC}}&=\boldsymbol{b}_{\mathrm{f}}^{\mathrm{H}}(\alpha,\beta)\boldsymbol{U}_{\mathrm{fN}}\boldsymbol{U}_{\mathrm{fN}}^{\mathrm{H}}\boldsymbol{b}_{\mathrm{f}}(\alpha,\beta)\\
&=[\boldsymbol{a}_{y}(\beta)\otimes\boldsymbol{a}_{x}(\alpha)]^{\mathrm{H}}\boldsymbol{U}_{\mathrm{fN}}\boldsymbol{U}_{\mathrm{fN}}^{\mathrm{H}}[\boldsymbol{a}_{y}(\beta)\otimes\boldsymbol{a}_{x}(\alpha)]\\
&=\boldsymbol{a}_{x}^{\mathrm{H}}(\alpha)[\boldsymbol{a}_{y}(\beta)\otimes\boldsymbol{I}_{\mathrm{N}}]^{\mathrm{H}}\boldsymbol{U}_{\mathrm{fN}}\boldsymbol{U}_{\mathrm{fN}}^{\mathrm{H}}[\boldsymbol{a}_{y}(\beta)\otimes\boldsymbol{I}_{\mathrm{N}}]\boldsymbol{a}_{x}(\alpha)\\
&=\boldsymbol{a}_{x}^{\mathrm{H}}(\alpha)\boldsymbol{\Omega}_{\mathrm{f-MUSIC}}(\beta)\boldsymbol{a}_{x}(\alpha)
\end{aligned} \tag{11.32}$$

式中

$$\boldsymbol{\Omega}_{\mathrm{f-MUSIC}}(\beta)=[\boldsymbol{a}_{y}(\beta)\otimes\boldsymbol{I}_{\mathrm{N}}]^{\mathrm{H}}\boldsymbol{U}_{\mathrm{fN}}\boldsymbol{U}_{\mathrm{fN}}^{\mathrm{H}}[\boldsymbol{a}_{y}(\beta)\otimes\boldsymbol{I}_{\mathrm{N}}] \tag{11.33}$$

显然,式(11.32)为二次优化问题,需寻求 $\boldsymbol{f}_{\mathrm{f-MUSIC}}$ 的最小值。此时为了避免出现 $\boldsymbol{a}_{x}(\alpha)=\boldsymbol{0}_{M\times1}$ 的情况,考虑约束条件 $\boldsymbol{e}_1^{\mathrm{T}}\boldsymbol{a}_{x}(\alpha)=1$,其中 $\boldsymbol{e}_1=[1,0,\cdots,0]^{\mathrm{T}}\in\mathbb{C}^{M\times1}$。从而,上述二次优化问题可以重述为线性约束最小方差问题,即

$$\min_{\beta}\boldsymbol{a}_{x}^{\mathrm{H}}(\alpha)\boldsymbol{\Omega}_{\mathrm{f-MUSIC}}(\beta)\boldsymbol{a}_{x}(\alpha)\quad(\boldsymbol{e}_1^{\mathrm{T}}\boldsymbol{a}_{x}(\alpha)=1) \tag{11.34}$$

此时定义代价函数

$$L(\alpha,\beta)=\boldsymbol{a}_{x}^{\mathrm{H}}(\alpha)\boldsymbol{\Omega}_{\mathrm{f-MUSIC}}(\beta)\boldsymbol{a}_{x}(\alpha)-\lambda(\boldsymbol{e}_1^{\mathrm{H}}\boldsymbol{a}_{x}(\alpha)-1) \tag{11.35}$$

式中:λ 为常数。

将式(11.35)关于 $\boldsymbol{a}_{x}(\alpha)$ 求偏导,可得

$$\frac{\partial}{\partial\boldsymbol{a}_{x}(\alpha)}L(\alpha,\beta)=2\boldsymbol{\Omega}_{\mathrm{f-MUSIC}}(\beta)\boldsymbol{a}_{x}(\alpha)+\lambda\boldsymbol{e}_1=0 \tag{11.36}$$

由式(11.36)可得

$$\boldsymbol{a}_{x}(\alpha)=\rho\boldsymbol{\Omega}_{\mathrm{f-MUSIC}}^{-1}(\beta)\boldsymbol{e}_1 \tag{11.37}$$

式中:ρ 为常数,$\rho=-\lambda/2$。

将二次优化问题的约束条件 $\boldsymbol{e}_1^{\mathrm{T}}\boldsymbol{a}_{x}(\alpha)=1$ 代入式(11.37),可得

$$\rho=\frac{1}{\boldsymbol{e}_1^{\mathrm{H}}\boldsymbol{\Omega}_{\mathrm{f-MUSIC}}^{-1}(\beta)\boldsymbol{e}_1} \tag{11.38}$$

从而有

$$\boldsymbol{a}_x(\alpha)=\frac{\boldsymbol{\Omega}_{\text{f-MUSIC}}^{-1}(\beta)\boldsymbol{e}_1}{\boldsymbol{e}_1^{\text{H}}\boldsymbol{\Omega}_{\text{f-MUSIC}}^{-1}(\beta)\boldsymbol{e}_1} \tag{11.39}$$

将式(11.39)代入式(11.34),可得β的估计量,即

$$\hat{\beta}=\arg\min_{\beta}\frac{1}{\boldsymbol{e}_1^{\text{H}}\boldsymbol{\Omega}_{\text{f-MUSIC}}^{-1}(\beta)\boldsymbol{e}_1}=\arg\max_{\beta}\boldsymbol{e}_1^{\text{H}}\boldsymbol{\Omega}_{\text{f-MUSIC}}^{-1}(\beta)\boldsymbol{e}_1 \tag{11.40}$$

对式(11.40)在[0°~180°]范围内进行搜索,可以搜索到K个谱峰。这K个谱峰就对应K个目标β角度的估计量$[\hat{\beta}_1,\hat{\beta}_2,\cdots,\hat{\beta}_K]$。

至此,已经估计出β。对于另一角度α,可以通过式(11.32)定义的$\boldsymbol{f}_{\text{f-MUSIC}}$函数求解。将$\beta$的各个估计量$[\hat{\beta}_1,\hat{\beta}_2,\cdots,\hat{\beta}_K]$代入式(11.32),则$\boldsymbol{f}_{\text{f-MUSIC}}$函数就简化为只含有$\alpha$角度的函数,从而可以利用Root-MUSIC算法的思想对α角度作出估计。

此时定义求根多项式

$$f_k(z)=z^{N-1}\boldsymbol{a}_x^{\text{T}}(z^{-1})\boldsymbol{\Omega}_{\text{f-MUSIC}}(\beta_k)\boldsymbol{a}_x(z)\quad(k=1,2,\cdots,K) \tag{11.41}$$

式中:$\boldsymbol{a}_x(z)=[1,z,\cdots,z^{M-1}]^{\text{T}}$,$z=\exp(-\text{j}\pi\cos\alpha_k)$。

通过对上式求根,求得单位圆附近的一个根γ_k,即可得到相应的α_k的估计量,即

$$\hat{\alpha}_k=\arccos\frac{\arg(\gamma_k)}{\pi} \tag{11.42}$$

至此,目标的二维角度估计问题已经得到解决,根据上述降维MUSIC算法原理,可以得出如下算法步骤:

(1) 特征分解目标回波信号协方差矩阵$\boldsymbol{R}_{\text{f}}$,从而得到噪声子空间$\boldsymbol{U}_{\text{fN}}$;

(2) 搜索式(11.40)的K个谱峰,得到角度β的估计量$[\hat{\beta}_1,\hat{\beta}_2,\cdots,\hat{\beta}_K]$;

(3) 将β的估计量$[\hat{\beta}_1,\hat{\beta}_2,\cdots,\hat{\beta}_K]$回代式(11.32),然后对函数式(11.41)进行K次求根运算,每次均可得到一个无限接近于单位圆的根γ_k;

(4) 根据式(11.40)即可求得与$\hat{\beta}_k$对应同一目标的$\hat{\alpha}_k$。

按照前述章节仿真参数,对降维MUSIC的角度估计结果进行仿真分析。图11.6为β的空间谱搜索结果。从图中可以明显的看出β所对应的谱峰非常明显,也就说明一维空间谱搜索可以很好地估计出β。

11.3.1.3 降维PM-MUSIC算法

前面提到,PM算法避免协方差矩阵的特征分解,而且贴近实际的工程实现,从而可以将PM算法与降维MUSIC算法联合应用于收发分置L型阵列MI-

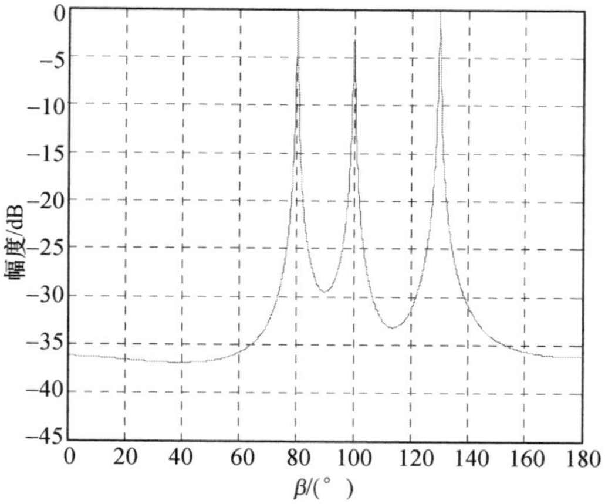

图 11.6　β 的一维空间谱估计

MO 雷达的目标角度估计问题。

首先理论推导收发分置 L 型阵列 MIMO 雷达 PM 算法的传播算子,将发射导向矢量 $\boldsymbol{A}_x$ 分块,可得

$$\boldsymbol{A}_x=\begin{bmatrix}\boldsymbol{A}_1\\\boldsymbol{A}_2\end{bmatrix}_{(M-K)\times K}^{K\times K} \tag{11.43}$$

从而目标回波信号 $\boldsymbol{Z}_{\mathrm{f}}$ 可以表示为

$$\boldsymbol{Z}_{\mathrm{f}}=\begin{bmatrix}\boldsymbol{A}_1D_1(\boldsymbol{A}_y)\\\boldsymbol{A}_2D_1(\boldsymbol{A}_y)\\\vdots\\\boldsymbol{A}_1D_M(\boldsymbol{A}_y)\\\boldsymbol{A}_2D_M(\boldsymbol{A}_y)\end{bmatrix}\boldsymbol{\kappa}+\boldsymbol{N}_{\mathrm{f}}=\begin{bmatrix}\boldsymbol{A}_{\mathrm{f1}}\\\boldsymbol{A}_{\mathrm{f2}}\end{bmatrix}_{(MN-K)\times K}^{K\times K}\boldsymbol{\kappa}+\boldsymbol{N}_{\mathrm{f}} \tag{11.44}$$

式中

$\boldsymbol{A}_{\mathrm{f1}}=\boldsymbol{A}_1D_1(\boldsymbol{A}_y),\boldsymbol{A}_{\mathrm{f2}}=[(\boldsymbol{A}_2D_1(\boldsymbol{A}_y))^{\mathrm{T}}\cdots(\boldsymbol{A}_1D_M(\boldsymbol{A}_y))^{\mathrm{T}}(\boldsymbol{A}_2D_M(\boldsymbol{A}_y))^{\mathrm{T}}]^{\mathrm{T}}$

由于各目标互不相关,所以 $\boldsymbol{A}_{\mathrm{f1}}$ 和 $\boldsymbol{A}_{\mathrm{f2}}$ 满足线性变换关系

$$\boldsymbol{A}_{\mathrm{f2}}=\boldsymbol{P}_{\mathrm{f}}^{\mathrm{H}}\boldsymbol{A}_{\mathrm{f1}} \tag{11.45}$$

对目标回波信号及其协方差矩阵进行与式(11.43)相同的分块处理,可得

$$\boldsymbol{Z}_{\mathrm{f}}=\begin{bmatrix}\boldsymbol{Z}_{\mathrm{f1}}\\\boldsymbol{Z}_{\mathrm{f2}}\end{bmatrix}\quad(\boldsymbol{Z}_{\mathrm{f1}}\in C^{K\times L},\boldsymbol{Z}_{\mathrm{f2}}\in C^{(MN-K)\times L}) \tag{11.46}$$

$$\boldsymbol{R}_{\mathrm{f}}=[\boldsymbol{G}_{\mathrm{f}},\boldsymbol{H}_{\mathrm{f}}]\quad(\boldsymbol{G}_{\mathrm{f}}\in C^{MN\times K},\boldsymbol{H}_{\mathrm{f}}\in C^{MN\times(MN-K)}) \tag{11.47}$$

由最小化问题可求得 $\boldsymbol{P}_{\mathrm{f}}$ 的估计量 $\hat{\boldsymbol{P}}_{\mathrm{f}}$ 为

$$\hat{\boldsymbol{P}}_{\mathrm{f}}^{\mathrm{H}} = \boldsymbol{Z}_{\mathrm{f2}}\boldsymbol{Z}_{\mathrm{f1}}^{\mathrm{H}}(\boldsymbol{Z}_{\mathrm{f1}}^{\mathrm{H}}\boldsymbol{Z}_{\mathrm{f1}})^{-1} \tag{11.48}$$

$$\hat{\boldsymbol{P}}_{\mathrm{f}} = (\boldsymbol{G}_{\mathrm{f}}^{\mathrm{H}}\boldsymbol{G}_{\mathrm{f}})^{-1}\boldsymbol{G}_{\mathrm{f}}^{\mathrm{H}}\boldsymbol{H}_{\mathrm{f}} \tag{11.49}$$

根据前述章节内容，PM 算法可以根据上述两式直接估计噪声子空间，即

$$\boldsymbol{Q}_{\mathrm{f}} = [\boldsymbol{P}_{\mathrm{f}}^{\mathrm{H}}, -\boldsymbol{I}_{M^2-K}]^{\mathrm{H}} \tag{11.50}$$

至此，将式(11.32)中的 $\boldsymbol{U}_{\mathrm{fN}}$ 替换为 $\boldsymbol{Q}_{\mathrm{f}}$，接下来的算法步骤与降维 MUSIC 算法相同，不再赘述。图 11.7 为降维 PM－MUSIC 算法 β 的一维搜索结果。从图中可以看出，基于目标回波信号和基于协方差矩阵的降维 PM－MUSIC 算法都能很好地估计出目标角度；但是基于协方差矩阵的降维 PM－MUSIC 的谱峰更陡，说明基于协方差矩阵的降维 PM－MUSIC 估计性能更好。

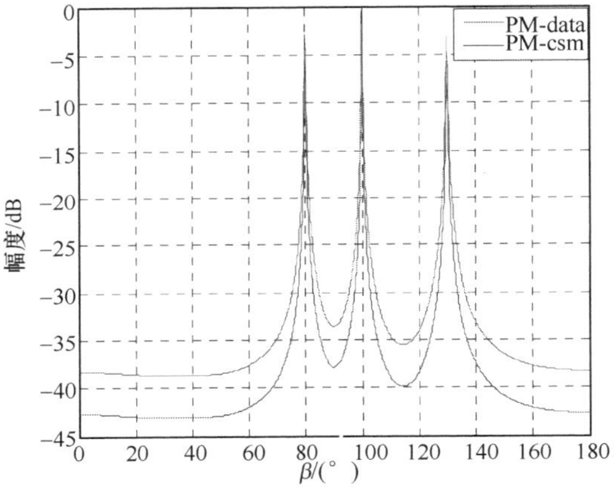

图 11.7 基于回波信号和协方差矩阵的 β 角度一维搜索结果

11.3.1.4 算法性能分析

目标角度估计均方根误差为

$$\mathrm{RMSE} = \frac{1}{\mathrm{Mon}}\sum_{\mathrm{mon}=1}^{\mathrm{Mon}}\sqrt{\frac{1}{K}\sum_{k=1}^{K}(\hat{\varsigma}_{\mathrm{mon}k} - \varsigma)^2} \tag{11.51}$$

式中：ς 为 α、β 的实际角度；$\hat{\varsigma}_{\mathrm{mon}k}$ 为第 mon 次蒙特卡罗仿真实验的第 k 个目标的估计角度；Mon 为蒙特卡罗仿真实验次数，本实验中设置 Mon＝500。

本小节针对上述 MUSIC 算法、降维 MUSIC 算法和降维 PM－MUSIC 算法的估计性能进行仿真分析，仿真参数与上小节仿真参数相同。

图 11.8 为在快拍数 $L=100$，收发阵元数 $M=N=7$ 时，降维 MUSIC 算法和

降维 PM - MUSIC 算法的 RMSE 随 SNR 变化曲线。从图中可以看出，降维 MUSIC算法的比降维 PM - MUSIC 算法的估计精度高，基于目标回波信号的降维 PM - MUSIC 算法的估计精度最低。而且降维 MUSIC 算法和降维 PM - MUSIC 算法的估计精度都随着信噪比的增大呈稳定提高的趋势。

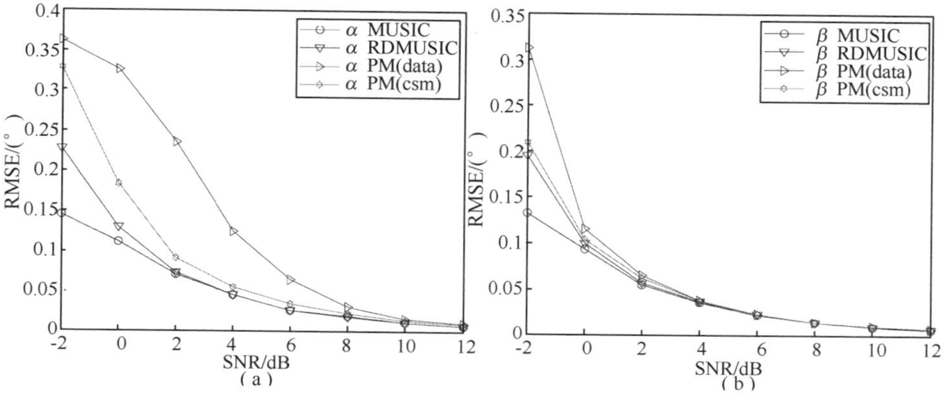

图 11.8　RMSE 随 SNR 变化曲线

图 11.9 为在快拍数 $L=100$，收发阵元数不同的情况下降维 MUSIC 算法和降维 PM - MUSIC 算法的 RMSE 随收发阵元数的变化曲线。从图中可以看出，不论是降维 MUSIC 算法和降维 PM - MUSIC 算法，目标角度估计的 RMSE 都随着收发阵元数的增加而减小，说明阵元数越多，目标角度估计越精确，但是在实际应用中，收发阵元数不可能无限大，所以只能以达到估计精度为标准来合理配置收发阵元数。

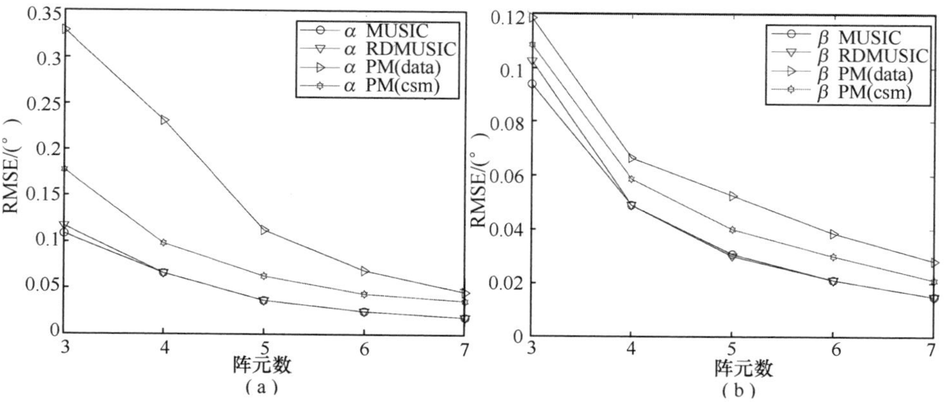

图 11.9　RMSE 随收发阵元数变化曲线

下面探讨降维 MUSIC 算法和降维 PM－MUSIC 算法的运算复杂度，两种算法涉及的复乘计算次数，如下所示：

（1）目标回波信号数据协方差矩阵的计算

$$O_{f1}=LM^2N^2$$

（2）协方差矩阵特征分解

$$O_{f2}=M^3N^3$$

（3）MUSIC 二维空间谱搜索

$$O_{f3}=n^2[MN(MN-K)+MN-K]$$

（4）降维 MUSIC 算法一维空间谱搜索

$$O_{f4}=n[M^2N(MN-K)+M^2(MN-K)+M^2+M]$$

（5）PM 算法传播算子计算（data）

$$O_{f5}=LK(MN-K)+2LK^2+K^3$$

（6）PM 算法传播算子计算（csm）

$$O_{f6}=KMN(MN-K)+2K^2MN+K^3$$

由此可以得出结论：

（1）MUSIC 算法的复杂度为

$$O_{f-\text{MUSIC}}=O_{f1}+O_{f2}+O_{f3}=LM^2N^2+M^3N^3+n^2[MN(MN-K)+MN-K] \tag{11.52}$$

（2）降维 MUSIC 算法复杂度为

$$\begin{aligned}O_{f-\text{RDMUSIC}}&=O_{f1}+O_{f2}+O_{f4}\\&=LM^2N^2+M^3N^3+n[M^2N(MN-K)+M^2(MN-K)+M^2+M]\end{aligned} \tag{11.53}$$

（3）基于目标回波信号的降维 PM－MUSIC 算法复杂度为

$$\begin{aligned}O_{f\text{PM-MUSIC\_data}}&=O_{f4}+O_{f5}\\&=n[M^2N(MN-K)+M^2(MN-K)+M^2+M]+\\&\quad LK(MN-K)+2LK^2+K^3\end{aligned} \tag{11.54}$$

（4）基于协方差矩阵的降维 PM－MUSIC 算法复杂度为

$$\begin{aligned}O_{f\text{PM-MUSIC\_csm}}&=O_{f1}+O_{f4}+O_{f6}\\&=LM^2N^2+n[M^2N(MN-K)+M^2(MN-K)+M^2+M]+\\&\quad KMN(MN-K)+2K^2MN+K^3\end{aligned} \tag{11.55}$$

直观起见，在收发阵元数 $M=N=7$，快拍数 $L=100$，目标数 $K=3$，搜索栅格为 180，即搜索步长为 1°的情况下，计算可得 MUSIC 算法所需复乘次数为 7.5×10^{7}；降维 MUSIC 算法所需复乘次数为 3.6×10^{6}；基于目标回波信号的降维 PM – MUSIC 算法所需复乘次数为 3.3×10^{6}，基于协方差矩阵的降维 PM – MUSIC 算法所需复乘次数为 3.5×10^{6}。各算法运算量比较如表 11.1 所列。

表 11.1　各算法复乘次数比较

算法类型	复乘次数
MUSIC 算法	7.5×10^{7}
降维 MUSIC 算法	3.6×10^{6}
降维 PM – MUSIC 算法(data)	3.3×10^{6}
降维 PM – MUSIC 算法(csm)	3.5×10^{6}

从表 11.1 可以看出，降维低复杂度 DOA 估计算法所需复乘次数明显小于 MUSIC 算法。由上述仿真实验也可以看出，低复杂度 DOA 估计算法的估计精度略微不及 MUSIC 算法，但是在实时处理方面比 MUSIC 算法的优势大很多。

11.3.2　基于 ESPRIT 算法的低复杂度 DOA 估计算法

本节针对 ESPRIT 算法需要特征分解协方差矩阵的问题，给出 PM – ESPRIT 算法，减小运算量；针对 ESPRIT 算法估计精度略低的问题，给出基于酉变换的 U – ESPRIT 算法，提高估计精度的同时，还降低了算法复杂度。

11.3.2.1　ESPRIT 算法

收发分置 L 型阵列 MIMO 雷达的发射天线阵列和接收天线阵列都是均匀线性阵列，阵列结构具有旋转不变特性，因此可以应用 ESPRIT 算法。收发分置 L 型阵列的目标回波信号除如式(11.5)所示，还有另一种表示方法

$$\boldsymbol{Z}_{\mathrm{f}}=\boldsymbol{B}_{\mathrm{f}}\boldsymbol{\kappa}+\boldsymbol{N}_{\mathrm{f}}=(\boldsymbol{A}_{y}\odot\boldsymbol{A}_{x})\boldsymbol{\kappa}+\boldsymbol{N}_{\mathrm{f}}=\begin{bmatrix}\boldsymbol{Z}_1\\ \boldsymbol{Z}_2\\ \vdots\\ \boldsymbol{Z}_N\end{bmatrix}=\begin{bmatrix}\boldsymbol{A}_xD_1(\boldsymbol{A}_y)\\ \boldsymbol{A}_xD_2(\boldsymbol{A}_y)\\ \vdots\\ \boldsymbol{A}_xD_N(\boldsymbol{A}_y)\end{bmatrix}\boldsymbol{\kappa}+\boldsymbol{N}_{\mathrm{f}} \tag{11.56}$$

式中：$\boldsymbol{A}_x=[\boldsymbol{a}_x(\alpha_1),\boldsymbol{a}_x(\alpha_2),\cdots,\boldsymbol{a}_x(\alpha_K)]$；$\boldsymbol{A}_y=[\boldsymbol{a}_y(\beta_1),\boldsymbol{a}_y(\beta_2),\cdots,\boldsymbol{a}_y(\beta_K)]$；$D_n(\cdot)$以矩阵的第 n 行元素为对角元素组成对角矩阵。

根据式(11.56)所示目标回波信号形式，对接收阵列进行分块，如图 11.10 所示。

将 y 轴上前 $N-1$ 个接收阵元划分为接收子阵 $\boldsymbol{Y}_1$，将 y 轴上后 $N-1$ 个接收

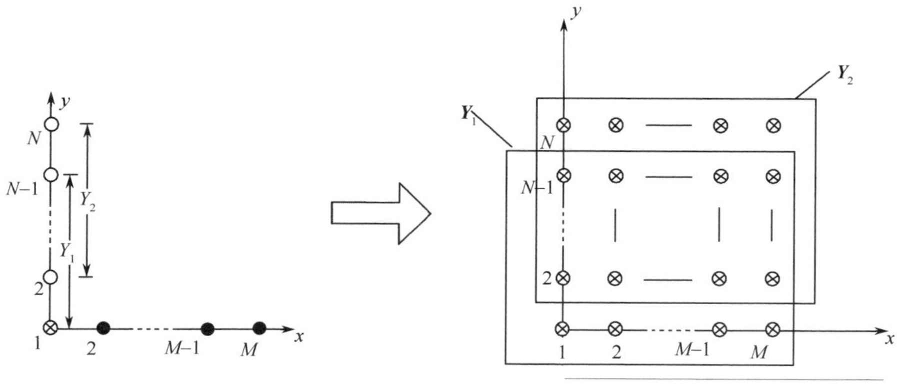

图 11.10 接收阵列分块

阵元划分为接收子阵 $\boldsymbol{Y}_2,\boldsymbol{Y}_1$ 和 $\boldsymbol{Y}_2$ 所对应的虚拟阵列如图 11.10 所示。$\boldsymbol{Y}_1$ 和 $\boldsymbol{Y}_2$ 的维数相同,两个子阵接收到的信号分别表示为

$$\boldsymbol{Z}_{r1}=\boldsymbol{A}_{r1}\boldsymbol{\kappa}+\boldsymbol{N}_{y1}=(\boldsymbol{A}_{y1}\odot\boldsymbol{A}_x)\boldsymbol{\kappa}+\boldsymbol{N}_{y1}=\begin{bmatrix}\boldsymbol{Z}_1\\\boldsymbol{Z}_2\\\vdots\\\boldsymbol{Z}_{N-1}\end{bmatrix}=\begin{bmatrix}\boldsymbol{A}_xD_1(\boldsymbol{A}_y)\\\boldsymbol{A}_xD_2(\boldsymbol{A}_y)\\\vdots\\\boldsymbol{A}_xD_{N-1}(\boldsymbol{A}_y)\end{bmatrix}\boldsymbol{\kappa}+\boldsymbol{N}_{y1} \tag{11.57}$$

$$\boldsymbol{Z}_{r2}=\boldsymbol{A}_{r2}\boldsymbol{\kappa}+\boldsymbol{N}_{y2}=(\boldsymbol{A}_{y2}\odot\boldsymbol{A}_x)\boldsymbol{\kappa}+\boldsymbol{N}_{y2}=\begin{bmatrix}\boldsymbol{Z}_2\\\boldsymbol{Z}_3\\\vdots\\\boldsymbol{Z}_{N}\end{bmatrix}=\begin{bmatrix}\boldsymbol{A}_xD_2(\boldsymbol{A}_y)\\\boldsymbol{A}_xD_3(\boldsymbol{A}_y)\\\vdots\\\boldsymbol{A}_xD_{N}(\boldsymbol{A}_y)\end{bmatrix}\boldsymbol{\kappa}+\boldsymbol{N}_{y2} \tag{11.58}$$

由接收导向矢量 $\boldsymbol{A}_y$ 的形式,下式成立

$$D_{n+1}(\boldsymbol{A}_y)=D_n(\boldsymbol{A}_y)\boldsymbol{\Phi}_\beta \quad (n=1,2,\cdots,N-1) \tag{11.59}$$

式中

$$\boldsymbol{\Phi}_\beta=\mathrm{diag}(\exp(-\mathrm{j}\nu_1),\exp(-\mathrm{j}\nu_2),\cdots,\exp(-\mathrm{j}\nu_K))$$

由上可以推出两接收子阵的联合导向矢量 $\boldsymbol{A}_{r1}$ 和 $\boldsymbol{A}_{r2}$ 具有如下关系:

$$\boldsymbol{A}_{r2}=\boldsymbol{A}_{r1}\boldsymbol{\Phi}_\beta \tag{11.60}$$

式(11.60)表明,收发分置 L 型阵列 MIMO 雷达的联合导向矢量满足旋转

不变特性，从而根据 ESPRIT 算法原理，对目标回波信号 $\boldsymbol{Z}_{\mathrm{f}}$ 的协方差矩阵 $\boldsymbol{R}_{\mathrm{f}}$ 进行特征分解，可得

$$\boldsymbol{R}_{\mathrm{f}} = \boldsymbol{U}_{\mathrm{Sr}}\boldsymbol{\Lambda}_{\mathrm{Sr}}\boldsymbol{U}_{\mathrm{Sr}}^{\mathrm{H}} + \sigma_{\mathrm{N}}^{2}\boldsymbol{U}_{\mathrm{Nr}}\boldsymbol{U}_{\mathrm{Nr}}^{\mathrm{H}} \tag{11.61}$$

按照联合导向矢量的分块方式，对 $\boldsymbol{U}_{\mathrm{Sr}}$ 分块处理，即

$$\begin{aligned} \boldsymbol{U}_{\mathrm{r1}} &= \boldsymbol{U}_{\mathrm{Sr}}(1:M(N-1),:) \\ \boldsymbol{U}_{\mathrm{r2}} &= \boldsymbol{U}_{\mathrm{Sr}}(M+1:MN,:) \end{aligned} \tag{11.62}$$

因为 $\boldsymbol{U}_{\mathrm{Sr}} = \boldsymbol{A}_{\mathrm{f}}\boldsymbol{T}$ 且 $\boldsymbol{A}_{\mathrm{r2}} = \boldsymbol{A}_{\mathrm{r1}}\boldsymbol{\Phi}_{\beta}$，所以有

$$\boldsymbol{U}_{\mathrm{r2}} = \boldsymbol{U}_{\mathrm{r1}}\boldsymbol{T}^{-1}\boldsymbol{\Phi}_{\beta}\boldsymbol{T} = \boldsymbol{U}_{\mathrm{r1}}\boldsymbol{\Psi}_{\beta} \tag{11.63}$$

式中：$\boldsymbol{\Psi}_{\beta} = \boldsymbol{T}^{-1}\boldsymbol{\Phi}_{\beta}\boldsymbol{T}$。

从而可以通过特征分解 $\boldsymbol{\Psi}_{\beta}$ 得到目标角度信息。由上式(11.63)可知

$$\boldsymbol{\Psi}_{\beta} = \boldsymbol{U}_{\mathrm{r1}}^{\dagger}\boldsymbol{U}_{\mathrm{r2}} \tag{11.64}$$

设 $\boldsymbol{\Psi}_{\beta}$ 的特征值为 $\lambda_{\mathrm{r}k}(k=1,2,\cdots,K)$，则 β 的估计值为

$$\hat{\beta}_{k} = \arccos\frac{\arg(\lambda_{\mathrm{r}k})}{\pi} \tag{11.65}$$

至此已经求出 β 的估计值，接下来需要估计 α。此时定义置换矩阵为[11]

$$\boldsymbol{E} = \sum_{p=1}^{P}\sum_{q=1}^{Q}\boldsymbol{E}_{p,q}^{P\times Q}\otimes\boldsymbol{E}_{q,p}^{Q\times P} \tag{11.66}$$

式中：$\boldsymbol{E}_{p,q}^{P\times Q}$ 表示 $P\times Q$ 维矩阵的第 (p,q) 个元素为 1、其他元素为 0；$\boldsymbol{E}_{q,p}^{Q\times P}$ 表示 $Q\times P$ 维矩阵的第 (q,p) 个元素为 1、其他元素为 0。

则有如下式子成立：

$$\hat{\boldsymbol{Z}}_{\mathrm{f}} = \boldsymbol{E}\boldsymbol{Z}_{\mathrm{f}} = \hat{\boldsymbol{A}}_{\mathrm{f}}\boldsymbol{\kappa} + \hat{\boldsymbol{N}}_{\mathrm{f}} = (\boldsymbol{A}_{x}\odot\boldsymbol{A}_{y})\boldsymbol{\kappa} + \hat{\boldsymbol{N}}_{\mathrm{f}} = \begin{bmatrix}\hat{\boldsymbol{Z}}_{1}\\ \hat{\boldsymbol{Z}}_{2}\\ \vdots\\ \hat{\boldsymbol{Z}}_{M}\end{bmatrix} = \begin{bmatrix}\boldsymbol{A}_{y}D_{1}(\boldsymbol{A}_{x})\\ \boldsymbol{A}_{y}D_{2}(\boldsymbol{A}_{x})\\ \vdots\\ \boldsymbol{A}_{y}D_{M}(\boldsymbol{A}_{x})\end{bmatrix}\boldsymbol{\kappa} + \boldsymbol{N}_{\mathrm{f}} \tag{11.67}$$

可以看出，变换后的目标回波信号 $\hat{\boldsymbol{Z}}_{\mathrm{f}}$ 的联合导向矢量也具有旋转不变特性。对其进行与上述类似的分块处理，即将 x 轴上前 $M-1$ 个发射阵元划分为发射子阵 $\boldsymbol{X}_{1}$，将 x 轴上后 $M-1$ 个发射阵元划分为发射子阵 $\boldsymbol{X}_{2}$，$\boldsymbol{X}_{1}$ 和 $\boldsymbol{X}_{2}$ 所对应的虚拟阵列如图 11.11 所示。

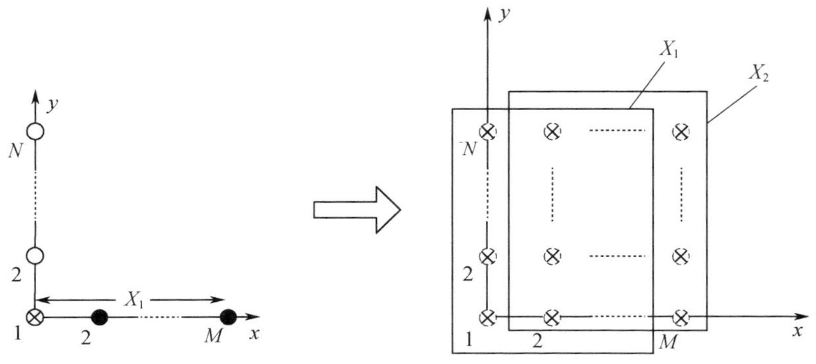

图 11.11 发射阵列分块

两子阵的回波信号分别表示为

$$\boldsymbol{Z}_{t1}=\boldsymbol{A}_{t1}\boldsymbol{\kappa}+\boldsymbol{N}_{x1}=(\boldsymbol{A}_{x1}\odot\boldsymbol{A}_y)\boldsymbol{\kappa}+\boldsymbol{N}_{x1}=\begin{bmatrix}\hat{\boldsymbol{Z}}_1\\\hat{\boldsymbol{Z}}_2\\\vdots\\\hat{\boldsymbol{Z}}_{M-1}\end{bmatrix}=\begin{bmatrix}\boldsymbol{A}_yD_1(\boldsymbol{A}_x)\\\boldsymbol{A}_yD_2(\boldsymbol{A}_x)\\\vdots\\\boldsymbol{A}_yD_{M-1}(\boldsymbol{A}_x)\end{bmatrix}\boldsymbol{\kappa}+\boldsymbol{N}_{x1} \tag{11.68}$$

$$\boldsymbol{Z}_{t2}=\boldsymbol{A}_{t2}\boldsymbol{\kappa}+\boldsymbol{N}_{x2}=(\boldsymbol{A}_{x2}\odot\boldsymbol{A}_y)\boldsymbol{\kappa}+\boldsymbol{N}_{x2}=\begin{bmatrix}\hat{\boldsymbol{Z}}_2\\\hat{\boldsymbol{Z}}_3\\\vdots\\\hat{\boldsymbol{Z}}_{M}\end{bmatrix}=\begin{bmatrix}\boldsymbol{A}_yD_2(\boldsymbol{A}_x)\\\boldsymbol{A}_yD_3(\boldsymbol{A}_x)\\\vdots\\\boldsymbol{A}_yD_{M}(\boldsymbol{A}_x)\end{bmatrix}\boldsymbol{\kappa}+\boldsymbol{N}_{x2} \tag{11.69}$$

由发射导向矢量 $\boldsymbol{A}_x$的形式,下式成立

$$D_{m+1}(\boldsymbol{A}_x)=D_m(\boldsymbol{A}_x)\boldsymbol{\Phi}_\alpha \quad (m=1,2,\cdots,M-1) \tag{11.70}$$

式中

$$\boldsymbol{\Phi}_\alpha=\mathrm{diag}(\exp(-\mathrm{j}\mu_1),\exp(-\mathrm{j}\mu_2),\cdots,\exp(-\mathrm{j}\mu_K))$$

由以上可以推出两发射子阵的联合导向矢量 $\boldsymbol{A}_{t1}$和 $\boldsymbol{A}_{t2}$具有如下关系:

$$\boldsymbol{A}_{t2}=\boldsymbol{A}_{t1}\boldsymbol{\Phi}_\alpha \tag{11.71}$$

因为 $\hat{\boldsymbol{A}}_f$ 和 $\boldsymbol{A}_f$ 存在关系$\hat{\boldsymbol{A}}_f=\boldsymbol{E}\boldsymbol{A}_f$,从而有

$$\boldsymbol{U}_{\mathrm{St}} = \boldsymbol{E}\boldsymbol{U}_{\mathrm{Sr}} = \boldsymbol{E}\boldsymbol{A}_{\mathrm{f}}\boldsymbol{T} = \hat{\boldsymbol{A}}_{\mathrm{f}}\boldsymbol{T} \tag{11.72}$$

按照上述求解 β 角度信息时的算法原理，对 $\boldsymbol{U}_{\mathrm{St}}$ 分块处理，即

$$\begin{aligned} \boldsymbol{U}_{\mathrm{t1}} &= \boldsymbol{U}_{\mathrm{St}}(1:N(M-1),:) \\ \boldsymbol{U}_{\mathrm{t1}} &= \boldsymbol{U}_{\mathrm{St}}(N+1:NM,:) \end{aligned} \tag{11.73}$$

由式(11.71)～式(11.73)可得

$$\boldsymbol{U}_{\mathrm{t2}} = \boldsymbol{U}_{\mathrm{t1}}\boldsymbol{T}^{-1}\boldsymbol{\Phi}_{\alpha}\boldsymbol{T} = \boldsymbol{U}_{\mathrm{t1}}\boldsymbol{\Psi}_{\alpha} \tag{11.74}$$

式中：$\boldsymbol{\Psi}_{\alpha} = \boldsymbol{T}^{-1}\boldsymbol{\Phi}_{\alpha}\boldsymbol{T}$。

从而特征分解 $\boldsymbol{\Psi}_{\alpha}$ 即可得到目标角度 α 的信息。由上式(11.74)可知

$$\boldsymbol{\Psi}_{\alpha} = \boldsymbol{U}_{\mathrm{St1}}^{\dagger}\boldsymbol{U}_{\mathrm{St2}} \tag{11.75}$$

设 $\boldsymbol{\Psi}_{\alpha}$ 的特征值为 $\lambda_{tk}(k=1,2,\cdots,K)$，则 α 的估计值为

$$\hat{\alpha}_k = \arccos\frac{\arg(\lambda_{tk})}{\pi} \tag{11.76}$$

至此，目标的二维角度(α,β)已经估计出，但是由上述算法理论推导步骤可以看出，α 和 β 是分开估计的，不一定对应同一目标，这就需要对 α 和 β 进行配对。本小节介绍两种配对算法，都可以应用到收发分置 L 型阵列 MIMO 雷达中。图 11.12 为在前述章节仿真参数下，ESPRIT 算法在 100 次蒙特卡罗仿真实验下的目标角度估计结果。

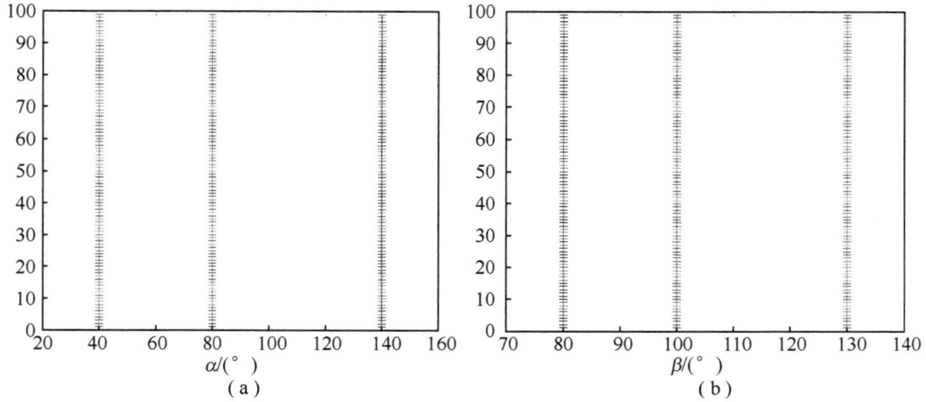

(a)　　(b)

图 11.12　ESPRIT 算法的目标角度估计结果

配对算法一：

定义

$$\boldsymbol{\Psi}_{\alpha\beta} = \boldsymbol{\Psi}_{\alpha}\boldsymbol{\Psi}_{\beta} = \boldsymbol{T}^{-1}\boldsymbol{\Phi}_{\alpha}\boldsymbol{\Phi}_{\beta}\boldsymbol{T} \tag{11.77}$$

从式(11.77)可以看出，$\boldsymbol{\Psi}_{\alpha\beta}$ 的特征值 λ_{trk} 对应着 $\boldsymbol{\Psi}_{\alpha}$ 和 $\boldsymbol{\Psi}_{\beta}$ 的特征值的乘

积。从而 $\boldsymbol{\Psi}_\alpha$ 的特征值 $\lambda_{tk_1}(k_1=1,\cdots,K)$ 和 $\boldsymbol{\Psi}_\beta$ 的特征值 $\lambda_{rk_2}(k_2=1,\cdots,K)$ 的配对可以最小化下式

$$\{|\lambda_{tk_1}\cdot\lambda_{rk_2}-\lambda_{trk_3}|,k_1,k_2,k_3=1,2,\cdots,K\} \tag{11.78}$$

也可以定义 $\boldsymbol{\Psi}_{\alpha\beta}=\boldsymbol{\Psi}_\alpha+\boldsymbol{\Psi}_\beta$ 或 $\boldsymbol{\Psi}_{\alpha\beta}=\boldsymbol{\Psi}_\alpha\boldsymbol{\Psi}_\beta^{-1}$，相应的式(11.78)变为

$$\{|\lambda_{tk_1}+\lambda_{rk_2}-\lambda_{trk_3}|,k_1,k_2,k_3=1,2,\cdots,K\} \tag{11.79}$$

或

$$\{|\lambda_{tk_1}/\lambda_{rk_2}-\lambda_{trk_3}|,k_1,k_2,k_3=1,2,\cdots,K\} \tag{11.80}$$

通过式(11.78)、式(11.79)或式(11.80)即可正确配对各目标的二维角度。

配对算法二：

定义复矩阵

$$\begin{aligned}\boldsymbol{\Psi}_{\alpha\beta}&=(\boldsymbol{\Psi}_\alpha-\boldsymbol{I})^{-1}(\boldsymbol{\Psi}_\alpha+\boldsymbol{I})+\mathrm{j}(\boldsymbol{\Psi}_\beta-\boldsymbol{I})^{-1}(\boldsymbol{\Psi}_\beta+\boldsymbol{I})\\&=(\boldsymbol{T}^{-1}\boldsymbol{\Phi}_\alpha\boldsymbol{T}-\boldsymbol{I})^{-1}(\boldsymbol{T}^{-1}\boldsymbol{\Phi}_\alpha\boldsymbol{T}+\boldsymbol{I})+\mathrm{j}(\boldsymbol{T}^{-1}\boldsymbol{\Phi}_\beta\boldsymbol{T}-\boldsymbol{I})^{-1}(\boldsymbol{T}^{-1}\boldsymbol{\Phi}_\beta\boldsymbol{T}+\boldsymbol{I})\\&=\boldsymbol{T}^{-1}[(\boldsymbol{\Phi}_\alpha-\boldsymbol{I})^{-1}(\boldsymbol{\Phi}_\alpha+\boldsymbol{I})+\mathrm{j}(\boldsymbol{\Phi}_\beta-\boldsymbol{I})^{-1}(\boldsymbol{\Phi}_\beta+\boldsymbol{I})]\boldsymbol{T}\\&=\boldsymbol{T}^{-1}\boldsymbol{\Phi}_{\alpha\beta}\boldsymbol{T}\end{aligned} \tag{11.81}$$

式中

$$\boldsymbol{\Phi}_{\alpha\beta}=(\boldsymbol{\Phi}_\alpha-\boldsymbol{I})^{-1}(\boldsymbol{\Phi}_\alpha+\boldsymbol{I})+\mathrm{j}(\boldsymbol{\Phi}_\beta-\boldsymbol{I})^{-1}(\boldsymbol{\Phi}_\beta+\boldsymbol{I})$$

矩阵 $\boldsymbol{\Phi}_{\alpha\beta}$的对角元素为 $-\cot(\mu_k/2)+\mathrm{j}\cot(\nu_k/2)(k=1,2,\cdots,K)$，从而可以对矩阵 $\boldsymbol{\Psi}_{\alpha\beta}$ 的特征值的实部估计 μ_k、虚部估计 ν_k，再根据 μ_k 和 ν_k 的表达式，可得

$$\hat{\alpha}_k=\arccos\frac{\hat{\mu}_k}{\pi}=\arccos\frac{-2\mathrm{arccot}(\mathrm{Re}(\lambda_{trk}))}{\pi}(k=1,2,\cdots,K) \tag{11.82}$$

$$\hat{\beta}_k=\arccos\frac{\hat{\nu}_k}{\pi}=\arccos\frac{2\mathrm{arccot}(\mathrm{Im}(\lambda_{trk}))}{\pi}(k=1,2,\cdots,K) \tag{11.83}$$

图 11.13 为配对后的角度估计结果。从图 11.13 中可以看出，对于不同 α 和 β 的目标，ESPRIT 算法具有很好的估计效果。

11.3.2.2 PM－ESPRIT 算法

由前述内容可知，PM 算法可以利用传播算子求解噪声子空间。那么 PM 算法是否可以利用传播算子估计信号子空间呢？答案是肯定的。本小节利用 PM

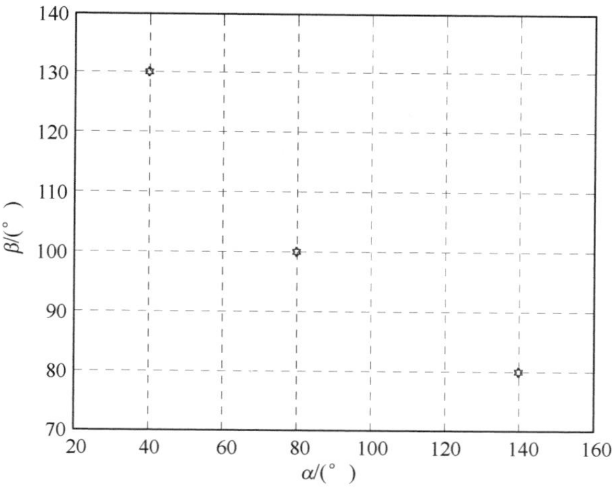

图 11.13 ESPRIT 算法目标二维角度对估计结果

算法估计出信号子空间，进而结合 ESPRIT 算法提出 PM – ESPRIT 算法对目标角度进行估计。

传播算子与分块导向矢量 $\boldsymbol{A}_{f1}$ 和 $\boldsymbol{A}_{f2}$ 的关系如式(11.45)所示，根据式(11.50)即可利用传播算子直接构造噪声子空间。相反的，此时不再构造噪声子空间，而是定义

$$\boldsymbol{P}c_{\mathrm{f}} = \begin{bmatrix} \boldsymbol{I}_{K\times K} \\ \boldsymbol{P}_{\mathrm{f}}^{\mathrm{H}} \end{bmatrix} \tag{11.84}$$

则有

$$\boldsymbol{P}c_{\mathrm{f}}\boldsymbol{A}_{\mathrm{f1}} = \begin{bmatrix} \boldsymbol{I}_{K\times K} \\ \boldsymbol{P}_{\mathrm{f}}^{\mathrm{H}} \end{bmatrix}\boldsymbol{A}_{\mathrm{f1}} = \begin{bmatrix} \boldsymbol{A}_{\mathrm{f1}} \\ \boldsymbol{P}_{\mathrm{f}}^{\mathrm{H}}\boldsymbol{A}_{\mathrm{f1}} \end{bmatrix} = \begin{bmatrix} \boldsymbol{A}_{\mathrm{f1}} \\ \boldsymbol{A}_{\mathrm{f2}} \end{bmatrix} = \boldsymbol{A}_{\mathrm{f}} \tag{11.85}$$

因为 $\boldsymbol{A}_{f1}$ 为 $K\times K$ 维非奇异矩阵，从而知 $\mathrm{span}\{\boldsymbol{P}_c\} = \mathrm{span}\{\boldsymbol{A}_f\}$，即 $\boldsymbol{P}_c$ 的列矢量构成的子空间与导向矢量 $\boldsymbol{A}_f$ 的列矢量构成的子空间同构，这也就是说 $\boldsymbol{P}_c$ 即为所求的信号子空间。根据上小节所述 ESPRIT 算法原理，将目标回波信号协方差矩阵特征分解得到的信号子空间矩阵 $\boldsymbol{U}_s$ 替换为由 PM 算法得到的信号子空间 $\boldsymbol{P}_c$，即可进行二维 DOA 估计，此即为 PM – ESPRIT 算法。PM – ESPRIT 算法步骤与前述 ESPRIT 算法相同，这里不再赘述。

图 11.14 为 100 次蒙特卡罗仿真实验中基于目标回波信号和基于协方差矩阵的 PM – ESPRIT 算法关于 α 和 β 的估计结果。仿真中所用参数与前面相同。从图 11.14 中可以看出，两种 PM – ESPRIT 算法都具有良好的估计性能。

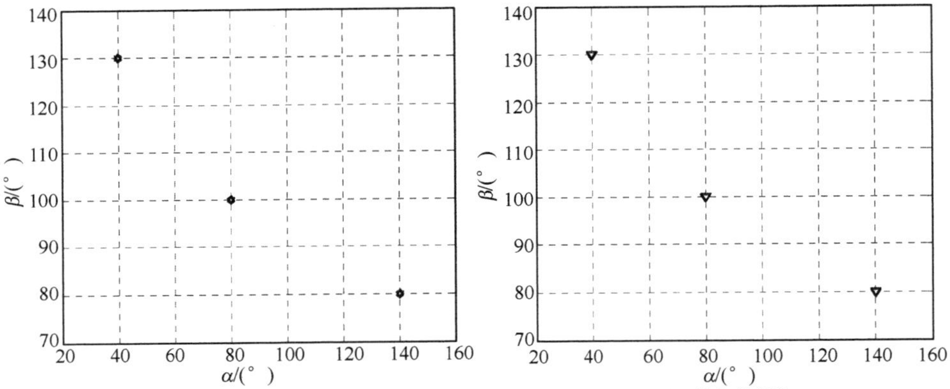

(a) 基于目标回波信号　　(b) 协方差矩阵

图 11.14　PM－ESPRIT 算法估计结果

11.3.2.3　酉 ESPRIT 算法

上节将 PM 算法与 ESPRIT 算法结合，给出无需协方差矩阵特征分解的 PM－ESPRIT 算法，但是计算域还是复数域，本小节将酉变换应用进来，给出酉 ESPRIT 算法，将复数域数据转换到实数域运算，大大减小算法复杂度。

定义反对角矩阵：

$$\boldsymbol{J}=\begin{bmatrix}0 & \cdots & 1\\ \vdots & & \vdots\\ 1 & \cdots & 0\end{bmatrix} \tag{11.86}$$

可以看出，反对角矩阵 $\boldsymbol{J}$ 具有如下性质：

$$\boldsymbol{J}\boldsymbol{J}^{*}=\boldsymbol{J}^{*}\boldsymbol{J}=\boldsymbol{I} \tag{11.87}$$

重构目标回波信号，有

$$\boldsymbol{Z}_{\mathrm{cf}}=[\boldsymbol{Z}_{\mathrm{f}}\quad \boldsymbol{J}\boldsymbol{Z}_{\mathrm{f}}^{*}] \tag{11.88}$$

从而重构目标回波信号的协方差矩阵为

$$\boldsymbol{R}_{\mathrm{cf}}=\mathrm{E}[\boldsymbol{Z}_{\mathrm{cf}}\boldsymbol{Z}_{\mathrm{cf}}^{*}]=\boldsymbol{R}_{\mathrm{f}}+\boldsymbol{J}\boldsymbol{R}_{\mathrm{f}}^{*}\boldsymbol{J} \tag{11.89}$$

由 $\boldsymbol{J}$ 的性质和上式可得

$$\boldsymbol{J}\boldsymbol{R}_{\mathrm{cf}}^{*}\boldsymbol{J}=\boldsymbol{J}[\boldsymbol{R}_{\mathrm{f}}+\boldsymbol{J}\boldsymbol{R}_{\mathrm{f}}^{*}\boldsymbol{J}]\boldsymbol{J}=\boldsymbol{J}\boldsymbol{R}_{\mathrm{f}}^{*}\boldsymbol{J}+\boldsymbol{R}_{\mathrm{f}}=\boldsymbol{R}_{\mathrm{cf}} \tag{11.90}$$

上式说明矩阵 $\boldsymbol{R}_{\mathrm{cf}}$ 是 Centro－Hermitian 矩阵，从而可以应用酉变换，把 $\boldsymbol{R}_{\mathrm{cf}}$ 从复数域转换到实数域[12]。这时候可以定义酉变换矩阵 $\boldsymbol{U}_T$，当其维数 T 为偶数时，定义

$$\boldsymbol{U}_T=\frac{1}{\sqrt{2}}\begin{bmatrix}\boldsymbol{I} & \mathrm{j}\boldsymbol{I}\\ \boldsymbol{J} & -\mathrm{j}\boldsymbol{J}\end{bmatrix} \tag{11.91}$$

式中:$\boldsymbol{I}$ 和 $\boldsymbol{J}$ 的维数都为 $T/2$。

当 T 为奇数时,定义

$$\boldsymbol{U}_T=\frac{1}{\sqrt{2}}\begin{bmatrix}\boldsymbol{I} & & \mathrm{j}\boldsymbol{I}\\ & \sqrt{2} & \\ \boldsymbol{J} & & -\mathrm{j}\boldsymbol{I}\end{bmatrix} \tag{11.92}$$

式中:$\boldsymbol{I}$ 和 $\boldsymbol{J}$ 的维数都为$(T-1)/2$。

根据 $\boldsymbol{U}$ 矩阵的定义,可以得到 $\boldsymbol{U}$ 矩阵如下性质:

$$\begin{cases}\boldsymbol{U}\boldsymbol{U}=\boldsymbol{I}\\ \boldsymbol{J}\boldsymbol{U}^*=\boldsymbol{U}\end{cases} \tag{11.93}$$

从而,有下式成立:

$$\boldsymbol{R}_T=\boldsymbol{U}_{MN}^{\mathrm{H}}\boldsymbol{R}_{\mathrm{cf}}\boldsymbol{U}_{MN}=\boldsymbol{U}_{MN}^{\mathrm{H}}\boldsymbol{J}\boldsymbol{R}_{\mathrm{cf}}^*\boldsymbol{J}\boldsymbol{U}_{MN}=(\boldsymbol{U}_{MN}^{\mathrm{H}}\boldsymbol{R}_{\mathrm{cf}}\boldsymbol{U}_{MN})^* \tag{11.94}$$

式(11.94)可以看出,$\boldsymbol{R}_T$ 与其共轭相等,即 $\boldsymbol{R}_T$ 为实值矩阵,虚部为 0。实值导向矢量和复值导向矢量存在下述关系:

$$\widetilde{\boldsymbol{B}}_{\mathrm{f}}=\boldsymbol{U}^{\mathrm{H}}\boldsymbol{B}_{\mathrm{f}} \tag{11.95}$$

式中:$\widetilde{\boldsymbol{B}}_{\mathrm{f}}$ 为经过酉变换后的实值导向矢量。

对 $\boldsymbol{R}_T$ 奇异值分解,可得

$$\boldsymbol{R}_T=[\boldsymbol{U}_{\mathrm{USr}}\quad \boldsymbol{U}_{\mathrm{UN}}]\begin{bmatrix}\boldsymbol{\Sigma}_{\mathrm{US}} & \\ & \boldsymbol{\Sigma}_{\mathrm{UN}}\end{bmatrix}\boldsymbol{V}_{\mathrm{U}}^{\mathrm{H}} \tag{11.96}$$

式中:$\boldsymbol{U}_{\mathrm{USr}}\in\mathbb{C}^{MN\times K}$为 K 个较大奇异值 $\boldsymbol{\Sigma}_{\mathrm{US}}$对应的奇异矢量构成信号子空间;$\boldsymbol{U}_{\mathrm{UN}}\in\mathbb{C}^{MN\times(MN-K)}$为 $MN-K$ 个较小奇异值 $\boldsymbol{\Sigma}_{\mathrm{UN}}$对应的奇异矢量构成噪声子空间[12]。

定义选择矩阵 $\mathbb{J}_1$ 和 $\mathbb{J}_2$ 为

$$\begin{cases}\mathbb{J}_1=[\boldsymbol{I}_{N(M-1)}\boldsymbol{0}_{M\times N(M-1)}]\\ \mathbb{J}_2=[\boldsymbol{0}_{M\times N(M-1)}\boldsymbol{I}_{N(M-1)}]\end{cases} \tag{11.97}$$

根据联合导向矢量矩阵的形式,有下式成立

$$\mathbb{J}_2\boldsymbol{B}_{\mathrm{f}}=\mathbb{J}_1\boldsymbol{B}_{\mathrm{f}}\boldsymbol{\Phi}_\beta \tag{11.98}$$

式中

$$\boldsymbol{\Phi}_\beta=\mathrm{diag}(\exp(-\mathrm{j}\nu_1),\exp(-\mathrm{j}\nu_2),\cdots,\exp(-\mathrm{j}\nu_K))$$

根据实值导向矢量与复值导向矢量之间的关系,可得

$$\boldsymbol{H}_2\widetilde{\boldsymbol{B}}_{\mathrm{f}} = \boldsymbol{H}_1\widetilde{\boldsymbol{B}}_{\mathrm{f}}\widetilde{\boldsymbol{\Phi}}_{\beta} \tag{11.99}$$

式中

$$\begin{cases}\boldsymbol{H}_1 = \boldsymbol{U}^{\mathrm{H}}_{N(M-1)}(\mathbb{J}_1 + \mathbb{J}_2)\boldsymbol{U}_{MN}\\ \boldsymbol{H}_2 = \mathrm{j}(\boldsymbol{U}^{\mathrm{H}}_{N(M-1)})(\mathbb{J}_1 - \mathbb{J}_2)\boldsymbol{U}_{MN})\\ \widetilde{\boldsymbol{\Phi}}_{\beta} = \mathrm{diag}(\tan(\nu_1),\cdots,\tan(\nu_k))\end{cases} \tag{11.100}$$

所以,可以得到实值信号子空间的如下特性:

$$\boldsymbol{H}_2\boldsymbol{U}_{\mathrm{USr}} = \boldsymbol{H}_1\boldsymbol{U}_{\mathrm{USr}}\widetilde{\boldsymbol{\Phi}}_{\beta} \tag{11.101}$$

根据上述原理可得

$$\boldsymbol{\Psi}_{\beta} = (\boldsymbol{H}_1\boldsymbol{U}_{\mathrm{USr}})^{\dagger}\boldsymbol{H}_2\boldsymbol{U}_{\mathrm{USr}} = \widetilde{\boldsymbol{T}}^{-1}\widetilde{\boldsymbol{\Phi}}_{\beta}\widetilde{\boldsymbol{T}} \tag{11.102}$$

将式(11.102)特征分解即可得到 $\widetilde{\boldsymbol{\Phi}}_{\beta}$ 的估计,从而得到 β 角的估计量。此时,根据 ESPRIT 算法原理,将实值信号子空间左乘置换矩阵 $\boldsymbol{U}^{\mathrm{H}}_{MN}\boldsymbol{E}\boldsymbol{U}_{MN}$,可以将 α 角度信息与 β 角度信息互换,即

$$\boldsymbol{U}_{\mathrm{USt}} = \boldsymbol{U}^{\mathrm{H}}_{MN}\boldsymbol{E}\boldsymbol{U}_{MN}\boldsymbol{U}_{\mathrm{USr}} \tag{11.103}$$

此时定义选择矩阵 $\mathbb{J}_3$ 和 $\mathbb{J}_4$ 为

$$\begin{cases}\mathbb{J}_3 = [\boldsymbol{I}_{M(N-1)}\boldsymbol{0}_{M\times M(N-1)}]\\ \mathbb{J}_4 = [\boldsymbol{0}_{M\times N(N-1)}\boldsymbol{I}_{M(N-1)}]\end{cases} \tag{11.104}$$

从而有

$$\boldsymbol{H}_3\boldsymbol{U}_{\mathrm{USt}} = \boldsymbol{H}_4\boldsymbol{U}_{\mathrm{USt}}\widetilde{\boldsymbol{\Phi}}_{\alpha} \tag{11.105}$$

式中

$$\begin{cases}\boldsymbol{H}_3 = \boldsymbol{U}^{\mathrm{H}}_{M(N-1)}(\mathbb{J}_3 + \mathbb{J}_4)\boldsymbol{U}_{MN}\\ \boldsymbol{H}_4 = \mathrm{j}(\boldsymbol{U}^{\mathrm{H}}_{M(N-1)}(\mathbb{J}_3 - \mathbb{J}_4)\boldsymbol{U}_{MN}\\ \widetilde{\boldsymbol{\Phi}}_{\alpha} = \mathrm{diag}(\tan(\mu_1),\cdots,\tan(\mu_K))\end{cases} \tag{11.106}$$

从而可得

$$\boldsymbol{\Psi}_{\alpha} = (\boldsymbol{H}_3\boldsymbol{U}_{\mathrm{USt}})^{\dagger}\boldsymbol{H}_4\boldsymbol{U}_{\mathrm{USt}} = \boldsymbol{T}^{-1}\widetilde{\boldsymbol{\Phi}}_{\alpha}\boldsymbol{T} \tag{11.107}$$

将式(11.107)特征分解即可得到 $\widetilde{\boldsymbol{\Phi}}_{\alpha}$的估计,从而得到 α 角的估计量。但

是上述分开特征分解 $\boldsymbol{\Psi}_\alpha$ 和 $\boldsymbol{\Psi}_\beta$ 得到的目标二维角度不一定对应同一目标，由于此时的 $\boldsymbol{\Psi}_\alpha$ 和 $\boldsymbol{\Psi}_\beta$ 都是实值矩阵，所以可以定义矩阵

$$\boldsymbol{\Psi} = \boldsymbol{\Psi}_\alpha + \mathrm{j}\boldsymbol{\Psi}_\beta \tag{11.108}$$

此时，特征分解 $\boldsymbol{\Psi}$ 的特征值为 $\lambda_k(k=1,2,\cdots,K)$，可以得到配对的 α 和 β 估计为

$$\hat{\alpha}_k = \arccos\frac{\arctan(\mathrm{Re}(\boldsymbol{\lambda}_k))}{\pi} \tag{11.109}$$

$$\hat{\beta}_k = \arccos\frac{\arctan(\mathrm{Im}(\boldsymbol{\lambda}_k))}{\pi} \tag{11.110}$$

图 11.15 为酉 ESPRIT 算法 100 次蒙特卡罗仿真实验的目标角度估计结果，仿真中所用参数与前文相同。从图中可以看出，酉 ESPRIT 算法可以很好地估计出目标的二维角度。

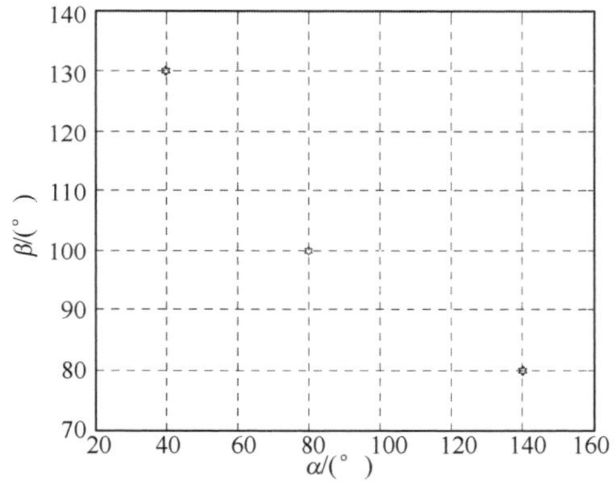

图 11.15　酉 ESPRIT 算法目标角度估计结果

11.3.2.4　算法性能分析

本小节针对 ESPRIT 算法、PM－ESPRIT 算法和酉 ESPRIT 算法的估计性能进行仿真分析，空中存在 3 个不相关目标，目标角度分别为 $(\alpha_1,\beta_1)=(40°,130°)$ $(\alpha_2,\beta_2)=(80°,100°)$ $(\alpha_3,\beta_3)=(140°,80°)$ 发射天线发射相互正交的编码信号。

图 11.16 为在快拍数 $L=100$，收发阵元数 $M=N=7$ 时，ESPRIT 算法、两种 PM－ESPRIT 算法和酉 ESPRIT 算法的 RMSE 与 SNR 的关系。从图中可以看出，两种 PM－ESPRIT 算法的估计精度最低，酉 ESPRIT 算法的估计精度比 ESPRIT 算法的估计精度高。因为酉 ESPRIT 算法重复利用了目标回波信号，使得重构的目标回波信号中增加了目标角度信息，所以估计精度会提高；但是由于酉

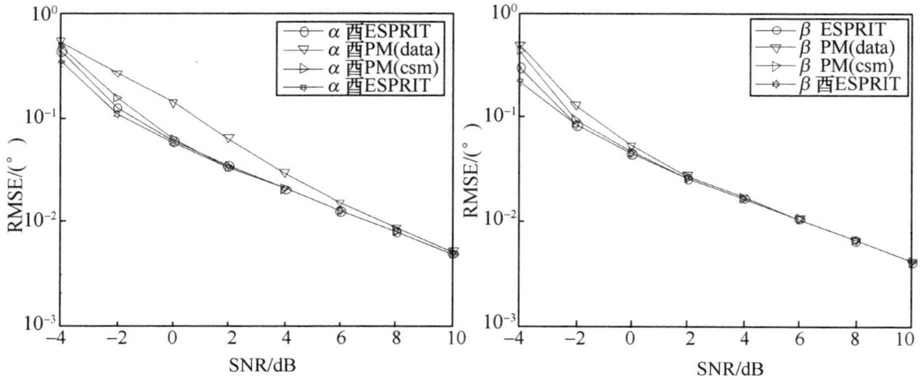

图 11.16　RMSE 与 SNR 的关系

ESPRIT 算法将复数域运算转换到实数域，反而降低了算法的运算量（关于算法运算量，下面会详细讨论）。

下面探讨 ESPRIT 算法、PM - ESPRIT 算法和酉 ESPRIT 算法的运算复杂度，涉及的复乘计算次数如下所示：

（1）目标回波信号数据协方差矩阵的计算

$$O_{f1}=LM^2N^2$$

（2）协方差矩阵特征分解

$$O_{f2}=M^3N^3$$

（3）PM 算法传播算子计算（data）

$$O_{f5}=LK(MN-K)+2LK^2+K^3$$

（4）PM 算法传播算子计算（csm）

$$O_{f6}=KMN(MN-K)+2K^2MN+K^3;$$

（5）ESPRIT 算法中矩阵 $\boldsymbol{\Psi}_\alpha$ 和 $\boldsymbol{\Psi}_\beta$ 的计算

$$O_{f7}=2\{K^2[M(N-1)+N(M-1)]+K^3\}$$

由此可以得出结论：

（1）ESPRIT 算法的复杂度为

$$O_{f-ESPRIT}=O_{f1}+O_{f2}+O_{f7}=LM^2N^2+M^3N^3+2\{K^2[M(N-1)+N(M-1)]+K^3\} \tag{11.111}$$

（2）基于目标回波信号的 PM - ESPRIT 算法复杂度为

$$O_{f-PM-ESPRIT\_data}=O_{f5}+O_{f7}$$

$$=LK(MN-K)+2LK^2+K^3+2\{K^2[M(N-1)+N(M-1)]+K^3\} \tag{11.112}$$

（3）基于协方差矩阵的 PM - ESPRIT 算法复杂度为

$$\begin{aligned}O_{\text{f-PM-ESPRIT\_data}}&=O_{\text{f1}}+O_{\text{f6}}+O_{\text{f7}}\\&=LM^2N^2+KMN(MN-K)+2K^2MN+\\&\quad K^3+2\{K^2[M(N-1)+N(M-1)]+K^3\}\end{aligned} \tag{11.113}$$

（4）酉 ESPRIT 算法的复杂度为

$$\begin{aligned}O_{\text{f-PM-MUSIC\_csm}}&=O_{\text{f1}}+\frac{1}{4}(O_{\text{f2}}+O_{\text{f7}})\\&=LM^2N^2+\frac{1}{4}\{M^3N^3+2\{K^2[M(N-1)+N(M-1)]+K^3\}\}\end{aligned} \tag{11.114}$$

直观起见，在收发阵元数 $M=N=7$，快拍数 $L=100$，目标个数 $K=3$ 的情况下，计算可得 ESPRIT 算法所需复乘次数为 359315；基于目标回波信号的 PM - ESPRIT 算法所需复乘次数为 17193；基于协方差矩阵的 PM - ESPRIT 算法所需复乘次数为 249337；由于酉 ESPRIT 算法在实数域运算，而实数相乘是复数相乘运算量的 1/4，所以酉 ESPRIT 算法所需等价复乘次数为 269904。各算法运算量比较如表 11.2 所示。

表 11.2 各算法复乘次数比较

算法类型	复乘次数
ESPRIT 算法	359315
PM - ESPRIT 算法(data)	17193
PM - ESPRIT 算法(csm)	249337
酉 ESPRIT 算法	269904

从表 11.2 中可以看出，本节给出的低复杂度 DOA 估计算法所需复乘次数明显小于 ESPRIT 算法。由上述仿真实验也可以看出，两种 PM - ESPRIT 算法的估计精度略微不及 ESPRIT 算法，但是在实时处理方面却比 ESPRIT 算法具有优势，酉 ESPRIT 算法在减小运算量的同时还提高了估计精度。可以看出，本节所述基于 ESPRIT 算法的各种低复杂度算法的运算量相比基于 MUSIC 算法的低复杂度算法的运算量小很多。

11.4 收发共置L型阵列低复杂度DOA估计算法

本节基于收发共置L型阵列MIMO雷达给出几种低复杂度DOA估计算法。收发共置L型阵列MIMO雷达具有M^2N^2个虚拟阵元,本节假设x轴上的阵元数和y轴上阵元数相等,即$M=N$,目的是为了使α和β的估计精度处于同一数量级。此时虚拟阵元数为M^4,但是其有效阵元数仅为M^2+2M-2,比虚拟阵元数少很多,可见收发共置L型阵列MIMO雷达目标回波信号中存在严重的阵元冗余。收发共置L型阵列MIMO雷达目标回波信号表达式(11.7)给出,方便起见,重新记为

$$\boldsymbol{Z}_{\mathrm{g}}=(\boldsymbol{b}_{\mathrm{g}}(\alpha_1,\beta_1),\cdots,\boldsymbol{b}_{\mathrm{g}}(\alpha_K,\beta_K))\boldsymbol{\kappa}+\boldsymbol{N}_{\mathrm{g}}=\boldsymbol{B}_{\mathrm{g}}(\alpha,\beta)\boldsymbol{\kappa}+\boldsymbol{N}_{\mathrm{g}} \tag{11.115}$$

式中:$\boldsymbol{Z}_{\mathrm{g}},\boldsymbol{B}_{\mathrm{g}},\boldsymbol{N}_{\mathrm{g}}\in\mathbb{C}^{(2M-1)^2\times L}$,$L$为快拍数。

其协方差矩阵为

$$\boldsymbol{R}_{\mathrm{g}}=\mathrm{E}[\boldsymbol{Z}_{\mathrm{g}}\boldsymbol{Z}_{\mathrm{g}}^{\mathrm{H}}]=\boldsymbol{B}_{\mathrm{g}}\boldsymbol{R}_{\kappa}\boldsymbol{B}_{\mathrm{g}}^{\mathrm{H}}+\sigma_{\mathrm{N}}^2\boldsymbol{I} \tag{11.116}$$

式中:$\boldsymbol{I}$为单位阵。

本节首先将存在阵元冗余的目标回波信号进行降维处理,消除其中的冗余元素,将目标回波信号的维数降至最低;其次基于MUSIC算法给出降维二维MUSIC算法;然后将降维二维MUSIC算法中二维空间谱估计降为一维空间谱估计的降维MUSIC算法;最后基于降维目标回波信号给出基于ESPRIT算法的降维ESPRIT算法,减小算法的运算量。

11.4.1 降维预处理

由于收发共置L型阵列MIMO雷达的目标回波信号数据矩阵的维数比其等效虚拟阵列的维数大很多,存在阵元冗余信息,所以可以对其目标回波信号进行降维预处理,消除目标回波信号中的阵元冗余信息,使得其维数与等效虚拟阵列维数相同,这样就可以有效降低目标回波信号数据矩阵的维数,从而减小DOA估计算法的运算量。

根据收发共置L型阵列MIMO雷达信号模型,其联合导向矢量的任意列具有如下变换形式:

$$\boldsymbol{b}_{\mathrm{g}}(\alpha,\beta)=\boldsymbol{a}_{\mathrm{g}}(\alpha,\beta)\otimes\boldsymbol{a}_{\mathrm{g}}(\alpha,\beta)=\begin{bmatrix}\boldsymbol{a}_{gx}\otimes\boldsymbol{a}_{\mathrm{g}}\\ \underline{\boldsymbol{a}}_{gy}\otimes\boldsymbol{a}_{\mathrm{g}}\end{bmatrix}$$

$$=\begin{bmatrix}\boldsymbol{E}_x(\boldsymbol{a}_{\mathrm{g}}\otimes\boldsymbol{a}_{gx})\\ \boldsymbol{E}_y(\boldsymbol{a}_{\mathrm{g}}\otimes\underline{\boldsymbol{a}}_{gy})\end{bmatrix}=\begin{bmatrix}\boldsymbol{E}_x\begin{bmatrix}\boldsymbol{a}_{gx}\otimes\boldsymbol{a}_{gx}\\ \underline{\boldsymbol{a}}_{gy}\otimes\boldsymbol{a}_{gx}\end{bmatrix}\\ \boldsymbol{E}_y\begin{bmatrix}\boldsymbol{a}_{gx}\otimes\underline{\boldsymbol{a}}_{gy}\\ \underline{\boldsymbol{a}}_{gy}\otimes\underline{\boldsymbol{a}}_{gy}\end{bmatrix}\end{bmatrix}=\begin{bmatrix}\boldsymbol{E}_x & \\ & \boldsymbol{E}_y\end{bmatrix}\begin{bmatrix}\begin{bmatrix}\boldsymbol{a}_{gx}\otimes\boldsymbol{a}_{gx}\\ \underline{\boldsymbol{a}}_{gy}\otimes\boldsymbol{a}_{gx}\end{bmatrix}\\ \begin{bmatrix}\boldsymbol{a}_{gx}\otimes\underline{\boldsymbol{a}}_{gy}\\ \underline{\boldsymbol{a}}_{gy}\otimes\underline{\boldsymbol{a}}_{gy}\end{bmatrix}\end{bmatrix}$$

$$= \begin{bmatrix} \boldsymbol{E}_x & \\ & \boldsymbol{E}_y \end{bmatrix} \begin{bmatrix} \boldsymbol{a}_{gx} \otimes \boldsymbol{a}_{gx} \\ \underline{\boldsymbol{a}}_{gy} \otimes \boldsymbol{a}_{gx} \\ \boldsymbol{a}_{gx} \otimes \underline{\boldsymbol{a}}_{gy} \\ \underline{\boldsymbol{a}}_{gy} \otimes \underline{\boldsymbol{a}}_{gy} \end{bmatrix} = \begin{bmatrix} \boldsymbol{E}_x & \\ & \boldsymbol{E}_y \end{bmatrix} \begin{bmatrix} \boldsymbol{F}_x \tilde{\boldsymbol{g}}_x \\ \boldsymbol{F}_{xy} \tilde{\boldsymbol{g}}_{xy} \\ \tilde{\boldsymbol{g}}_{xy} \\ \boldsymbol{F}_y \tilde{\boldsymbol{g}}_y \end{bmatrix}$$

$$= \begin{bmatrix} \boldsymbol{E}_x & \\ & \boldsymbol{E}_y \end{bmatrix} \begin{bmatrix} \boldsymbol{F}_x \tilde{\boldsymbol{g}}_x \\ \begin{bmatrix} \boldsymbol{E}_{xy} \\ \boldsymbol{I}_{M(M-1)} \end{bmatrix} \boldsymbol{\theta}_{xy} \\ \boldsymbol{F}_y \tilde{\boldsymbol{g}}_y \end{bmatrix} = \begin{bmatrix} \boldsymbol{E}_x & \\ & \boldsymbol{E}_y \end{bmatrix} \begin{bmatrix} \boldsymbol{F}_x & & \\ & \boldsymbol{F}_{xy} & \\ & & \boldsymbol{F}_y \end{bmatrix} \tilde{\boldsymbol{g}}(\alpha,\beta)$$

$$= \mathbb{E}\mathbb{F} \tilde{\boldsymbol{g}}(\alpha,\beta) \tag{11.117}$$

式中

$$\tilde{\boldsymbol{g}}(\alpha,\beta) = [\tilde{\boldsymbol{g}}_x^{\mathrm{T}} \quad \tilde{\boldsymbol{g}}_{xy}^{\mathrm{T}} \quad \tilde{\boldsymbol{g}}_y^{\mathrm{T}}]^{\mathrm{T}} \in \mathbb{C}^{(M^2+3M-4)\times 1} \tag{11.118}$$

其中

$$\begin{aligned} \tilde{\boldsymbol{g}}_x &= [\exp(\mu_{2M-2}), \exp(\mu_{2M-3}), \cdots, 1]^{\mathrm{T}} \in \mathbb{C}^{(2M-1)\times 1} \\ \tilde{\boldsymbol{g}}_{xy} &= \boldsymbol{a}_x(\alpha) \otimes \underline{\boldsymbol{a}}_y(\beta) \qquad \in \mathbb{C}^{(M(M-1))\times 1} \\ \tilde{\boldsymbol{g}}_y &= [\exp(\nu_2), \cdots, \exp(\nu_{2M-2})]^{\mathrm{T}} \qquad \in \mathbb{C}^{(2M-3)\times 1} \end{aligned} \tag{11.119}$$

$\boldsymbol{E}_x$、$\boldsymbol{E}_y$、$\boldsymbol{E}_{xy}$为式(11.66)定义的置换矩阵,且有

$$\begin{aligned} \boldsymbol{E}_x &= \sum_{p=1}^{2M-1} \sum_{q=1}^{M} \boldsymbol{E}_{p,q}^{(2M-1)\times M} \otimes \boldsymbol{E}_{q,p}^{M\times(2M-1)} \in \mathbb{C}^{[M(2M-1)]\times[M(2M-1)]} \\ \boldsymbol{E}_y &= \sum_{p=1}^{2M-1} \sum_{q=1}^{M-1} \boldsymbol{E}_{p,q}^{(2M-1)\times(M-1)} \otimes \boldsymbol{E}_{q,p}^{(M-1)\times(2M-1)} \in \mathbb{C}^{[(M-1)(2M-1)]\times[(M-1)(2M-1)]} \\ \boldsymbol{E}_{xy} &= \sum_{p=1}^{M-1} \sum_{q=1}^{M} \boldsymbol{E}_{p,q}^{(M-1)\times M} \otimes \boldsymbol{E}_{q,p}^{M\times(M-1)} \in \mathbb{C}^{[M(M-1)]\times[M(M-1)]} \end{aligned} \tag{11.120}$$

$\boldsymbol{F}_x$ 和 $\boldsymbol{F}_y$ 的形式相同,只是维数不同,即

$$\boldsymbol{F}_x=\begin{bmatrix}1&0&\cdots&0&0&\cdots&0\\0&1&\cdots&0&0&\cdots&0\\\vdots&\vdots&\ddots&\vdots&\vdots&\ddots&\vdots\\0&0&\cdots&1&0&\cdots&0\\0&1&0&\cdots&0&\cdots&0\\0&0&1&\cdots&0&\cdots&0\\\vdots&\vdots&\vdots&\ddots&\vdots&\ddots&\vdots\\0&0&0&\cdots&1&\cdots&0\\\vdots&\vdots&\vdots&\vdots&\vdots&\vdots&\vdots\\0&0&\cdots&1&0&\cdots&0\\0&0&\cdots&0&1&\cdots&0\\\vdots&\vdots&\ddots&\vdots&\vdots&\ddots&\vdots\\0&0&\cdots&0&0&\cdots&1\end{bmatrix}_{M^2\times(2M-1)},\boldsymbol{F}_y=\begin{bmatrix}1&0&\cdots&0&0&\cdots&0\\0&1&\cdots&0&0&\cdots&0\\\vdots&\vdots&\ddots&\vdots&\vdots&\ddots&\vdots\\0&0&\cdots&1&0&\cdots&0\\0&1&0&\cdots&0&\cdots&0\\0&0&1&\cdots&0&\cdots&0\\\vdots&\vdots&\vdots&\ddots&\vdots&\ddots&\vdots\\0&0&0&\cdots&1&\cdots&0\\\vdots&\vdots&\vdots&\vdots&\vdots&\vdots&\vdots\\0&0&\cdots&1&0&\cdots&0\\0&0&\cdots&0&1&\cdots&0\\\vdots&\vdots&\ddots&\vdots&\vdots&\ddots&\vdots\\0&0&\cdots&0&0&\cdots&1\end{bmatrix}_{M^2\times(2M-3)}\tag{11.121}$$

$\boldsymbol{F}_{xy}$则与 $\boldsymbol{F}_x$和 $\boldsymbol{F}_y$ 的定义都不同,为

$$\boldsymbol{F}_{xy}=\begin{bmatrix}\boldsymbol{E}_{xy}\\\boldsymbol{I}_{M(M-1)}\end{bmatrix}\in\mathbb{C}^{[2M(M-1)]\times[M(M-1)]}\tag{11.122}$$

由式(11.117)可以看出,简化的导向矢量 $\tilde{\boldsymbol{g}}(\alpha,\beta)$ 维数为 M^2+3M-4,而收发共置 L 型阵列 MIMO 雷达的等效虚拟阵列中阵元数为 M^2+2M-2,说明 $\tilde{\boldsymbol{g}}(\alpha,\beta)$ 还含有阵元冗余信息。对 $\tilde{\boldsymbol{g}}(\alpha,\beta)$ 作如下变换:

$$\begin{aligned}\tilde{\boldsymbol{g}}(\alpha,\beta)&=\begin{bmatrix}\tilde{\boldsymbol{g}}_x\\\tilde{\boldsymbol{g}}_{xy}\\\tilde{\boldsymbol{g}}_y\end{bmatrix}=\begin{bmatrix}\tilde{\boldsymbol{g}}_x\\\bar{\boldsymbol{a}}_x\otimes\underline{\boldsymbol{a}}_y\\\underline{\boldsymbol{a}}_y\\\tilde{\boldsymbol{g}}_y\end{bmatrix}=\begin{bmatrix}\boldsymbol{I}_{M^2}&&\\&\boldsymbol{I}_{M-1}&\\&[\boldsymbol{0}_{(M-2)\times1}\boldsymbol{I}_{M-2}]&\\&&\boldsymbol{I}_{M-1}\end{bmatrix}\begin{bmatrix}\boldsymbol{g}_x\\\boldsymbol{g}_{xy}\\\boldsymbol{g}_y\end{bmatrix}\\&=\begin{bmatrix}\boldsymbol{I}_{M^2}&&\\&\boldsymbol{I}_{M-1}&\\&[\boldsymbol{0}_{(M-2)\times1}\boldsymbol{I}_{M-2}]&\\&&\boldsymbol{I}_{M-1}\end{bmatrix}\begin{bmatrix}\boldsymbol{I}_{2M-1}&&\\&\boldsymbol{I}_{(M-1)(M-1)}&\\&&\boldsymbol{I}_{2M-2}\end{bmatrix}\begin{bmatrix}\boldsymbol{g}_x\\\boldsymbol{g}_{xy}\\\boldsymbol{g}_y\end{bmatrix}\\&=\mathbb{I}\boldsymbol{g}(\alpha,\beta)\end{aligned}\tag{11.123}$$

式中

$$\boldsymbol{g}(\alpha,\beta)=[\boldsymbol{g}_x^{\mathrm{T}}\quad \boldsymbol{g}_y^{\mathrm{T}}\quad \boldsymbol{g}_{xy}^{\mathrm{T}}]^{\mathrm{T}}\in\mathbb{C}^{(M^2+2M-2)\times 1}\tag{11.124}$$

其中

$$\begin{aligned}
&\boldsymbol{g}_x(\alpha)=\tilde{\boldsymbol{g}}_x(\alpha)=[\exp(\mu_{2M-2}),\exp(\mu_{2M-3}),\cdots,1]^{\mathrm{T}}\in\mathbb{C}^{(2M-1)\times 1}\\
&\boldsymbol{g}_y=\tilde{\boldsymbol{g}}_y=[\exp(\nu_1),\cdots,\exp(\nu_{2M-2})]^{\mathrm{T}}\qquad\qquad\in\mathbb{C}^{(2M-2)\times 1}\\
&\boldsymbol{g}_{xy}=\underline{\boldsymbol{a}}_x(\alpha)\otimes\underline{\boldsymbol{a}}_y(\beta)\qquad\qquad\qquad\qquad\in\mathbb{C}^{((M-1)(M-1))\times 1}
\end{aligned}\tag{11.125}$$

由式(11.123)可以看出，$\boldsymbol{g}(\alpha,\beta)$的维数为$M^2+2M-2$，与其等效虚拟阵列的维数相等。从而可知，目标回波信号数据矩阵已经降至最低维数，达到了降维的目的。综合式(11.117)和式(11.123)，可以得到$\boldsymbol{b}_{\mathrm{g}}(\alpha,\beta)$和$\boldsymbol{g}(\alpha,\beta)$的变换关系：

$$\boldsymbol{b}_{\mathrm{g}}(\alpha,\beta)=\begin{bmatrix}\boldsymbol{E}_x & \\ & \boldsymbol{E}_y\end{bmatrix}\begin{bmatrix}\boldsymbol{E}_x & & \\ & \boldsymbol{F}_{xy} & \\ & & \boldsymbol{F}_y\end{bmatrix}\mathbb{I}\,\boldsymbol{g}(\alpha,\beta)=\mathbb{E}\,\mathbb{F}\,\mathbb{I}\,\boldsymbol{g}(\alpha,\beta)=\mathbb{T}\,\boldsymbol{g}(\alpha,\beta)\tag{11.126}$$

式中：$\mathbb{T}=\mathbb{E}\mathbb{F}\mathbb{I}$为$(2M-1)^2\times(M^2+2M-2)$维变换矩阵。

至此，收发共置 L 型阵列 MIMO 雷达的目标回波信号可以表示为

$$\boldsymbol{Z}_{\mathrm{g}}=\mathbb{T}\,\boldsymbol{G}(\alpha,\beta)\boldsymbol{\kappa}+\boldsymbol{N}_{\mathrm{g}}\tag{11.127}$$

式中

$$\boldsymbol{G}(\alpha,\beta)=[\boldsymbol{g}(\alpha_1,\beta_1),\cdots,\boldsymbol{g}(\alpha_K,\beta_K)]$$

定义$(2M-1)^2\times(M^2+2M-2)$维矩阵$\boldsymbol{\Delta}$，对目标回波信号进行预处理，即

$$\tilde{\boldsymbol{Z}}_{\mathrm{g}}=\boldsymbol{\Delta}^{\mathrm{H}}\boldsymbol{Z}_{\mathrm{g}}=\boldsymbol{\Delta}^{\mathrm{H}}\,\mathbb{T}\,\boldsymbol{G}(\alpha,\beta)\boldsymbol{\kappa}+\boldsymbol{\Delta}^{\mathrm{H}}\boldsymbol{N}_{\mathrm{g}}\tag{11.128}$$

从式(11.128)可以看出，预处理后的噪声变为$\boldsymbol{\Delta}^{\mathrm{H}}\boldsymbol{N}_{\mathrm{g}}$，为了保持噪声始终为高斯白噪声，需满足$\boldsymbol{\Delta}^{\mathrm{H}}\boldsymbol{\Delta}=\boldsymbol{I}$，其中$\boldsymbol{I}$为单位阵，可以令

$$\boldsymbol{\Delta}=\mathbb{T}(\mathbb{T}^{\mathrm{H}}\mathbb{T})^{-1/2}\tag{11.129}$$

而由$\mathbb{T}$的定义知

$$\mathbb{T}^{\mathrm{H}}\mathbb{T}=\mathrm{diag}(\underbrace{1,2,\cdots,M-1,M,M-1,\cdots,2,1}_{2M-1},$$

$$\underbrace{2,\cdots,M-1,M,M-1,\cdots,2,1}_{2M-2},\ \underbrace{2,\cdots,2}_{(M-1)(M-1)}\ ) \tag{11.130}$$

从而有

$$\begin{aligned}\Delta^{\mathrm{H}}\Delta &= (\mathbb{T}(\mathbb{T}^{\mathrm{H}}\mathbb{T})^{-1/2})^{\mathrm{H}}(\mathbb{T}(\mathbb{T}^{\mathrm{H}}\mathbb{T})^{-1/2})\\ &= (\mathbb{T}^{\mathrm{H}}\mathbb{T})^{-\mathrm{H}/2}\mathbb{T}^{\mathrm{H}}\mathbb{T}(\mathbb{T}^{\mathrm{H}}\mathbb{T})^{-1/2}\\ &= (\mathbb{T}^{\mathrm{H}}\mathbb{T})(\mathbb{T}^{\mathrm{H}}\mathbb{T})^{-H}\\ &= \boldsymbol{I}_{(M^2+2M-2)\times(M^2+2M-2)}\end{aligned} \tag{11.131}$$

由式(11.131)可以看出,$\Delta^{\mathrm{H}}\boldsymbol{N}_{\mathrm{g}}$ 依然是高斯白噪声。将降维矩阵 $\Delta = \mathbb{T}(\mathbb{T}^{\mathrm{H}}\mathbb{T})^{-1/2}$代入式(11.128),可得

$$\begin{aligned}\widetilde{\boldsymbol{Z}}_{\mathrm{g}} &= \Delta^{\mathrm{H}}\boldsymbol{Z}_{\mathrm{g}} = \Delta^{\mathrm{H}}\mathbb{T}G(\alpha,\beta)\boldsymbol{\kappa}+\Delta^{\mathrm{H}}\boldsymbol{N}_{\mathrm{g}}\\ &= (\mathbb{T}(\mathbb{T}^{\mathrm{H}}\mathbb{T})^{-1/2})^{\mathrm{H}}\mathbb{T}\boldsymbol{G}(\alpha,\beta)\boldsymbol{\kappa}+\Delta^{\mathrm{H}}\boldsymbol{N}_{\mathrm{g}}\\ &= (\mathbb{T}^{\mathrm{H}}\mathbb{T})^{1/2}\boldsymbol{G}(\alpha,\beta)\boldsymbol{\kappa}+\widetilde{\boldsymbol{N}}_{\mathrm{g}}\end{aligned} \tag{11.132}$$

式中:$\widetilde{\boldsymbol{N}}_{\mathrm{g}} = \Delta^{\mathrm{H}}\boldsymbol{N}_{\mathrm{g}}$。

由式(11.132)可以看出,降维预处理后的目标回波信号等价于阵元数为 M^2+2M-2、权值为 $\mathrm{diag}[(\mathbb{T}^{\mathrm{H}}\mathbb{T})^{1/2}]$的平面阵列回波信号。

11.4.2 基于 MUSIC 算法的低复杂度 DOA 估计算法

11.4.2.1 MUSIC 算法

将目标回波信号 $\boldsymbol{Z}_{\mathrm{g}}$ 的协方差矩阵 $\boldsymbol{R}_{\mathrm{g}}$ 特征分解,可得

$$\boldsymbol{R}_{\mathrm{g}} = \boldsymbol{U}_{\mathrm{gS}}\boldsymbol{\Lambda}_{\mathrm{gS}}\boldsymbol{U}_{\mathrm{gS}}^{\mathrm{H}} + \sigma_{\mathrm{N}}^2\boldsymbol{U}_{\mathrm{gN}}\boldsymbol{U}_{\mathrm{gN}}^{\mathrm{H}} \tag{11.133}$$

式中:$\boldsymbol{U}_{\mathrm{gS}}$为 K 个大特征值构成的信号子空间;$\boldsymbol{U}_{\mathrm{g}N}$为 M^4-K 个小特征值构成的噪声子空间[13]。

此时,根据 MUSIC 算法原理可以直接推导出收发共置 L 形阵列 MIMO 雷达的 MUSIC 空间谱为

$$P_{\mathrm{g-MUSIC}}(\alpha,\beta) = \frac{1}{\boldsymbol{b}_{\mathrm{g}}^{\mathrm{H}}(\alpha,\beta)\boldsymbol{U}_{\mathrm{gN}}\boldsymbol{U}_{\mathrm{gN}}^{\mathrm{H}}\boldsymbol{b}_{\mathrm{g}}(\alpha,\beta)} \tag{11.134}$$

按照前面仿真参数,得到的 MUSIC 空间谱如图 11.17 所示。从图中可以看出 MUSIC 算法可以很好地估计出 3 个目标的二维角度信息。

收发共置 L 型阵列 MIMO 雷达的目标回波信号中存在大量的阵元冗余信息,因此直接应用 MUSIC 算法会产生很大的运算量。下面将 MUSIC 算法应用于降维目标回波信号的降维二维 MUSIC 算法。

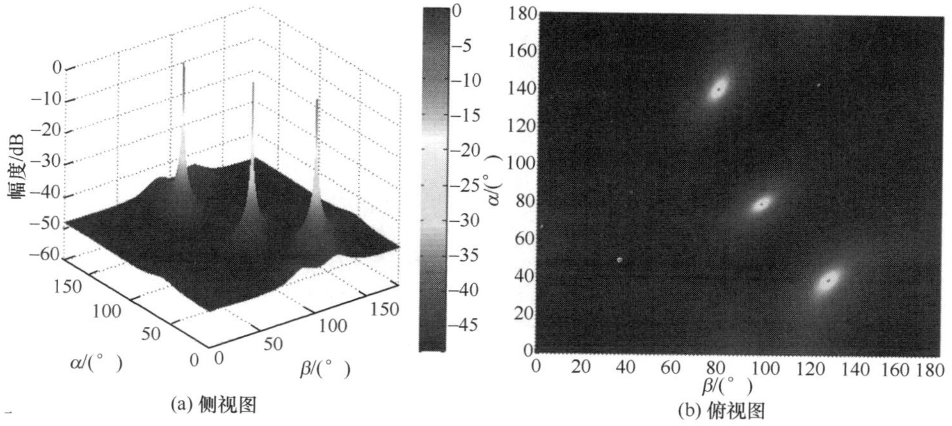

图 11.17　MUSIC 空间谱估计

11.4.2.2　降维 MUSIC 算法

根据式(11.132)所示的降维目标回波信号,其协方差矩阵可以表示为

$$\widetilde{\boldsymbol{R}} = E[\widetilde{\boldsymbol{Z}}_{\mathrm{g}}\widetilde{\boldsymbol{Z}}_{\mathrm{g}}^{\mathrm{H}}] = (\mathbb{T}^{\mathrm{H}}\mathbb{T})^{1/2}\boldsymbol{G}\boldsymbol{R}_{\kappa}\boldsymbol{G}^{\mathrm{H}}(\mathbb{T}^{\mathrm{H}}\boldsymbol{T})^{\mathrm{H}/2} + \sigma_{\mathrm{N}}^{2}\boldsymbol{I}_{M2+2M-2} \tag{11.135}$$

联合导向矢量为

$$\boldsymbol{z}(\alpha,\beta) = (\mathbb{T}^{\mathrm{H}}\mathbb{T})^{1/2}\boldsymbol{g}(\alpha,\beta) \tag{11.136}$$

特征分解降维目标回波信号的协方差矩阵,可得

$$\widetilde{\boldsymbol{R}} = \widetilde{\boldsymbol{U}}_{\mathrm{gS}}\widetilde{\boldsymbol{\Sigma}}_{\mathrm{gS}}\widetilde{\boldsymbol{U}}_{\mathrm{gS}}^{\mathrm{H}} + \widetilde{\boldsymbol{U}}_{\mathrm{gN}}\widetilde{\boldsymbol{\Sigma}}_{\mathrm{gN}}\widetilde{\boldsymbol{U}}_{\mathrm{gN}}^{\mathrm{H}} \tag{11.137}$$

式中:$\widetilde{\boldsymbol{U}}_{\mathrm{gS}}$为 K 个大特征值构成的信号子空间;$\widetilde{\boldsymbol{U}}_{\mathrm{gN}}$为 $M^2+2M-2-K$ 个小特征值构成的噪声子空间。

降维后 MUSIC 空间谱函数为

$$\begin{aligned} P_{\mathrm{g-RD-MUSIC}} &= \frac{1}{\boldsymbol{z}^{\mathrm{H}}(\alpha,\beta)\widetilde{\boldsymbol{U}}_{\mathrm{gN}}\widetilde{\boldsymbol{U}}_{\mathrm{gN}}^{\mathrm{H}}\boldsymbol{z}(\alpha,\beta)} \\ &= \frac{1}{\boldsymbol{g}^{\mathrm{H}}(\alpha,\beta)(\mathbb{T}^{\mathrm{H}}\mathbb{T})^{\mathrm{H}/2}\widetilde{\boldsymbol{U}}_{\mathrm{gN}}\widetilde{\boldsymbol{U}}_{\mathrm{gN}}^{\mathrm{H}}(\mathbb{T}^{\mathrm{H}}\mathbb{T})^{1/2}\boldsymbol{g}(\alpha,\beta)} \end{aligned} \tag{11.138}$$

图 11.18 为降维处理后 MUSIC 算法的计算机仿真目标角度估计结果,仿真参数与前面相同。从图中可以明显的看到 3 个谱峰对应 3 个目标,谱峰所对应的二维角度即为目标的二维角度信息。

由上述降维矩阵的设计及仿真结果可以看出,此时算法已经消除了目标回波信号中的阵元冗余,将维数降至最低;但是仍需要二维空间谱搜索,所需运算

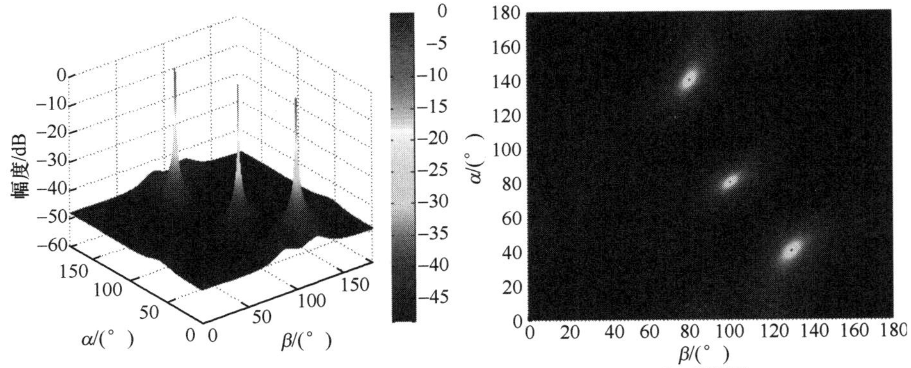

(a) 侧视图　　　　(b) 俯视图

图 11.18　降维处理后 MUSIC 算法空间谱估计结果

量还是很大。下面给出降维 MUSIC 算法将二维空间谱搜索降为一维空间谱搜索,以此降低运算量。

定义函数

$$\begin{aligned}\boldsymbol{f}_{\mathrm{g-RD-MUSIC}} &= \boldsymbol{z}^{\mathrm{H}}(\alpha,\beta)\widetilde{\boldsymbol{U}}_{\mathrm{gN}}^{\mathrm{H}}\widetilde{\boldsymbol{U}}_{\mathrm{gN}}\boldsymbol{z}(\alpha,\beta)\\ &= \boldsymbol{g}^{\mathrm{H}}(\alpha,\beta)(\mathbb{T}^{\mathrm{H}}\mathbb{T})^{\mathrm{H}/2}\widetilde{\boldsymbol{U}}_{\mathrm{gN}}\widetilde{\boldsymbol{U}}_{\mathrm{gN}}^{\mathrm{H}}(\mathbb{T}^{\mathrm{H}}\mathbb{T}^{1/2})\boldsymbol{g}(\alpha,\beta)\end{aligned} \tag{11.139}$$

对 $\boldsymbol{g}(\alpha,\beta)$ 进行降维处理,可得

$$\boldsymbol{g}(\alpha,\beta)=\begin{bmatrix}\boldsymbol{g}_x(\alpha)\\ \boldsymbol{g}_y(\beta)\\ \boldsymbol{g}_{xy}(\alpha,\beta)\end{bmatrix}=\begin{bmatrix}\boldsymbol{g}_x(\alpha) & & \\ & \boldsymbol{I}_{2M-2} & \\ & & \bar{\boldsymbol{a}}_x(\alpha)\otimes\boldsymbol{I}_{M-1}\end{bmatrix}\begin{bmatrix}1\\ \boldsymbol{g}_y(\beta)\\ \underline{\boldsymbol{a}}_y(\beta)\end{bmatrix}=\boldsymbol{p}(\alpha)\boldsymbol{d}(\beta) \tag{11.140}$$

由式(11.140)可以看出,已经将 $\boldsymbol{g}(\alpha,\beta)$ 中的二维角度 α 和 β 分离,但是 $\boldsymbol{d}(\beta)$ 中还存在冗余元素,对 $\boldsymbol{d}(\beta)$ 进行与式(11.123)类似的变换处理,可得

$$\boldsymbol{d}(\beta)=\begin{bmatrix}1\\ \boldsymbol{g}_y(\beta)\\ \underline{\boldsymbol{a}}_y(\beta)\end{bmatrix}=\begin{bmatrix}1\\ \underline{\boldsymbol{a}}_y(\beta)\\ \underline{\boldsymbol{g}}_y(\beta)\\ \underline{\boldsymbol{a}}_y(\beta)\end{bmatrix}=\begin{bmatrix}1 & & \\ & \boldsymbol{I}_{M-1} & \\ & & \boldsymbol{I}_{M-1}\\ & \boldsymbol{I}_{M-1} & \end{bmatrix}\begin{bmatrix}1\\ \boldsymbol{g}_y(\beta)\end{bmatrix}=\boldsymbol{\Gamma}\boldsymbol{q}(\beta) \tag{11.141}$$

式中

$$\boldsymbol{q}(\beta)=[1\quad \boldsymbol{g}_y^{\mathrm{T}}(\beta)]^{\mathrm{T}}=[1,\exp(-\mathrm{j}\nu_1),\cdots,\exp(-\mathrm{j}\nu_{2M-2})]\in\mathbb{C}^{(2M-1)\times 1}$$

从而，有

$$
\begin{aligned}
\boldsymbol{f}_{\mathrm{g-RD-MUSIC}} &= \boldsymbol{g}^{\mathrm{H}}(\alpha,\beta)(\mathbb{T}^{\mathrm{H}}\mathbb{T}^{\mathrm{H}/2})\widetilde{\boldsymbol{U}}_{\mathrm{gN}}\widetilde{\boldsymbol{U}}_{\mathrm{gN}}^{\mathrm{H}}(\mathbb{T}^{\mathrm{H}}\mathbb{T})^{1/2}\boldsymbol{g}(\alpha,\beta) \\
&= (\boldsymbol{p}(\alpha)\boldsymbol{d}(\beta))^{\mathrm{H}}(\mathbb{T}^{\mathrm{H}}\mathbb{T})^{\mathrm{H}/2}\widetilde{\boldsymbol{U}}_{\mathrm{gN}}\widetilde{\boldsymbol{U}}_{\mathrm{gN}}^{\mathrm{H}}(\mathbb{T}^{\mathrm{H}}\mathbb{T})^{1/2}\boldsymbol{p}(\alpha)\boldsymbol{d}(\beta) \\
&= (\boldsymbol{p}(\alpha)\boldsymbol{\Gamma}\boldsymbol{q}(\beta))^{\mathrm{H}}(\mathbb{T}^{\mathrm{H}}\mathbb{T})^{\mathrm{H}/2}\widetilde{\boldsymbol{U}}_{\mathrm{gN}}\widetilde{\boldsymbol{U}}_{\mathrm{gN}}^{\mathrm{H}}(\mathbb{T}^{\mathrm{H}}\mathbb{T})^{1/2}\boldsymbol{p}(\alpha)\boldsymbol{\Gamma}\boldsymbol{q}(\beta) \\
&= \boldsymbol{q}^{\mathrm{H}}(\beta)\boldsymbol{\Gamma}^{\mathrm{H}}\boldsymbol{p}^{\mathrm{H}}(\alpha)(\mathbb{T}^{\mathrm{H}}\mathbb{T})^{\mathrm{H}/2}\widetilde{\boldsymbol{U}}_{\mathrm{gN}}\widetilde{\boldsymbol{U}}_{\mathrm{gN}}^{\mathrm{H}}(\mathbb{T}^{\mathrm{H}}\mathbb{T})^{1/2}\boldsymbol{p}(\alpha)\boldsymbol{\Gamma}\boldsymbol{q}(\beta) \\
&= \boldsymbol{q}^{\mathrm{H}}(\beta)\boldsymbol{\Omega}_{\mathrm{g-RD-MUSIC}}(\alpha)\boldsymbol{q}(\beta)
\end{aligned}
\tag{11.142}
$$

式中

$$
\boldsymbol{\Omega}_{\mathrm{g-RD-MUSIC}}(\alpha) = \boldsymbol{\Gamma}^{\mathrm{H}}\boldsymbol{p}^{\mathrm{H}}(\alpha)(\mathbb{T}^{\mathrm{H}}\mathbb{T})^{\mathrm{H}/2}\widetilde{\boldsymbol{U}}_{\mathrm{gN}}\widetilde{\boldsymbol{U}}_{\mathrm{gN}}^{\mathrm{H}}(\mathbb{T}^{\mathrm{H}}\mathbb{T})^{1/2}\boldsymbol{p}(\alpha)\boldsymbol{\Gamma}
$$

根据前述知识，式(11.142)即为二次优化问题。此时为了避免出现 $\boldsymbol{q}(\beta)=\boldsymbol{0}_{(2M-1)\times 1}$的情况，考虑约束条件 $\boldsymbol{e}_1^{\mathrm{T}}\boldsymbol{q}(\beta)=1$，其中 $\boldsymbol{e}_1=[1,0,\cdots,0]^{\mathrm{T}}\in\mathbb{C}^{(2M-1)\times 1}$。从而可得到 α 的估计为

$$
\hat{\alpha} = \arg\min_{\alpha}\frac{1}{\boldsymbol{e}_1^{\mathrm{H}}\boldsymbol{\Omega}_{\mathrm{g-RD-MUSIC}}^{-1}(\alpha)\boldsymbol{e}_1} = \arg\max_{\alpha}\boldsymbol{e}_1^{\mathrm{H}}\boldsymbol{\Omega}_{\mathrm{g-RD-MUSIC}}^{-1}(\alpha)\boldsymbol{e}_1 \tag{11.143}
$$

对式(11.143)在[0°～180°]范围内进行角度搜索，可以搜索到 K 个谱峰，这 K 个谱峰就对应 K 个目标的 α 角度的估计$[\hat{\alpha}_1,\hat{\alpha}_2,\cdots,\hat{\alpha}_K]$。

估计出 α 后，将 $\hat{\alpha}_k(k=1,2,\cdots,K)$ 回代式(11.142)，此时 $f_{\mathrm{g-RD-MUSIC}}$ 函数简化为只含有 β 的函数，从而可以利用 Root－MUSIC 算法对 β 角度进行估计。

定义求根多项式为

$$
f_k(z) = z^{N-1}\boldsymbol{q}^{\mathrm{T}}(z^{-1})\boldsymbol{\Omega}_{\mathrm{g-RD-MUSIC}}(\hat{\alpha}_k)\boldsymbol{q}(z) \quad (k=1,2,\cdots,K) \tag{11.144}
$$

式中：$\boldsymbol{q}(z)=[1,z,\cdots,z^{2M-1}]^{\mathrm{T}}$，$z=\exp(-\mathrm{j}\pi\cos\beta_k)$

通过对上式求根，找到单位圆附近的一个根 γ_k，即可得到相应的 β_k 的估计，即

$$
\hat{\beta}_k = \arccos\frac{\arg(\gamma_k)}{\pi} \tag{11.145}
$$

图 11.19 为降维 MUSIC 算法关于 α 的一维空间谱搜索。从图中可以看出谱峰非常明显，说明降维 MUSIC 算法可以很好地估计目标角度。

降维 MUSIC 算法的步骤如下：

(1) 对收发共置 L 型阵列 MIMO 雷达的目标回波信号进行降维预处理，得到式(11.132)所示降维后的目标回波信号 $\widetilde{\boldsymbol{Z}}_{\mathrm{g}}$；

(2) 根据式(11.143)对目标的 α 角度进行一维空间谱搜索，寻找到的 K 个谱峰即为 α 的估计$[\hat{\alpha}_1,\hat{\alpha}_2,\cdots,\hat{\alpha}_K]$；

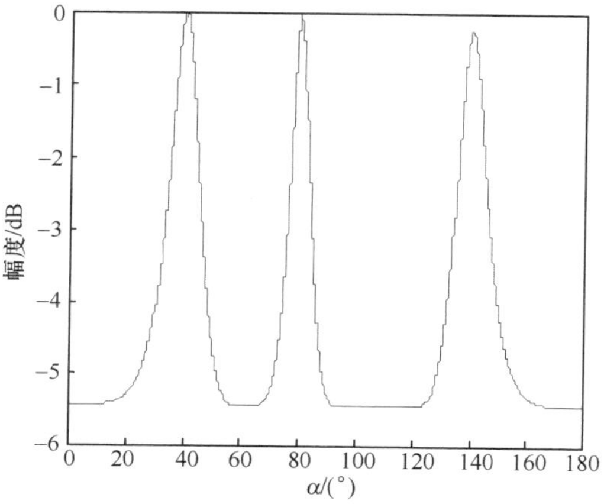

图 11.19　α 的一维空间谱搜索

(3) 将步骤(2)所寻到的 K 个目标的 α 估计量回代式(11.142),并按照式(11.144)定义 K 个求根多项式 $f_k(z)$ ($k=1,2,\cdots,K$),每个多项式都含有一个位于单位圆或其附近的根 γ_k,进而按照式(11.145)求解出每个 β_k 的估计 $\hat{\beta}_k$。

11.4.2.4　仿真实验与分析

本小节针对 MUSIC 算法和降维 MUSIC 算法的估计性能进行仿真分析,仿真参数与前面相同。

图 11.20 为快拍数 $L=100$,收发阵元数 $M=N=7$ 时,MUSIC 算法和降维 MUSIC算法的 RMSE 与 SNR 的关系。从图中可以看出,MUSIC 算法的估计精度高于降维 MUSIC 算法,说明随着运算量的下降,估计精度也在下降。但是只要满足一定的估计精度范围,复杂度低的算法实时处理的优势便会体现出来。从图中还可以看出,降维 MUSIC 算法中低信噪比时 β 的估计精度明显不及 α,因为低信噪

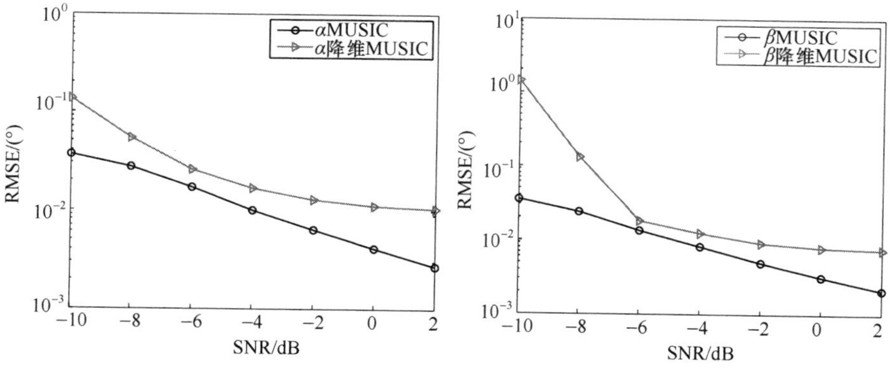

图 11.20　RMSE 与 SNR 的关系

比时 α 的估计值误差较大，而 β 的估计利用了 α 的估计量，所以 β 的误差比较大。

下面探讨 MUSIC 算法和降维 MUSIC 算法的运算复杂度。收发共置 L 形阵列 MIMO 雷达在 L 次采样快拍下的目标回波信号降维处理前的维数为$(2M-1)^2\times L$，协方差矩阵维数为$(2M-1)^2\times(2M-1)^2$；降维处理后的维数为$(M^2+2M-2)\times L$，协方差矩阵的维数$(M^2+2M-2)\times(M^2+2M-2)$。各算法中涉及到的复乘计算次数如下所示：

（1）原始目标回波信号协方差矩阵的计算

$$O_{g1}=L(2M-1)^4$$

（2）原始目标回波信号协方差矩阵特征分解

$$O_{g2}=(2M-1)^6$$

（3）降维目标回波信号协方差矩阵的计算

$$O_{g3}=L(M^2+2M-2)^2$$

（4）降维目标回波信号协方差矩阵特征分解

$$O_{g4}=(M^2+2M-2)^3$$

（5）MUSIC 算法二维空间谱搜索

$$O_{g5}=n^2[(2M-1)^2((2M-1)^2-K)+M^2-K]$$

（6）降维 MUSIC 算法一维空间谱搜索

$$O_{g6}=n\{(M^2+2M-2-K)[(M^2+2M-2)(2M-1)+(2M-1)^2]+(2M-1)^3\}$$

（7）降维 MUSIC 算法另一维多项式求根估计

$$O_{g7}=(M^2+2M-2-K)[(M^2+2M-2)(2M-1)+(2M-1)^2]+2(2M-1)^2$$

由以上各步骤的复乘次数可以得出如下结论：

（1）MUSIC 算法的复杂度为

$$\begin{aligned}O_{g-\mathrm{MUSIC}}&=O_{g1}+O_{g2}+O_{g5}\\&=L(2M-1)^4+(2M-1)^6+n^2[(2M-1)^2((2M-1)^2-K)+M^2-K]\end{aligned}\tag{11.146}$$

（2）降维 MUSIC 算法的复杂度为

$$\begin{aligned}O_{g-\mathrm{RDMUSIC}}&=O_{g3}+O_{g4}+O_{g6}+O_{g7}\\&=L(M^2+2M-2)^2+(M^2+2M-2)^3+\\&\quad n\{(M^2+2M-2-K)[(M^2+2M-2)(2M-1)+\\&\quad(2M-1)^2]+(2M-1)^3\}+(M^2+2M-2-K)\\&\quad[(M^2+2M-2)(2M-1)+(2M-1)^2]+2(2M-1)^2\end{aligned}\tag{11.147}$$

直观起见,在收发阵元数 $M=N=7$,快拍数 $L=100$,目标数 $K=3$ 的情况下,计算可得 MUSIC 算法所需复乘次数为 9.22×10^{8};降维 MUSIC 算法所需复乘次数为 1.07×10^{7}。可以看出,降维 MUSIC 算法所需复乘次数明显远小于 MUSIC 算法。由上述仿真实验也可以看出,降维 MUSIC 算法的估计精度略微不及MUSIC算法,但是在实时处理方面具有 MUSIC 算法无法可比的优势。

11.4.3 基于 ESPRIT 算法的低复杂度 DOA 估计算法

收发共置 L 型阵列 MIMO 雷达的信号模型如式(11.115)所示,此时将其表述为

$$
\boldsymbol{Z}_g=\boldsymbol{B}_g\boldsymbol{\kappa}+\boldsymbol{N}_g=(\boldsymbol{A}_g\odot\boldsymbol{A}_g)\boldsymbol{\kappa}+\boldsymbol{N}_g=\begin{bmatrix}\boldsymbol{Z}_{xM}\\ \boldsymbol{Z}_{xM-1}\\ \vdots\\ \boldsymbol{Z}_{x1}\\ \boldsymbol{Z}_{y2}\\ \boldsymbol{Z}_{y3}\\ \vdots\\ \boldsymbol{Z}_{yM}\end{bmatrix}=\begin{bmatrix}\boldsymbol{A}_gD_M(\boldsymbol{A}_x)\\ \boldsymbol{A}_gD_{M-1}(\boldsymbol{A}_x)\\ \vdots\\ \boldsymbol{A}_gD_1(\boldsymbol{A}_x)\\ \boldsymbol{A}_gD_2(\boldsymbol{A}_y)\\ \boldsymbol{A}_gD_3(\boldsymbol{A}_y)\\ \vdots\\ \boldsymbol{A}_gD_M(\boldsymbol{A}_y)\end{bmatrix}\boldsymbol{\kappa}+\boldsymbol{N}_g \tag{11.148}
$$

式中:$\boldsymbol{D}_m(\cdot)$是以矩阵的第 m 行元素为对角元素组成的对角矩阵。

从式(11.148)可以看出,x 轴和 y 轴上分别存在旋转不变特性,所以此时可以将二维角度分别利用 ESPRIT 算法进行估计。

11.4.3.1 ESPRIT 算法

由导向矢量 $\boldsymbol{A}_x$ 和 $\boldsymbol{A}_y$ 的形式可知,$D_1(\boldsymbol{A}_x)=D_1(\boldsymbol{A}_y)$。从而根据上述目标回波信号的形式,构造选择矩阵:

$$
\begin{aligned}
\mathbb{H}_1&=[\boldsymbol{I}_{(2M-1)(M-1)}\boldsymbol{0}_{(2M-1)(M-1)\times M(2M-1)}]\\
\mathbb{H}_2&=[\boldsymbol{0}_{(2M-1)(M-1)\times(2M-1)}\boldsymbol{I}_{(2M-1)(M-1)}\boldsymbol{0}_{(2M-1)(M-1)}]\\
\mathbb{H}_3&=[\boldsymbol{0}_{(2M-1)(M-1)}\boldsymbol{I}_{(2M-1)(M-1)}\boldsymbol{0}_{(2M-1)(M-1)\times(2M-1)}]\\
\mathbb{H}_4&=[\boldsymbol{0}_{(2M-1)(M-1)\times M(2M-1)}\boldsymbol{I}_{(2M-1)(M-1)}]
\end{aligned} \tag{11.149}
$$

从而有下式成立:

$$
\begin{cases}\mathbb{H}_1\boldsymbol{B}_g=\mathbb{H}_2\boldsymbol{B}_g\boldsymbol{\Phi}_\alpha\\ \mathbb{H}_4\boldsymbol{B}_g=\mathbb{H}_3\boldsymbol{B}_g\boldsymbol{\Phi}_\beta\end{cases} \tag{11.150}
$$

式中

$\boldsymbol{\Phi}_{\alpha}=\mathrm{diag}(\exp(-\mathrm{j}\mu_1),\cdots,\exp(-\mathrm{j}\mu_K))$，$\boldsymbol{\Phi}_{\beta}=\mathrm{diag}(\exp(-\mathrm{j}\nu_1),\cdots,\exp(-\mathrm{j}\nu_K))$

根据 ESPRIT 算法原理，对目标回波信号 $\boldsymbol{Z}_{\mathrm{g}}$ 的协方差矩阵 $\boldsymbol{R}_{\mathrm{g}}$ 特征分解，可得

$$\boldsymbol{R}_{\mathrm{g}}=\boldsymbol{U}_{\mathrm{gSr}}\boldsymbol{\Lambda}_{\mathrm{gSr}}\boldsymbol{U}_{\mathrm{gSr}}^{\mathrm{H}}+\sigma_N^2\boldsymbol{U}_{\mathrm{gNr}}\boldsymbol{U}_{\mathrm{gNr}}^{\mathrm{H}} \tag{11.151}$$

由于信号子空间 $\boldsymbol{U}_{\mathrm{gSr}}$ 和联合导向矢量 $\boldsymbol{B}_{\mathrm{g}}$ 存在关系 $\boldsymbol{U}_{\mathrm{gSr}}=\boldsymbol{B}_{\mathrm{g}}\boldsymbol{T}$，所以利用式(11.149)中的选择矩阵对 $\boldsymbol{U}_{\mathrm{gSr}}$ 进行处理，即有

$$\begin{aligned}
\mathbb{H}_1\boldsymbol{U}_{\mathrm{gSr}}&=\mathbb{H}_1\boldsymbol{B}_{\mathrm{g}}\boldsymbol{T}=\mathbb{H}_2\boldsymbol{B}_{\mathrm{g}}\boldsymbol{\Phi}_{\alpha}\boldsymbol{T}\\
\mathbb{H}_2\boldsymbol{U}_{\mathrm{gSr}}&=\mathbb{H}_2\boldsymbol{B}_{\mathrm{g}}\boldsymbol{T}\\
\mathbb{H}_3\boldsymbol{U}_{\mathrm{gSr}}&=\mathbb{H}_3\boldsymbol{B}_{\mathrm{g}}\boldsymbol{T}\\
\mathbb{H}_4\boldsymbol{U}_{\mathrm{gSr}}&=\mathbb{H}_4\boldsymbol{B}_{\mathrm{g}}\boldsymbol{T}=\mathbb{H}_4\boldsymbol{B}_{\mathrm{g}}\boldsymbol{\Phi}_{\beta}\boldsymbol{T}
\end{aligned} \tag{11.152}$$

进而可得

$$\begin{aligned}
\mathbb{H}_1\boldsymbol{U}_{\mathrm{gSr}}&=\mathbb{H}_2\boldsymbol{U}_{\mathrm{gSr}}\boldsymbol{T}^{-1}\boldsymbol{\Phi}_{\alpha}\boldsymbol{T}=\mathbb{H}_2\boldsymbol{U}_{\mathrm{gSr}}\boldsymbol{\Psi}_{\alpha}\\
\mathbb{H}_4\boldsymbol{U}_{\mathrm{gSr}}&=\mathbb{H}_3\boldsymbol{U}_{\mathrm{gSr}}\boldsymbol{T}^{-1}\boldsymbol{\Phi}_{\beta}\boldsymbol{T}=\mathbb{H}_3\boldsymbol{U}_{\mathrm{gSr}}\boldsymbol{\Psi}_{\beta}
\end{aligned} \tag{11.153}$$

式中

$$\boldsymbol{\Psi}_{\alpha}=\boldsymbol{T}^{-1}\boldsymbol{\Phi}_{\alpha}\boldsymbol{T},\boldsymbol{\Psi}_{\beta}=\boldsymbol{T}^{-1}\boldsymbol{\Phi}_{\beta}\boldsymbol{T}$$

从而可以通过特征分解 $\boldsymbol{\Psi}_{\alpha}$ 和 $\boldsymbol{\Psi}_{\beta}$ 得到目标角度信息。由式(11.153)可知

$$\begin{aligned}
\boldsymbol{\Psi}_{\alpha}&=(\mathbb{H}_2\boldsymbol{U}_{\mathrm{gSr}})^{\dagger}(\mathbb{H}_1\boldsymbol{U}_{\mathrm{gSr}})\\
\boldsymbol{\Psi}_{\beta}&=(\mathbb{H}_3\boldsymbol{U}_{\mathrm{gSr}})^{\dagger}(\mathbb{H}_4\boldsymbol{U}_{\mathrm{gSr}})
\end{aligned} \tag{11.154}$$

从而可以通过定义的复矩阵

$$\boldsymbol{\Psi}_{\alpha\beta}=(\boldsymbol{\Psi}_{\alpha}-\boldsymbol{I})^{-1}(\boldsymbol{\Psi}_{\alpha}+\boldsymbol{I})+\mathrm{j}(\boldsymbol{\Psi}_{\beta}-\boldsymbol{I})^{-1}(\boldsymbol{\Psi}_{\beta}+\boldsymbol{I})$$

的特征值 λ_k 的实部和虚部求得对应同一目标的二维角度对(α_k,β_k)，即

$$\begin{aligned}
\hat{\alpha}_k&=\arccos\frac{-2\mathrm{arccot}(\mathrm{Re}(\lambda_k))}{\pi}\quad(k=1,2,\cdots,K)\\
\hat{\beta}_k&=\arccos\frac{-2\mathrm{arccot}(\mathrm{Im}(\lambda_k))}{\pi}\quad(k=1,2,\cdots,K)
\end{aligned} \tag{11.155}$$

图 11.21 为在前面仿真参数下，ESPRIT 算法目标角度估计结果。从图中可以看出，对于不同角度的目标，ESPRIT 算法可以很好地估计出多个目标的二维角度。

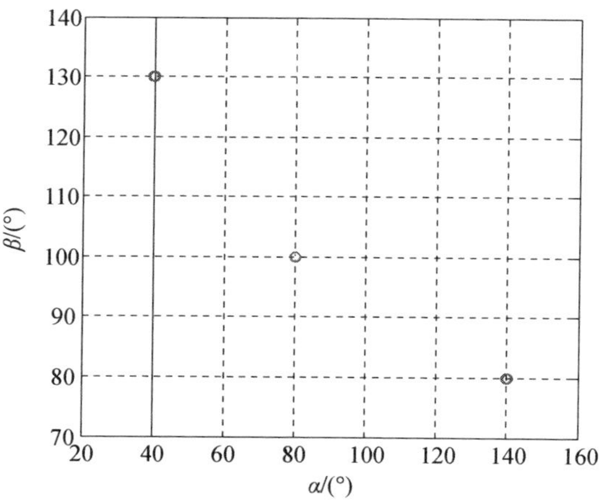

图 11.21 ESPRIT 算法目标角度估计结果

11.4.3.2 降维 ESPRIT 算法

根据前面所述,收发共置 L 形阵列 MIMO 雷达的目标回波信号存在严重的阵元冗余,降维后的目标回波信号如式(11.132)所示。方便起见,重新记为

$$\widetilde{\boldsymbol{Z}}_{\mathrm{g}} = (\mathbb{T}^{\mathrm{H}}\mathbb{T})^{1/2}\boldsymbol{G}(\alpha,\beta)\boldsymbol{\kappa} + \widetilde{\boldsymbol{N}}_{\mathrm{g}} = \mathbb{D}\,\boldsymbol{G}(\alpha,\beta)\boldsymbol{\kappa} + \widetilde{\boldsymbol{N}}_{\mathrm{g}} \tag{11.156}$$

式中:$\mathbb{D} = (\mathbb{T}^{\mathrm{H}}\mathbb{T})^{1/2}$。

将降维后的目标回波信号左乘矩阵 $\mathbb{D}$,可以得到新的目标回波信号为

$$\boldsymbol{Z}_{\mathrm{g}} = \mathbb{D}^{-1}\widetilde{\boldsymbol{Z}}_{\mathrm{g}} = \mathbb{D}^{-1}\mathbb{D}\,\boldsymbol{G}(\alpha,\beta)\boldsymbol{\kappa} + \mathbb{D}^{-1}\widetilde{\boldsymbol{N}}_{\mathrm{g}} = \boldsymbol{G}(\alpha,\beta)\boldsymbol{\kappa} + \boldsymbol{N}_{\mathrm{g}} \tag{11.157}$$

式中:$\boldsymbol{Z}_{\mathrm{g}},\boldsymbol{N}_{\mathrm{g}} \in \mathbb{C}^{(M^2+2M-2)\times L}$为目标回波信号和噪声信号;$\boldsymbol{G}(\alpha,\beta) \in \mathbb{C}^{(M^2+2M-2)\times K}$为新的导向矢量;$\boldsymbol{\kappa} \in \mathbb{C}^{K\times L}$为目标的雷达横截面积和多普勒频移。

根据$\boldsymbol{G}(\alpha,\beta)$的组成形式,可以构造如下的选择矩阵

$$\mathbb{K}_1 = \begin{bmatrix} \boldsymbol{I}_{2M-2} & \boldsymbol{0}_{(2M-2)\times(2M-1)} & \boldsymbol{0}_{(2M-2)\times(M-1)(M-2)} & \boldsymbol{0}_{(2M-2)\times(M-1)} \\ \boldsymbol{0}_{(M-1)(M-2)\times(2M-2)} & \boldsymbol{0}_{(M-1)(M-2)\times(2M-1)} & \boldsymbol{I}_{(M-1)(M-2)} & \boldsymbol{0}_{(M-1)(M-2)\times(M-1)} \end{bmatrix}$$

$$\mathbb{K}_2 = \begin{bmatrix} \boldsymbol{0}_{(2M-2)\times 1} & \boldsymbol{I}_{(2M-2)} & \boldsymbol{0}_{(2M-2)\times(3M-3)} & \boldsymbol{0}_{(2M-2)\times(M-1)(M-2)} \\ \boldsymbol{0}_{(M-1)(M-2)\times 1} & \boldsymbol{0}_{(M-1)(M-2)\times(2M-2)} & \boldsymbol{0}_{(M-1)(M-2)\times(3M-3)} & \boldsymbol{I}_{(M-1)(M-2)} \end{bmatrix}$$

(11.158)

根据选择矩阵$\mathbb{K}_1$和$\mathbb{K}_2$的形式,可得

$$\mathbb{K}_1\boldsymbol{G} = \mathbb{K}_2\boldsymbol{G}\boldsymbol{\Phi}_{\alpha} \tag{11.159}$$

β 的求解。首先将 $\boldsymbol{G}(\alpha,\beta)$ 的任意列 $\boldsymbol{g}(\alpha,\beta)$ 中关于 $\overline{\boldsymbol{a}}_x(\alpha)$ 和 $\underline{\boldsymbol{a}}_y(\beta)$ 的克罗内克积 $\overline{\boldsymbol{a}}_x(\alpha)\otimes\underline{\boldsymbol{a}}_y(\beta)$ 中 α 和 β 的角度信息互换，即 $\boldsymbol{G}(\alpha,\beta)$ 左乘置换矩阵 $\boldsymbol{E}$，有

$$\widehat{\boldsymbol{G}}(\alpha,\beta)=\begin{bmatrix}\boldsymbol{I}_{4M-3} & \\ & \boldsymbol{E}_{(M-1)(M-1)}\end{bmatrix}\boldsymbol{G}(\alpha,\beta)=\mathbb{E}\,\boldsymbol{G}(\alpha,\beta) \tag{11.160}$$

式中：$\boldsymbol{E}_{(M-1)(M-1)}$ 为 $(M-1)(M-1)\times(M-1)(M-1)$ 维置换矩阵。

从而构造选择矩阵：

$$\mathbb{K}_3=\begin{bmatrix}\boldsymbol{0}_{(2M-2)} & \boldsymbol{I}_{2M-2} & \boldsymbol{0}_{(2M-2)\times 1} & \boldsymbol{0}_{(2M-2)\times(M-1)(M-2)} & \boldsymbol{0}_{(2M-2)\times(M-1)}\\ \boldsymbol{0}_{(M-1)(M-2)\times(2M-2)} & \boldsymbol{0}_{(M-1)(M-2)\times(2M-2)} & \boldsymbol{0}_{(M-1)(M-2)\times 1} & \boldsymbol{I}_{(M-1)(M-2)} & \boldsymbol{0}_{(M-1)(M-2)\times(M-1)}\end{bmatrix}$$

$$\mathbb{K}_4=\begin{bmatrix}\boldsymbol{0}_{(2M-2)\times(2M-1)} & \boldsymbol{I}_{(2M-2)} & \boldsymbol{0}_{(2M-2)\times(M-1)} & \boldsymbol{0}_{(2M-2)\times(M-1)(M-2)}\\ \boldsymbol{0}_{(M-1)(M-2)\times(2M-1)} & \boldsymbol{0}_{(M-1)(M-2)\times(2M-2)} & \boldsymbol{0}_{(M-1)(M-2)\times(M-1)} & \boldsymbol{I}_{(M-1)(M-2)}\end{bmatrix}$$

$$\tag{11.161}$$

根据选择矩阵 $\mathbb{K}_3$ 和 $\mathbb{K}_4$ 的形式，可得

$$\mathbb{K}_4\mathbb{E}\,\boldsymbol{G}=\mathbb{K}_3\mathbb{E}\,\boldsymbol{G}\boldsymbol{\Phi}_\beta \tag{11.162}$$

对降维后的目标回波信号协方差矩阵特征分解，可得

$$\widetilde{\boldsymbol{R}}=\widetilde{\boldsymbol{U}}_{\mathrm{gSr}}\widetilde{\boldsymbol{\Sigma}}_{\mathrm{gSr}}\widetilde{\boldsymbol{U}}_{\mathrm{gSr}}^{\mathrm{H}}+\widetilde{\boldsymbol{U}}_{\mathrm{gNr}}\widetilde{\boldsymbol{\Sigma}}_{\mathrm{gNr}}\widetilde{\boldsymbol{U}}_{\mathrm{gNr}}^{\mathrm{H}} \tag{11.163}$$

式(11.163)与降维 MUSIC 算法中的特征分解一样，此时与上面符号不同目的是便于标记。此时根据前述 ESPRIT 算法原理中导向矢量和信号子空间的同构关系，可得

$$\begin{aligned}&\mathbb{K}_1\widetilde{\boldsymbol{U}}_{\mathrm{Sgr}}=\mathbb{K}_2\widetilde{\boldsymbol{U}}_{\mathrm{Sgr}}\boldsymbol{T}^{-1}\boldsymbol{\Phi}_\alpha\boldsymbol{T}=\mathbb{K}_2\widetilde{\boldsymbol{U}}_{\mathrm{Sgr}}\boldsymbol{\Psi}_\alpha\\ &\mathbb{K}_4(\mathbb{E}\,\widetilde{\boldsymbol{U}}_{\mathrm{Sgr}})=\mathbb{K}_3(\mathbb{E}\,\widetilde{\boldsymbol{U}}_{\mathrm{Sgr}})\boldsymbol{T}^{-1}\boldsymbol{\Phi}_\beta\boldsymbol{T}=\mathbb{K}_3(\mathbb{E}\,\widetilde{\boldsymbol{U}}_{\mathrm{Sgr}})\boldsymbol{\Psi}_\beta\end{aligned} \tag{11.164}$$

式中

$$\boldsymbol{\Psi}_\alpha=\boldsymbol{T}^{-1}\boldsymbol{\Phi}_\alpha\boldsymbol{T},\boldsymbol{\Psi}_\beta=\boldsymbol{T}^{-1}\boldsymbol{\Phi}_\beta\boldsymbol{T}$$

从而可得

$$\begin{aligned}&\boldsymbol{\Psi}_\alpha=(\mathbb{K}_2\boldsymbol{U}_{\mathrm{Sgr}})^{\dagger}(\mathbb{K}_1\boldsymbol{U}_{\mathrm{Sgr}})\\ &\boldsymbol{\Psi}_\beta=(\mathbb{K}_3\mathbb{E}\,\boldsymbol{U}_{\mathrm{Sgr}})^{\dagger}(\mathbb{K}_4\mathbb{E}\,\boldsymbol{U}_{\mathrm{Sgr}})\end{aligned} \tag{11.165}$$

至此，降维 ESPRIT 算法已经将目标角度信息的旋转不变特性求出。下面的算法步骤与 ESPRIT 类似，即特征分解复矩阵

$$\boldsymbol{\Psi}_{\alpha\beta}=(\boldsymbol{\Psi}_\alpha-\boldsymbol{I})^{-1}(\boldsymbol{\Psi}_\alpha+\boldsymbol{I})+\mathrm{j}(\boldsymbol{\Psi}_\beta-\boldsymbol{I})^{-1}(\boldsymbol{\Psi}_\beta+\boldsymbol{I})$$

其特征值 λ_k 的实部和虚部求得对应同一目标的二维角度对 (α_k,β_k)。

图 11.22 为在前面仿真参数下,降维 ESPRIT 算法目标角度估计结果。从图中可以看出,对于不同角度的目标,降维 ESPRIT 算法可以很好地估计出多个目标的二维角度。

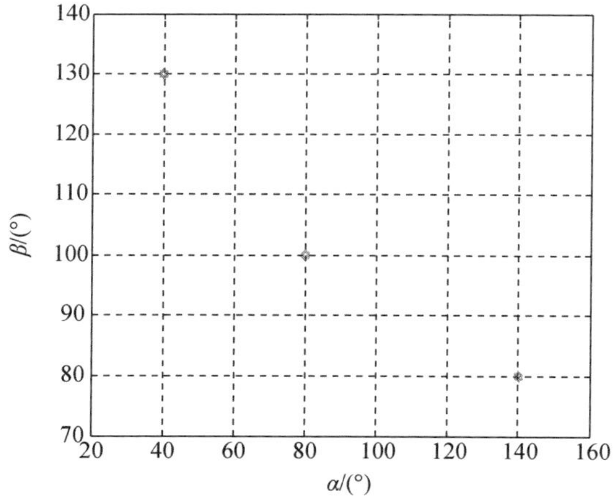

图 11.22　降维 ESPRIT 算法目标角度估计结果

11.4.3.3　仿真实验与分析

本小节基于收发共置 L 形阵列 MIMO 雷达,针对 ESPRIT 算法和降维 ESPRIT 算法的估计性能进行仿真分析,仿真参数与前面相同。

图 11.23 为在快拍数 $L=100$,收发阵元数 $M=N=7$ 时,ESPRIT 算法和降维 ESPRIT 算法的 RMSE 与 SNR 的关系。从图中可以看出,ESPRIT 算法的估计精度高于降维 ESPRIT 算法,说明随着运算量的下降,估计精度也在下降。但是只要满足一定的估计精度范围,复杂度低的算法实时处理的优势便会体现出来。

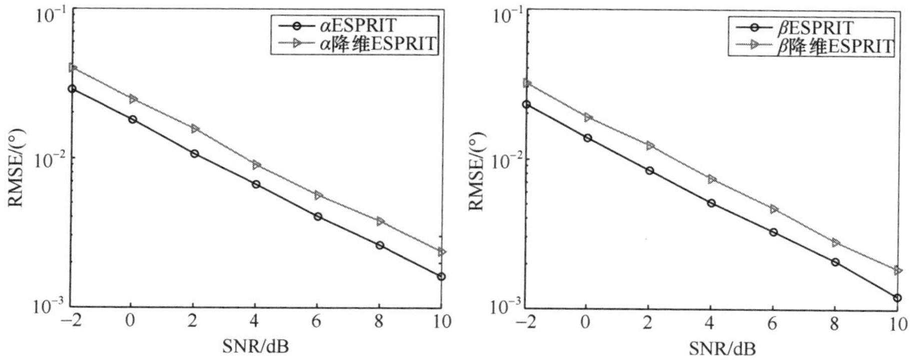

图 11.23　RMSE 与 SNR 关系

下面探讨 ESPRIT 算法和降维 ESPRIT 算法的运算复杂度。各算法涉及的复乘计算次数如下所示：

（1）原始目标回波信号协方差矩阵的计算

$$O_{g1}=L(2M-1)^4$$

（2）原始目标回波信号协方差矩阵特征分解

$$O_{g2}=(2M-1)^6$$

（3）降维目标回波信号协方差矩阵的计算

$$O_{g3}=L(M^2+2M-2)^2$$

（4）降维目标回波信号协方差矩阵特征分解

$$O_{g4}=(M^2+2M-2)^3$$

（5）ESPRIT 算法中矩阵 $\boldsymbol{\Psi}_\alpha$ 和 $\boldsymbol{\Psi}_\beta$ 的计算

$$O_{g8}=2[2K^2(2M-1)(M-1)+K^3]$$

（6）降维 ESPRIT 算法中矩阵 $\boldsymbol{\Psi}_\alpha$ 和 $\boldsymbol{\Psi}_\beta$ 的计算

$$O_{g9}=2[2K^2M(M-1)+K^3]$$

由以上各步骤的复乘次数可以得出如下结论：

（1）ESPRIT 算法的复杂度为

$$\begin{aligned}O_{g-\mathrm{MUSIC}}&=O_{g1}+O_{g2}+O_{g8}\\&=L(2M-1)^4+(2M-1)^6+2[2K^2(2M-1)(M-1)+K^3]\end{aligned}\tag{11.166}$$

（2）降维 ESPRIT 算法的复杂度为

$$\begin{aligned}O_{g-\mathrm{RDMUSIC}}&=O_{g3}+O_{g4}+O_{g9}\\&=L(M^2+2M-2)^2+(M^2+2M-2)^3+2[2K^2M(M-1)+K^3]\end{aligned}\tag{11.167}$$

直观起见，在收发阵元数 $M=N=7$，快拍数 $L=100$，目标数 $K=3$ 的情况下，计算可得 ESPRIT 算法所需复乘次数为 7.69×10^6；降维 ESPRIT 算法所需复乘次数为 6.01×10^5。可以看出，降维 ESPRIT 算法所需复乘次数明显小于 ESPRIT 算法。由上述仿真实验也可以看出，降维 ESPRIT 算法的估计精度略微不及 ESPRIT 算法，但是在实时处理方面具有 ESPRIT 算法很大的优势。

11.5　小　　结

本章对于收发分置 L 形阵列 MIMO 雷达给出基于 MUSIC 算法的降维 MU-

SIC 算法、降维 PM – MUSIC 算法和基于 ESPRIT 算法的 PM – ESPRIT 算法、酉 ESPRIT 算法等低复杂度算法。降维 MUSIC 算法首先利用矩阵运算将目标回波信号中的二维角度解耦，然后利用二次优化将二维空间谱估计降为一维空间谱估计，大大的减小了算法的运算量；降维 PM – MUSIC 算法将降维 MUSIC 和 PM 算法结合，避免了目标回波信号协方差矩阵的特征分解，有利于实际工程应用的硬件实现。降维 MUSIC 算法和降维 PM – MUSIC 算法的估计性能相比 MUSIC 算法略有不及，但是在实时处理方面比 MUSIC 算法好很多。PM – ESPRIT 算法源于 ESPRIT 算法和 PM 算法，该算法可以避免目标回波信号协方差矩阵的特征分解，其估计性能只在低信噪比时略低于 ESPRIT 算法，高信噪比时与 ESPRIT 算法相当；酉 ESPRIT 算法将目标回波信号重构，使其协方差矩阵为 Centro – Hermitian 矩阵，从而将复数域运算转换到实数域，降低了算法的运算量，由于重构的目标回波信号重复利用原有目标回波信号包含的角度信息，所以酉 ESPRIT 算法的估计精度比 ESPRIT 算法好，仿真实验结果验证了算法的正确性。

对于收发共置 L 型阵列 MIMO 雷达，给出降维 MUSIC 算法和降维 ESPRIT 算法等低复杂度算法。首先鉴于目标回波信号存在大量的重叠虚拟阵元，根据导向矢量的形式设计一降维矩阵，将目标回波信号中的阵元冗余信息消除。然后基于降维的目标回波信号给出降维 MUSIC 算法，该算法首先将降维的目标回波信号中的二维角度解耦，再利用二次优化将二维空间谱搜索降为一维空间谱搜索，大大降低了算法的复杂度；之后借鉴 ESPRIT 算法的原理，基于降维的目标回波信号给出降维 ESPRIT 算法，该算法无需空间谱搜索，运算量小，提高了雷达系统实时处理性能。仿真实验结果验证了降维 MUSIC 算法和降维 ESPRIT 算法的正确性。

参考文献

[1] Hua Y, Sarkar T K, Weiner D. L – shaped array for estimating 2 – D directions of wave arrival [C]. Circuits and Systems, 1989., Proceedings of the 32nd Midwest Symposium on. IEEE, 1989: 390 – 393.

[2] 许红波，王怀军，陆珉，等．基于 MIMO 技术的二维波达方向估计[J]．信号处理，2010，26(1)：60 – 64.

[3] 符渭波，赵永波，苏涛，等．基于 L 型阵列 MIMO 雷达的 DOA 矩阵方法[J]．系统工程与电子技术，2011，33(11)：2398 – 2403.

[4] 谢荣，刘峥，刘韵佛．基于 L 型阵列 MIMO 雷达的多目标分辨和定位[J]．系统工程与电子技术，2010，32(1)：49 – 52.

[5] 许凌云，张小飞，许宗泽．双基地 MIMO 雷达二维 DOD 和二维 DOA 联合估计[J]．应用科学学报，2012，30(3)：270 – 274.

[6] 徐旭宇，吴昊，李小波，等．基于双 L 阵的双基地 MIMO 雷达多目标角度估计[J]．数

据采集与处理, 2013, 28(4): 436 -443.
[7] Godrich H, Haimovich A M, Blum R S. Cramer Rao bound on target localization estimation in MIMO radar systems[C]. Information Sciences and Systems, 2008. CISS 2008. 42nd Annual Conference on. IEEE, 2008: 134 - 139.
[8] Harry L, Van Trees. Optimum Array Processing: Part IV of Detection, Estimation, and Modulation Theory[M]. JOHN WILEY&SONS, INC. , 2002: 973 -978.
[9] Kay S. Fundamental of Statistical Signal Processing: Estimation theory[M]. Englewood Cliffs, New Jersey: Prentice - Hall, 1993.
[10] Zhang X, Xu L, Xu L, et al. Direction of departure (DOD) and direction of arrival (DOA) estimation in MIMO radar with reduced - dimension MUSIC[J]. Communications Letters, IEEE, 2010, 14(12): 1161 -1163.
[11] Rouquette S, Najim M. Estimation of frequencies and damping factors by two - dimensional ESPRIT type methods[J]. IEEE Transactions on Signal Processing, 2001, 49(1): 237 - 245.
[12] 闫金山, 彭秀艳, 王咸鹏. 基于 Unitary ESPRIT 的双基地 MIMO 雷达目标定位算法[J]. 哈尔滨工程大学学报, 2012, 33(3): 342 -346.
[13] Schmidt R. Multiple emitter location and signal parameter estimation[J]. Antennas and Propagation, IEEE Transactions on, 1986, 34(3): 276 -280.

主要符号表

$\{\cdot\}^{-1}$	求逆运算
$\{\cdot\}^{H}$	共轭装置运算
$\{\cdot\}^{T}$	转置运算
$\{\cdot\}^{\dagger}$	伪逆运算
$\{\cdot\}^{*}$	共轭运算
$\\|\cdot\\|$	范数
$\odot$	阿达马积
$\otimes$	克罗内克积
$<\cdot,\cdot>$	内积
$\arccos\{\cdot\}$	反余弦函数
$\arcsin\{\cdot\}$	反正弦函数
$\arg\max\{\cdot\}$	求函数极大值
$\arg\min\{\cdot\}$	求函数极小值
$\mathrm{cum}\{\cdot\}$	求累积量
$\det\{\cdot\}$	求矩阵行列式
$\mathrm{diag}\{\cdot\}$	对角化
$\dim\{\cdot\}$	取矩阵的维数
$E\{\cdot\}$	求期望
$\min\{\cdot\}$	求最小值
$\mathrm{mom}\{\cdot\}$	求高阶距
$\mathrm{rank}\{\cdot\}$	求秩运算
$\mathrm{span}\{\cdot\}$	张成空间运算
$\mathrm{tr}\{\cdot\}$	求迹运算
$\mathrm{vec}\{\cdot\}$	矩阵向量化运算

缩略语

ADC	Analog to Digital Converter	数/模转换器
AWG	Arbitrary Waveform Generator	任意波形发生器
BPSK	Binary Phase Shifk Keying	二进制相移键控
CRB	Cramer – Rao Bound	克拉美罗界
DBF	Digital Beam – forming	数字波束合成
DDS	Direct Digital Synthesizer	直接数字合成器
DISPARE	Distributed Signal Parameter Estimation	分布信号参数估计
DOA	Direction of Arrival	波达方向(接收角)
DOD	Direction of Departure	波离方向(发射角)
DSPE	Distributed Source Parameter Estimator	分布源参数估计
ESPRIT	Estimation of Signal Parameters Via Rotational Invariance Techniques	参数估计的旋转不变技术
EVD	Eigen Value Decomposition	特征值分解
FMCW	Frequency Modulated Continuous Wave	调频连续波
HOSVD	High Order Singular Value Decomposition	高阶奇异值分解
IMU	Inertial Measurement Unit	惯性测量单元
MIMO	Multiple Input Multiple Output	多输入-多输出
MSWF	Multi – stage Wiener Fillter	多维维纳滤波
MUSIC	Multiple Signal Classification	多重信号分类
MVDR	Minimum Variance Distortionless Response	最小方差无畸变响应
NC – ESPRIT	Non Circular Estimation of Signal Parameters Via Rotational Invariance Techniques	非圆参数估计的旋转不变子空间技术

NC – MUSIC	Non Circular Multiple Signal Classification	非圆多重信号分类
PCB	Printed Circuit Board	印制电路板
PDRO	Phase – lock – loop Dielectric Resonance Oscillator	锁相介质振荡器
PM	Propagation Method	传播算子方法
PRF	Pulse Repetition Frequency	脉冲重复频率
Radar	Radio Detection and Ranging	雷达
RMSE	Root Mean Square Error	均方根误差
SIAR	Synthetic Impulse and Aperture Radar	综合脉冲孔径雷达
SNR	Signal – to – Noise Ratio	信噪比
SVD	Singular Value Decomposition	奇异值分解
UESPRIT	Unitary Estimation of Signal Parameters Via Rotational Invariance Techniques	酉参数估计的旋转不变技术
ULA	Uniform Linear Array	均匀线性阵列
UMUSIC	Unitary Multiple Signal Classification	酉多重信号分类